中国石油大学（华东）远程与继续教育系列教材

构 造 地 质 学

李 理 主编

中国石油大学出版社

内容提要

  本书在地层产状和地层接触关系、应力和变形分析的基础上，着重讲述了褶皱、节理、断层和韧性剪切带以及劈理和线理等的形态特征、分类、观察描述内容、研究方法和力学成因机制。本书可作为现代远程教育资源勘查工程专业和石油工程等相关专业的教材，也可作为高等学校地质学专业、资源勘查专业的教材以及其他相关专业的参考教材，还可供从事地质和油气勘探工作的人员参考。

总　序

从 1955 年创办函授夜大学至今,中国石油大学成人教育已经走过了从初创、逐步成熟到跨越式发展的 50 多年历程。多年来,我校成人教育紧密结合社会经济发展需求,积极开拓新的服务领域,为石油石化企业培养、培训了 10 多万名本专科毕业生和管理与技术人才,他们中的大多数已经成为各自工作岗位的骨干和中坚力量。我校成人教育始终坚持"规范管理、质量第一"的办学宗旨,坚持"为石油石化企业和经济建设服务"的办学方向,赢得了良好的社会信誉。

自 2001 年 1 月教育部批准我校开展现代远程教育试点工作以来,我校以"创新教育观念"为先导,以"构建终身教育体系"为目标,整合函授夜大学教育、网络教育、继续教育资源,建立了新型的教学模式和管理模式,构建了基于卫星数字宽带和计算机宽带网络的现代远程教育教学体系和个性化的学习支持服务体系,有效地将学校优质教育资源辐射到全国各地,全力打造出中国石油大学现代远程教育的品牌。目前,办学领域已由创办初期的函授夜大学教育发展为今天的集函授夜大学教育、网络教育、继续教育、远程培训、国际合作教育于一体的,在国内具有领先水平、在国外具有一定影响的现代远程开放教育系统,成为学校高等教育体系的重要组成部分和石油石化行业最大的成人教育基地。

为适应现代远程教育发展的需要,学校于 2001 年 9 月正式启动了网络课程研制开发和推广应用项目,斥巨资实施"名师名课"教学资源精品战略工程,选拔优秀教师开发网络教学课件。随着流媒体课件、WEB 课件到网络课程的不断充实与完善,建构了内容丰富、形式多样的网络教学资源超市，基于网络的教学环境初步形成，远程教育的能力有了显著提高，这些网上教学资源的建设与研发为我校远程教育的顺利发展起到了支撑和保障作用。相应地，作为教学资源建设的一个重要组成部分，与网络教学课件相配套的纸质教材建设就成为一项愈来愈重要的任务。根据学校远程与继续教育发展规划，在"十二五"期间，学校将重点加强教学资源建设工作，通过立项研究方式推进远程与继续教育系列教材建设工作，选聘石油石化行业和有关石油高校专家、学者参与系列教材的开发和编著工作，计划用 5 年的时间，以石油、化工等主干专业为重点，组织出版百部远程与继续教育系列教材。系列教材将充分吸收科学技术发展和成人教育教学改革最新成果，体现现代教育思想和远程教育教学特点，具有先进性、科学性和远程教育教学的适用性，形成纸质教材、多媒体课件、网上教学资料互为补充的立体化课程学习包。

为了保证远程与继续教育系列教材编写出版进度和质量，学校成立了专门的远程与继续教育系列教材编审委员会，对系列教材进行严格的审核把关，中国石油大学出版社也对系列教材的编辑出版给予了大力支持和积极配合。目前，远程与继续教育系列教材的编写还处于探索阶段，随着我校现代远程教育的进一步发展，新课程的开发、新教材的编写将持续进行，本系列教材的体系也将不断完善。我们相信，有广大专家、学者们的共同努力，一定能够创造出体现现代远程教育教学和学习特点的、体系新、水平高的远程与继续教育系列教材。

编委会
2011 年 9 月

前　言

本书主要包括构造地质学的内容，教学中可以视教学大纲灵活要求。

本书在朱志澄主编的《构造地质学》和戴俊生主编的《构造地质学及大地构造》基础上，参考了陆克政主编的《构造地质学教程》、R. D. Hatcher 编写的《Structural Geology：Principles，Concepts，and Problems》及 S. Marshak 和 G. Mitra 编写的《Basic Methods of Structural Geology》和大量教材专著及文献编写而成。

考虑到构造地质学的发展，本书新增了一些反映构造地质学学科前沿的内容。

本书编有附篇，包括附篇一"极射赤平投影的原理和方法"和附篇二"构造地质学实验"。

本书包括九章。第一、第二、第三、第四、第五、第六章，第七章的一、二、三、四、七节和第八、第九章以及附篇二由中国石油大学(华东)的李理编写，第七章的五、六节和附篇一由中国石油大学(华东)的汪必峰编写，全书由李理统稿定稿。

北京大学的张进江教授和中国海洋大学的李三忠教授对本书的初稿作了详细审阅，提出了许多宝贵的修改意见和建议，在此深表谢忱。

限于编者水平，书中欠妥之处定会不少，敬希读者予以指正。

编　者
2012 年 1 月

目 录

第一章 绪 论

第一节 构造地质学的内涵和构造规模

一、构造地质学的内涵

构造地质学(structural geology)是地质学的基础学科之一。研究的对象是岩石圈的地质构造(简称构造),即组成地壳的岩石、岩层和岩体在岩石圈中力的作用下变形的产物。研究内容包括构造的几何形态、组合型式、形成机制和演化过程,并探讨产生这些构造的作用力的方向、方式和性质。

二、构造规模

构造规模属于构造尺度范畴。既然是岩石、岩层或岩体在力的作用下变形的产物,构造必然有不同的规模,且相差悬殊。大至全球性,如板块构造,小至纳米级,如位错构造。不同级别的构造研究内容和侧重点不同,研究方法和手段也不同。每一级别规模的构造既具有自身特征,又反映总体规律。各种规模的构造在空间上相互组合和叠加,在时间上准同时产生,且存在主次控制关系。因此,越是从不同尺度观察和研究构造,对构造的认识也越全面越深入。

为研究方便,一般将构造划分为全球构造、大型构造、中型构造、小型构造、显微构造和超微构造六级。

(1)全球构造。主要指块构造,如洋中脊构造、沟-弧-盆构造等。

(2)大型构造。主要指山系和区域性地貌的构造单元,如喜马拉雅造山带、阿尔卑斯造山带等。

(3)中型构造。造山系等区域构造单元中的次级构造单元,如复背斜、复向斜或区域性大断裂。一般为几十 km 范围,展布于1∶200 000 图幅或联幅及 1∶500 000 图幅范围内。

(4)小型构造。为露头或手标本规模的构造,如一个地段上的褶皱和断层,在1∶50 000或更大比例尺地质图上可见其全貌;或手标本上的小褶皱、断裂及劈理和线理等构造。

(5)显微构造。光学显微镜下显示的构造,如各类面理和线理。

(6)超微构造。主要是利用电子显微镜研究的构造,如位错构造。

上述构造规模的划分是相对的,变化范围很大。不同尺度构造研究的对象、任务、目的、研究方法和手段也各不相同。构造地质学的主要研究对象是中、小型构造;大型以至全球性构造则属于大地构造学(tectonics)的研究范畴;而显微构造和超微构造是构造物理学(tectonophysics)的研究范畴。

以中、小型构造为主要探讨对象的构造地质学是各地质专业的一门基础课程。它是研究大地构造学的基础,而大型构造和全球构造则是中、小型构造形成的根本,因此,在构造地质学研究中需要大型构造和更广阔的区域构造背景。同时,为了探索构造与其内部组构的关系和构造的运动学过程、动力学机制,构造地质学的研究离不开构造物理学的支持,所以,中、小型构造的研究还必须研究显微构造和超微构造。各级各类构造基本上都是在各级各类构造应力场中形成的。构造应力场可分为压缩应力场、伸展应力场和走滑应力场,及其过渡和转换型式,其中压缩构造、伸展构造和走滑构造是三种最基本的构造,方向相反应力场的更迭则会产生反转构造。它们分别有不同的基本构造形式,在地壳浅部和深部有不同的表现形式和组合。

第二节　地质构造的类型和关系

一、地质构造的类型

根据成因的不同,地质构造分为原生构造和次生构造。原生构造是指岩石或岩层在形成过程中产生的原始位态或面貌,如沉积岩的层理、火山岩的流动构造等。次生构造是原生构造在地质应力作用下发生位态或面貌的改变形成的构造,如褶皱、断层等,也称为变形构造,它是构造地质学的主要研究内容。

地质构造包括面状构造和线状构造,前者如褶皱、节理、断层、劈理,后者主要为线理,其中褶皱、断层以及劈理和线理出现在地壳浅部和深部不同层次。M. Mattauer (1980)根据岩石的变形机制将地壳划分为三个构造层次:上构造层次(海平面以上)为脆性变形机制,形成脆性断裂;中构造层次(0~3.5 km)为弯滑变形机制,形成同心、等厚褶皱,岩石未经压扁,褶皱无轴面劈理;下构造层次(3.5~11 km)分上、下两段,上段(3.5~10 km)为压扁机制,形成不等厚褶皱,褶皱伴随轴面面理(板劈理和片理),下段(>10 km)为流动机制,形成流动褶皱和深熔花岗岩(图1-1)。

二、各种地质构造之间的关系

岩石和许多金属材料相似,在外力的作用下会发生变形。变形一般分为弹性变形、塑性变形和断裂变形三个阶段。弹性变形在岩石中没有留下痕迹,而提到塑性变形人们首先想到的是褶皱,节理和断层(脆性断层)则是人们最熟悉的断裂变形,以其断裂面两侧是否存在明显位移而区分。劈理可以说是塑性变形和断裂变形之间的过渡构造,有些劈理在某种意义上属于塑性变形的最后阶段,并常常和褶皱及断层相伴生。线理则是变质和强烈变形岩石中弥漫的线状构造,往往是岩石在变形过程中的塑性拉伸或压缩的结果,与塑性变形关系密切。正如岩石有脆性、韧性一样,断层也包括脆性断层和韧性断层。脆性断层通常是指一般意义上的断层,韧性断层又称为韧性剪切带。韧性剪切带是地壳中、深层岩石塑性变形的结果,在其形成过程中,褶皱、特殊的褶皱(如鞘褶皱)、新生面理和线理与之相伴。

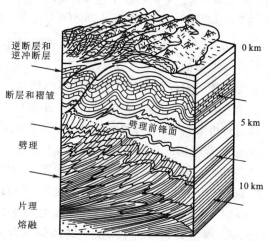

图 1-1 理想的构造层次示意图(据 M. Mattauer, 1980)

从发育演化看,上述各种地质构造或有先有后,或同时发育。以褶皱和断层的关系为例,在压缩构造发育地区,褶皱和逆断层密不可分。与变形阶段一致,容易理解的是褶皱先发育,再有逆断层产生。有些逆断层是在褶皱产生的同时产生的,还有些褶皱受逆断层控制,即逆断层在先,褶皱在后。先褶后断、边褶边断和先断后褶三种情况下,褶皱和逆断层的规模、产状、组合关系均不同。在伸展构造发育地区,正断层起主导作用,褶皱的发育受其控制,通常发育在其上盘,规模相对较小。在走滑构造发育地区,受走滑作用影响,沿着走滑断层的走向,在不同地段、深度会出现背斜或向斜,在平面上多呈雁列式或平行式排列。

再以脆性断层和韧性断层为例,发育在上地壳的正断层一般较陡,倾角大致为 60°左右,向深部变缓,倾角为 35°,并逐渐变平,成为韧性拆离断层,而韧性剪切带多发育在地壳中、深层次。若二者在空间上依次出现,就是变质核杂岩。其上盘的脆性伸展方向、拆离断层的滑动方向、下盘糜棱岩的运动方向具有一致性,反映了统一的运动方式(图 1-2)。同样,以大规模、低角度推覆距离在 10 km 以上的逆冲断层即推覆构造为例,北欧斯堪的纳维亚加里东造山带挪威地区揭示的大型推覆构造其断距高达 300 km,中蒙边界断层的推覆距离超过 180 km。这些成果证明岩石圈上部存在大规模薄皮构造(盖层的褶皱-冲断带终止于一个巨大的基底滑脱面上的构造)。主要通过大规模的逆冲推覆使地壳水平缩短、垂向加厚;通过大规模的低角度正断层,使地壳水平伸展、垂向减薄。

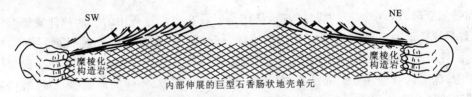

图 1-2　区域伸展条件下变质核杂岩和拆离断层的发育，
韧性剪切在深部产生糜棱岩（据 R. D. Hatcher, 1995)

　　节理与断层有着微妙的关系。同属断裂变形，节理规模相对小，断层规模大，但断层的发育离不开节理，因为任何类型的断层都需要有节理借以相对运动；断层在活动过程中又会产生新的节理，表现在断层附近节理的发育程度明显增强。褶皱和节理也有密切的关系。构造节理的类型受褶皱作用的方式控制，其分布也自然在褶皱的不同部位。如，纵张节理分布在背斜的转折端，横张节理分布在向斜的转折端，等等。

　　劈理、线理与褶皱、断层有着密切的关系。在褶皱的发育过程中，随顺层挤压作用（纵弯褶皱作用）的持续，褶皱的塑性岩层会逐渐产生轴面劈理［图 1-3(b)］，随褶皱作用进一步进行，褶皱不对称性加强，强硬岩层被拉断，形成一种大型线理——石香肠构造［图 1-3(c)］，原先的褶皱残存为无根钩状褶皱。到褶皱作用晚期，轴面劈理不见踪迹，形成一种新的劈理类型——片理或流劈理，褶皱面目全非，仅在个别部位残留无根钩状褶皱［图 1-3(d)］。因此可以说，从某种意义上，褶皱控制着某些劈理和线理的产生，同时，这些劈理和线理又改造着褶皱。褶皱和劈理的这种关系，在压缩构造发育地区，就是 M. Mattauer 不同深度的构造分层（图 1-1）的原因。需要注意的是，在褶皱的发育过程中，作为原始层面的层理（S_0）从依稀尚辨到荡然无存，被新生的轴面劈理或片理所取代，称为构造置换。构造置换是岩石中的一种构造在后期变形中通过递进变形过程被另一种构造所代替的现象。它在地壳收缩体制下发生，其机制一般与纵弯褶皱作用和压扁压溶作用下轴面劈理的发育过程相联系。

　　同褶皱控制某些劈理发育一样，断层也控制着劈理的产生和类型。在断层的形成和两盘相对运动过程中会产生各种劈理，它们称为断层劈理，分布在断裂带内及其附近两盘岩石中，其产状与断层面斜交或近于平行。在强烈变形的韧性剪切带里多为流劈理，呈"S"型展布，但在脆性或脆—韧性断层破碎带里，则多为破劈理和褶劈理。

　　已经产生的构造，在后期变形中还会继续变形，这就是构造叠加。构造叠加是指已变形的构造又再次变形而产生的复合现象。如相同方向、不同方向两期褶皱的叠加。叠加亦发生在断层构造上，如先期挤压形成逆断层，之后伸展成为正断层，这种先挤压后伸展、在垂向上叠加形成负反转构造；反之，则为正反转构造。

　　上述各种构造及其关系是岩石、岩层在构造应力作用下的产物，岩石的性质及其组合的不同自然对构造的形成、发育、垂向分布有明显的影响。如，相同情况下，脆性岩石和韧性岩石受力后释放应力的方式不同，前者为断裂变形，后者为塑性变形。岩石的性质对褶皱、断层等各类构造的形成和发育都有明显的影响。对褶皱的影响表现在：① 能

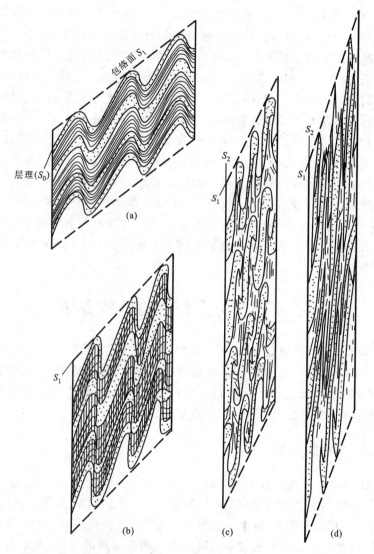

图 1-3 纵弯褶皱作用与压扁作用示意图(据 F. J. Turner 和 L. E. Weiss,1963)
(a) 层理(S_0)形成近似相似型褶皱,层理总方位由褶皱的包络面 S_1 表示出来;(b) 褶皱压紧,
倒转翼拉薄,塑性岩层开始发育轴面劈理;(c) 褶皱进一步压紧,强岩层拉断形成石香肠构造,
残留钩状褶皱,翼部面理 S_2 已同岩性层平行;(d) 新生面理 S_2 与岩性层完全平行,个别部位
仍残留无根褶皱。注意构造置换过程中 S_0 的总方位与新生面理的斜交关系

否形成褶皱;② 褶皱规模、主次褶皱的关系;③ 主波长和接触应变带;④ 岩石是通过弯滑
作用还是弯流作用变形,是通过纵弯褶皱作用还是相似褶皱作用而变形。对断层的影响
表现在:① 断层的倾角大小(浅部倾角陡,深部倾角缓)和剖面组合;② 生长断层伴生构
造——滚动褶皱的类型;③ 阶梯状断层的产状,陡、缓两套逆冲断层穿过岩性差异显著、
厚度很大的两个岩系,断层发育会发生明显变化。对节理的影响表现在:① 节理的发育

程度,一般脆性岩石较韧性岩石节理更发育,薄层岩石较厚层岩石节理更发育;② 节理的类型、间距和分布。岩石的性质还影响劈理的发育层位和深度,在压扁作用中,轴面劈理首先出现在褶皱的塑性岩层中,因为塑性岩层更容易屈服于压扁作用。同理,相同变形条件下,塑性岩石和脆性岩石出现的劈理前锋面深度也不同,前者浅,后者深。显微和超微构造研究揭示了岩石变形的主要机制,包括碎裂作用、位错滑移、位错蠕变、晶缘扩散(无水条件的 Coble 蠕变和含水条件的压溶作用)、Habarro-Herring 蠕变(粒内扩散)和动态重结晶作用。根据一些常见造岩单矿物或组合的蠕变实验所确立的流变律,不同变形机制所处的温度、压力、差应力和应变速率等条件不同。如,碎裂作用发生在低温、低压(或高孔隙流体压力)、高差应力和高应变速率条件下,大多数矿物通过断裂或微破裂而变形。围压较高时,颗粒边界或贯穿矿物颗粒的微破裂遍及整个岩石,却未丧失内聚力,形成碎裂岩。无水条件下的颗粒边界扩散,物理上称为 Coble 蠕变,要求温度较高。通过颗粒内部的物质扩散,称为 Habarro-Herring 蠕变,要求高温低应力条件。

第三节　构造分析的基本方法

地球在其漫长的演化历史中,经历了无数次构造变动,留下了错综复杂的地质构造形迹。今天我们所观察到的现象,是不同地史期间内的多种地质作用叠加的结果。如何研究构造,认识其基本面貌,揭示其发展过程和形成原因,一直是构造地质学家不懈探索的课题,并从不同视角提出了各种研究思路和方法。

一、比较构造学方法

H. Stille (1924)提出了比较构造学分析方法,强调通过比较去鉴别、分类,找出共性、个性和变化规律,从而进行成因机理的探讨。该方法影响深远,至今仍广泛应用。

黄汲清(1980)指出历史-构造比较分析法是"以各种地质、地球物理、地球化学资料为基础,按地史发展的顺序探讨不同阶段大地构造发展的特点,着重研究和比较壳、幔各部分构造的发生、发展和转化,找出它们之间的共同性和差异性,阐明它们的运动规律"。

比较构造学分析包括许多方面,即构造层、构造-岩石组合或建造、不整合、旋回、沉降史、岩浆活动、构造变动、变质作用、成矿作用、地球物理场、地球化学元素及其变化等。构造单元的划分是比较构造学分析的结果,是一项有高度综合性的工作,其研究成果是十分有意义的。每个单元都有自己特有的岩石组合、变形特点、形成环境和形成时间。这种比较不同构造单元特征的方法不仅可以解释造山带中的复杂现象,而且可弥补缺失的记录。

二、地质力学方法

地质力学是根据所观察到的现存构造形态、分布排列及彼此干涉关系,用应力与应变关系分析并配合构造物理模拟实验来解释构造体系的发生和发展。

李四光(1947)对地质力学方法总结出下列七个步骤:

① 鉴定每一种构造形迹或构造单位结构要素的力学性质。

② 辨别构造形迹的序次,按照序次查明同一断裂面力学性质可能转变的过程。

③ 确定构造体系的存在和它们的范围。

④ 划分巨型构造带,鉴定构造型式。

⑤ 分析联合和复合的构造体系。

⑥ 探讨岩石力学性质和各种类型的构造体系中应力活动方式。

⑦ 模型实验。

三、地质构造的力学分析与历史分析相结合

张文佑(1984)提出了构造分析中的地质力学分析与地质历史分析相结合的原则。地质力学分析是基础,强调各构造要素的空间组合;地质历史分析是综合,着重各类地质体的时间演化。其精髓在于"时间和空间的对立统一,建造与改造的对立统一(包括形成与形变的统一)"。其内容应包括正确运用和认识下述几个方面的对立统一关系:

① 形成(或建造)分析与形变(或改造)分析相结合。形成是形变的基础,同期形成决定同期形变,前期形变控制后期形成。

② 历史演化的分析与构造的现存状态的研究相结合。历史演化是现存形式的基础,即构造的继承性与构造的新生性的相互关系。

③ 空间的分布与时间发展的研究相结合。空间分布是基础,时间发展演化是综合。

④ 小(微)型构造的研究与大型构造的分析相结合。小型构造研究是大型构造研究的基础,即构造的相似性与非相似性的统一。

⑤ 深层构造的研究与表层构造的研究相结合。深层构造是表层构造的基础,即深层控制浅层,浅层影响深层,或者说基底控制盖层,盖层影响基底。并须充分注意同一构造组合在不同构造位的差异及其内在联系。强调渐变与突变、连续性与阶段性的地球发展观。

四、解析构造学方法

马杏垣(1983)指出构造地质学应采用先进的解析构造学方法。它包括几何学的解析、运动学的解析和动力学的解析等三个方面。解析的思维方法就是把复杂事物分解为简单的要素加以研究的方法。解析的目的是透过现象掌握本质,探索各种构造现象的相

互联系、相互作用、相互制约、相互转化并查明它们在地壳、岩石圈结构中的地位和作用。

① 几何学解析就是认识和测量各类各级构造的形态、产状、方位、大小、构造内部各要素之间及该构造与相关构造之间的几何关系，从而建立一个完整的具有几何规律的构造系或型式。几何学分析提供的资料和数据则是运动学和动力学分析的基础。

② 运动学解析的目的在于再现岩石形成至变形期间所经历的过程和发生的运动，主要是通过对岩石或岩层中的原生构造，尤其是次生构造的分析揭示其运动规律，解释改变岩层和岩体的位置、方位、大小和形态的平移、转动、体变及形变的组合情况。

③ 动力学解析是要阐明产生构造的力、应力和力学过程，其目的是查明变形应力的性质、大小和方位。在进行动力学分析时，常常要求定量评价地质标志体的原始大小和形状的改变程度，即进行应变分析。所以，应变分析已成为构造分析的基础。

在解析中要研究构造变形场，分出伸展、挤压、走滑及复合等不同样式或组合型式。要研究不同构造层次构造样式，不同层次间有滑脱面，新构造叠加于老构造之上，地壳甚至地幔变形可出露于地表。要考虑构造尺度和时间尺度，研究不同构造单位、不同阶段的演化序列和速率。

构造地质学发展至今，对地质构造的分析可能要求运用上述多种方法，对地质构造进行几何学、运动学及动力学分析，注重三维几何学研究，注重包括褶皱倒向、牵引褶皱、羽状节理及擦痕和阶步、韧性剪切带的 S-C 组构、鞘褶皱、旋转碎斑等各规模的运动指向分析，断层横向上的伸展量（率）或压缩量（率）、垂向上的生长指数、落差分析，进行构造平衡剖面恢复，选用合适的年代学方法，对不同变形序列的活动年代进行测年，重视构造发育渐变与突变、连续性与阶段性，建立以时间为线索的四维构造模型，并通过构造物理模拟和构造应力场数值模拟，才可能揭示其发展过程和形成原因，还原其本来面貌。

第四节　构造地质学的研究方法和意义

一、构造地质学的研究方法

构造地质学是一门传统的学科，野外观察和地质填图是其最基本的研究方法。通过野外地质调查填绘的地质图，不仅反映出一个地区各种岩层和岩体的分布，而且根据岩层和岩体的产状、相互关系和各自的时代，可以认识研究区各种地质构造的形态、组合特征和发育演化史。航空技术、3S（GPS，GIS 及 RS）技术的应用，扩大了观察地表地质构造的视域和深度，弥补了野外地质观察的局限性。钻井和重力勘探、磁法勘探、电法勘探和地震勘探以及地震层析成像等地球物理探测技术的应用，为解释地下构造提供了重要的资料，为全球构造研究、不同构造域的对比研究和规律性认识提供了深层过程与基本要素（滕吉文，2003）。构造地球化学对于研究地质构造作用与地球化学过程之间在空间上、时间上和成因上的联系提供了可能。岩石学在构造地质学研究中的作用越来越受到重视。而构造物理模拟、构造应力场数值模拟和同位素地质年代学等方法的应用,为构造地质学向更深层以及定量化研究提供了条件。构造物理模拟更多考虑岩石圈多层模型(上、中、下地壳、岩石圈地幔和软流圈地幔)不同的流变学强度、不同边界条件下的变形和构造演化,不同岩层流变性的差异是影响逆冲叠覆构造后期构造样式和构造形态的重要因素,等等。构造应力场数值模拟已由二维发展到三维构造演化过程及其形成演化过程中的应力场分布状态,实现了动力学演化机制的定量研究。^{40}Ar/^{39}Ar、K-Ar、裂变径迹(FT)、(U-Th)/He等同位素年代学方法用于构造地质学研究,能够较好地确定变形序列及其精细活动年代。

多种先进手段的运用,多学科的交叉研究和研究成果的吸纳,特别是数值模拟和同位素地质年代学等的应用,使现代构造地质学已经实现了由定性向定量、由几何学向动力学的转变,拓展了研究的时间和空间视野(从全球到局部,从宏观到微观以至超微观),使得构造地质学取得了空前的发展。

二、构造地质学的研究意义

构造地质学研究的理论意义在于阐明地质构造在空间上的相互关系和时间上的发育顺序,探讨地壳构造演化和地壳运动规律及其动力来源。在实践中,地质矿产资源和能源的成矿背景,控矿容矿因素都与构造演化、构造环境和成因机制紧密联系。如,对石油和天然气勘探开发而言,研究不同类型地质构造特征及演化意义重大,构造通过控制沉积控制着烃源岩的形成及分布、储层和盖层的组合,断层和节理是油气有效的运移通道,构造圈闭为油气的聚集提供了场所和条件,后期构造运动对先期油气藏有可能起到破坏作用,因此,可以说构造控制着油气形成的全过程。构造地质作用更是地质灾害发生的重要的决定因素,如构造地震是由断层的活动引起的;工程建设及减灾等环境科学问题,如,水库、大型建筑及国防设施、能源地下储存等,也与构造地质学的研究直接相关联。构造作用或构造运动常是其他地质作用的起始或触发的主要因素,因此,构造地质学理论通常构成地质学的基础理论。

参考文献

[1] Cacace M, Bayer U, Marotta A M. Late Cretaceous-Early Tertiary tectonic evolution of the Central European Basin System (CEBS): Constraints from numerical modeling. Tectonophysics, 2009, 470: 105-128.

[2] Chemenda A I, Hurpin D, Tang J C, et al. Arc-continent collision and mechanism for the burial and exhumation of UHP/LT rocks constraints provided by experimental and numerical modeling. Tectonophysics, 2001, 342: 137-161.

[3] Hatcher R D. Structural geology: principles, concepts, and problems. United States

of America,1995:393-406.

[4] Hobbs B E, Means W D, Williams P F. 构造地质学纲要. 刘和甫等译. 北京:石油工业出版社,1982.

[5] Huerta A D, Harry D L. The transition from diffuse to focused extension: Modeled evolution of the west Antarctic rift system. Earth and Planetary Science Letters, 2007, 255:133-147.

[6] Maria L, Fabrizio S, Juan-Carlos B, et al. Role of decollement material with different rheological properties in the structure of the Aljibe thrust imbricate (Flysch Trough, Gibraltar Arc): An analogue modeling approach. Journal of Structural Geology, 2003, 25: 867-881.

[7] Mattauer M. 地壳变形. 孙坦等译. 北京:地质出版社,1984:124-132.

[8] Twiss R J, Moores E M. Structural geology. W. H. Freeman and Company, New York, 1992: 1-9.

[9] 董树文,陈宣华,史静,等. 20世纪地质科学学科体系的发展与演变——根据地质论文统计分析. 地质论评, 2005, 51(3): 275-287.

[10] 马杏垣. 解析构造学当议. 地球科学,1983,3:1-9.

[11] 张文佑. 断块构造导论. 北京:石油工业出版社,1984.

[12] 朱志澄. 构造地质学. 武汉:中国地质大学出版社,1999.

第二章 地质体的产状和地层接触关系

第一节　面状构造和线状构造的产状

地壳-岩石圈是由沉积岩、岩浆岩和变质岩及其变形构造组成的。自地表向地下深处,占主导地位的沉积岩逐渐让位于变质岩和岩浆岩。地质工作者直接面对的各种地质实体大多是由三大类岩石组成的各级各类构造。虽然构造的成因、类型、规模和形态千差万别,但从几何学看,其基本构造可归纳为面状构造和线状构造。观测和确定其方位和空间状态,即其产状,则是构造研究的基础。

一、面状构造的产状要素

平面的产状(planar attitude)是以其在空间的延伸方位及其倾斜程度来确定的(图 2-1)。任何面状构造或地质体界面(岩层面、断层面、节理面等)均以其走向、倾向和倾角的数据表示。

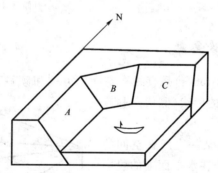

图 2-1　平面的产状示意图(据 S. Marshak 和 G. Mitra, 1998)

(1)走向(strike):倾斜平面与任意水平面的交线(或相同高度两点的连线)称为该层面的走向线(图 2-2 中的 AOB)。走向线两端延伸的方向为走向,它表示倾斜平面在空间的水平延伸方向。任何一个平面都有无数相互平行、不同高度的走向线。

倾斜平面的走向都有两个数值,二者相差 180°。图 2-2 中若 $\overrightarrow{OA}$ 指向北,那么 $\overrightarrow{OB}$ 则指向南,用方位角分别表示为 0°和 180°。

(2)倾向(dip):倾斜平面上与走向线相垂直的线叫倾斜线(图 2-2 中的 OE)。倾斜线在水平面上的投影所指的该倾斜平面向下倾斜的方位,即倾向(图 2-2 中的$\overrightarrow{OE'}$)。

倾向和走向垂直,假定图 2-2 中表示的倾斜平面的走向$\overrightarrow{OA}$指向北,则其倾向用方位角表示为 90°。

(3)倾角(dip angle):指倾斜平面的倾斜线及其在水平面上的投影线之间的夹角(图 2-2 和图 2-3 中的 α 角),即在垂直倾斜平面走向的直立剖面上该平面与水平面间的夹角。

当剖面与岩层的走向斜交时,岩层与该剖面的交线叫视倾斜线;视倾斜线与其在水平面上的投影线之间的夹角(图 2-3 中的 β 角),叫视倾角。视倾角总是小于真倾角。真倾角与视倾角的关系如图 2-3 所示,可用数学式表示为:

$$\tan \beta = \tan \alpha \cdot \cos \omega \tag{2-1}$$

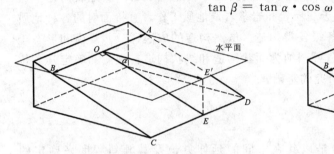

图 2-2 倾斜平面的产状要素
AOB—走向线;OA,OB 为走向;
OE—倾斜线;OE'—倾向;α—倾角

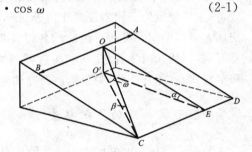

图 2-3 视倾角和真倾角的关系
α—真倾角;β—视倾角;
ω—真倾角与视倾角之间的夹角

二、线状构造的产状要素

直线的产状(linear attitudes)是直线在空间的方位和倾斜程度,包括倾伏(倾伏向、倾伏角),及其所在平面上的侧伏(侧伏向和侧伏角)。

(1)倾伏向(plunge):某一直线在空间的延伸方向,即某一倾斜直线在水平面上的投影线所指示的该直线向下倾斜的方位(图 2-4 中的$\overrightarrow{OB}$),用方位角或象限角表示。

(2)倾伏角(plunge angle):指直线的倾斜角,即直线与其水平投影线间所夹锐角(图 2-4 中的 γ 角)。

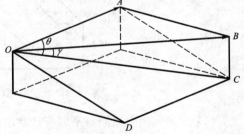

图 2-4 直线的产状要素
OB—倾伏向;γ—倾伏角;OA—侧伏向;θ—侧伏角

(3)侧伏角(rake):当线状构造包含在某一倾斜平面内时,此线与该平面走向线所夹锐角,即此线在那个平面上的侧伏角(图 2-4 中的 θ 角)。

（4）侧伏向（pitch）：构成侧伏角的走向线的那一端的方位（图 2-4 中的 $\overrightarrow{OA}$）。如 30° N，表示侧伏角为 30°，构成侧伏角的方位指向北。

三、产状的表示和确定

（一）岩层面产状的表示

在地质图上常用特定的符号来表示面状构造或线状构造的产状，面状构造常用的产状符号及其代表意义如下：

↦30°倾斜岩层，其中长线为走向（线）、短线箭头表示倾向、数字表示倾角，长短线要按实际方位标绘在图上；

✛ 水平岩层（倾角为 0°～5°）；

⊹ 直立岩层，箭头指向新岩层，长线表示走向；

⥮70°倒转岩层，箭头指向倒转后的倾向，即指向老岩层，数字为倾角，长线表示走向。线状构造中常用倾伏产状，符号及其代表意义如下：

↗70°，箭头代表倾伏方向，角度代表倾伏角。

（二）岩层面产状的确定

测量或求算岩层产状的方法较多，但是大体上可分为直接测量和间接求法两种情况。

（1）直接测量。在野外出露的岩层层面上直接用罗盘测量产状数据，这是常用而简便的方法。如图 2-5 所示。

（2）间接求法。在很多情况下，由于种种原因我们不能在野外直接测量产状，而要根据有关资料间接求得。产状要素的间接求法又可分为作图法和计算法两种（具体见实验相关内容）。

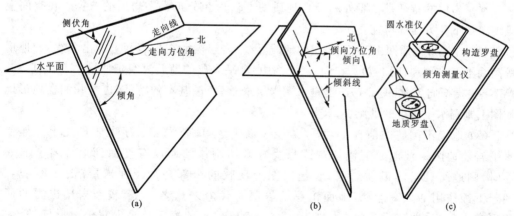

图 2-5　直接法测量面状构造的产状

（a）走向、倾角及侧伏角定义，方位角以北为起点顺时针计算；（b）倾斜面倾向定义，方位角以北为起点顺时针计算；（c）构造罗盘可以直接测量出倾向和倾角，地质罗盘可测出走向，将罗盘旋转 90°用倾角仪测出倾角

<h1>第二节 水平岩层</h1>

在广阔而平坦的沉积盆地(如海洋和大湖泊)中所形成的沉积岩层,其原始产状大都是水平的或近于水平的。沉积岩层形成时由于地形起伏造成的倾斜状态叫原始倾斜,原始倾斜一般在古隆起的周围或在沉积盆地的边缘发育(图2-6)。由于构造运动造成水平岩层发生构造变形,易形成倾斜岩层、直立岩层、倒转岩层和各种褶皱形态,但也有一些岩层仍保持其水平状态。

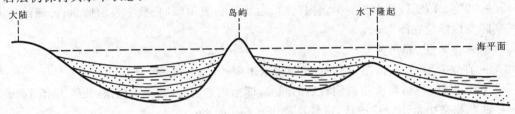

图2-6　水平岩层和原始倾斜岩层

<h2>一、原始产状岩层——水平岩层的概念</h2>

岩层层面保持近水平状态,即同一层面上各点海拔高度都基本相同,具有这样产状的岩层称为水平岩层。

<h2>二、水平岩层的特征</h2>

水平岩层的特征是在野外和地形地质图上认识和分析水平岩层的依据。在空间上表现出如下几方面的特征:

(1)在地形地质图上,水平岩层的地质界线(岩层层面在地表面上的出露线)和地形等高线平行或重和(图2-7)。在河谷、冲沟中,水平岩层的地质界线延伸呈"V"字形,其"V"字尖端指向上游(图2-7)。这是水平岩层最重要、最基本的特征,也是我们在地形地质图上判别水平岩层的准则。

(2)地层不倒转的前提下,水平岩层上新下老,即新岩层位于老岩层之上。如果水平岩层地区未被地面河流切割或只受轻微切割侵蚀而没有侵蚀到上覆岩层的底面时,则地面只出露最新岩层,在地质图上反映的全部是最上面岩层[图2-8(a)]。随着下蚀作用的加宽加深,地面出露的岩层时代愈来愈老,上覆较新岩层出露的面积也愈小,地质图变得愈复杂[图2-8(b)],而且较老的岩层总是出露于地形低处(如河谷、冲沟等),最新的岩层分布在山顶或分水岭上。即岩层愈老出露位置愈低,愈新出露位置越高(图2-7、图2-8)。

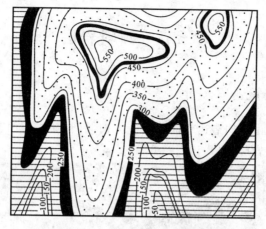

图 2-7 水平岩层分布特征

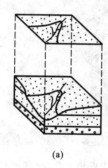 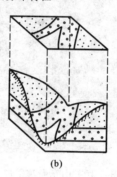

(a)　　　　　　　　(b)

图 2-8 出露的水平岩层立体和平面图（据 A АПРОДОВ，1952，简化）

(a)切割轻微；(b)切割强烈

（3）水平岩层的厚度为该岩层顶、底面的标高差。因此，在地形地质图上求水平岩层厚度的方法较简单，只要知道岩层顶面和底面的高程，二者相减即得。

（4）水平岩层在地质图上的露头宽度取决于地面坡度和岩层厚度（图 2-9）。这里的露头宽度是指岩层在野外露头宽度的水平投影宽度，即岩层上、下层面在地面上的出露界线之间的水平距离（图 2-9 中的 l_1，l_2，l_3 和 l_4）。

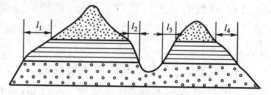

图 2-9 水平岩层露头宽度与厚度、地形之间的关系

当地面的坡度相同时，厚度大的岩层露头宽度就大；当岩层厚度相等时，地面坡度缓，露头宽度就大。在直立的陡崖处，岩层上、下界线的投影线重合为一条线，亦即露头宽度为零，从而在地质图上呈现出岩层尖灭的假象。因此在地质图上分析尖灭时需要特别注意。

第三节　倾斜岩层

一、倾斜岩层的概念

原来水平的岩层,由于构造运动向着某一方向倾斜,使岩层面与水平面有一定的交角,这样的岩层叫倾斜岩层(图 2-10)。

图 2-10　山东新汶下白垩统水南组倾斜岩层(李理摄)

二、倾斜岩层的分布特征

在一定的范围内,倾斜岩层的分布特征有如下规律:

(1)在没有发生倒转的前提下,倾斜岩层顺倾向方向依次由老变新。

(2)在地质图上倾斜岩层的地质界线与地形等高线弯曲相交,这和水平岩层及直立岩层截然不同。

(3)地形坡向、坡度与倾斜岩层的倾向、倾角的关系影响地质界线和地形等高线在地质图上的弯曲方向和曲率(弯曲度)。例如,坡向与倾向相反,地质界线和地形等高线弯曲方向相同,但地形等高线曲率大。由于地质界线和地形等高线在沟谷或山脊处呈"V"字形,所以称为"V"字形法则。

"V"字形法则一般包括如下几个方面内容:① 逆向坡时,同向弯曲,地质界线的曲率(或弯曲度)小于地形等高线曲率,呈钝"V"字形[图 2-11(a)];② 顺向坡、倾角大于坡角时,地质界线与等高线的弯曲方向相反,简称反向弯曲[图 2-11(b)];③ 顺向坡、倾角小于坡角时,地质界线与等高线的弯曲方向相同,即同向弯曲,且地质界线的曲率(弯曲度)大于等高线的曲率,呈尖"V"字形[图 2-11(c)]。

从图 2-11 中可以知道,当岩层走向与沟谷或山脊延伸方向呈直交时,"V"字形大体对称,当二者斜交时,"V"为不对称型。若岩层倾向与沟谷方向一致,倾角与坡角也相等,则露头界线沿沟谷两侧呈平行延伸[图 2-11(d)],只在上游沟谷坡度变陡处,岩层面或其他构造面横跨沟谷而出现"V"字形的露头形态。

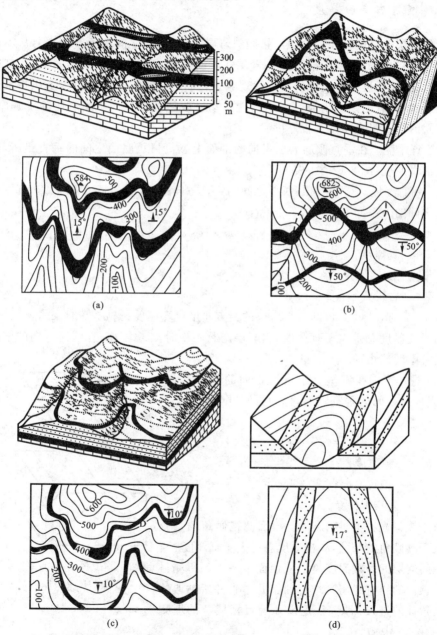

图 2-11　倾斜岩层分布形态(a～c 图据徐开礼等,1984;d 图据 D. M. Ragan,1973)

在野外填大、中比例尺地形地质图或在室内分析地形地质图时,运用"V"字形法则可以定性地分析不同地形上出露的各岩层的产状变化规律。"V"字形法则也可用于分析一切较平整的构造面,如断层面、不整合面等的露头线的分布形态。

三、倾斜岩层的厚度

倾斜岩层的厚度(thickness)泛指倾斜岩层上、下层面之间的垂直距离。从不同的剖面观察,倾斜岩层的厚度不同。同一岩层在不同地段或在同一地段不同部位,其厚度会有明显变化,甚至可能会出现岩层尖灭现象。它们有的是原来沉积时由沉积物沉积的不均衡性所致,而有的是由于被后来的构造运动所改造的结果。倾斜岩层除了真厚度(简称厚度)外,还有铅直厚度和视厚度。

(1)真厚度。在垂直倾斜岩层走向的剖面上,岩层顶、底面之间的垂直距离,叫做倾斜岩层的真厚度(图 2-12 中的 h)。

(2)铅直厚度。指岩层顶、底面之间的铅直方向距离(图 2-12 中的 H)。真厚度和铅直厚度之间的关系如下(图 2-12):

$$h = H \cdot \cos \alpha \qquad (2\text{-}2)$$

式中　h——真厚度;

　　　H——铅直厚度;

　　　α——岩层真倾角。

当 $\alpha = 0°$ 时,$\cos \alpha = 1$,即水平岩层的铅直厚度=真厚度;当 $\alpha > 0°$ 时,$\cos \alpha < 1$,故倾斜岩层的铅直厚度总是大于真厚度;当岩层产状不变时,α 也不变,在任意方向的剖面上量得的铅直厚度都相等。

(3)视厚度。在不垂直于岩层走向的剖面上,岩层顶、底界线之间的垂直距离,称为视厚度(图 2-12 中的 h')。

$$h' = H \cdot \cos \beta \qquad (2\text{-}3)$$

式中　h'——视厚度;

　　　H——铅直厚度;

　　　β——岩层视倾角。

由于视倾角总是小于真倾角,因此视倾角的余弦总是大于真倾角的余弦,故视厚度总是大于真厚度。

倾斜岩层的埋藏深度是指从地面某一点到所测目标岩层顶面的铅直距离。在石油钻井中直井所钻遇的目标层顶面的进尺深度,就是该井处目标层位的埋藏深度(图 2-13 中的 AC)。

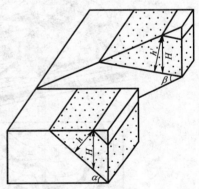

图 2-12　真厚度、铅直厚度和视厚度
h—真厚度;H—铅直厚度;h'—视厚度;
α—岩层真倾角;β—岩层视倾角

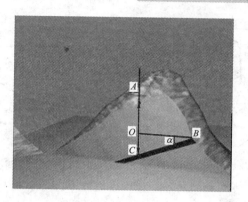

图 2-13　倾斜岩层的埋藏深度(据陈清华等,1998)

四、倾斜岩层的露头宽度

倾斜岩层的露头宽度指的是倾斜岩层出露宽度的水平投影,也就是倾斜岩层在地质图上反映的宽度。

倾斜岩层的露头宽度取决于地形(坡向和坡角)、岩层产状(倾向和倾角)和该岩层的厚度。这些可变参数之排列组合决定着不同情况和条件下的岩层露头宽度的大小。

(1) 当地形和岩层产状不变时,露头宽度取决于岩层厚度,厚者宽,薄者窄[图 2-14(a)]。

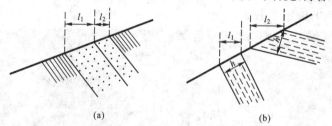

(a)　　　　　　　　　(b)

图 2-14　地形不变时露头宽度与厚度、倾角的关系

(2) 当地形和厚度不变时,露头宽度取决于岩层倾角,倾角越小,露头宽度越大;倾角愈大,露头宽度愈小[图 2-14(b)]。

(3) 岩层产状和厚度不变时,露头宽度取决于地形、坡度和坡向。地形愈缓,露头愈宽;地形愈陡,露头愈窄。在陡峭的山崖上,露头宽度为零,即为一条线,造成岩层在平面上"尖灭"的假象(图 2-15)。

但必须注意例外的情况,在岩层倾向与坡向相同(顺向坡)且倾角大于坡角的情况下,坡角愈大(但不能大于倾角),则露头宽度愈大(图 2-16)。

总之,影响倾斜岩层露头宽度变化的因素较复杂,而且诸因素之间也相互影响与制约,因此在实际工作中对具体情况要具体分析上述三个因素(或条件)的变化,从而分析和总结露头宽度的变化规律。

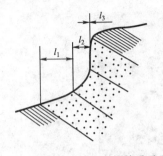 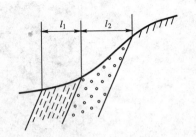

图 2-15　露头宽度与坡度的关系示意图　　　　图 2-16　顺向坡露头宽度与坡角的关系
岩层产状与厚度不变时　　　　　　　　　　　　岩层倾角大于坡角时

第四节　直立岩层

一、直立岩层的概念

直立岩层指层面近直立（倾角 85°～90°）的岩层。秦皇岛石门寨野外地质实习祖山路线中在山羊寨可以观察到奥陶系直立灰岩岩层，由于溶蚀作用，其中还发育落水洞（图 2-17）。秦皇岛石门寨乡黑山窑村也可以观察到二叠系孙家沟组直立砂岩岩层，由于岩层面近于直立，一棵松树扎根于其上，造成根劈现象。

图 2-17　秦皇岛祖山山羊寨奥陶系直立岩层（箭头所指为落水洞）（李理摄）

二、直立岩层的出露特征

直立岩层出露形态不受地形的影响,呈直线状,其延伸方向为其走向(图 2-18Ⅱ);其露头宽度近于或等于岩层的真厚度,且不受地形的影响(图 2-19)。

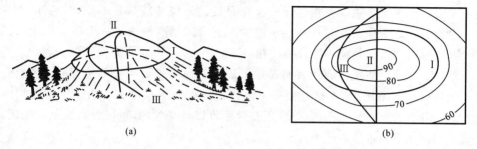

(a)　　　　　　　　　　　　　　　(b)

图 2-18　不同产状岩层的露头状态(据徐开礼等,1984)

(a)立体图;(b)平面图

Ⅰ—水平岩层;Ⅱ—直立岩层;Ⅲ—倾斜岩层

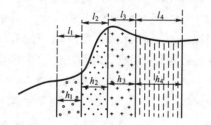

图 2-19　直立岩层露头宽度示意图

第五节　地层接触关系

地层之间的接触关系,是构造运动和地质发展历史的记录。地层接触关系基本上可分为整合和不整合两大类型。

一、整合与不整合

(一)整合接触

如果一个地区地壳长期相对稳定下降,或虽上升但未超过沉积基准面以上,或地壳升降与沉积处于相对平衡状态,沉积物就会一层层连续不断堆积,而没有沉积间断。这样一套时代连续、岩性及其所含化石一致或递变、产状一致的地层之间的接触关系,为整合接触(conformity)。

（二）不整合接触

如果上、下两套地层之间有明显的沉积间断，即先、后沉积的上、下两套地层之间有明显的地层缺失，这种接触关系为不整合接触（unconformity）。这里"缺"代表当时没有沉积，"失"代表沉积之后被剥蚀掉了。如何界定"明显的地层缺失"？即缺失多少地层才称为不整合？原则上必须缺失相当于一个化石带的地层才能算是不整合。实际工作中确定一个化石带是否存在并非易事。一般情况下，将"至少缺失了一个阶或一个段的地层"定为明显缺失，依此判断不整合的存在。

显然，上、下两套地层之间代表明显地层缺失的地质界面叫做不整合面。不整合面以上的地层叫做上覆地层，不整合面以下的地层则称为下伏地层。由于下伏地层岩性和/或产状不同，受差异风化作用影响，不整合面可以是平整的，也可以是高低起伏的，反映上覆地层沉积前的古地貌形态。

按照成因，不整合有两种类型，即平行不整合和角度不整合。

1．平行不整合

平行不整合（parallel unconformity）也叫假整合（disconformity），主要表现在不整合面上、下两套地层的产状基本一致，但有明显的沉积间断。其形成过程为：下降、沉积→上升、沉积间断、遭受风化剥蚀→再下降、沉积，反映地壳的升降运动。如秦皇岛石门寨西门中奥陶统与中石炭统直接接触，两套地层之间缺失了大量地层（代表大约 140 Ma 的沉积间断），但两者产状基本一致，仅以一古风化侵蚀面分开。该平行不整合在山东新泰市新汶地区和淄博市博山地区也可以清楚地观察到，这是中国华北和东北南部地区一个区域性的平行不整合。

容易理解，在地质图和剖面图上，平行不整合表现为上覆地层的地质界线与下伏不同时代地层的地质界线平行。

2．角度不整合

角度不整合（angular unconformity）即狭义的不整合，是指不整合面上、下两套地层之间不仅有明显的地层缺失，而且产状不同。角度不整合的上覆岩系层面通常与不整合面大致平行，而下伏岩系的地层层面则与不整合面呈截交关系。不整合面与下伏岩层层面所构成的锐角叫做不整合角。由于下伏岩系在各处的起伏状态不同，遭受的剥蚀程度也不同，所以同一个不整合面的不整合角在不同地区可以不同。

角度不整合的形成过程为：下降、沉积→构造运动（褶皱）、上升、沉积间断遭受风化剥蚀→再下降、沉积，反映地壳的升褶降运动。角度不整合在形成过程中的褶皱作用常伴有断裂变动、岩浆活动、区域变质作用等，因此，除产状不同外，还存在上覆地层和下伏地层的褶皱形式、变形强弱不同，断裂构造发育程度和性质不同，上、下两套地层之间构造方位不同，岩浆活动和变质程度也常常有明显差异。角度不整合上覆地层的底面往往切过下伏构造和不同时代地层的界面（图 2-20），变形较弱、基本水平的古近纪林子宗火山岩切过强烈褶皱变形的晚白垩世设兴组沉积岩，为典型的角度不整合。

图 2-20 西藏地区古近纪火山岩/晚白垩世沉积岩角度不整合(丁林摄)

在地质图和剖面图上,角度不整合上、下两套地层产状不同可以表现倾向不同、倾向相同、倾角不同或倾向和倾角都不同。如图 2-21 所示,图 2-21(a)表示角度不整合的上、下两套地层之间走向相同,仅倾角不同;图 2-21(b)则表现为走向和倾向、倾角均不相同。此时在平面地质图上,上覆地层的最老地质界线 K_1^1 底面与下伏地层的地质界线相交截。

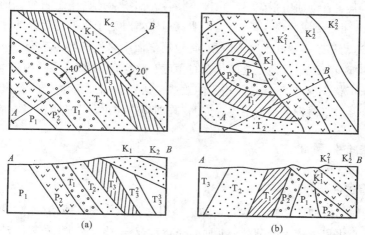

图 2-21 角度不整合在平面图和剖面图上的表现(据陆克政,1996)
(a)走向、倾向一致,倾角不一致;(b)走向、倾向和倾角都不一致

在秦皇岛黑山窑村,上三叠统杏石口组直接与二叠系石千峰组接触,上、下产状不同,前者为 $255°\angle15°$,后者为 $345°\angle40°$,二者倾向和倾角都不同,其间有明显的地层缺失(图 2-22),是一个典型的角度不整合。

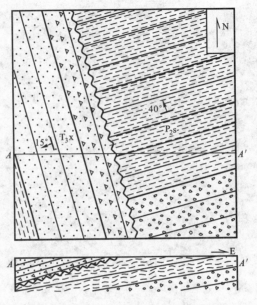

图 2-22　秦皇岛石门寨黑山窑村角度不整合

　　角度不整合的存在,说明该区在上覆地层沉积之前曾发生过褶皱、上升等构造变动。因此它是划分大地构造单元和构造运动阶段的重要依据。它在垂直剖面中往往不止一个,其分布也不均一,不整合分布的范围就是构造运动波及的范围。在地壳构造发展比较稳定的地区或阶段,其垂直剖面中很少出现角度不整合。如华北地区整个古生代的地层剖面中多见平行不整合而无区域性角度不整合,表明该地区当时处于以升降运动为主的相对平衡时期。在地壳运动复杂多变的地区或阶段,其地层剖面中多见角度不整合。如华北地区侏罗系、白垩系内部及其与下伏地层之间都存在角度不整合,表明该区在燕山运动时期地壳运动强烈。总之,不整合越多,下伏地层遭受的改造越强烈、复杂。不整合的次数,代表地壳运动的次数,要恢复较早时期的构造形态,必须将晚期构造加在老构造上的影响消除。

二、不整合的研究

(一) 不整合存在的标志

　　不整合是地壳运动的产物。地壳运动可以引起自然地理环境的变化,从而影响到沉积成岩作用的变化和生物界的演化;同时地壳运动又与岩石变形、岩浆活动及区域变质等地质作用密切相关。因此,这些与地壳运动有关的地质作用所产生的现象,都可作为确定不整合的直接或间接标志。

　　1. 沉积方面

　　(1) 底砾岩。

　　由于较老地层经受长期的风化剥蚀,所以在不整合面上常有下伏地层的碎块——

砾、砂组成的底砾岩层。底砾岩分布于水进层序的底部,厚度一般不大。例如,秦皇岛石门寨地区位于不整合面上的上元古界青白口系龙山组底砾岩,其中的砾石就是下伏地层下元古界的混合花岗岩[图 2-23(a)]。但是,并非所有的不整合面上都有底砾岩分布。因为外动力地质作用可以把剥蚀面夷平为准平原,然后再下降接受沉积,故在远离高山的平坦地区就少见或不见底砾岩。底砾岩一般分布于被剥蚀高地周围。另外,下伏地层的岩石类型对底砾岩的存在与否也有影响。如下伏岩石是片麻岩或花岗岩等富含长石的岩类时,不整合面上常有高岭土层或长石砂岩层。

（2）古风化壳。

在下伏岩层的剥蚀面上常有红色或褐、黄色松散的土状堆积,有时伴有铁、铝、锰等沉积矿床。古风化壳是在剥蚀面经长期风化、近于准平原的古地理条件下保存下来的。其形成与古气候也密切相关,如红土及红土型铝土矿是湿热气候下的最终风化产物[图 2-23(b)]。

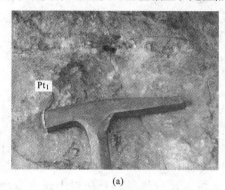

(a)　　　　　　　　　　　(b)

图 2-23　秦皇岛石门寨鸡冠山 Pt_3QL/Pt_1 不整合上的底砾岩(a)和古风化壳(b)(李理摄)

（3）剥蚀面。

它是由于长期的风化剥蚀作用而形成的,其上常有一些冲刷溶蚀的痕迹,如溶蚀洼坑等。剥蚀面常常是起伏不平的(图 2-24)。

图 2-24　山东新汶中、上侏罗统砂岩与上石炭统灰岩古剥蚀面(李理摄)

（4）重矿物组合突变。

上、下两套地层中的重矿物成分和含量显著不同，表明沉积物来源和沉积环境发生了改变。

（5）岩性、岩相突变。

在地层剖面中，在平面图上，不整合往往造成同一时代的地层与不同时代的老地层接触。相邻地层在岩性和岩相上截然不同，这可能是不整合所致，也可能是断层所致，要注意二者的区别。若一套较新的沉积岩层覆盖在岩浆岩体或变质岩之上，中间无过渡层，上覆岩系未遭受变质，说明二者之间经历过较长期的沉积间断。

2．地层古生物方面

上、下地层中的化石所代表的时代相差较远或二者的化石反映在生物演化过程中存在不连续现象（包括种、属的突变），或二者的生物群迥然不同。这些都说明该区在下伏地层沉积后由于地壳运动使自然地理环境发生了根本变化。根据化石和区域地层对比，可以确定两套地层之间缺失某些层位，而又证明其不是断层所致，则可确定不整合的存在。

3．构造方面

角度不整合的构造标志主要表现在上、下两套地层产状不一致，这在地震剖面上也有明显的反映。另外，褶皱形式的明显差异及上、下地层褶皱强弱的不同或上、下地层的构造线方向截然改变，都可能是不整合的表现。此外，上、下两套地层中的节理或断层的发育不同，也可以作为不整合存在的一个依据。如秦皇岛石门寨地区上元古界与下元古界为不整合接触，除二者岩性、年代不同外，下伏下元古界混合花岗岩中还有节理发育。一般来说，不整合面下伏地层总比上覆地层受到的构造变形次数多，所以下伏较老地层的构造要复杂些。

4．岩浆活动和变质作用

不整合接触的上、下两套地层是在地壳发展的不同阶段形成的，所以它们经历的岩浆活动和变质作用也不同。侵入岩体与一套地层呈侵入接触，又被另一套沉积岩层覆盖，则上、下两套地层为不整合接触。两套相邻的地层，若变质程度差别很大，则二者不是断层接触就是不整合接触。

以上从几个不同方面介绍了不整合存在的标志。地层接触关系的研究，是一项综合性的工作，它包含许多理论问题和实际问题，工作中要格外慎重。不仅要注意构造地质方面的资料，还要注意研究地层、岩石岩相古地理、古生物及同位素地质等方面的资料，进行综合分析以免出现片面性。

（二）确定不整合的形成时代

不整合的形成时代，通常是以不整合下伏地层中最新岩层的时代为下限，以上覆地层中最老岩层的时代为上限，其间所缺失的那部分地层所代表的时代，就是不整合的形成时代。一般来说，形成角度不整合的时期，即为构造运动相对剧烈的时期，这一时期代表一个

"褶皱幕"(或称为造山幕)。在确定不整合的形成时代时,要注意下面几种情况:

(1) 上覆地层的底部与下伏经过褶皱并被剥蚀的一套老地层相接触,不仅在不同地方表现为不同角度的角度不整合或平行不整合,而且在不同地段与不同时代的地层相接触(图 2-25)。在确定不整合的形成时代时,应以下伏地层的最新层位的时代为下限,取上、下限相隔最近的时期为不整合形成的时期。

(2) 在同一次地壳运动影响的范围内,首先发生褶皱、隆起并遭受剥蚀,以后又下降接受沉积。这样一个运动周期在不同地区可能有先有后,时间有长有短,因而缺失地层的多少也不一致(图 2-25)。另外,地壳运动影响的范围在不同阶段也是不同的,表现的强弱程度亦有差异。因此要考虑到褶皱幕的穿时性,不要把不同地段不整合面上下接触的地层层位差异,或同期地壳运动在不同地方形成的不同类型的不整合,误以为是不同时期的地壳运动产物。

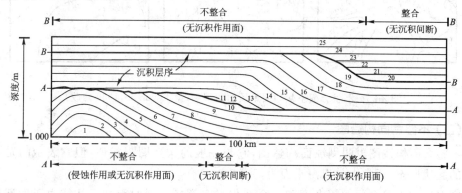

图 2-25 沉积层序的地层剖面(据 C. E. Payton 等,1977)

(3) 在一个较大的区域内,可能发生多次地壳运动,形成多个角度不整合和平行不整合,但不同地区的地层剖面中,不整合的次数不一定相同,因为在接近隆起的古陆方向,几个不整合往往逐渐归并,甚至在近古陆处归并成一个角度不整合。实际上它包含了多次地壳运动所经历的事件,其间缺失的地层也较多,沉积间断时间较长(图 2-25)。

(4) 在不整合分布的区域内,下伏岩系的最新地层与上覆岩系的最老地层之间,不一定完全没有沉积,即地层的缺失有两种含义。要查明一个不整合所缺失的地层,哪些是"缺",哪些是"失",并非易事。因此,要根据广大区域的地层、岩相及古地理、构造和岩浆活动等方面的资料,进行对比和综合分析,才能较准确地确定出不整合所代表的地壳运动的时代,并对其影响范围和强弱程度及区域构造发展史作出正确的结论。

三、不整合的表示方法

不整合与油气的生成、运移和聚集密切相关。根据不同的研究目的,可编制不同类型的不整合图件。常见的不整合图件有下面四种:

（一）古地质图

选择某一地质时代为界限，把这个时代以前的地质构造表现在平面图上，就成为该地质时代以前的地质图。如前古近纪地质图、前古生代地质图等，简称古地质图。

以不整合面为界，揭去上面的岩层，就能反映不整合面形成时地壳运动使下伏地层发生构造变动的结果。通常的古地质图就是紧贴在不整合面下的平面图。与现代地质图类似，根据古地质图所反映的地质现象，可以分析各种地质构造现象的相互关系，了解不整合所代表的地壳运动的性质和强度，恢复该区地质发展史（图 2-26）。

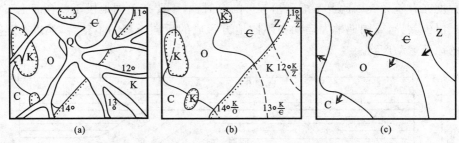

图 2-26　不整合面下伏地层地质图的编制（据 Levorson，1969 修改）

（二）不整合面构造图

不整合面构造图也叫剥蚀面构造图，它与一般的构造图很相似，但它表示的是不整合面的起伏形态，通常也是以海平面为基准。

它对确定不整合面的闭合度和闭合面积很有意义。因为剥蚀面往往由于后期地壳运动的影响而强烈变形，所以要恢复剥蚀面原有的形态，就必须消除后期构造变动的影响。实际上，这张图上的构造线不能笼统地称为等高线，而应称为等值线。只有在起伏的不整合面被上覆地层覆盖后未再受到后期地壳运动的影响而变形的情况下，不整合面构造等值线图所显示的形态，才能代表古地形的起伏形态。

（三）不整合面上覆地层等厚图

等厚图是利用等值线来表示一套地层厚度变化的平面图。当剥蚀面形成后，地壳再度下降时，沉积物就会在剥蚀面上不断地堆积、埋藏剥蚀地貌并迅速使沉积物表面接近水平（图 2-27）。根据沉积补偿原理可以认为：深谷、凹陷带中沉积厚度大，而山脊、高丘上沉积厚度则相对较小。因此利用不整合面以上某一标准层为基面，以一定的比例尺往下直至不整合面画出不整合面上覆这段岩层的厚度，得到的曲线就是补偿曲线剖面。它是古地貌的倒影，用拉平标准层上表面的方法，即可消除后期地壳运动对不整合面古地貌的影响。从而得到下面不整合面的起伏高差。从平面上看，上覆第一个沉积层的厚度变化即可反映不整合面的起伏形态。

（四）不整合面下伏地层残余厚度图

不整合面下伏地层残余厚度图表示不整合的下伏岩层在形成后,由于地壳运动,沉积、剥蚀最终剩下的厚度(图 2-28)。它是不整合面以下第一个标准层之上的地层厚度图。

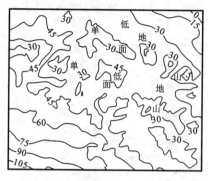

图 2-27　不整合面上覆岩系等厚图
（据陆克政,1996）

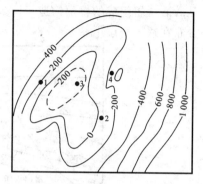

图 2-28　残余厚度图
（据陆克政,1996）

残余厚度的有无及其大小,可概略地反映下伏岩系沉积时或沉积后,地壳相对隆起和拗陷的位置。

因为同沉积作用和剥蚀作用都可导致地层的厚度变化,所以必须根据区域岩相古地理特征和厚度变化的规律,排除同沉积作用的影响,才能认为残余厚度图反映剥蚀程度。

编制地层残余厚度图时,要详细地划分对比不整合面的下伏地层,尽可能在紧靠不整合面的层位找到标准层或时间地层单位的界线,利用该界线以上的残余厚度资料来编图。

第六节　潜山和披覆构造

一、基本概念

潜山(buried hill)也称古潜山,其早期含义是指被新地层覆盖埋藏的基岩古地貌隆起。在油田上潜山比上述概念有所扩大,不仅指古地貌隆起,而且还包括古剥蚀面被构造运动改造而形成并长期生长的古地貌隆起。潜山的同义词很多,如潜丘、埋丘、埋藏高地、侵蚀残丘等等。

披覆构造是指剥蚀面以上由于沉积差异和压实差异在较新地层中发育的正向褶皱构造(图 2-29)。通常是顶薄的穹窿构造,而且为局部隆起,无相应的向斜,在深部该构造显著,其两翼有原始倾斜或地层尖灭。

潜山和披覆构造是不整合的特殊类型,由古剥蚀面以下的基岩突起和剥蚀面以上新地层的披盖构造有机地组合而成。这上、下两部分相辅相成、密不可分,它们都可能形成圈闭。

沉积岩、变质岩和岩浆岩都可以形成潜山核部构造,而且都可以形成油藏。在沉积岩中,碳酸盐岩、砂岩或火成碎屑岩组成的核部均能找到高产的油井。不过,其中最有利的还是碳酸盐岩组成的核部构造。许多特大的"古潜山"油田和日产 1 000 t 以上的油井,往往分布在这类岩层中。

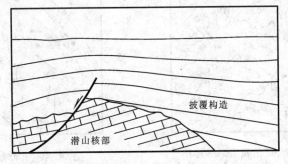

图 2-29　潜山披覆构造示意图(据戴俊生,2006)

二、类型

(一) 披覆构造的时代分类

披覆构造的时代主要取决于组成披覆构造的地层的年代。

1. 古生代披覆构造

指古老的隆起被埋藏在古生代地层中的构造,即上覆披覆地层为古生界。这类构造较少见,在美国堪萨斯州布鲁麦等地区有此类型。

2. 中生代披覆构造

指中生代之前的岩层、岩体组成的隆起被披覆在中生代地层中的构造,如新疆克拉玛依附近的车排子油藏即属此类。

3. 新生代披覆构造

这是古潜山被新生代地层所披覆而成的构造。在新生代披覆构造中,披覆层主要以古近系和新近系为常见。我国渤海湾盆地发现大量的第三系披覆构造,其中以古近系披覆构造最重要,对油气聚集最有利。

(二) 潜山的构造分类

1. 断块潜山

潜山核部是由构造和侵蚀两种作用形成的,断层活动控制着潜山核部的增长幅度,随着断层一盘的抬升,它不断遭受侵蚀。当抬升的速度小于盆地沉积速度时,逐渐被掩埋成为潜山披覆构造。

根据基岩断块体与断层的组合特征,又可进一步分为三类:

(1)单断式潜山。由单斜岩层与反向正断层组合而成,任丘古潜山是其典型代表(图2-30)。

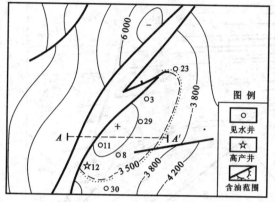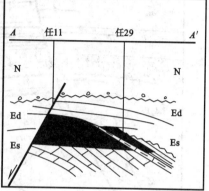

图 2-30 任丘单断式潜山(据华北油田,1990)

(2)断阶式潜山。由单斜岩层与一组抬斜式的正断层组合而成(图2-31)。

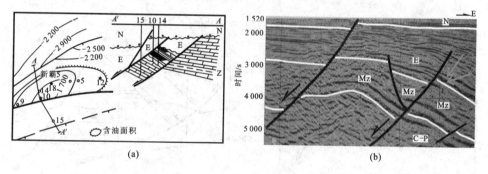

图 2-31 断阶式古潜山

(a)华北油田南孟潜山(据华北油田,1990);

(b)胜利油田垦利潜山(箭头示中生界顶,据于建国,2009)

(3)地垒式潜山。基岩被一组倾向相反的正断层所切割,中央断块上升组成地垒,构成潜山核部。如,渤海湾盆地石臼坨潜山构造和埕岛油田潜山构造(图2-32)就属于地垒式潜山。

2. 褶皱潜山

褶皱潜山是由较老的地层形成的褶皱构造被新地层埋藏的潜山。这种潜山形态上一般为宽缓的背斜,规模较大[图2-33(a)],如渤海湾盆地中的高阳、馆陶背斜潜山;也有构造变形较强烈的平卧褶皱,如胜利油田的桩西潜山[图2-33(b)]。

3. 残山

残山就是地史中的古地貌山。老的基岩经受剥蚀作用时,由于差异风化作用,较坚硬的岩石所形成的正地形就是残山（图 2-34）。这种潜山的外形多是浑圆的丘陵，其幅度一般较小。如渤海湾盆地中的多数残山在 50～100 m 范围，加拿大威利斯顿盆地中密西西比系侵蚀面上的潜山仅 24～36 m。

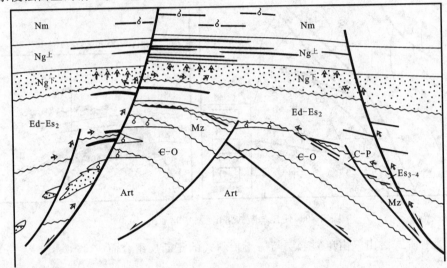

图 2-32　埕岛地垒式潜山

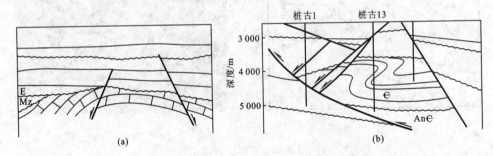

图 2-33　褶皱潜山剖面图

(a) 褶皱潜山示意图（据戴俊生，2006）；(b) 桩西油田褶皱潜山（据王端平等，2003）

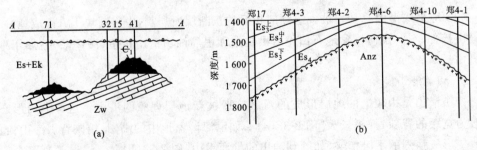

图 2-34　残山

(a) 华北油田八里庄残山（据华北油田，1990）；(b) 胜利油田王庄残山（据王端平等，2003）

（三）潜山的岩性分类

根据潜山核部的岩石类型不同,可将潜山分为碳酸盐岩潜山、碎屑岩潜山、火山岩潜山和变质岩潜山。其中碳酸盐岩潜山最有利于储集油气。这是因为碳酸盐岩易于溶蚀,能形成溶洞和较多缝隙的缘故。如渤海湾盆地华北油田任丘潜山、八里庄潜山,胜利油田的义和庄潜山、桩西潜山、滨古 11 潜山等。碎屑岩潜山的潜山核部主要为上古生界及中生界碎屑岩,如胜利油田义 99 潜山核部岩石为石炭系—二叠系太原组与山西组细粒石英砂岩及白云质砂岩,此外,还有中生界碎屑岩。变质岩潜山主要为前震旦系变质岩,如,埕岛潜山核部岩石为太古宇花岗片麻岩(图 2-32);又如,胜利油田王庄潜山[图 2-34(b)],变质岩由前震旦系片麻岩、变粒岩和长英质伟晶岩脉组成。辽河坳陷的兴隆台潜山核部主体是由前震旦系花岗片麻岩组成,并在其剥蚀面上覆盖了一层玄武岩。它又遭到第二次风化剥蚀作用的改造,造成新老两套岩浆岩风化壳的叠加,岩浆岩中裂缝、气孔、晶洞和溶孔发育成为油气储集孔隙。

还有一些潜山,其核部岩石类型有多种,如埕岛潜山(图 2-32),既有太古宇的变质岩,又有下古生界的碳酸盐岩,还有中生界的碎屑岩,加上其上新生界的披覆构造,形成典型的复式潜山,具有丰富的石油和天然气。

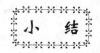

小　结

岩层产状的学习,主要内容包括产状三要素及表示方法、岩石出露特征和"V"字形法则在地质图上的规律、岩层厚度三个方面;而地层接触关系的侧重点在于不整合的类型及其形成过程、不整合存在的标准及其形成时代的确定、不整合的表示方法三点。

复习思考题

1. 什么是岩层产状?

2. 产状三要素是指什么? 如何理解其概念、表示方法和符号?

3. 在地质图上,如何运用倾斜岩层的出露特征和"V"字形法则读图?

4. 岩层厚度的概念是什么? 怎样进行倾斜岩层的测算?

5. 整合接触、不整合接触、平行不整合、角度不整合各代表什么地质意义?

6. 不整合存在的标志有哪些? 其各自特征又是什么?

7. 简述不整合的形成。

8. 在野外或读图时,如何确定不整合形成的时代?

9. 为了表示不整合,常制作哪些地质图件? 又如何理解其地质意义?

10. 潜山的概念是什么? 潜山和不整合的关系是什么?

参考文献

[1] Hills E S. 构造地质学原理. 李书达等译. 北京:地质出版社,1982.

[2] Hobbs B E, Means W D, Williams P F. 构造地质学纲要. 刘和甫,吴政等译. 北京:石油工业出版社,1982.

[3] Ragan D M. 构造地质学——几何方法导论. 邓海泉,徐开礼等译. 北京:地质出版社,1984.

[4] Russell W L. 石油构造地质学. 徐韦曼等译. 北京:地质出版社,1964.

[5] 曹成润,孟元林,黎文清. 石油构造地质学. 哈尔滨:黑龙江科技出版社,1998.

[6] 陈立官. 油气田地下地质学. 北京:地质出版社,1983.

[7] 戴俊生. 构造地质学及大地构造. 北京:石油工业出版社,2006.

[8] 王端平,金强,戴俊生,等. 基岩潜山油气藏储集空间分布规律和评价方法. 北京:地质出版社,2003.

[9] 徐开礼,朱志澄. 构造地质学. 北京:地质出版社,1984.

[10] 于建国,韩文功,王金铎. 中国东部断陷盆地中—新生代构造演化——以济阳坳陷为例. 北京:石油工业出版社,2009.

[11] 俞鸿年,卢华复. 构造地质学原理. 北京:地质出版社,1986.

[12] 朱志澄. 构造地质学. 北京:中国地质大学出版社,1999.

第三章 岩石变形分析的力学基础

地壳岩石中千姿百态的地质构造都是力的作用的结果。地质构造的基本形态、组合型式、分布规律，是与岩石的力学性质和所处的应力状态分不开的。因此，要研究各种地质构造的力学成因和相关规律，除对各种构造形态进行仔细的观察和描述外，还必须研究岩石的变形特征和应力的活动规律，以便分析地质构造的发生、发展和组合规律，为石油、天然气等资源的勘探开发，以及地震预测等方面提供与之有关的地质构造依据。

第一节 应力分析

一、力、外力和内力

应力是连续介质力学中一个重要的基本概念。为介绍此概念，需从力谈起。力是物体间的相互作用，它趋向于引起物体形态、大小或运动状态的改变。

（一）外力

处于地壳中的任何地质体，都会受到相邻介质的作用力。这种研究对象以外的物体对被研究物体施加的作用力称为外力。外力可分为面力和体力。

相邻岩块或地块之间的作用力属于接触力。接触力往往作用在物体边界一定的面积范围内，称为面力。因此，面力是作用于物体表面的外力。它是通过接触面传递的。当接触面积与物体边界面积相比量级很小时，可简化为集中力。

地壳岩石受到的重力、惯性力及星球间的引力等属于非接触力。非接触力作用在物体内部每一质点上，与围绕质点邻域所取空间包含的物质质量有关，也称为体力。因此，体力是作用于物体内部每个质点的外力，它们不是通过接触面传递，而是在相隔一定距离之间相互作用的。

（二）内力

由外力作用引起的物体内部各部分之间的相互作用力称为内力。内力又可分为固有内力和附加内力。

固有内力是指物体内部各个质点之间原来存在的自然结合力。物体是由无数质点组成的,在未受外力作用时,其内部各质点之间就存在相互作用的内力,即固有内力。这些力大小相等方向相反,使物体内部保持平衡状态。固有内力是质点之间相互的吸引力和排斥力经过综合达到平衡时的力,它们使质点保持一定的相对位置,并使物体保持一定的形状。每种物体都有自己的固有内力,并且是固定不变的。

　　附加内力是指物体受外力作用时,内力的改变量。当物体受到外力作用时,其内部各质点的相对位置就发生变化,它们之间的相互作用力就随之发生改变,直到出现一个新的平衡为止。附加内力是由于物体抗拒外力的影响而产生的,它反映了外力作用的效果,其作用是阻止物体继续变形并力图恢复到原来的形状。随着外力的增加,这种具有抗拒能力的附加内力也随之增加。对一个物体而言,附加内力的增加只能在这种物体特有的一定限度之内发生。当超过这个限度时,物体就会发生变形以至破坏。

　　我们着重讨论物体受力后的变形和破坏问题,为使问题简化,把物体未受外力作用时的内力(即固有内力)规定为零,把物体受外力作用时的内力改变量(即附加内力)简称为内力。如图 3-1 所示,当外力 P 作用于物体时,物体内部便产生与外力作用相抗衡的内力 p,假定将这个物体沿 A 面切开,取出其中一部分而保留它对截面 A 的内力 p 不变,这时截面 A 上内力 p 与外力 P 大小相等,方向相反。

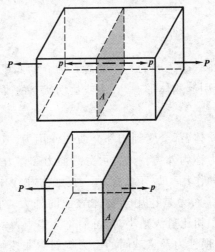

图 3-1　外力与内力

　　外力与内力是一对相对的概念,当研究范围扩大或缩小时,外力可以变为内力,内力可以变为外力。例如,当考察一个岩体内的某个矿物颗粒的受力时,周围颗粒对该颗粒的作用力是外力;当研究对象是该岩体时,周围颗粒与该颗粒之间的相互作用力变成了内力,而围岩对岩体的作用力是外力;当研究的对象扩展到该岩体所在板块时,围岩与该岩体之间的相互作用力又变成了内力,而相邻板块对该板块的作用力是外力。

二、应 力

应力是作用在单位面积上的内力,它表示内力的强度,常用单位有帕(Pa)。

如果内力在截面上的分布是均匀的(图 3-1),则作用在截面 A 上的应力 S 等于内力 p 除以面积 A。即:

$$S = \frac{p}{A} = \frac{P}{A} \tag{3-1}$$

若内力在截面上的分布是不均匀的,则可用微分方法,求得每一点的应力值。即:

$$S = \lim_{\Delta A \to 0} \frac{\Delta P}{\Delta A} = \frac{\mathrm{d}P}{\mathrm{d}A} \tag{3-2}$$

应力是矢量,可根据平行四边形法则进行分解和合成。据应力的性质、方向及作用面的关系,可分为合应力、正应力、主应力等。

合应力是指物体内任一截面上与外力作用方向平行的应力,如图 3-2(a)中的 S。运用平行四边形法则可将合应力分解为两种应力。与作用面垂直的应力称为正应力(或直应力),即图 3-2(a)中的 σ;与作用面平行的应力称为剪应力(或扭应力),即图 3-2(a)中的 τ。合应力、正应力、剪应力三者之间的关系可用下式表示:

$$S^2 = \sigma^2 + \tau^2 \tag{3-3}$$

$$\sigma_\alpha = S \cdot \cos \alpha \tag{3-4}$$

$$\tau_\alpha = S \cdot \sin \alpha \tag{3-5}$$

若外力作用方向与作用面垂直,则该作用面上只产生正应力,不产生剪应力,此作用面称为主平面,主平面上的正应力称为主应力。

当正应力的方向是向着作用面的,该正应力称为压应力;当正应力的方向是离开作用面的,该正应力称为张应力[图 3-2(a)中的 σ]。习惯上,在构造地质学中规定:压应力为正,张应力为负;逆时针的剪应力为正(τ_a),顺时针的剪应力为负(τ_b)[图 3-2(b)]。

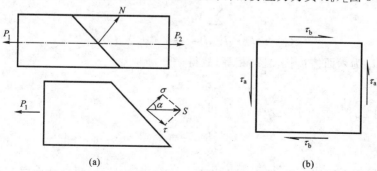

图 3-2 应力的分解和类型

τ_a—正剪应力;τ_b—负剪应力

三、应力分量

为了从数值上来研究一点的应力状态,在直角坐标系中,可以围绕该点取一个正六面体单元体,当三对相互正交的平行面无限靠近直至重合时,则单元体表面上的应力矢量代表了该点的三个正交截面上的应力矢量。该单元体上应力矢量的集合,称为单元体的应力状态。若已知单元体的应力状态,一点的应力状态也就确定了。

单元体表面上的应力矢量可以分解成该面上的正应力与剪应力,而后者又可以进一步分解成沿两个坐标轴方向的剪应力分量,一共可得 9 个应力分量,如图 3-3 所示,这 9 个应力分量可以写成如下的矩阵形式:

$$\begin{vmatrix} \sigma_x & \tau_{xy} & \tau_{xz} \\ \tau_{yx} & \sigma_y & \tau_{yz} \\ \tau_{zx} & \tau_{zy} & \sigma_z \end{vmatrix} \tag{3-6}$$

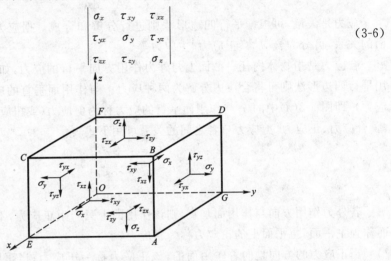

图 3-3 应力分量示意图

若满足对三个轴不转动,就必须分别满足对三个轴的力矩之和为零,即:

$$\sum M_x = 0 \tag{3-7}$$

$$(\tau_{yz} \cdot d_x \cdot d_z)d_y = (\tau_{zy} \cdot d_x \cdot d_y)d_z \tag{3-8}$$

d_x, d_y, d_z 为六面体边长,且均相等,故得:

$$\tau_{yz} = \tau_{zy} \tag{3-9}$$

同理,由 $\sum M_y = 0$ 和 $\sum M_z = 0$,可得:

$$\tau_{xz} = \tau_{zx} \tag{3-10}$$

$$\tau_{xy} = \tau_{yx} \tag{3-11}$$

这就是扭应力互等定律,即在两个相互垂直的截面上,与此二平面之交线成正交的扭应力恒成对出现,且其数值相等,符号相反。所以在正六面体各面上,最后只剩下 6 个独立的应力分量:$\sigma_x, \sigma_y, \sigma_z; \tau_{xy}, \tau_{yz}, \tau_{zx}$。若这 6 个应力分量已知,就可以求出通过这点的任一截面上的应力,所以把这 6 个应力分量称为一点的应力分量。

四、主应力、主方向、主平面

随着单元体取向的改变,应力分量也将变化。可以证明,能够找到这样一种取向:单元体表面上的剪应力分量都为零,即三个正交截面上没有剪应力作用而只有正应力作用,这种情况下的正应力称为该点的主应力,分别以 σ_1, σ_2, σ_3 表示,并在代数值上(规定压应力为正,张应力为负)保持 $\sigma_1 > \sigma_2 > \sigma_3$。主应力的方向称为该点的应力主方向,三个截面则称为该点的三个主平面。显而易见,一点的三个主应力即决定了该点的应力状态。当三个主应力中有两个为零时,称为单轴应力;有一个为零时,称为双轴应力或平面应力;当三个主应力都不为零时,称为三轴应力。很多实际问题中的空间应力状态,在一定条件下可以简化为平面应力状态,研究结果能满足其精度要求。单向力状态又较简单,可视为平面应力状态的特例。所以下面着重分析平面应力状态。

五、平面应力状态

根据微小六面体与应力的关系,平面应力状态可分为平面主应力状态、平面纯剪应力状态和平面一般应力状态三种,这里我们主要分析前两种。在实际应用中,常常是在应力状态已知的情况下,求任意截面上的应力和最大应力作用面与最小应力作用面的方位。

(一)平面主应力状态

平面主应力状态是指微小六面体在平面上只受两个垂直方向上主应力作用时的应力状态[图 3-4(a)]。

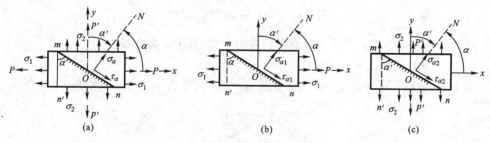

图 3-4　平面主应力状态

1. 任一截面上的应力

如图 3-4(a)所示,以主应力 σ_1 和 σ_2 的方向分别为 x 轴和 y 轴建立直角坐标系,mn 为任一斜截面,α 为截面 mn 的外法线与 x 轴正向的交角。我们要求得作用于截面 mn 上的正应力 σ_α 和剪应力 τ_α。研究思路是:先求出主应力 σ_1 在截面 mn 上产生的正应力 $\sigma_{\alpha1}$ 和剪应力 $\tau_{\alpha1}$;再求出主应力 σ_2 在截面 mn 上产生的主应力 $\sigma_{\alpha2}$ 和剪应力 $\tau_{\alpha2}$;最后根据应力叠加原理,将四个应力 $\sigma_{\alpha1}$, $\tau_{\alpha1}$, $\sigma_{\alpha2}$, $\tau_{\alpha2}$ 叠加,求得作用在截面 mn 上的正应力 σ_α 和剪应力

τ_{α}(图 3-4)。

设 A 为横截面 mn' 的面积，A_{α} 为斜截面 mn 的面积，S 为 σ_1 作用在截面 mn 上的合应力。根据平衡条件，沿 x 轴方向 σ_1 作用在横截面 mn' 上的力应等于作用于斜截面 mn 上的力，即：

$$A \cdot \sigma_1 = A_{\alpha} \cdot S \tag{3-12}$$

$$S = \frac{A \cdot \sigma_1}{A_{\alpha}} = \sigma_1 \cdot \cos \alpha \tag{3-13}$$

合应力 S 可分解为正应力 $\sigma_{\alpha 1}$ 和剪应力 $\tau_{\alpha 1}$，其中：

$$\left. \begin{array}{l} \sigma_{\alpha 1} = S \cdot \cos \alpha = \sigma_1 \cdot \cos^2 \alpha = \dfrac{\sigma_1}{2}(1 + \cos 2\alpha) \\[3mm] \tau_{\alpha 1} = S \cdot \sin \alpha = \sigma_1 \cdot \sin \alpha \cdot \cos \alpha = \dfrac{\sigma_1}{2}\sin 2\alpha \end{array} \right\} \tag{3-14}$$

设 α' 为斜截面外法线 N 与 y 轴正向的交角，则：

$$\alpha' = -(90° - \alpha) \tag{3-15}$$

同理可得主应力 σ_2 在斜截面 mn 上产生的正应力 $\sigma_{\alpha 2}$ 和剪应力 $\tau_{\alpha 2}$，其中：

$$\left. \begin{array}{l} \sigma_{\alpha 2} = \dfrac{\sigma_2}{2}(1 - \cos 2\alpha) \\[3mm] \tau_{\alpha 2} = -\dfrac{\sigma_2}{2}\sin 2\alpha \end{array} \right\} \tag{3-16}$$

按应力叠加原理：

$$\left. \begin{array}{l} \sigma_{\alpha} = \sigma_{\alpha 1} + \sigma_{\alpha 2} = \dfrac{\sigma_1 + \sigma_2}{2} + \dfrac{\sigma_1 - \sigma_2}{2}\cos 2\alpha \\[3mm] \tau_{\alpha} = \tau_{\alpha 1} + \tau_{\alpha 2} = \dfrac{\sigma_1 - \sigma_2}{2}\sin 2\alpha \end{array} \right\} \tag{3-17}$$

此乃平面主应力状态下任一截面上的应力公式，其中 α 是变量。

2. 相互平行截面上的应力

图 3-5 中截面 $m'n'$ 与截面 mn 平行，截面 $m'n'$ 的外法线 N' 与 x 轴正向交角 $\alpha' = 180° + \alpha$。

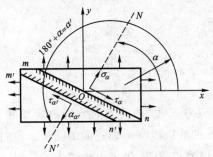

图 3-5　相互平行截面上的应力

将 $\alpha' = 180° + \alpha$ 代入式(3-17)得：

$$\left.\begin{aligned} \sigma_{\alpha'} &= \frac{\sigma_1 + \sigma_2}{2} + \frac{\sigma_1 - \sigma_2}{2}\cos 2(180° + \alpha) = \frac{\sigma_1 + \sigma_2}{2} + \frac{\sigma_1 - \sigma_2}{2}\cos 2\alpha \\ \tau_{\alpha'} &= \frac{\sigma_1 - \sigma_2}{2}\sin 2(180° + \alpha) = \frac{\sigma_1 - \sigma_2}{2}\sin 2\alpha \end{aligned}\right\} \tag{3-18}$$

此式与式(3-17)完全相同,即相互平行截面上的应力状态完全相同。

3. 相互垂直截面上的应力

图 3-6 中截面 $m'n'$ 与截面 mn 相互垂直,截面 $m'n'$ 的外法线 N' 与 x 轴正向交角 $\alpha'' = 90° + \alpha$。

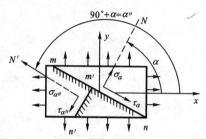

图 3-6 相互垂直截面上的应力

将 $\alpha'' = 90° + \alpha$ 代入式(3-17)得：

$$\left.\begin{aligned} \sigma_{\alpha''} &= \frac{\sigma_1 + \sigma_2}{2} + \frac{\sigma_1 - \sigma_2}{2}\cos 2(90° + \alpha) = \frac{\sigma_1 + \sigma_2}{2} - \frac{\sigma_1 - \sigma_2}{2}\cos 2\alpha \\ \tau_{\alpha''} &= \frac{\sigma_1 - \sigma_2}{2}\sin 2(90° + \alpha) = \frac{\sigma_1 - \sigma_2}{2}\sin 2\alpha \end{aligned}\right\} \tag{3-19}$$

将该式与式(3-17)相加得：

$$\sigma_{\alpha''} + \sigma_\alpha = \sigma_1 + \sigma_2 \tag{3-20}$$

$$\tau_{\alpha''} + \tau_\alpha = 0 \quad 或 \quad \tau_{\alpha''} = -\tau_\alpha \tag{3-21}$$

由此可知,两个相互垂直截面上的正应力之和等于常数;两个相互垂直截面上的剪应力大小相等,方向相反,此乃剪应力互等定律。

4. 最大和最小正应力截面

从式(3-17)的第一式可知,正应力 σ_α 的大小取决于 $\cos 2\alpha$ 的大小,而 $\cos 2\alpha$ 之值变化于 1 和 -1 之间。可见,若使 σ_α 为最大,且需 $\cos 2\alpha = 1$,即:$2\alpha = 0$ 或 $360°$,或 $\alpha = 0$ 或 $180°$。此时：

$$\left.\begin{aligned} \sigma_\alpha &= \frac{\sigma_1 + \sigma_2}{2} + \frac{\sigma_1 - \sigma_2}{2} = \sigma_1 \\ \tau_\alpha &= 0 \end{aligned}\right\} \tag{3-22}$$

即最大正应力就是第一主应力 σ_1,其所在截面为 $\alpha = 0$ 或 $180°$ 即其平行的截面。

若使 σ_α 为最小,则需 $\cos 2\alpha = -1$,即 $2\alpha = 180°$ 或 $\alpha = 90°$,此时：

$$\left.\begin{array}{l}\sigma_a=\dfrac{\sigma_1+\sigma_2}{2}-\dfrac{\sigma_1-\sigma_2}{2}=\sigma_2\\[2mm]\tau_a=0\end{array}\right\}\qquad(3\text{-}23)$$

即最小正应力就是第二主应力 σ_2，其所在截面为 $\alpha=90°$ 即其平行的截面。或者说，最大主应力截面就是最大主平面，最小正应力截面就是最小主平面。

5. 最大和最小扭应力截面

从式(3-17)的第二式可以看出，欲使 τ_a 为最大或最小值，则需 $\sin 2\alpha=1$ 或 -1。当 $\sin 2\alpha=1$，即 $2\alpha=90°$ 或 $\alpha=45°$ 时，τ_a 有最大值，这时：

$$\left.\begin{array}{l}\tau_a=\dfrac{\sigma_1-\sigma_2}{2}\\[2mm]\sigma_a=\dfrac{\sigma_1+\sigma_2}{2}\end{array}\right\}\qquad(3\text{-}24)$$

当 $\sin 2\alpha=-1$，即 $2\alpha=270°$ 或 $\alpha=135°$ 时，有 τ_a 最小值，这时：

$$\left.\begin{array}{l}\tau_a=-\dfrac{\sigma_1-\sigma_2}{2}\\[2mm]\sigma_a=\dfrac{\sigma_1+\sigma_2}{2}\end{array}\right\}\qquad(3\text{-}25)$$

这样，最大和最小扭应力截面为 $\alpha=45°$ 或 $135°$ 的斜截面，其值为 $\pm\dfrac{\sigma_1-\sigma_2}{2}$。还应特别注意，其斜截面上不但有最大和最小扭应力，而且还有正应力，其值为 $\dfrac{\sigma_1+\sigma_2}{2}$。

(二)平面纯剪应力状态

平面纯剪应力状态指正六面体在平面上的四个面之上作用着剪应力而无正应力时的应力状态[图 3-7(a)]。

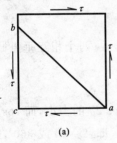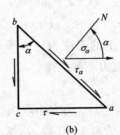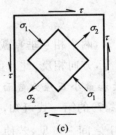

图 3-7 平面剪应力状态

1. 任一截面上的应力

取分离体 abc[图 3-7(b)]，根据平衡条件，沿截面法线方向 N 上的力等于零。即：

$$\sigma_a \cdot ab-\tau \cdot bc \cdot \sin \alpha-\tau \cdot ac \cdot \cos \alpha=0$$

$$\sigma_a \cdot ab-\tau \cdot ab \cdot \cos \alpha \cdot \sin \alpha-\tau \cdot ab \cdot \sin \alpha \cdot \cos \alpha=0 \qquad(3\text{-}26)$$

$$\sigma_\alpha - \tau \cdot \sin 2\alpha = 0$$

$$\sigma_\alpha = \tau \cdot \sin 2\alpha \tag{3-27}$$

沿 ab 方向上的力等于零,故:

$$\tau_\alpha \cdot ab - \tau \cdot bc \cdot \cos\alpha - \tau \cdot ac \cdot \sin\alpha = 0$$

即:

$$\tau_\alpha \cdot ab - \tau \cdot ab \cdot \cos^2\alpha - \tau \cdot ab \cdot \sin^2\alpha = 0 \tag{3-28}$$

整理得:

$$\tau_\alpha + \tau \frac{1 + \cos 2\alpha}{2} - \tau \frac{1 - \cos 2\alpha}{2} = 0$$

即:

$$\tau_\alpha = -\tau \cdot \cos 2\alpha \tag{3-29}$$

平面纯剪应力状态下,任一截面上的应力为:

$$\left. \begin{array}{l} \sigma_\alpha = \tau \cdot \sin 2\alpha \\ \tau_\alpha = -\tau \cdot \cos 2\alpha \end{array} \right\} \tag{3-30}$$

2. 最大和最小正应力截面

由式(3-30)可知,σ_α 的大小取决于 $\sin 2\alpha$。

当 $\alpha = 45°$ 时,$\sigma_\alpha = \tau$ 为最大,同时 $\tau_\alpha = 0$。

当 $\alpha = 135°$ 时,$\sigma_\alpha = -\tau$ 为最小,同时 $\tau_\alpha = 0$。

由此可知,在平面纯剪应力状态下,最大正应力截面就是最大主应力 σ_1 作用的主平面,最小正应力截面就是最小主应力 σ_2 作用的主平面,最大主应力 σ_1 和最小主应力 σ_2 大小相等,符号相反,其绝对值等于纯剪应力 τ 的绝对值。若将正六面体作顺时针或逆时针方向旋转 $45°$,则该正六面体所处的应力状态由平面纯剪应力状态变为平面主应力状态[图 3-7(c)]。

六、应力莫尔圆

应力分析有两种途径,一种是用应力公式,前面已讲过;另一种是几何作图法——应力莫尔圆,它能完整地代表一点的应力状态。

(一)平面主应力莫尔圆

在平面主应力状态下,公式(3-17):

$$\left. \begin{array}{l} \sigma_\alpha = \dfrac{\sigma_1 + \sigma_2}{2} + \dfrac{\sigma_1 - \sigma_2}{2} \cos 2\alpha \\[2mm] \tau_\alpha = \dfrac{\sigma_1 - \sigma_2}{2} \sin 2\alpha \end{array} \right\}$$

中的 σ_1 和 σ_2 为已知量,整理该式得:

$$\left. \begin{array}{l} \sigma_\alpha - \dfrac{\sigma_1 + \sigma_2}{2} = \dfrac{\sigma_1 - \sigma_2}{2} \cos 2\alpha \\[2mm] \tau_\alpha = \dfrac{\sigma_1 - \sigma_2}{2} \sin 2\alpha \end{array} \right\} \tag{3-31}$$

两式分别平方后相加得：

$$\left(\sigma_\alpha - \frac{\sigma_1 + \sigma_2}{2}\right)^2 + \tau_\alpha^2 = \left(\frac{\sigma_1 - \sigma_2}{2}\right)^2 \tag{3-32}$$

在 σ 为横坐标，τ 为纵坐标的直角坐标系中，该式为圆的方程，其圆心为 $\left(\frac{\sigma_1 + \sigma_2}{2}, 0\right)$，半径为 $\frac{\sigma_1 - \sigma_2}{2}$。此圆为平面主应力莫尔圆。

应力莫尔圆代表物体内一点的应力状态。经过这一点的任一截面上的应力分量 σ_α 和 τ_α 等于莫尔圆上对应点的横坐标和纵坐标。若截面法线与某一参照面的夹角为 α，则在莫尔圆上以该参照面为起点，沿相同方向旋转 2α 圆心角所到达点的横、纵坐标分别为截面上的正应力和剪应力。如图 3-8 所示，最大主平面 ab 上的应力由莫尔圆上的 A 点所代表，A 点的横坐标为 σ_1，是正应力的最大值，纵坐标为零，即最大主平面是最大正应力作用面，该平面无剪应力。最小主平面 ac 上的应力由莫尔圆上的 B 点所代表，该点的横坐标为 σ_2，纵坐标为零，即最小主平面上只作用着最小正应力 σ_2，截面 mn 的法线 N_α 与最大主平面 ab 的法线 x 轴的夹角为 α，则截面 mn 上的应力分量 σ_α 和 τ_α 等于莫尔圆上 D 点的坐标，D 点与 A 点相隔 2α 圆心角。

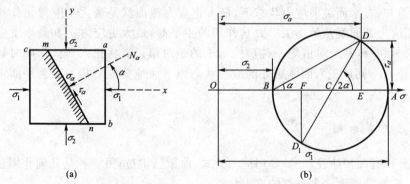

图 3-8　平面主应力状态的应力莫尔圆

相互平行的截面在莫尔圆上为同一个点，因为两平行截面之间的夹角 α 为 $0°$ 或 $180°$，在莫尔圆上 2α 为 $0°$ 或 $360°$。故应力状态相同。

相互垂直的截面在莫尔圆上为两个相隔 $180°$ 圆心角的点，这两个点的纵坐标大小相等，符号相反，横坐标之和等于最大主应力 σ_1 和最小主应力 σ_2 之和，如图 3-8 中的 D 点和 D_1 点。即相互垂直截面上的正应力之和为常数。

从莫尔圆上可看出最大剪应力与最小剪应力绝对值均为莫尔圆的半径，即 $\frac{\sigma_1 - \sigma_2}{2}$。最大与最小剪应力作用面均与最大主平面和最小主平面相隔 $45°$。在最大与最小剪应力作用面上仍有正应力$\frac{\sigma_1+\sigma_2}{2}$。

（二）平面纯剪应力莫尔圆

在平面纯剪应力状态下，τ 为已知量，可将应力公式（3-30）

$$\left.\begin{aligned}\sigma_a &= \tau \cdot \sin 2\alpha \\ \tau_a &= -\tau \cdot \cos 2\alpha\end{aligned}\right\}$$

转化为圆的方程：

$$\sigma_a^2 + \tau_a^2 = \tau^2 \tag{3-33}$$

平面纯剪应力莫尔圆的圆心为坐标原点，半径为 τ（图 3-9）。在平面纯剪应力状态下，x 轴与莫尔圆的 τ 轴重合，因此，量取圆心角 2α 时，应以 τ 轴为起始线。从图中可以看出，若将平面纯剪应力状态下的正六面体按顺时针或逆时针方向旋转 $45°$，则该六面体处于平面主应力状态，且最大主应力与最小主应力大小相等，符号相反。反之，只有最大主应力与最小主应力大小相等，符号相反时，平面主应力状态才能转化为平面纯剪应力状态，即平面纯剪应力状态是平面主应力状态的特例。

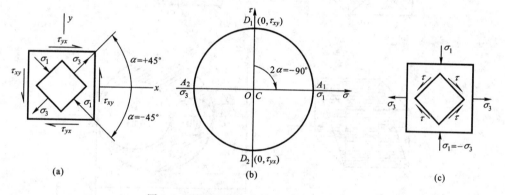

图 3-9　平面纯剪应力状态的应力莫尔圆

（三）平面应力莫尔圆的基本类型

图 3-10 所示为平面应力莫尔圆的基本类型。

（四）空间应力莫尔圆

在空间应力情况下，对平行于应力主方向之一的每一簇截面，能够画出一个莫尔圆（图 3-11）。当 $\sigma_1 > \sigma_2 > \sigma_3$ 且都不等于零时，与任一应力主方向平行的截面上正应力和剪应力同相应主应力的关系，可按式（3-17）求得。从图 3-11（d）中可以看出，最大剪应力位于 σ_1 和 σ_3 构成的应力圆上。

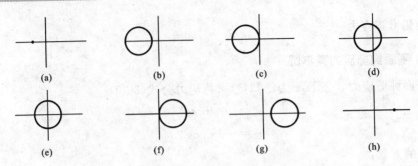

图 3-10　各种可能的平面应力莫尔圆(据 Means,1976)

(a)静水拉伸;(b)一般拉伸;(c)单轴拉伸;(d)拉伸压缩;

(e)纯剪应力;(f)单轴压缩;(g)一般压缩;(h)静水压缩

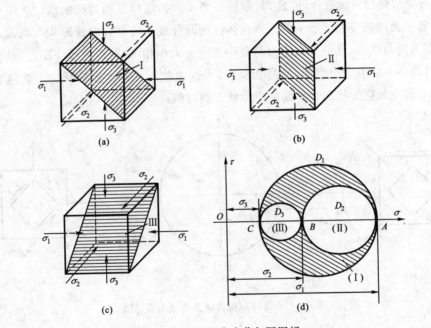

图 3-11　空间应力莫尔圆图析

第二节　构造应力场

一、构造应力场的概念

受力岩体中的每一点都存在着一个与该点对应的瞬时应力状态,一系列瞬时的点应力状态组成的空间称为应力场。应力场中各点的应力状态如果都相同叫做均匀应力场;如果各点的应力状态并不相同,从一点到另一点其应力状态存在着变化,则称为非均匀应力场。

构造应力场是指地壳内某一瞬时一定范围内的应力状态。构造应力场中应力的分布和变化是连续而有规律的。研究构造应力场的目的就在于揭示一定范围内应力分布的规律,构造应力场的性质、地壳运动的方式和方向及其对区域构造发育的制约关系;推断可能在何处出现的某种构造等。

构造应力场可按其研究对象的规模划分为局部构造应力场、区域构造应力场和全球构造应力场。它们是一个相对概念。从时间上来看,构造应力场又可分为古构造应力场和现代仍在作用的构造应力场,前者只能从地壳上已经存在的构造及其组合特征去加以分析推断,后者则可以通过仪器测定出来。

二、构造应力场的图示

在构造应力场研究中要确定三个方面的问题,即定时、定向、定量。因此,在表示构造应力场时,也要突出这三个问题。

所谓定时,就是确定构造应力场存在的时期。在地质历史中,同一地区的构造应力场是随时间而变化的,要注意区分不同时期的构造应力场,并将其表示出来。

定向是指确定构造应力的空间方位,通常确定主应力轴和最大剪应力的方向。应力迹线和应力网络常用于表示构造应力的方向。应力迹线是指应力场中某种应力方向的变化线。常用的应力迹线有最大主应力迹线、最小主应力迹线和最大扭应力迹线。应力网络是指几组应力迹线分布的几何图像。

构造应力场的图示通常采用主应力迹线和主应力等值线、最大剪应力迹线和最大剪应力等值线。有时采用主应力迹线和应力椭圆双重表示,有时也采用主应力矢量图表示。

主应力迹线表示应力主方向在场内的变化规律,主应力迹线上任一点的切线方向,代表该点的一个主应力方向。最大剪应力迹线与主应力迹线有类似的特点。主应力等值线和最大剪应力等值线都反映应力强度的变化。各点主应力矢量的方向表示该点主应力的方向,其长度表示主应力的大小。

应力迹线的绘制主要依据构造变形和光弹模拟实验。图 3-12 表示用应力迹线和应力等值线表示的应力场。图 3-13 是应力迹线与应力椭圆相结合的图示。图 3-14(d)仅表示了弹性平板圆孔孔壁上四个特殊点的主应力矢量。

定量是指确定应力值。现代应力值可以直接测量,古应力值可利用数学解析法、方解石和白云石的机械双晶以及在透射电镜下观察的晶体内位错密度、动力重结晶颗粒大小与亚颗粒大小等方法来估算。在此基础上,绘制应力等值线,常用的有剪应力等值线图。

三、构造应力场的扰动

对于理想情况,在一定的边界条件下,可以获得均匀应力场。但是,即使不考虑体力

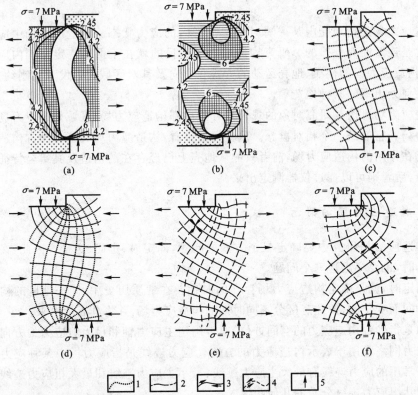

图 3-12　附加侧向张力的简单剪切光弹实验获得的应力场图示(据马瑾等,1965)
(a),(c),(e)具有附加侧向张力;(b),(d),(f)具有附加侧向压力;(a),(b)为根据干涉色确定的
剪应力分布图(剪应力等值线,单位 MPa);(c),(d)为主应力迹线;(e),(f)为最大剪应力迹线;
1—最小主应力 σ_3 的迹线;2—最大主应力 σ_1 的迹线;3—右行最大剪应力迹线;
4—左行最大剪应力迹线;5—力的作用方向;
实验材料比例:明胶冻 10%,甘油 45%,水 45%

作用,在均匀的面力作用下,由于岩块或地块内部的局部不均匀性和不连续性等,也可造成应力场的局部变化。朱志澄(1999)将应力场的这种局部变化称为应力场的扰动。应力场的扰动包括应力迹线的偏移和应力值的局部集中或变异。以圆孔附近的应力场扰动为例。图 3-14(a)表示在单向压缩作用下弹性板内无圆孔的主应力迹线,图 3-14(b)表示在单向压缩作用下弹性板内一圆孔附近的主应力迹线。两者比较可看出由于圆孔的存在造成圆孔附近应力迹线的扰动。图 3-14(c)表示圆孔边界上应力大小的扰动:径向应力为:

$$\sigma_r = 0$$

而切向正应力按下式变化:

$$\sigma_\theta = p(1 - 2\cos\theta) \tag{3-34}$$

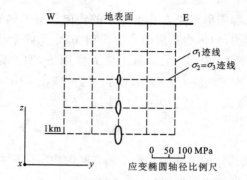

图 3-13　地表以下一定深度范围内由重力引起的应力场（据 Means，1976）

式中　p——远离圆孔处板内的主压应力（沿压缩方向）；

　　　θ——以圆孔中心为极点，以压缩方向为极轴的极角。

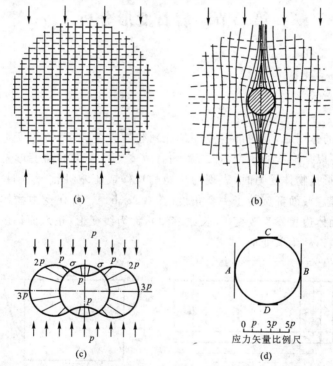

图 3-14　四个特殊点的切向正应力矢量（据 Means，1976）

几个特殊点的切向正应力如表 3-1 所列。

表 3-1　几个特殊点的切向正应力表

θ	0°	30°	45°	60°	90°	120°	135°	150°	180°
σ_θ	$-p$	0	p	$2p$	$3p$	$2p$	p	0	$-p$

图 3-14(c)所示的玫瑰图形是将内孔壁各点的切向正应力画在径线上而得到的(以圆周为零线,向外为压应力,向内为拉应力),图 3-14(d)表示四个特殊点的切向正应力矢量。它们反映了两个重要特点:① 在单向压应力作用下,圆孔附近可以产生拉应力;② 圆孔附近可出现单向均匀压应力三倍的应力。这种现象称为应力集中。前人利用弹性理论还求得单向拉伸情况下椭圆孔尖端的切向正应力为:

$$\sigma_\theta = -p(1 + \frac{2a}{b}) \tag{3-35}$$

式中　$-p$——远离椭圆孔处的沿椭圆孔短半轴方向的均匀拉应力;

　　　a, b——椭圆孔长半轴和短半轴。

从上式可以看出,椭圆孔应力集中比圆孔更大。例如,当 $a/b = 10$ 时,切向应力可达均匀拉应力的 21 倍。由此可见,长短半轴比值越大,椭圆孔的应力集中越大。

第三节　岩石变形分析

一、变形和应变

(一)变形

物体受到力的作用后,其内部各点间的相对位置发生改变,称为变形。变形可以是体积的改变,也可以是形状的改变,或二者均有改变。线变形和剪变形是两种最基本的变形形式。线变形指物体受力时,表现为单纯的拉伸或压缩[图 3-15(a)]。剪变形指物体受力时,内部任意截面都旋转了一个角度[图 3-15(b)]。若在受力物体内取一微小正六面体,则该六面体边长发生改变(伸长或缩短),称为线变形;正六面体的直角发生改变(变为锐角或钝角),称为剪变形。

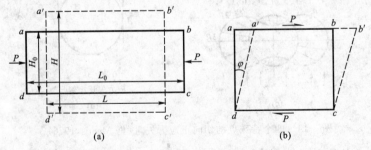

(a)　　　　　　　　　　　　(b)

图 3-15　线变形(a)和剪变形(b)示意图

P—外力;L_0—变形前的纵向长度;L—变形后的纵向长度;

H_0—变形前的横向宽度;H—变形后的横向宽度;φ—剪变形旋转的角度

(二)应变

物体的变形程度可以用应变表示,根据变形形式的不同可以用线应变和剪应变来描述。

（1）线应变是指物体受力发生线变形以后，所增加或缩短的长度与变形前长度的比值，即：

$$e_纵 = \frac{L - L_0}{L_0} \tag{3-36}$$

式中　$e_纵$——物体受纵向应力作用后的纵向应变量，以％计算。

与构造地质学中应力的规定不同，一般由张应力产生的 $e_张$ 为正，由压应力产生的 $e_压$ 为负。线应变还可以用直线的长度比 S 和直线长度比的平方 λ 来度量。直线的长度比 S，是指变形后与变形前的长度比，即：

$$S = \frac{L}{L_0} = \frac{L_0 + (L - L_0)}{L_0} = 1 + e_纵 \tag{3-37}$$

直线的长度比的平方为：

$$\lambda = \left(\frac{L}{L_0}\right)^2 = (1 + e_纵)^2 \tag{3-38}$$

实验证明，岩石在单纯的压缩或拉伸中，不仅沿受力方向会有纵向线应变，而且在与受力的垂直方向上也会有横向线应变。当岩石纵向被压缩，则横向就会出现拉伸；当岩石纵向被拉伸则横向又会出现压缩。横向线应变的公式是：

$$e_横 = \frac{H - H_0}{H_0} \tag{3-39}$$

横向应变量 $e_横$ 也以％计算，并规定拉伸为正，压缩为负。

实验还得到证明，对同一均质的岩石试件来说，当受到单独的压缩或拉伸时，在弹性变形范围内，横向线应变与纵向线应变的比值是个常数，称为岩石的泊松比，即：

$$\mu = \frac{|e_横|}{|e_纵|} \tag{3-40a}$$

或

$$e_横 = -\mu e_纵 \tag{3-40b}$$

（2）剪应变是指物体在剪应力或扭应力作用下，内部原来相互垂直的两条微小线段（物质线）所夹直角的改变量。它是用物体变形时旋转角度的正切函数来度量的，所以又称为角应变。如图 3-15（b）所示，物体原来的形状为 $abcd$，变形后成为 $a'b'cd$。原来与 cd 直线垂直的 ad 直线旋转了一个 φ 角，变成了 $a'd$ 直线。φ 角的正切函数即为剪应变量，其公式为：

$$\gamma = \tan \varphi = \frac{aa'}{ad} \tag{3-41}$$

如果物体是在弹性变形范围内发生的微量变形，φ 角极小，则 $ad \approx a'd$。所以，剪应变也可以用 φ 角的弧度来度量。

在地质上，与剪切面垂直的物质线向右偏斜为正，向左偏斜为负，即右行剪切为正，左行剪切为负。因此，本书中应变所用的符号与上述应力所用的符号正好相反。

取一叠卡片,在其侧边画上一个半径 $l_0=1$ cm 的单位圆及一个腕足类化石,未变形前化石的铰合线与中线垂直[图 3-16(a)]。将卡片均匀剪切成图 3-16(b),原始的圆变成了椭圆。椭圆的长轴为 l_1,短轴为 l_2,则其线应变分别为:

$$e_1=(l_1-l_0)/l_0=(1.62-1)/1=0.62 \quad (\text{伸长 } 62\%)$$

$$\lambda_1=(l_1/l_0)^2=2.62$$

$$e_2=(l_2-l_0)/l_0=(0.62-1)/1=-0.38 \quad (\text{缩短 } 38\%)$$

$$\lambda_2=(l_2/l_0)^2=0.38$$

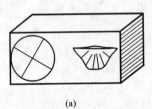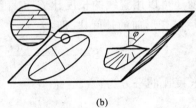

图 3-16 剪应变的卡片模拟(据朱志澄,1999)

化石的铰合线与中线不再成直角,其偏差必为沿铰合线方向的角剪应变,相应的剪应变 γ 为:

$$\gamma=\tan \varphi=\tan 45°=1$$

二、岩石变形的方式

岩石变形最基本的形式是线变形和角变形。它们组成了五种基本的变形方式(图 3-17)。

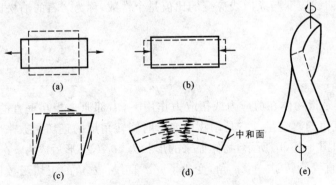

图 3-17 五种基本变形方式

(a) 拉伸;(b) 挤压;(c) 剪切;(d) 弯曲;(e) 扭转

(1)拉伸。指在张应力作用下的线变形,岩石沿受张应力作用的方向被拉伸,所以它的线应变的方向与最大主应变轴的方向一致。

(2)压缩。指在压应力作用下的线变形,岩石沿受压应力作用的方向被压缩,所以它的线应变的方向与最小主应变轴的方向一致。

（3）剪切。指在简单剪切作用下的剪变形，使岩石被剪切错动或形态发生变化。

（4）弯曲。指在沿岩石长轴方向的压应力作用下或是在弯梁作用下产生的变形，致使岩石发生弯曲。在发生弯曲变形的岩石内部存在一个中和面，表现为既不拉伸，也不压缩；在中和面外侧表现为拉伸变形，在中和面内侧表现为压缩变形。

（5）扭转。在岩石的两端，与轴线垂直的平面上各作用一对大小相等、方向相反的力偶所产生的变形，称为扭转变形。这种变形是比较复杂的，与岩石轴线平行的一系列直线都发生了斜歪；在与岩石轴线垂直的一系列横截面上都存在着剪切力，致使岩石发生剪变形。

三、均匀变形与非均匀变形

上述五种变形方式可归结为均匀变形和非均匀变形两种类型。

（一）均匀变形

岩石的各个部分的变形性质、方向和大小都相同的变形称为均匀变形。其特征是：原来的直线，变形后仍然是直线；原来互相平行的直线，变形后仍然互相平行。拉伸、压缩和剪切三种变形属于均匀变形。因此，其中任一个小单元体的应变性质（大小和方向）就可代表整个物体的变形特征。如图 3-16 就具备均匀变形的特征。其中的单位圆变形后成为椭圆，称为应变椭圆。在三维均匀变形中，圆球变成了椭球，单位圆球变形而成的椭球称为应变椭球。

（二）非均匀变形

岩石各点变形的方向、大小和性质是变化的称为非均匀变形。弯曲和扭转属非均匀变形。在讨论岩石变形时，常将整体的非均匀变形近似地看做是若干连续的局部均匀变形的总和，如图 3-18 所示，就整体的弯曲变形而言，属于非均匀变形，但各个局部可以近似地看做是均匀变形，而且任意两个相邻的小圆所反映的变形方向、大小、性质的差别是不明显的。

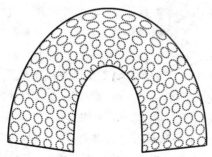

图 3-18 弯曲变形的各个局部可近似地看做是均匀变形

四、应变椭球体

为了形象地描述岩石的应变状态,常设想在变形前岩石中有一个半径为 1 的单位球体,均匀变形后成为一个椭球,以这个椭球体的形态和方位来表示岩石的应变状态,这个椭球体便称为应变椭球体。图 3-16 形象地表示了在二维中一个单位圆经均匀变形后能变成一个椭圆。在数学上可以证明,表达单位圆球体的方程式经过均匀变形后变换成为一个椭球体的方程式(J. G. Ramsay, 1967)。从数学上还可以推导出,从单位圆球体变成的应变椭球体有三个互相垂直的主轴,沿主轴方向只有线应变而没有剪应变(图 3-19)。分别以 λ_1,λ_2 和 λ_3 (或 X,Y,Z 或 A,B,C)来表示最大、中间和最小应变主轴。在单位圆球体变成的应变椭球体中,三个主轴的半轴长分别为 $\sqrt{\lambda_1},\sqrt{\lambda_2}$ 和 $\sqrt{\lambda_3}$ (因初始圆球体的半径 $r_0=1$)。包含应变椭球体的任意两个主轴的平面叫主平面。λ_1,λ_2 和 λ_3 的值叫主应变。应变椭球的特性之一,就是变形后的这些应变主方向在变形前也是正交的。对于分别平行应变主方向的 λ_1,λ_2 和 λ_3 的坐标轴 x,y 和 z,在应变椭球体上各点的坐标与主应变的关系由下式给出:

$$\frac{x^2}{\lambda_1}+\frac{y^2}{\lambda_2}+\frac{z^2}{\lambda_3}=1 \tag{3-42}$$

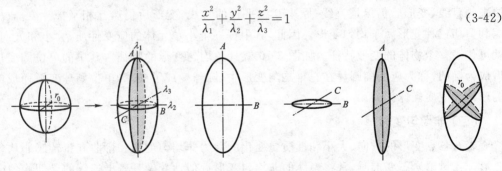

图 3-19　应变椭球体、应变主轴和主平面

三个主半径不等的应变椭球体都有两个过中心的截面,它们与椭球相交成圆,这些圆叫应变椭球体的圆截面(图 3-19),它们彼此相交于应变的中间主方向,而且分别与 λ_1 方向呈相等的夹角。对于三轴应变椭球体,圆截面所包含的线有相等的变形,这就是说,在圆截面内所有的直线缩短或伸长距离相等。例如,一个平行圆截面切开的化石贝壳看起来在形态上完全没有变形,只是比原始尺寸增大或缩小。

应变椭球体的三个主轴方向形象地表示了变形造成的地质构造的空间方位(图 3-19、图3-20)。垂直 λ_3 的平面(或 XY 面,或 AB 面)是受压扁的面,代表褶皱的轴面或片理面等的方位。垂直 λ_1 的平面(或 YZ 面,或 BC 面)为张性面,代表了张性构造(如张节理)的方位。平行 λ_1(或 X 面,A 轴)的方向为最大拉伸方向,常可反映在矿物的定向排列上,如矿物的拉伸线理(矿物岩石组分变形时发生塑性拉长而形成的一种线状构造)。

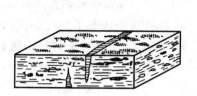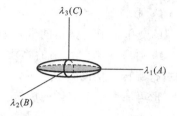

图 3-20　代表压扁面的片理面及代表张裂面的张节理与
应变椭球体的关系(据朱志澄,1999,略改)

横过应变椭球体中心的切面一般为椭圆形,其中有两个切面为圆切面,它们的交线为中间应变轴(图 3-19)。中间应变轴不变形的应变(即 $e_2 = 0$ 的应变)称为平面应变。这时,圆切面的半径为 $\sqrt{\lambda_2} = 1$,该圆切面叫无伸缩面或无长度应变面。它和最大应变主轴 λ_1 的夹角取决于 λ_1 和 λ_3 之比(J. G. Ramsay,1967)。

$$\cos^2\theta = \frac{\lambda_1(1-\lambda_3)}{\lambda_1-\lambda_3} \tag{3-43}$$

式中　θ——无伸缩面与 λ_1 轴之夹角。

无伸缩面区分了"应变椭球"体中的伸长区与缩短区。任何过球心的直线,如果位于无伸缩面与伸长轴(λ_1)之间的区域,都发生了伸长,在无伸缩面与缩短轴(λ_3)之间的区域,过球心的直线都发生了缩短,同时就会产生各种相应的构造特征。

严格地说,上述应变椭球体的概念是只适用于均匀变形,即应变椭球体在变形体的所有部分均具有相同的形状和方位,而且各个球体都完全变成椭球。但在非均匀变形情况下,也可以用一个应变椭球体来代表某一点的应变。因此应变椭球体是适用于任何一种变形的,不管其应变大小如何,也不管它属于任何一种材料。

五、旋转变形和非旋转变形

根据变形过程中应变主轴的空间方位是否发生变化,可将均匀变形分为两种,前者指变形过程中,应变主轴的空间方位始终保持不变,后者指应变主轴的空间方位在变形过程中发生了改变,如剪切变形。

根据代表应变椭球体主轴方向的物质线在变形前后方向是否改变,可把变形分为两类:旋转变形和非旋转变形。

非旋转变形中,代表应变主轴方向的物质线在变形前后不发生方位的改变,如拉伸变形和压缩变形。非旋转变形的一种特殊情况,即在变形中不发生体积变化且中间应变轴的应变为零的变形,称为纯剪变形。这是一种体变为零的平面应变。

旋转变形中,代表应变主轴方向的物质线在变形前后发生了方位的改变,即旋转了一个角度。最典型的是简单剪切变形,可用一叠卡片的剪切来模拟(图 3-16)。这是一种体变为零的平面应变,变形发生在卡片侧面的 AC 面上,垂直图面的 B 轴不发生变形。

在图 3-16 中的矩形受到 $\varphi = 45°$ 的简单剪切，其形成的应变椭圆长轴方向与卡片边的剪切方向成 $31°43'$ 的交角。把受剪切的卡片叠复原，可见这条线与卡片边的交角为 $58°17'$。它代表了 $\varphi = 45°$ 时应变椭圆长轴的物质线的未变形时的方位，说明它在变形后发生了 $\theta = 26°34'$ 的右行旋转。从该图中也可以看出，一个简单剪切造成的旋转变形，可以看做是一个纯剪变形再加上一个刚体的旋转。

六、递进变形

物体变形的最终状态与初始状态对比发生的变化，称为有限应变或总应变。实际上，在变形过程中，物体从初始状态变化到最终状态的过程是一个由许许多多次微量应变的逐次叠加过程，这种变形的发展过程称为递进变形。其中，变形期中某一瞬间正在发生的小应变叫增量应变，如果所取瞬间非常微小，其间发生的微量应变可称为无限小应变。可以认为，递进变形就是许多次无限小应变逐渐累积的过程。在变形史的任一阶段，都可把应变状态分解为两部分：一部分是已经发生了的有限应变；另一部分是正在发生的无限小应变或增量应变。

图 3-21 表示初始圆经受了一系列变形的过程，第一行表示应变过程，用各阶段的有限应变椭圆来表示。在中间的某个阶段，如在第三阶段时，第一行的椭圆代表了当时的有限应变状态。如果这时再在物体中设想一个圆形标志体，从 3→4 时，这一标志圆又变为椭圆，这叫增量应变椭圆。第四阶段的有限应变椭圆就是第三阶段的有限应变椭圆叠加这个增量应变的结果。在研究自然界的变形岩石时，只能见到变形作用的最终产物，而看不到其递进变形的过程，但有可能看到代表从轻微应变到强烈应变的各中间阶段的产物。通过连续地比较和综合，有可能推断出变形发展的总的进程。

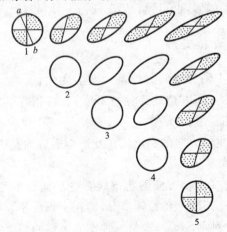

图 3-21 用卡片模拟简单剪切的递进变形过程（据 D. M. Ragan, 1973）
带点象限表示在每个应变椭圆中的伸长区，第 1 行表示应变的过程，
第 5 列描述了最终应变后各椭圆的形态

在递进变形过程中,如果各增量应变椭球体的主轴始终与有限应变椭球体的主轴一致,这种变形叫共轴递进变形;否则就叫非共轴递进变形。

(一)共轴递进变形

递进纯剪变形是共轴递进变形的典型实例。图 3-22 表示了一个平面的纯剪变形过程,其中间应变轴垂直于图面,且 $\lambda_2 = 1$。可以看到,在递进变形过程中,应变主轴的方向保持不变。

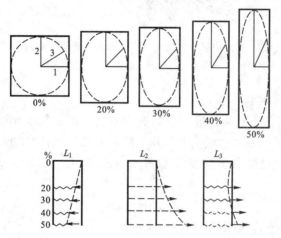

图 3-22　共轴递进变形中,不同方向线条的长度变化史(据 J. G. Ramsay ,1967)

上图中的百分比表示缩短量;下图 L_1, L_2, L_3 分别表示上图中三条线的变化史

值得注意的是,不同方向的物质线随着递进变形的发展,其长度变化史是各不相同的。图 3-22 中表示了三条方位不同的线的长度变化史。线 1 起初与 λ_1 轴近于垂直,在变形过程中始终是缩短的。线 2 起初与 λ_1 轴近于平行,在变形过程中始终是伸长的。线 3 初始与 λ_1 轴成大角度相交($<50°$),在变形初期受到缩短,同时向 λ_1 轴方向旋转。随着变形的继续进行,它与 λ_1 轴的夹角逐渐变小,直至 $45°$ 时它不再缩短。当夹角小于 $45°$ 时,它反而受到了增量的伸长变形,虽然这时总的有限应变仍是缩短的。进一步的增量应变,使它的伸长总量超过初期的缩短总量而表现为总体的伸长。在自然界,当夹于软弱层中的强硬岩层受到这种变形的情况下,在被缩短时,会形成褶皱;被拉长时,会被拉断而成石香肠构造(详见第五章)。因此,当强硬层的方向与应变椭球体主轴的方向相当于 2 线的方位时,岩层就形成石香肠构造;相当于 1 线的方位时,就形成褶皱;相当于 3 线的方位时,就可形成早期褶皱和晚期的石香肠构造并存的现象。例如,在顺层挤压形成的褶皱构造中,强硬层在褶皱的转折端附近受到连续的压缩作用而形成许多小褶皱,如图 3-23 中的第三区段。在褶皱的两翼因受到强烈的拉伸作用而形成香肠构造,如图 3-23 中的第一区段。处于两者之间的第二区段,仍可看出早期受压缩形成的褶皱构造,后期被拉伸而断开。

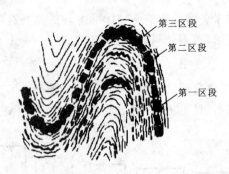

图 3-23　褶皱中强硬夹层在变形中形成的香肠构造与小褶皱

（据 J. G. Ramsay，1967；转引自朱志澄，1999）

（二）非共轴递进变形

递进的简单剪切是非共轴递进变形的典型实例。用一叠卡片可以很好地模拟这个过程。图 3-21 表示了一系列连续变形的几个阶段的二维图像（λ_2 轴垂直图面）。其有限应变椭球体的主轴方位随着剪应变量的增加而改变，可用方程式表达（J. G. Ramsay，1967）：

$$\tan 2\theta' = 2/\gamma \tag{3-44}$$

式中　θ'——应变椭圆长轴与剪切方向的交角；

　　　γ——剪应变量。

可以看出，当 γ 很小时，θ' 近于 45°，即对于每一瞬间的无限小增量应变，其增量应变主轴总是与剪切方向成 45°的交角。

由于有限应变椭圆主轴随着递进变形的发展而变化，因此，早期变形形成的构造在递进变形过程中就会逐渐改变其方向及性质，从而造成一幅比较复杂的应变图像，其构造的方位与所受应力的关系也比纯剪变形更复杂。对于每一微小的增量应变，其增量应变椭球体的三个主轴 X_i，Y_i，Z_i 的方向分别相应于主应力轴 σ_3，σ_2，σ_1 的方向。在共轴递进变形中，有限应变椭球体的三个主轴 X_f，Y_f，Z_f 也分别相应于 σ_3，σ_2，σ_1 的方向。但在非共轴递进变形中，如在上述的平面简单剪切变形中，只有有限应变椭球体的中间轴 Y_f 方向在变形过程中始终与应力系的 σ_2 方向一致。在其递进变形过程中，虽然主应力轴的方向保持不变，但有限应变椭球体的 X_f 和 Z_f 轴方位不断旋转。这时，就不能简单地从有限应变椭球体的方向直接来判断主应力作用的方向了。

如在粘土的剪切实验中，把湿粘土块平放于两块互相接触的平板上，使木板相对剪切移动。如果粘土饱含水而表现为脆性时，沿着运动方向，在两木块接触线之上将产生一组雁列式张裂隙。其中单个裂隙面与运动方向初始以近 45°斜交，即垂直于增量应变椭球体的 X 轴，也垂直于派生的主拉伸轴 σ_3［图 3-24（a）］，这种现象在地质上是常见的。随着变形的继续，早期形成的张裂隙将发生旋转，使其与剪切带的交角增大，而裂隙末端继续扩展的新生张裂隙将仍按 45°的方向（垂直于当时的增量应变椭球

的主轴 X 轴的方向)产生,结果形成了"S"形或反"S"形的张裂隙。后期在雁列带中部也可以产生新的张裂隙,仍与剪切方向成 $45°$ 相交,切过早期旋转了的"S"形张裂隙[图3-24(b)]。所以,在变形分析中,不能只根据构造的空间方位简单地来推断和解释其所反映的应力作用方式,必须从构造发生和发展的过程来分析。不应把构造现象看做是一成不变的东西,它只是漫长的构造演化过程中某一个阶段的产物。只有系统地研究一个地区内不同应变强度和应变状态的构造特征,才有可能比较全面地了解构造发展的全过程。

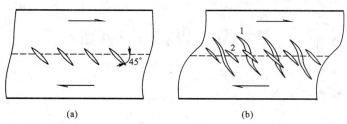

图 3-24 非共轴递进变形的简单剪切带中发育的雁列及"S"形张裂脉(据朱志澄,1999)

(三)一般剪切变形

自然界中的剪切作用通常不是纯粹的纯剪切或简单剪切一种,而是两种作用同时存在、相互叠加,通常是由平行于剪切带方向的简单剪切和与之垂直的纯剪切共同作用的结果。为了定量分析两者比值的大小,我们采用运动学涡度来表述。运动学涡度(W_n 或 W_k)是剪切带中纯剪切与简单剪切组分相对贡献的度量,可简单地定义为剪切变形面内两非旋转方向间夹角(ν)的余弦(Bobyarchick,1986):

$$W_n = \cos \nu \tag{3-45}$$

纯剪切带剪切变形面内的两非旋转方向相互垂直[图 3-25(a)],$W_n = 0$;简单剪切带剪切变形面内仅有的一非旋转方向[图 3-25(b)],可视为两非旋转方向间的夹角为零,$W_n = 1$;一般剪切带剪切变形面内的两非旋转方向间的夹角介于前两者之间[图 3-25(c)、(d)],$0 < W_n < 1$。

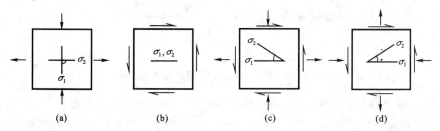

图 3-25 特征向量(e,即非旋转面)与变形状态之间的关系(据张进江等,1995)
(a) 纯剪切;(b) 简单剪切;(c) 减薄的一般剪切;(d) 增厚的一般剪切

一般剪切属非共轴变形范畴,传统应变莫尔圆不适用。利用运动学涡度(W_n)可以定量地分析两者间的比值大小。一般莫尔圆只能应用于共轴应变,而极莫尔圆可应用于共轴与非共轴变形,并为求取 W_n 提供了一种简便可行的方法。De Paor(1983)最早提出适于分析共轴和非共轴变形的极莫尔圆。Simpson 和 De Paor(1993)进一步说明极莫尔圆如何应用于分析一般剪切带,但所提出的莫尔圆编制法要求已知沿剪切带边界的长度比和原法线方向的长度比,大大限制了极莫尔圆的实际应用。张进江和郑亚东(1995)提出另外三种编制极莫尔圆的方法,可以根据剪切带中任意两方向的长度比编制极莫尔圆,基本解决了极莫尔圆的应用问题。李海(2000)将极莫尔圆法进行了改进,使之可应用于有体积变化的一般剪切带分析。

第四节　岩石力学性质

一、岩石的变形阶段

有关岩石力学性质的多数资料是通过岩石力学实验获得的。实验装置主要为可控制温度和围压的三轴压力机,圆柱状试样受到轴向压力或拉力及周围流体或固体介质施加的围压(图 3-26)。轴向应力与围压之差叫差应力,一般用 $\sigma_1 - \sigma_3$ 表示。大多数实验机在 1 000 MPa 的压力范围内进行操作,温度可达 800 ℃以上。实验的结果常用应力-应变曲线表示(图 3-27)。岩石变形的应力-应变曲线与金属实验的结果非常相似,因此地质学上采用的术语与冶金学上有关的术语一致。图 3-26 为常规三轴实验,真三轴实验要求 $\sigma_1 \neq \sigma_2 \neq \sigma_3$。

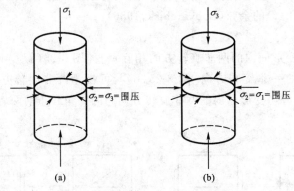

图 3-26　压缩(a)和拉伸(b)三轴实验时岩石样品中的主应力图示

经过材料力学实验证明,岩石与其他固体物质一样,在受力变形过程中,应力 σ 与应变 ε 之间存在着一定的关系。若以应力 σ 为纵坐标,应变 ε 为横坐标,则可得到应力-应变曲线(图 3-27)。分析应力-应变曲线的特征,通常将岩石受力变形过程依次划分出弹性变形、塑性变形和断裂变形等三个阶段。岩石的三个变形阶段是依次发生的,不是截然分开,而是彼此过渡的。由于岩石的力学性质不同,不同岩石的各个变形阶段的长短和特点也各不相同。

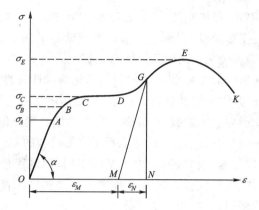

图 3-27　低碳钢拉伸变形时的应力-应变曲线示意图

σ_A—比例极限；σ_B—弹性极限；σ_C—屈服极限；σ_E—强度极限

（一）弹性变形

岩石受外力作用发生变形，当外力取消后，又完全恢复到变形前的状态，这种变形称为弹性变形，岩石的这种力学性质叫弹性。图 3-27 是低碳钢拉伸变形时的应力-应变曲线。当超过 B 点时，即使去掉作用的外力物体也不会再完全恢复到变形前的状态。所以，B 点的应力值 σ_B 称为弹性极限，OB 称为弹性变形阶段。在弹性变形阶段中 OA 段呈直线，说明应力 σ 和应变 ε 成正比，符合胡克定律。AB 段是一条曲线，说明应力和应变不呈正比，但当外力去掉后，物体仍能完全恢复到变形前的状态，故仍将其划归弹性变形阶段。

岩石在变形前，内部各个质点都处于平衡状态。当其受力变形后，原来的平衡被打破，各个质点发生了位移，吸收了一定的位能，达到新的平衡。在短期内去掉外力作用后，岩石内部各个质点又会在其吸收的位能作用下恢复到原来的位置，因而产生弹性变形。

（二）塑性变形

当外力继续增加，变形继续增强，以至应力超过岩石的弹性极限时，如将外力去掉，变形后的岩石不能完全恢复原来的形状，这种变形称塑性变形，即发生了剩余变形或永久变形。如图 3-27 中从 B 点开始，试件进入塑性变形阶段，过 B 点后，曲线显著弯曲，当达到 C 点时，曲线就变成水平，这就意味着在没有增加载荷的情况下，变形却显著增加，此时岩石的抵抗变形的能力很弱，这种现象称为屈服或塑性流变。C 点为屈服点，对应此点的应力值 σ_C 称屈服极限。过 C 点后应力缓慢增加，一直到 E 点，应力增加到最大值。当变形达到塑性变形最后阶段 DE 内的任意点 G 时，随即停止加力，并且逐渐减力，则在减力过程中的减力与变形遵循着直线（GM）关系。GM 直线与弹性变形阶段内的 OA 直线接近于平行，说明岩石在塑性变形的最后阶段 DE 内存在着弹性变形 ε_N 和塑性变形 ε_M 两个部分。再次施力时，岩石在弹性变形阶段能承受的最大应力将会增加。也就是说,岩石的比例极限 σ_A 和弹性极限 σ_B 上升了,比例极限点 A 至破裂点 E 的距离缩短了。说明岩石的弹性变形阶段增长了,而塑性变形阶段缩短了,这种现象称为岩石的变形硬化。地质上,所谓古老地块的硬化可能与此有关。

在断裂前的塑性变形的应变量小于 5% 的材料,称为脆性材料;在断裂前的塑性变形的应变量超过 10% 的材料称为韧性材料。在常温、常压下多数岩石表现为脆性,即在弹性变形范围内或弹性变形后立即破裂,这种破裂称为脆性破裂。但在增高温度和围压等条件下,岩石常表现出一定的韧性。图 3-28 表示了岩石试样的变形行为。因岩石或材料类型、围压条件、温度、应变速率和施加应力类型的不同,出现脆性到韧性的一系列变化现象,在压缩和拉伸条件下,其变化系列有五种情况。每种情况都是根据应变百分率划定的。各类边界是不严格的,甚至会出现重叠。

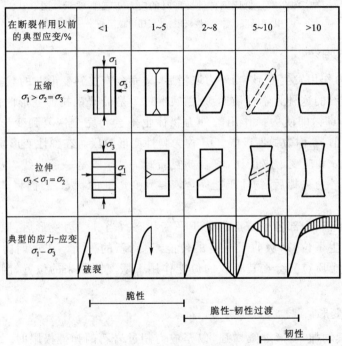

图 3-28　从完全脆性到完全韧性的性能变化系列示意图
(据 D. T. Griggs 和 J. Handin,1960)
表示破裂前的典型应变以及典型拉伸和压缩时的应力-应变曲线,
竖线部分表明第三、四、五种情况下曲线的变化范围

(三)断裂变形

当岩石受外力超过岩石的强度极限时,岩石内部质点间的结合力就会遭到破坏而产生破裂面,使岩石失去连续完整性,称为断裂变形或脆性变形。如图 3-27 所示,当超过 E 点以后,曲线急剧下降,说明岩石失去了抵抗变形的能力,达到被破坏的程度。对韧性较

强的岩石,当所受的张应力超过强度极限 σ_E 时,会出现细颈化现象。随着细颈化现象的出现,岩石表现为所受应力迅速减小,变形急剧发展且直到变形曲线上的 K 点时,才在岩石的细颈化处被拉断。EK 区间乃为局部的塑性变形。

二、岩石变形的微观机制

岩石变形的微观机制主要包括脆性变形机制和塑性变形机制。脆性变形机制相对简单,主要有微破裂作用、碎裂作用和碎裂流。而塑性变形机制比脆性变形机制要复杂得多。通过岩石变形实验及变形实验与天然变形岩石的显微和超微构造相对比,人们发现,由于岩石的流变特性及其显微构造、组成矿物的性质及变形条件等的不同,会有多种不同的变形机制。岩石是一种多晶集合体,其塑性变形绝大多数是由单个晶粒的晶内滑动或晶粒间的相对运动(晶粒边界滑动)所造成的。

(一)微破裂作用、碎裂作用和碎裂流

在一定的条件下,岩石内部的某些部位容易造成应力集中而形成微破裂。造成应力集中的因素很多。例如:具有不同热膨胀系数的矿物组成的岩石经历温度的变化;变形过程中相邻颗粒点接触部位的互相楔入;矿物包裹体或孔隙尖端受应力作用;颗粒内的位错和双晶运动不足以调节应变,等等。

微破裂一旦形成,其尖端又是应力集中的有利场所。在应力作用下,单个微破裂扩展,多个微破裂互相连接。在拉伸条件下,扩展成宏观破裂。而在一定的围压条件下,无数微破裂扩展、连接、局部密集成带,使岩石沿断裂或断裂带破裂成碎块。当应力增大时,沿断裂或断裂带分布的岩石碎块进一步破裂和细粒化,形成高度破碎的岩石碎块和粉晶集合体。这一过程称为碎裂作用。

当差应力足够大时,高度破碎的岩石碎块和粉晶重复破碎,粒径不断减小,相互之间产生相对摩擦滑动和刚体转动,因而,整体上能承受大的变形和相对运动。这种变形过程称为碎裂流。

碎裂流在流动过程中,形成很多空隙,经常被流体携带的硅质和碳酸盐物质充填,并可能卷入后续碎裂作用。因而大多数碎裂岩、角砾岩含有石英脉或碳酸盐脉的角砾。

以上所述的脆性变形机制主要在地壳浅层次起作用,但高流体压力有利于碎裂流的形成,这也是导致脆性构造岩中常见石英脉、碳酸盐脉或其角砾的原因之一。

(二)晶内滑动和位错滑动

岩石发生塑性变形的原因,从岩石本身性质来讲,受力岩石在塑性变形阶段内部质点发生位移,在新的位置上达到了新的平衡。当去掉外力作用后,岩石内部质点不再恢复到原来的位置。表现在岩石的外貌虽然变了形,但内部质点仍然存在着结合力而连接

在一起,使岩石仍然保持着连续完整性。

晶内滑动是沿晶体一定的滑移系发生的,即沿某一滑移面的一定方向滑移。滑移系是由晶体结构决定的,滑移面通常是原子或离子的高密度面,滑移方向则是滑移面上原子或离子排列最密的方向不同矿物晶体各具不同数目的滑移系。如石英常沿底面[0001]上一个或一个以上的 a 轴方向发生滑移。方解石在低温下常沿 e 面发生机械双晶,这也是一种晶内的滑移。晶内滑移不仅使晶粒形状改变而发生塑性变形,还使结晶轴发生旋转,造成晶格优选方位。如图 3-29 所示,设一晶粒的横剖面 $ABCD$ 沿 λ 方向发生均匀缩短,在变形过程中 AB 与 CD 保持平行。假设只有一个滑移面平行于对角线 BD,面内的滑移方向平行于 BD。如果滑移是变形的唯一机制,则变形中沿滑移方向测量的晶粒大小保持不变,垂直于滑移面方向各滑移面间的距离不变。因而随着变形的继续,不仅沿 BD 方向发生滑动,而且滑移面本身也必须相对于缩短方向作顺时针的转动,这就使滑移面的法线向着缩短轴方向旋转。如果滑移面是石英的底面[0001],则缩短不仅使石英颗粒压扁,形成形态优选方位,而且使其 c 轴向缩短轴接近,形成晶格优选方位。

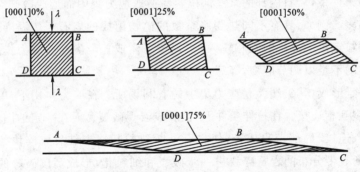

图 3-29　由于晶格滑移引起的优选方位发育的原理

(据 B. E. Hobbs 等,1976;引自朱志澄,1999)

岩石内部质点的位移,可以发生在粒间或者粒内。由于组成岩石的矿物颗粒之间的界面是个软弱面,岩石在塑性变形过程中,矿物颗粒会沿着这些软弱面发生位移、旋转、重新组合。发生在矿物颗粒内部的质点位移,有平移滑动和双晶滑动。平移滑动是指在矿物颗粒内部,滑移面两侧的质点沿着滑移面发生整体相对平移滑动,滑动的距离正好等于晶体内质点间距的整倍数,滑动前后的晶体格架不变,质点无需返回原来位置就仍然处于平衡状态,从而形成塑性变形[图 3-30(a)、(b)]。双晶滑动是指在矿物颗粒内部,滑移面两侧的质点沿着滑移面发生滑动后呈镜像对称关系,恰好符合矿物的某种双晶规律,使质点也处在一种新的平衡位置,从而形成塑性变形[图 3-30(a)、(c)]。

G·L·泰勒(Taylor,1934)等人认为塑性变形是由线状晶格缺陷即位错沿滑移面的运动引起的。晶格中某一点上原子排列周期性的缺陷称为点缺陷;如果晶格内原子排列周期性的缺陷出现在一条线上时,则形成线缺陷,这种缺陷[图 3-31(b)中 *CD*]与晶体滑动方向垂直者称刃形位错[图 3-31(b)],当晶面 *ABCD* 沿晶格两侧发生位移,则形成螺形位错[图 3-31(c)],其位错线[图 3-30(c)中 *CD*]与滑动方向平行。

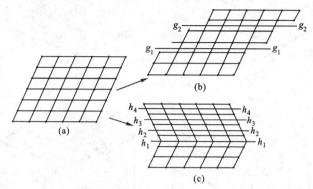

图 3-30 岩石塑性变形时的平移滑动和双晶滑动

(a) 滑动前的状态;(b) 沿 g_1g_1,g_2g_2,…发生平移滑动的原子排列状态;

(c) 沿 h_1h_1,h_2h_2,…发生平移滑动的原子排列状态

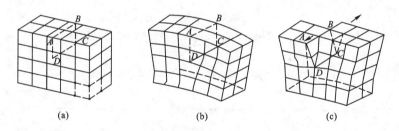

图 3-31 理想完好的晶格(a)、刃形位错(b)和螺形位错(c)

在微观上,晶格滑动可以和一叠卡片受剪切而滑动相比拟。然而,在超微的原子尺度上,在一个晶体的整个滑移面上并没有同时发生滑动,只是在一个小的应力集中区(晶体缺陷处)首先发生。然后,这个滑移区沿着滑移面扩张,直到最后与晶粒边界相交,在那里产生了一个小阶梯为止。滑移区与未滑移区之间的界线是位错线(图 3-32)。位错的传播可以很形象地用移动地毯来说明(图 3-33)。如果要拉动一张压着许多家具的地毯,显然要费很大力气。同样道理,沿着晶体内的一个面要使大量原子同时发生移动,也需要很大的力,以致会引起晶体破裂。如果先将地毯的一边折成一个背形褶皱,并慢慢地使这一褶皱传递到相对应的另一边(必要时把家具稍抬起一下),这样一来,便可最终使地毯在地板上整体平移一小段距离。这一过程需力不大,只是时间较长。同样,晶体中的位错在通过滑移面发生传播时是通过额外半面的逐渐移动晶体来完成的。最后,在滑移面一侧的晶体相对于另一侧的晶体发生了一个晶胞的位移(图 3-34)。

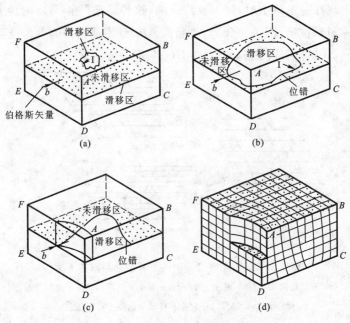

图 3-32　位错在一个滑移面上的传播图示

（据 B. E. Hobbs 等，1976）

（a）位错的萌芽；（b）位错在剪应力作用下的扩展；（c）位错环与晶体
边界相交处形成一个小的位移；（d）该位错线附近立方体晶格的畸变；

I—位错线

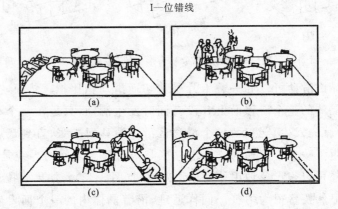

图 3-33　地毯的省力移动方式（据 D. A. Davis，1984；引自朱志澄，1999）

　　当一个晶体随着变形而位错的密度增大时，由于杂质的存在或不同方向不同滑移面上位错的存在，可以使位错的传播受到阻挡，使位错形成网格和缠结。这时则要求增大应力，以便使位错能在晶体中继续传播。这就是低温蠕变下应变硬化现象的原因。最后，如果应力大到矿物的强度，晶体就发生破碎。所以，只是位错滑动，不可能形成大的塑性变形量。

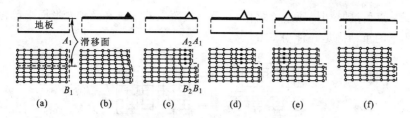

图 3-34　地毯平移和晶体位错传播的对比（据 A．H. Spry，1969；引自朱志澄，1999）

(a) 晶格沿着 A_1B_1 行有微小的畸变；(b) 这一畸变稍增大；(c) 畸变被由黑点所表示的
额外半面的介入而调整，这一行额外半面的质点原相当于 A_2B_2 行质点；(d)，(e)，(f) 这一额
外半面通过晶体发生传播，直到碰到了晶体边界而产生了一个晶胞距离的平移滑动

（三）位错蠕变

这是高温下的一种变形机制，当温度 $T > 0.3\ T_m$（T_m 为熔融温度）时，恢复作用显得重要起来，位错可以比较自由地扩展且从一个滑移面攀移到另一个滑移面。从而符号相反的两个位错可以通过攀移而互相湮灭［图 3-35，图 3-36(a)、(b)］；符号相同的位错可以平衡排列成位错壁，将一个晶粒分隔为亚晶粒。亚晶粒之间在晶格方位上有一轻微差异，而亚晶粒内部位错密度降低，使变形能继续进行［图 3-36(c)］。这种现象称为多边形化作用。在显微镜单偏光下观察仍为一个晶粒，在正交偏光下观察可以看到相邻亚晶粒间的消光位有几度之差。

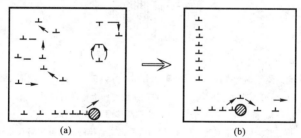

图 3-35　位错的调整与恢复作用图示（据 A．Nicolas，1984；引自朱志澄，1999）

(a)，(b) 的上部表示晶内的许多位错通过滑移和攀移重新排列而形成亚颗粒边界；

(a)，(b) 的下部表示塞积的位错通过攀移而越过障碍，消除堆积的位错

另一种作用是动态重结晶作用。在初始变形晶粒边界或局部的高位错密度处，储存了较高的应变能，在温度足够高的条件下，形成新的重结晶颗粒，使初始变形的大晶粒分解为许多无位错的细小的新晶粒。如果大晶粒还没有分解完，就形成核幔构造（图 3-37）。动态重结晶颗粒与亚晶粒之差别在于相邻小晶粒之间的光性方位差别大（呈 $10° \sim 15°$ 以上），因此，在正交偏光下，晶粒之间界线明显。由于这种初始重结晶的晶粒是从各个孤立的晶核彼此面对面地生长，晶粒间的界面生长速率受新老晶粒间的方位差和老晶粒内位错密度的控制，因此，当新晶粒互相接触时常呈不规则的犬牙交错状边界。在其后的正常晶粒生长时（静态重结晶），趋向于降低晶粒的表面能，而使晶粒变大，边界变平，形成多边形晶粒和面角

为120°的三结点。这时如果应力继续作用,就会使新生的晶粒又受到变形而细粒化。因此,在应力作用下的重结晶是一种动态重结晶。

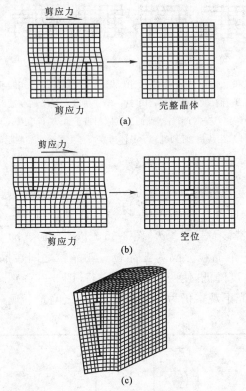

图3-36 位错调整图示(据 B. E. Hobbs 等,1976;引自朱志澄,1999)

(a) 符号相反的两个位错,在同一滑移面上相遇而湮灭;

(b) 符号相反的两个位错,在相邻滑移面上相遇而成空位;

(c) 符号相同的位错重新排列成亚晶界,两边亚晶粒的晶格方位略有差异

图3-37 核幔构造(据朱志澄,1999)

动态重结晶的细小石英晶粒围绕初始颗粒的残斑,残斑内发育

有亚晶粒(虚线表示部分亚晶粒边界)

晶体受应力而变形,使晶内位错密度增加而应变硬化,恢复作用和动态重结晶作用使变形的初始晶体细粒化而降低位错密度,使变形得以继续进行。因此,在高温下的位错蠕变可以使晶体及岩石发生很大的塑性变形而不破裂。但这时岩石发生细粒化,新生晶粒的形态并不能反映岩石的总应变量。

(四)扩散蠕变

扩散蠕变是通过晶内和晶界的空位运动和原子运动来改变晶粒形状的一种塑性变形机制。在差异应力作用下,空位朝高压应力区迁移,与此相反,原子朝低压应力区迁移。这种作用的结果,造成高压应力作用边界物质的损失和低压应力作用边界物质的增加。空位和原子的迁移有两种路径:一种是沿颗粒内部晶格迁移;另一种是沿颗粒晶界迁移。前者称为纳巴罗-赫林(Nabarro-Herring)蠕变,也称体积扩散蠕变,需要高温低应力条件;后者称柯勃尔(Coble)蠕变,也称晶界扩散蠕变(Davis, 1996),一般发生在无水条件下,温度要求较高。一般认为,晶界扩散蠕变与体积扩散蠕变相比,所需温度较低。两者所需的差异应力都较低,具有线性粘性体力学性质。

需要强调的是,晶界扩散蠕变和体积扩散蠕变都没有流体的参与,因而也称为固态扩散蠕变(Passchier 和 Trouw,1996)。

(五)溶解蠕变

溶解蠕变也称压溶,是一种有流体参与的塑性变形过程:物质在高压应力区溶解,通过流体迁移,在低压应力区沉淀,从而造成塑性变形。被溶出的物质可以在岩石的张性裂隙中沉淀,形成同构造脉;也可以在被压溶颗粒的两端张性空间处沉淀,形成须状增生晶体;或沉淀于强硬矿物的平行于拉伸方向的两端,形成压力影构造(图 3-38);或者迁移出体系之外。由于压溶作用,可以使岩石在压缩方向缩短,拉伸方向伸长,使总体发生变形,但矿物内部晶格并没有发生塑性变形,晶格方位也不会改变。它是岩石变形中很重要的一种变形机制,在不变质或浅变质岩区尤其显著。

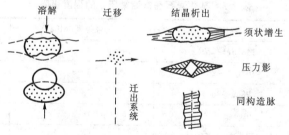

图 3-38　压溶作用与物质迁移及结晶沉淀示意图(据朱志澄,1999)

(六)颗粒边界滑动

颗粒边界滑动是通过颗粒边界之间的调整来调节岩石总体变形的一种变形机制。如果用橡皮口袋装一袋沙子,在力的作用下,可以使装满沙子的口袋发生总体的变形,但每个沙粒并不变形,这是通过沙粒之间的边界滑动来调节变形的。但岩石不是松散的沙子,各晶粒之间互相紧密镶嵌粘结,不能自由滑动。因此,只有在晶粒很细的岩石中(粒度在几 μm 到几十 μm 范围内),在很高的温度下($T > 0.5T_m$),扩散的速率能够及时调节由于晶粒相互滑动而产生的空缺或叠复时,才能实现颗粒边界滑动(图 3-39)。这种变形机制称为超塑性流动,它可以使岩石总体受到极大的应变(量)但不发生破坏。如阿尔卑斯赫尔维推覆体根带中的钙质糜棱岩,其应变量 $X : Z$ 可高达 100 : 1。超塑性流动的另一特点是:虽然总体的应变量很大,但各晶粒本身并不变形或只有轻微的拉长,而且不存在晶格优选方位及亚晶粒构造。

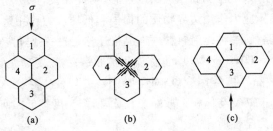

图 3-39 超塑性流动图示(据 M. F. Ashby 和 R. A. Verrall,1973;引自朱志澄,1999)
单个晶粒通过扩散调节的边界滑动而使总体变形(达 55% 的应变),但最终晶粒的方位与形态却没有改变

三、岩石的破裂方式及破裂准则

(一)岩石的强度

岩石在外力作用下抵抗破坏的能力称为强度。同一岩石的强度极限值,在不同性质的应力作用下差别很大。在常温常压下,某些岩石的抗张强度、抗压强度和抗剪强度数值列于表 3-2。从表中可知,岩石的抗压强度大于抗剪强度和抗张强度。抗压强度约为抗张强度的 30 倍,为抗剪强度的 10 倍。

表 3-2　某些岩石在常温常压下的强度极限

岩 石	抗压强度/MPa	抗张强度/MPa	抗剪强度/MPa
花岗岩	148(37～379)	3～5	15～30
大理岩	102(31～262)	3～9	10～30
石灰岩	96(6～360)	3～6	10～20
砂 岩	74(11～252)	1～3	5～15
玄武岩	275(200～350)	—	10
页 岩	20～80	—	2

(二)张裂和剪裂

1. 张裂

张裂是在外力作用下,当张应力达到或超过岩石的抗张强度时,在垂直于主张应力轴,即最小主应力轴的方向上产生的断裂(图3-40)。

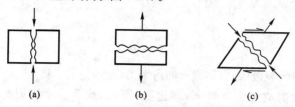

图 3-40 不同变形方式所形成的张裂面
(a) 压缩;(b) 拉伸;(c) 剪切

2. 剪裂

剪裂的产生取决于剪应力的大小,当剪应力达到或超过岩石抗剪强度时,就沿着与 σ_1,σ_3 均斜交的面上发生剪切破裂(图3-41)。

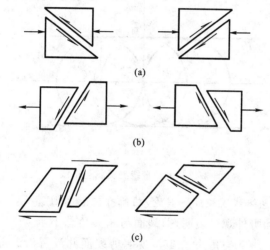

图 3-41 不同变形方式所形成的剪裂面
(a) 压缩;(b) 拉伸;(c) 剪切

(三)岩石破裂准则

断裂是指由外力作用在物体中产生的介质不连续面。控制断裂产生的因素较多,但最基本的因素有两个:① 将发生断裂的截面内的应力状态,即临界应力状态或极限应力状态;② 材料力学性质(王维襄,1984)。在极限应力状态下,各点极限应力分量所应满足的条件,称为断裂条件或断裂准则。

1. 水平直线型莫尔包络线理论——库仑破裂准则

从理论上分析,当一点的应力状态的应力圆与莫尔包络线(材料破坏时的各种极限应力状态应力圆的公切线)相切,这点就开始破裂。所以,有时也将莫尔包络线称为破坏曲线,其公式为:

$$\tau = f(\sigma) \tag{3-45}$$

作为莫尔包络线的一个特例就是水平直线型破坏曲线(图 3-42)。这种情况下的包络线方程可写成:

$$\tau_{max} = \frac{\sigma_1 - \sigma_3}{2} = \tau_0 \qquad (3\text{-}46)$$

式中　τ_0——抗纯剪断裂极限,也称岩石的内聚力。

上式表明,最大剪应力为常量 τ_0,即达到材料的抗剪强度极限时开始断裂,故亦称其为最大剪应力理论。这一理论最初是由库仑提出,所以也称库仑断裂准则。按照该理论,剪裂面与最大主应力 σ_1 的夹角(剪裂角)$\theta = 45°$,共轭断裂夹角(共轭角)为 $2\theta = 90°$。对于塑性材料或高围压情况下,该理论比较合适。因此,对于深层次构造环境,可以采用此理论。

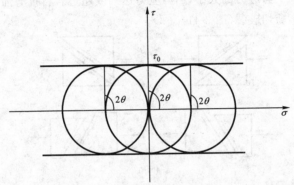

图 3-42　水平直线型莫尔包络线

2. 斜直线型莫尔包络线理论——库仑-纳维叶破裂准则

但岩石力学实验和野外观察表明,剪裂面与 σ_1 夹角总小于 45°。因此,一对共轭剪裂面形成一对锐角和钝角。剪裂角小于 45°,说明剪裂面并没有沿着最大剪应力作用面产生,这是因为岩石发生剪切破裂不仅与该面上剪应力大小有关,还与该面上的正应力有关。这就是斜直线型莫尔包络线,它也是莫尔包络线的一种特殊情况(图 3-43)。

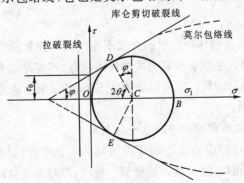

图 3-43　斜直线剪切破裂时的莫尔包络线

其方程为：

$$\tau = \tau_0 + \mu\sigma_n \tag{3-47}$$

式中 σ_n——作用于该剪切面上的正应力；

μ——内摩擦系数，即为式(3-47)所代表的直线的斜率。

式(3-47)也可写成：

$$\tau = \tau_0 + \sigma_n \tan\varphi \tag{3-48}$$

式中 φ——内摩擦角，$\mu = \tan\varphi$。

在莫尔应力圆图解中，式(3-48)为两条斜直线型莫尔包络线（图3-43）。两个切点代表了共轭剪裂面的方位和应力状态。由图3-43可知，岩石发生剪裂时：

$$2\theta = 90° - \varphi$$

$$\theta = 45° - \frac{\varphi}{2} \tag{3-49}$$

由此可见，剪裂角大小取决于岩石变形时内摩擦角的大小。实验表明，许多岩石的剪裂角在30°左右。表3-3为一些岩石在室温常压下由实验得到的剪裂角大小。

表3-3 室温常压下一些岩石的剪裂角（据 М. И. Гзовский）

剪裂角 θ	10°	15°	20°	25°	30°	35°	40°	45°
岩石类型		花岗岩						
			辉绿岩					
			砂岩					
				大理岩				
							页岩	

这一理论是纳维叶（Navier）修正库仑准则而得出的剪断裂条件，故也称为库仑-纳维叶破裂准则。由于该理论既有一定的适用性，又比较简单，所以应用较广泛。

3. 曲线型莫尔包络线理论——莫尔破裂准则

相当多材料的内摩擦角 φ 并不是一个固定的常数。莫尔剪切破裂准则认为，莫尔包络线表现为曲线，包络线各点坐标(σ_n, τ_n)代表各种应力状态下（图3-43），在即将发生剪破裂的截面上的极限应力值，由于 φ 角是变化的，因而剪裂角 θ 也是变化的，但仍小于45°。通常当围压不太大时，脆性岩石的包络线在压力区大体为直线。在此特殊情况下，莫尔准则与库仑准则是一致的。

4. 格里菲斯破裂准则

库仑、莫尔准则是通过实验说明岩石破裂时各应力之间的关系，但他们尚不能对导致破坏的内部机制作出令人满意的物理学方面的解释。为此提出了格里菲斯破裂准则。该准则认为，脆性材料（如玻璃）的断裂是由小的、无定向裂缝扩展的结果。当材料受力时，在裂缝周围，特别是在裂缝尖端发生应力集中，因而使裂缝扩展，最后导致材料完全破坏。这些不同方位的裂缝上的应力与主应力的关系，决定了裂缝是稳定的还是扩展的。进行数字推导时,该准则将微裂缝看成是高度偏心的椭球体(图 3-44)。格里菲斯准则在双轴应力状态下裂缝开始扩展时的判别式为:

$$\tau^2 = 4\sigma_t(\sigma_t + \sigma) \tag{3-50}$$

式中　τ——断裂面上的剪应力;

　　　σ——断裂面上的正应力;

　　　σ_t——岩石的抗张强度极限。

该式表明断裂的所有极限应力圆的包络线是一条抛物线(图 3-45)。

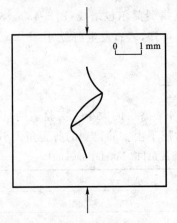

图 3-44　格里菲斯裂缝扩展方向
(据 D. T. Griggs,1960)

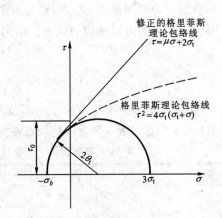

图 3-45　脆性岩石的破裂准则示意图
(据金汉平,1979)

为了使格里菲斯准则更符合实际,解决理论值与实测值之间的矛盾,麦克林托克与华西两人又假定裂缝受压时闭合,裂缝的接触面可能产生摩擦力以后裂缝才能扩展,从而提出了作为莫尔包络线的修正的格里菲斯准则表达式:

$$\tau = \mu\sigma + 2\sigma_t \tag{3-51}$$

按此式,当破坏出现于受压区内时恰好与库仑准则的结论一致,在 τ 轴附近与正常的格里菲斯抛物线型包络线相连接(图 3-45)。

此外剪裂角大小与岩石所处温度、压力条件有关。这是因为同一种岩石在不同的变形条件下其内摩擦角并不一样。例如页岩,随着围压的增加,φ 值逐渐减小,其包络线成为一条弧形曲线,表明剪裂角 θ 变大,但破裂时所需要的剪应力增加得很少[图 3-46(a)]。但砂岩却不同,随围压的增大,φ 值基本不变,剪裂角也基本上保持不变,形成破裂时所需要的剪应力也明显增加[图 3-46(b)]。

总之,岩石在高温高压条件下,其剪裂角都是增大的,逐渐接近 45°;但是,只要岩石还保持固体状态,则开始破裂时形成的两组共轭剪切破裂面与最大主应力轴的夹角就不会超过 45°。只有当破裂后发生递进变形或受到其他因素的影响的情况下,有时才会在岩石中出现剪裂角大于 45°的现象。

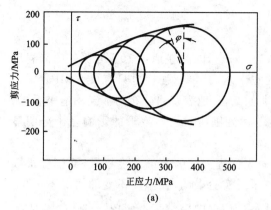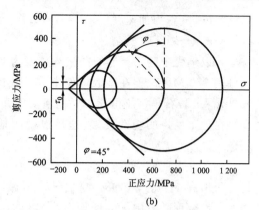

图 3-46　不同围压下,页岩(a)和砂岩(b)剪切破裂时的莫尔包络线(据 E. S. Hills,1972)

第五节　影响岩石力学性质和变形的因素

岩石的力学性质和岩石变形的因素不仅受岩石内部因素如成分、结构和构造的控制,而且受岩石所处外部环境如温度、围压、溶液、孔隙压力、应力作用方式和作用时间的影响。

一、岩石的成分、结构和构造

不同成分的岩石,其抗压、抗张、抗剪强度相差很悬殊。一般说来,含硬度大的粒状矿物越多的岩石,强度越大,往往呈脆性变形,如石英砂岩、花岗岩等;含硬度小的片状矿物,尤其含具有滑感的鳞片状矿物越多的岩石,强度越小,往往呈韧性变形,如粘土岩、片岩等。如果岩石中的化学性质不稳定的矿物和易溶于水的盐类(如黄铁矿、岩盐、石膏等)含量很高,也会降低岩石的强度。

碎屑岩中,颗粒细、棱角不明显、呈基底式胶结的岩石,往往强度较高;而颗粒粗、棱角明显、呈接触式胶结的岩石,强度就比较低。具有层理,尤其是薄层状的沉积岩层,在侧向压力作用下,容易沿层理面滑动,形成褶皱构造;不具层理或巨厚状岩层,容易产生断层。孔隙或裂缝发育的岩层,强度往往会明显降低。

二、围压(静岩压力)

岩石的围压是指周围岩体对它施加的压力。在地下深处岩石的围压,主要是由上覆岩石的重量所致,故常称为静岩压力。

$$p_z = \rho \cdot g \cdot z \tag{3-52}$$

式中　p_z——静岩压力;

ρ——覆盖层的平均密度;

g——重力加速度；

z——岩石的埋深。

若以地壳中硅铝层岩石的平均密度为 2.7 g/cm³ 计算，在地下 10 km 深处的静岩压力可达 270 MPa。而在地表即使十分坚硬的花岗岩，其抗压强度也只有 148 MPa，则在 10 km 深处岩石早该压得粉碎。但事实上并非如此，从地表普遍分布的褶皱构造来看，无疑是在地下发生的塑性变形，这足以说明地下深处围压对岩石变形的影响是十分明显的。

围压一方面增强了岩石的韧性，另一方面大大提高了岩石的强度极限，而弹性极限也有所增高。王仁等(1981)对白云岩所做的压缩实验表明，在温度不变的情况下，白云岩的塑性变形随着围压的增加而明显增加（图 3-47）。围压小于 125 MPa 时，各应力-应变到达曲线终点时，白云岩就会破裂；而围压为 125 MPa 及其以上的各条实验曲线，却没有表明各自的应力-应变达到曲线终点时白云岩也发生破裂，它是由于实验没有继续进行。

围压对岩石力学性质和变形的影响在于，围压使固体物质的质点彼此接近，增强了岩石的内聚力，从而使晶格不易破坏，不易断裂。

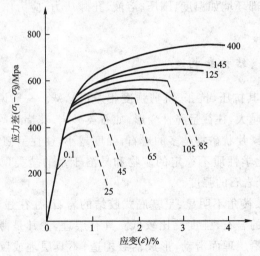

图 3-47　在不同围压下对白云岩进行压缩实验的应力-应变曲线（据王仁等，1981）

曲线上标注的数字为围压大小，单位为 MPa

三、温度

许多岩石在常温常压下是脆性的，随着温度的升高，岩石的强度会降低，弹性会有所减弱，韧性则大为增加，易于变形。图 3-48 是格里格斯（D. T. Griggs，1951）对大理岩进行实验所作出的应力-应变曲线。围压在 100 MPa 下，对标本施加压力时，室温条件下，大理岩的弹性极限为 20 MPa 左右；温度增高到 150 ℃时，弹性极限降低为 100 MPa 左右。这条曲线表明,随着温度增高,岩石易于变形,且抗压强度低。所以岩石在温度增高时易于形成剪裂。

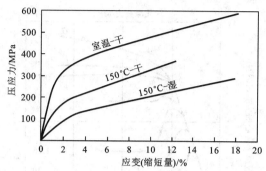

图 3-48　温度和溶液对大理岩变形的影响(据 D. T. Griggs,1951)

围压为 100 MPa,垂直于层理所切的圆柱形标本

　　温度增高对岩石力学性质和变形影响的原因是:当温度增高时,岩石质点的热运动增强,从而减弱了它们之间的联系能力,使物质质点更容易位移。因此,在升高温度的条件下,较小的应力也能使岩石发生较大的塑性变形。

四、溶液

　　地壳中的岩石,大部分都或多或少地含有溶液或水分,有的含有油、气。它们都会降低岩石的弹性极限,提高韧性,使岩石软化,易于变形;在构造应力作用的配合下,溶液还会促使矿物的溶解和新矿物的形成,从而有利于岩石的塑性变形。

　　对比图 3-48 下面两条曲线,可以看出溶液对大理岩变形的影响。在围压和温度相同的条件下,湿大理岩比干大理岩更容易发生塑性变形,如产生 10% 的变形量所需要的压应力,对于干大理岩是 300 MPa,而对于湿大理岩却只需要 200 MPa 左右。

　　实验还表明,同一岩石,在溶液介质性质不同时,其强度降低程度也不相同。例如处于围压为 100 MPa 的大理岩,在煤油介质内的抗压强度为 810 MPa;但在水中,其抗压强度却降低为 156 MPa,仅为在煤油中的抗压强度的五分之一。

　　溶液影响岩石力学性质和变形的原因,是由于溶液的加入使分子活动能力加强,分子间的内聚力减弱,岩石发生软化,强度降低。

五、孔隙压力

　　岩石孔隙中的流体对岩石力学性质的影响表现在两个方面:

　　一方面,当岩石中富含流体时,可使岩石强度降低。另外,孔隙流体的存在可以促进矿物在应力作用下的溶解迁移和重结晶,从而促进岩石的塑性变形。印第安纳灰岩孔隙压力实验的应力-应变曲线(图 3-49)结果表明,当孔隙压力增加时,岩石的屈服强度随之降低,因此在较小的外力作用下,岩石就能产生巨大的变形。表3-4列举了几种岩石在潮湿条件下抗压强度的降低。

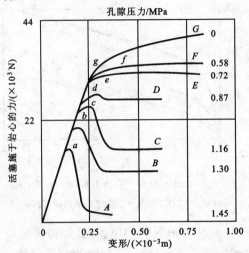

图3-49　印第安纳灰岩在 1.45 MPa 围压下的压缩变形中孔隙压力
对应力-应变曲线的影响(据 P. Robinson,1959)

表3-4　几种岩石在干、湿条件下的抗压强度表(据朱志澄,1999 有修改)

岩　石	干燥状态下的抗压强度/MPa	潮湿状态下的抗压强度/MPa	强度降低率/%
花岗岩	193～213	162～170	16～20
闪长岩	123	108	12
煌斑岩	183	143	21.8
石灰岩	150	118.5	21
砾　岩	85.6	54.8	36
砂　岩	87.1	53.1	39
页　岩	52.2	20.4	61

　　另一方面,产生孔隙流体压力的效应。岩石孔隙内流体的压力称为孔隙压力。在正常情况下,地壳内任一深度上孔隙水中的流体静压力相当于这一深度到地表的水柱的压力,约为静岩压力(或围压)的40%。由于某些原因,如快速沉积或构造变动使沉积物快速压实而孔隙水不能及时排出等,可使孔隙压力异常增大。在油田中曾测得,孔隙压力与围压之比达80%,甚至也存在接近于1.0的可能性。孔隙压力(p_p)的作用在于它抵消了围压(p_c)的作用。这时对变形起作用的是有效围压(p_e):

$$p_e = p_c - p_p$$

　　因此,当岩石中存在有异常的孔隙压力时,就产生了类似降低围压的效果,使岩石易于脆性破坏并降低强度。

莫尔图解可以很好地说明孔隙压力对岩石破坏的促进(图3-50)。图3-50中横坐标表示有效正应力(总正应力与孔隙压力之差)。圆Ⅰ代表孔隙压力为零时的应力状态,这时岩石是稳定的。随着孔隙压力的逐渐增大,虽然外加的总正应力不变,但有效正应力逐渐减小,使应力圆向左移动。一旦应力圆移到圆Ⅱ处,与莫尔包络线相切,岩石就要破坏。因此,异常孔隙压力的作用可促使岩石发生断裂。

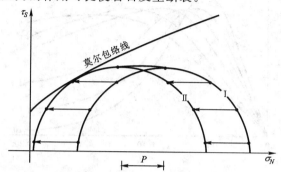

图3-50 孔隙压力效应示意图(据B.E. Hobbs, 1976)

当孔隙压力大到几乎等于围压时,就使岩石产生了浮起效应。休伯特和鲁比(M. K. Hubbert和W. W. Rubey, 1959)用这种效应较好地解释了巨大岩席的推覆和滑动的可能性。

六、时 间

时间对岩石力学性质和变形的影响,主要表现在施力速度、重复受力和蠕变与松弛。

(一)施力速度的影响

快速施力,不仅加快岩石的变形速率,而且会使其脆性增强。例如,沥青等材料,在快速的冲击力作用下,呈现脆性破裂;如缓慢施力,则在较小的应力作用下可发生很大的变形而不破裂。岩石受到缓慢的长时间外力作用,质点有充分的时间移动到平衡位置而固定下来,就呈现永久变形。地质上岩石变形,除陨石的碰撞和地震等外,都表现为长期而缓慢的变形。

Z. T. Bieniawski 于1970年在不同施力速度条件下对砂岩进行了一系列单轴压缩实验。实验结果表明,砂岩在不同应变速度下,每条应力-应变曲线都有一个应力峰值,它是随着应变速度的增加而增加,反映抗压强度随着施力和应变速度的减慢而降低(图3-51)。

(二)重复施力对岩石变形的影响

使岩石多次重复受力,虽然作用力不大,也能使岩石破裂。表示了一种金属破裂时的应力与发生破裂所需加力次数之间的关系。如果对岩石重复施力,虽然每次作用的应力没有达到岩石的强度极限,但是只要达到某个临界值以上,并且有足够的重复次数,岩石同样会发生破裂,称为疲劳现象,这个临界值称为疲劳极限或疲劳强度。

使岩石多次重复受力,虽然作用力不大,也能使岩石破裂。图3-52表示一种金属破裂时的应力与发生破裂所需要加力次数之间的关系。从图上可以看出,当力的作用次数增加时,破裂时的应力值就降低,乃至降低为 4.35 MPa 时,图上曲线便趋于水平,这时的应力值代表了物体在重复受力情况下发生破裂的最低应力极限,称为疲劳极限或耐力极限。若重复作用的应力低于这个临界值,即使重复作用的次数再多,岩石也不会发生破裂。

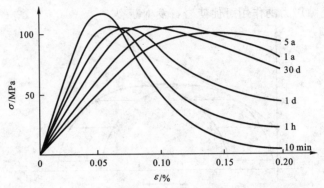

图 3-51　在不同施力和应变速度下砂岩的应力-应变曲线

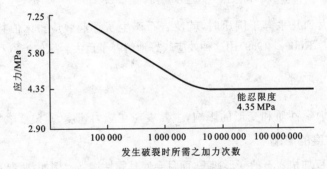

图 3-52　一种金属耐力曲线

对疲劳现象产生的原因,有人作这样的解释,即:当重复作用的应力低于岩石的弹性极限,在应力作用间歇期间变形恢复原状,重复作用的次数再多也只是被限制在作用应力范围以内发生弹性变形,所以岩石不会发生破裂;如果重复作用的应力,介于岩石的弹性极限与疲劳极限之间,在应力作用间歇期间,变形就不完全恢复原状,而出现一些塑性应变,每次出现的塑性应变就都会累积在一起。但是随着应力重复作用次数的增加,逐次累积起来的塑性应变的增量将成对数地减少,直至为零,所以塑性应变累积到一定程度时就不再增加,岩石不会发生破裂;若重复作用的应力达到或超过岩石的疲劳极限时,逐次累积的塑性应变一直在增加,并且增量不再减小。当塑性应变累积到能使岩石破坏的应变量时,岩石就会发生疲劳破坏。重复作用的应力的上限与完全应力-应变曲线尾部的交点 K,即是疲劳破坏点(图 3-53),它反映了重复作用的应力与疲劳破坏时累积的塑性应变之间的关系。重复作用的应力越大,疲劳破坏时累积的塑性应变越小;应力达到或超过岩石强度极限时,就无需重复作用,岩石便会破坏。

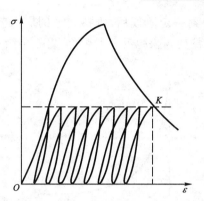

图 3-53 疲劳破坏应变与应力-应变曲线的关系示意图(据李铁汉,1980)

(三)蠕变与松弛对岩石变形的影响

蠕变是指在应力不增加的情况下,随着时间的增长,物体的变形继续缓慢增加的现象。不同应力作用下的蠕变曲线是不同的(图 3-54);不同温度条件下的蠕变曲线也不一致(图 3-55),温度的增高会使蠕变加快。岩石在恒定外力作用下都会发生蠕变现象,只是不同的岩石其蠕变快慢不同。

松弛是指应变维持恒定时,随着时间的延长,应力逐渐减小的现象(图 3-56)。从典型的松弛曲线图(图 3-56)上可见,松弛过程分两个阶段,第一阶段(即 AB 线段)的应力迅速减小,松弛速度急剧下降;第二阶段(即 BC 线段)的应力减小速度缓慢,松弛速度逐渐下降,并趋于某一极限值。

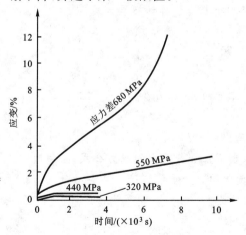

图 3-54 石灰岩压缩实验的蠕变曲线图
(据 D. T. Griggs,1936)

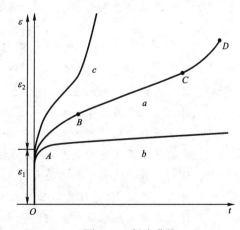

图 3-55 蠕变曲线
a—典型蠕变曲线;b—低温低应力;
c—高温高应力

蠕变和松弛这两种现象均与时间有关,反映出长时间的缓慢变形,降低了材料的弹性极限,永久变形缓慢增加,从而呈现流变特征。由于岩石的变形一般是在漫长的地质时期中发生的,当变形发展到一定阶段后,维持变形的应力就会逐渐减小,出现松弛现象,从而使变形固定下来。蠕变与松弛反复发生,使岩石中微小的永久变形不断积累,以至形成规模巨大的变形。

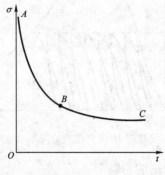

图 3-56　松弛曲线

小　结

大的构造运动体现在具体的岩石上,就是岩石在应力作用下产生的变形。而分析岩石变形,既要有定量的应力分析,又要有定性的变形分析。前者要运用数学、物理的方法,推导各种状态下的应力公式;后者要考虑各种影响因素,定性分析变形的结果。岩石变形是在应力作用下进行的,应力作用方式不同,形成的地质构造形态亦不同。岩石变形分为弹性、塑性和断裂变形三个阶段,其微观变形机制有脆性和塑性两种。

复习思考题

1. 什么是内力、外力、应力、合应力、正应力、主平面、主应力?

2. 什么是扭应力互等定律?

3. 什么是应力状态?如何分类?如何用主应力表示?

4. 试推导平面主应力状态、平面纯扭应力状态下任一截面上的应力公式。

5. 试将两种平面应力状态公式转化为应力莫尔圆。

6. 什么是线应变、剪应变?如何表示?

7. 什么是应变椭球体?如何获得主应力轴方位?

8. 试述各种变形方式。

9. 根据应力-应变曲线图,叙述变形的各个阶段。

10. 论述影响岩石变形的因素。

11. 什么是构造应力场?

12. 如何理解岩石变形的微观机制?

参考文献

［1］Griggs D T. Deformation of rocks under high confining pressure. Geol. ，1936，(44).

［2］Means W D. Stress and strain：Basic concepts of continuum mechanics for geologists. New York：Springer-Verlag, 1976.

［3］安欧. 构造应力场. 北京：地震出版社,1992.

［4］金汉平. 地质力学中的断裂问题. 地质力学论丛,1979,(5).

［5］万天丰. 古构造应力场. 北京：地质出版社,1988.

［6］王仁,丁中一,殷有泉. 固体力学基础. 北京：地质出版社,1979.

［7］谢仁海,渠天祥,钱光谟. 构造地质学. 徐州：中国矿业大学出版社,1991.

［8］张进江,郑亚东. 运动学涡度、极莫尔圆及其在一般剪切带定量分析中的应用. 地质力学学报,1995, 1(3):55-64.

［9］朱志澄. 构造地质学. 北京：中国地质大学出版社,1999.

第四章 劈理

面状构造(面理)是地壳中广泛发育的重要构造现象,也是构造研究中最基础的研究对象和构造标志。按照成因,面理分为原生面理和次生面理。原生面理是成岩过程中形成的面状构造,如沉积岩中的层理和韵律层、岩浆岩中的成分分异层和流面等;次生面理则是成岩过程之后形成的面状构造,如变质岩中由于矿物组分的分异、不等轴矿物的优选方位和片状矿物的定向排列形成的面状构造,以及节理、断层等次生面理。

本书将面理含义界定为在变形变质作用中形成的具有透入性的面状构造,即劈理、片理、片麻理等。原生层理、节理和断层不包括于面理范畴。

所谓构造"透入性"是指在一个地质体中均匀连续弥漫整体的构造现象,反映了地质体的整体发生并经历了一定变形或变质作用。反之,"非透入性"构造是指那些仅仅产出于地质体局部或只影响其个别区段的构造,如断层之类。透入性与非透入性的概念又是相对的,主要取决于观察尺度(图 4-1)。

本章讨论的中心内容是面理中的劈理。

第一节 劈理的基本特征、分类和产出背景

劈理(cleavage)是岩石在变形变质过程中,相对于节理、断层尺度,具有透入性的特殊构造。作为变质岩体构造,劈理是研究区域构造作用的重要研究对象。它是构造作用下,不同构造部位应变程度的指示。

一、劈理的基本特征

劈理是一种将岩石按一定方向分割成平行密集的薄片或薄板的次生面状构造。它发育在强烈变形及变质的岩石里,如褶皱的沉积岩和变质岩,具有明显的各向异性特征,发育状况往往与岩石中所含片状矿物的数量及其定向的程度有密切关系。

(一)劈理的一般露头特征

岩石中的劈理将岩石分成薄层。从广义上讲,劈理为密集、大致排列成行的平面或曲面,与褶皱有关的劈理,其方位与褶皱轴面平行或近似平行(图 4-2)。劈理在露头和微观上一般都是透入性的(图 4-3)。劈理切割层理,与层理通常不协调,与层理的方位大多无关。

用铁锤敲击劈理发育的岩石时,岩石通常沿劈理破裂。同样,劈理发育的岩石遭受各种风化,露头残存的破碎岩石通常是尖锐的,呈鳞片状,反映内在颗粒的存在及其大致

方向。劈理这种将露头裂开成层状和扁平的特性常被误认为与其相似的节理。事实上，劈理在形成中不存在凝聚力的丧失，在这方面上劈理面与节理面有很多不同。

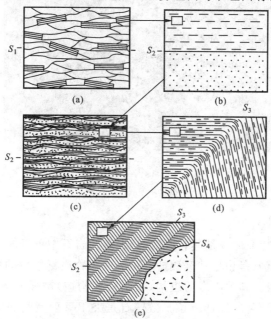

图 4-1 面状构造在同一岩体中不同尺度的表现（据 F. J Tvrner 和 L. E. Weiss，1963）
示透入性与尺度的关系

(a) 显微尺度：颗粒界面和矿物的优势方位构成略具透入性的面状构造 S_1；(b) 中型尺度：颗粒在上层中型尺度内构成透入性面状构造 S_1，上下两个不同组分层之间的分隔面 S_2 在这一尺度上是非透入性的；(c) 大中型尺度：互层平行的 S_2，构成透入性的面状构造；(d) 大型尺度：膝折面 S_3 将岩石体分为走向不同的两部分，S_3 是非透入性的；(e) 巨型尺度：S_3 是一系列紧密排列的膝折面，可以看做是透入性的，该尺度上的分隔面则应是岩浆岩体与具膝折构造的板岩之间的界面 S_4，为非透入性的

图 4-2 一背形褶皱中切割层理的劈理（英格兰，德文郡南部）（徐树桐等，1991；译自 Ramsay 等，1987）
劈理在层理上的线状形迹（左边）以及层理在劈理上的线状形迹（右边）都平行于褶皱枢纽线

图 4-3　北京西山太古宇片麻状花岗岩中透入性劈理（李理摄）

黑色长条为扁平状包体

（二）劈理的结构

劈理的基本微观特征之一是具有域结构，表现为岩石中劈理域和微劈石相间的平行排列（图 4-4）。劈理域常是由层状硅酸盐或不溶残余物质富集成的平行或交织状的薄条带或薄膜，故称薄膜域。其中原岩的组构（指结构和构造）被强烈改造，矿物和矿物集合体的形态或晶格具有显著的优选方位。微劈石是夹于劈理域间的窄的平板状或透镜状的岩片，亦称透镜域。其中原岩的矿物成分和组构仍基本保留。微劈石与劈理域之间的边界可以是截然的，也可以是渐变的，它们紧密相间，使岩石显出纹理。正是由于劈理域内的层状硅酸盐矿物的定向排列使岩石具有潜在的可劈性。

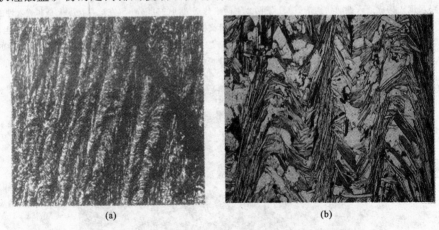

(a)　　　　　　　　　　　　　　　　(b)

图 4-4　劈理的域结构

（a）Scotland Inverness-shire 地区 Loch Leven 附近出露的石英-云母片岩域结构

（据 L. E. Weiss 照片，引自 S. Marshak，1998），劈理域是暗色的细粒云母条带，微劈石是浅色、

粗粒弯曲压扁的石英云母条带；(b) 云母片岩中的域结构（据 D. N. Sheridan，引自 S. Marshak，1998），

定向排列的云母组成了劈理域，劈理域将石英、长石和云母微劈石分开

（三）早先对劈理的认识

早期根据劈理的结构及其成因将劈理分为流劈理、破劈理和滑劈理。

1. 流劈理

流劈理是变质岩中和强烈变形岩石中最常见的一种次生透入性的面状构造。它泛指岩石在变质固态流变过程中新生的平行面状构造，它是岩石变形时，岩石内部组分发生压扁、拉长、旋转和重结晶作用的产物。流劈理由片状、板状或扁圆状矿物或其集合体的平行排列构成，具有使岩石分裂成无数薄片的性能（图4-5）。

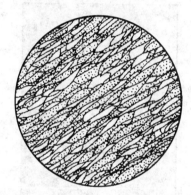

图 4-5　大理岩中的流劈理（视域直径 3mm）（据徐开礼和朱志澄，1984）

关于流劈理的含义目前尚未完全统一，但越来越多的人认为，板劈理、片理、片麻理等是不同变质岩类中流劈理的具体表现形式。

2. 破劈理

原意是指岩石中一组密集的剪破裂面，裂面定向与岩石中矿物的排列无关。破劈理的间隔一般为数 mm 至数 cm（图4-6）。

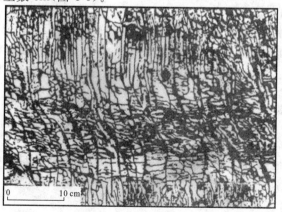

图 4-6　砂岩和粉砂岩中的破劈理（据 A. Beach，1983，照片素描）

上部为粉砂岩，中部为长石绿泥石砂岩，下部为石英砂岩；劈理域和微劈石的宽度相应由较小变至最宽和最小破劈理与剪节理的区别只是发育密集程度和平行排列程度的不同,当其间隔超过数cm时,就称作剪节理了。因此,从其原意来看,破劈理与剪节理之间并没有明显的界线。但在显微尺度上,沿破劈理细缝中可观察到粘土等不溶残余物质,形成劈理域(图4-6)。同时还发现,破劈理能使两侧层理发生错开。虽然这种错开令其类似断层,但它不是滑动面,其上没有擦痕和磨光面,如有化石被劈理穿切,劈理域两侧可能找不到化石的对应部分,由于存在物损失,在另一侧常只遗留有化石的一部分(图4-7)。这说明,破劈理并非都是剪切破裂作用形成的,也可能有压溶作用参与。

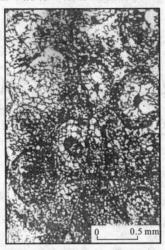

图4-7 变形鲕粒灰岩中的缝合线状的破劈理(据 D. B. Seymour,1982,照片素描)
示锯齿状缝合线截去鲕粒的一部分,缝合线一侧鲕粒小于另一侧

3. 滑劈理

滑劈理或应变滑劈理在形态上就是褶劈理,发育于具有先存面理的岩石中,它是一组切过先存面理的差异性平行滑动面。滑动面实为滑动带。在滑动带中,矿物具新的定向排列构成劈理域。这种排列可以是先存片状矿物被旋转到与滑动面平行或近于平行的结果,也可以是沿着滑动面重结晶的新生矿物定向排列的产物。滑劈理的微劈石中的先存面理一般均发生弯曲,形成各式各样揉皱(图4-8)。所以,这种劈理通常又称为褶劈理。

二、劈理的类型

劈理的分类和命名方案很多,这里介绍目前常用的分类方案,即结构形态分类方案。该分类方案是由鲍威尔(C. McA. Powell,1979)提出的,根据劈理化岩石内劈理域结构及其特征能识别的尺度,把劈理分为连续劈理和不连续劈理。

(一)连续劈理

凡岩石中矿物均匀分布,全部定向,或劈理域宽度极小,以至只能借助偏光显微镜和电子显微镜才能分辨劈理域和微劈石的劈理,均称为连续劈理。连续劈理又细分为板劈理、千枚理、片理和片麻理。据此,前述的流劈理(图 4-5)即属于连续劈理。

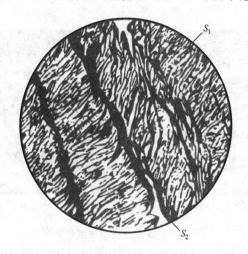

图 4-8 北京大灰厂石炭系板岩中的滑劈理(据宋鸿林,1978,薄片照片素描)

早期流劈理 S_1 因剪切滑动而成 S 型弯曲,近劈理面的矿物被拉扭得与滑劈理面 S_2 近于平行,视域直径 3 mm

1. 板劈理

板劈理通常发育在低级变质的细粒泥质岩和石英岩中,是由拉长的矿物颗粒、颗粒集合体或化石的延伸方向构成的显著优选方位。板劈理发育良好的岩石成裂开状。实际上,板劈理可以使岩石被劈成很好的板状薄片(图 4-9)。

图 4-9 Tennessee 东南部沿 Chilhowee 湖上元古界板岩中的板劈理(据 R. D. Hatcher,1995)

板劈理发育的岩石在高倍显微镜下可见扁圆状、透镜状的石英、长石和云母颗粒集合体被网状、不连续的富云母层所包围(图 4-10)。云母层即为 M 域,即富含云母的域组成了劈理域;扁圆状、透镜状的石英-长石集合体为 QF 域(即石英-长石域),形成微劈石。

板劈理中域结构发育的规模比较小,QF 域的厚度一般为 1 mm,甚至小于 10 μm;M 域只有 5 μm 厚(Roy,1978)。

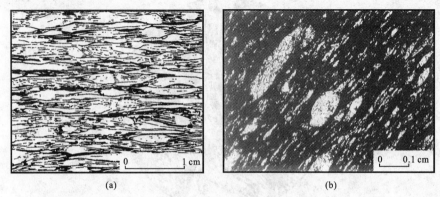

(a)　　　　　　　　　　　　　(b)

图 4-10　板劈理的微观域结构

(a) 北京西山黄院下杨家屯组细砂岩中的板劈理(据葛梦春照片素描,引自朱志澄,1999);

(b) 西班牙 Pyrenees Ribagorzana Valley 地区(据 W. C. Laurijssen,1976)

包围大的石英颗粒和 QF 域,黑色部分是富含云母的 M 域

板岩中原岩的矿物晶粒、碎屑、结核、化石、斑点等均发生变形,成为良好的应变标志。当包体与基质之间韧性差小时,包体随基质一起发生相同的应变;当包体与基质之间韧性差较大时,就会导致绿泥石和石英一类增生矿物的出现,沿劈理面在低压空间生长,造成压力影构造。增生石英呈竹节式纤维生长,可指示不同发展阶段中的运动方向(图 4-11)。

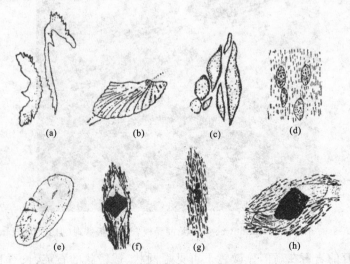

(a)　　　　(b)　　　　(c)　　　　(d)

(e)　　　　(f)　　　　(g)　　　　(h)

图 4-11　与板劈理有关的变形包体(据冯明等,2007)

(a) 变形笔石;(b) 变形腕足化石;(c) 压扁砾石;(d) 椭圆化还原斑;(e) 变形鲕粒;

(f) 非旋转黄铁矿压力影;(g) 压碎黄铁矿压力影;(h) 旋转黄铁矿压力影

2. 片理

片岩的劈裂能力虽然不如板岩，但是也非常显著。片理发育的岩石一般是中粒（1～10 mm）的，在手标本中可见云母薄片，粒度比板岩稍大，大部分反映变质作用中伴随强烈的重结晶作用。片岩最常见的露头特征就是平行、面状排列的云母，包括白云母、黑云母、绿泥石和绢云母。片理通常出现在中—高级的变质岩中，其大部分的岩石矿物已全部重结晶，并发育新矿物。

片岩（具有片理构造的变质岩）结构由大的层状硅酸盐晶体的优选方位决定。片理的类型有三种（Borradaile 等，1982）：① 域片理以近于平行的云母颗粒域为特征，云母多形成薄膜，呈网状将其他矿物组成的微劈石包围起来[图 4-12(a)]；② 1 型连续片理以优势方位十分明显的粗大的云母颗粒为特征，不存在直接可以看到的透镜状微劈石[图 4-12(b)]，但在显微镜下仍然可以看到微劈石；③ 2 型连续片理具有面状结构（层状硅酸盐或扁平/拉伸颗粒），优选方位只有一个，在整个岩石中均匀分布，但并非密集成带，因此这种片理在任何尺度下都不能用域结构来定义[图 4-12(c)]。

 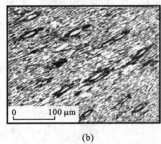 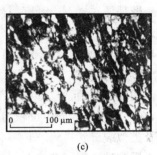

　　(a)　　　　　　　　　　　(b)　　　　　　　　　　　(c)

图 4-12　片理类型（据 S. Marshak 等，1998）

(a) 域片理，云母片包围透镜状石英(S. Mitra 摄)；(b) 1 型连续片理镜下素描，云母优势方位明显；

(c) 2 型连续片理，沉积石英岩中拉长、压扁的石英(S. Mitra 摄)

3. 千枚理

千枚理是粒度、特性介于板劈理和片理之间的一种构造。露头上，千枚理较软，具有珍珠光泽，在阳光下闪亮，但没有片理中清晰、单独的云母颗粒。千枚理可以较好地显示劈裂能力，但不是很好。

4. 片麻理

片麻理是高级变质岩区广泛存在的另一种连续面理，是劈理岩石高度重结晶的产物，由铁镁质和长石质深浅两色矿物条带互层构成（图 4-13）。

片麻理在高级变质岩区多成层展布，其中早期构造变形的形迹多已消失，构成新生的区域性地质面。

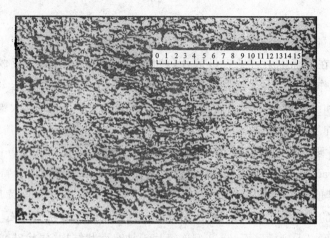

图 4-13　花岗片麻岩中的片麻理(据冯明等,2007)

(二) 不连续劈理

劈理域在岩石中具有明显间隔,用肉眼就能直接鉴别劈理域和微劈石的劈理,称为不连续劈理。不连续劈理又分为间隔劈理和褶劈理。据此,前述的破劈理(图 4-6)和滑劈理(图 4-8)可属于不连续劈理。

1. 间隔劈理

间隔劈理通常发育在褶皱但没有变质的沉积岩中,特别是在不纯的石灰岩和泥岩中,在一些不纯砂岩中也较为发育。间隔劈理的劈理域为平行状、网状、缝合线状、平滑状及类似裂缝状排列[图 4-14、图 4-15(b)、图 4-16],在显微尺度下劈理域的主要成分是粘土质和碳质等不溶残余物(Nickelsen,1972)。劈理域宽度一般为 0.02～1 mm,最宽可达 1 cm,甚至更大。劈理域之间的间隔(即域间隔)通常为 1～10 cm,因此与其他劈理相比微劈石很厚。在富含粘土的岩石中,域间隔通常要小些,并且随着应变增加而逐渐减小。因此,泥质灰岩中的劈理域间隔比灰岩中的要小;岩性相同的情况下,岩石应变大的地区劈理域间隔要比应变小的地区要小。泥质含量较少的岩石中劈理域呈缝合线状(锯齿状),而在富粘土岩石中,劈理域更厚更光滑(图 4-16)。通常单个的劈理域在横截面上呈波状。因此,露头上一组劈理域往往呈网状或辫状(图 4-16)。

根据劈理域间隔的大小和劈理域的形态可将间隔劈理作进一步分类。图 4-17(a)提供了一系列尺度来准确描述劈理域间隔。图 4-17(b)提供了形态图表,用来描述劈理域的形态。注意劈理域间隔很宽的称为缝合线。

2. 褶劈理

褶劈理具有早期微观膝折结构特征。早期结构可能先于板劈理或薄细层理存在。褶劈理特征非常明显,它切过先存连续劈理,特别是千枚理或片理(图 4-18)。褶劈理发育的岩石,先存的连续劈理为典型的"细褶皱状"的微褶皱。褶劈理主要分两类,一种是分隔褶劈理,一种是带状褶劈理(图 4-19;Gray,1977;Cosgrove,1976;Gray 和 Durney,1979)。

图 4-14　间隔劈理(据 S. Marshak 等,1998)

加拿大 Rocky Mountain 富粘土石灰岩中非缝合状(平滑状)的面状劈理域,标尺长 30 cm

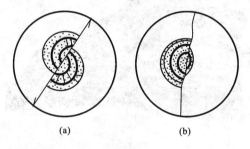

（a）　　　　　　　　　（b）

图 4-15　平滑状间隔劈理(据冯明等,2007)

（a）剪切破裂造成的不损耗位移；（b）压溶分异造成的鲕粒残缺和假错位

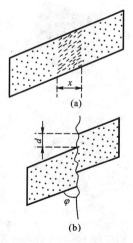

图 4-16　缝合线状间隔劈理(据 G. J. Borradaile 等,1982;引自冯明等,2007)

（a）压溶作用密合前；（b）压溶作用密合后

x—压溶作用宽度；d—密合后视距离；φ—劈理与层理的夹角

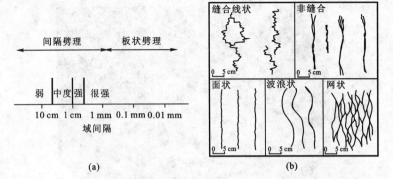

图 4-17　间隔劈理（据 Engelder 和 Marshak，1985）

（a）间隔劈理域间隔的尺度（>1 mm）；（b）劈理域形态描述图

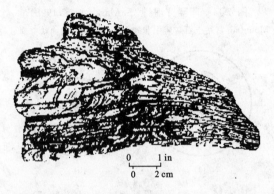

图 4-18　褶劈理的手标本示意图（据 E. T. H. Whitten，1966，有修改）

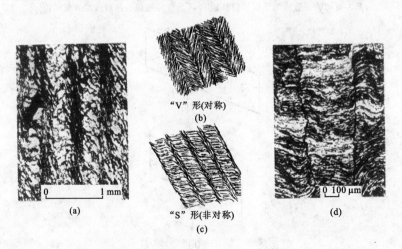

图 4-19　褶劈理（据 S. Marshak 等，1998）

（a）带状褶劈理（据 D. Gray 照片）；（b）对称型带状褶劈理素描图；

（c）非对称型带状褶劈理素描图；（d）分隔褶劈理（据 D. Gray 照片）

带状褶劈理[图 4-19(a)]指由微膝折褶皱翼部组成的薄层带,其中先存面理方向会有所改变。劈理域边界或清晰,或逐渐过渡,这取决于褶皱枢纽角度的大小。带状褶劈理又可分为两种:在尖棱状或对称褶劈理中,褶劈理的结构像手风琴[图 4-19(b)],相邻边界呈近似对称平面;在"S"形或不对称的褶劈理中,先存面理弯曲呈"S"形[图 4-19(c);Platt 和 Vissers,1980]。带状褶劈理形成过程伴有压溶作用,在泥质岩石中将石英溶解物从劈理域中迁移出去聚集在枢纽区,从而形成劈理域之间的边界。因此在劈理域中形成了云母富集[图 4-19(a)]。

分隔褶劈理[图 4-19(d)]中狭窄的劈理域明显地切断连续的微劈石,这种褶劈理称为分隔褶劈理,它看起来类似一个微型断层。当压溶作用造成的矿物重新分配,沉淀范围扩大时,出现分隔褶劈理(Gray,1977)。因此分隔褶劈理由交替条带组成,在一个条带中物质溶解,在相邻条带中物质沉淀,带与带之间明显地不连续。在具有此种结构的泥质岩石中,一带由石英组成,相邻带由云母组成。

无论是分隔褶劈理还是带状褶劈理,发育褶劈理的岩石中劈理域都存在间隔,一般在 0.1~10 mm 之间。分隔褶劈理通常发育在板岩中,带状褶劈理通常发育在片岩和千枚岩中(图 4-20)。

(a)　　　　　　　　　　　　　　　(b)

图 4-20　褶劈理(据 S. J. Reynolds 照片,引自 R. D. Hatcher, 1995)

(a) 亚利桑那州西部 Granite Wash Mountains 中生代变质凝灰岩中发育的分隔褶劈理:白色
细条带是早先变形作用过程中形成的方解石脉,劈理在逆冲过程中形成;(b) 亚利桑那州
西部 Granite Wash Mountains 中生代变质沉积岩中发育的带状褶劈理

总之,即使借助偏光显微镜等手段,也难以对鲍威尔的分类给予准确定名(朱志澄,1990)。劈理定名或其界定的困难是因各类劈理常常是连续过渡的,或构造递进叠加成的。也应指出,其分类的定量性的确深化了劈理的研究,具有一定的意义。

三、劈理产出的构造背景

劈理的形成不仅与地壳较深层次的变形变质作用有关,而且与褶皱、断层(剪切带)和区域性流变构造在几何上和成因上都有着密切的关系。下面着重讨论与褶皱有关的轴面劈理、与成层构造有关的层间劈理和顺层劈理、与断层(剪切带)有关的劈理及区域性劈理。

（一）与褶皱有关的轴面劈理

劈理发育的岩石通常是褶皱了的岩石，但并非褶皱的岩层都产生裂开。大多数情况下，若在露头中看到劈理，就能确定劈理发育的岩层受到过强烈的褶皱。劈理的方位和褶曲的形态在几何上存在一致。通常情况下，劈理面不是与褶皱轴面相平行，就是在轴面两侧呈扇形对称分布。两种情况形成的劈理均为轴面劈理（axial plane cleavage）。所谓轴面劈理，是指其产状平行于或大致平行于褶皱轴面的劈理。这类劈理主要发育在强烈褶皱的地质体里。轴面劈理的产状与褶皱轴面的关系取决于组成褶皱岩石的粘度、均一性和褶皱的形态。在岩性均一、粘度及粘度差较小的岩层中，轴面劈理与轴面的一致性较高；反之，在岩石粘度差较大、强弱岩石相间的不均匀岩层中，轴面劈理则发生撒开（图 4-21）和收敛（图 4-22）现象。直立褶皱中岩层被劈理截断，劈理倾角要比岩层陡。在倒转褶皱的倒转翼，劈理倾角不如岩层大。轴面劈理与层理倾向相同，但不如岩层陡，它是岩层可能发生倒转的标志。

轴面劈理形成于褶皱作用过程的中晚期阶段，是强烈压扁作用和剪切流变的结果。

图 4-21　河南登封嵩山群板岩中正扇形轴面劈理　　　　图 4-22　在 Wilhite 变形作用下的褶皱板岩
（索书田和闻立峰摄，宋姚生素描，1978）　　　　（据 Arthur Keith，引自 R. D. Hatcher，1995）
注意图左下角处劈理和岩层倾角间的关系

（二）与成层有关的劈理

1. 层间劈理

层间劈理是一种受岩性及层面控制、与层理斜交的劈理。在粘度不同的岩层内，劈理的类型、间隔、产状各不相同。一般来说，在相对强硬岩石中的劈理密度小，间隔宽，与层面夹角较大；反之，在相对软弱的岩层里劈理密度大，间隔小，与层面夹角相对较小。从而在强弱相间的相邻岩层接触面及其附近出现劈理折射现象（图 4-23），也可在相同岩层里因颗粒粒度由粗到细而使劈理发生弧形变化（图 4-24）。

图 4-23 板岩(暗色)、细砂岩和粗砂岩中的劈理折射现象(据 R. D. Hatcher,1995)

底部板岩中透入性劈理密集,倾角小;折射到细砂岩中劈理倾角变大,间隔变宽;

再折射到厚层的粗砂岩中,成为间隔劈理

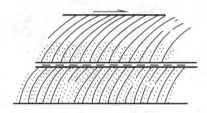

图 4-24 砂岩粒级层中弯曲劈理(据 G. Wilson,1961)

层间劈理的形成,主要与岩石的不同力学性质和层间界面的控制作用有关。层间界面常常控制着不同岩层内的物质运动,从而各在不同的岩层内发生相应的劈理化变形。

2. 顺层劈理

顺层劈理一般是指在宏观上与岩性界面近于平行的劈理。它们在褶皱中作为变形面随褶皱而弯曲。顺层劈理是岩石在变质作用下的塑性流变过程中形成的,一般为流劈理。

(三)与断层(剪切带)有关的劈理

断层劈理包括断层带内及其附近两盘岩石中发育的各种劈理,这些劈理是在断层的形成和两盘相对运动过程中产生的。其产状与断层面斜交或近于平行。即便褶皱不发育,断层和剪切带中也可形成剪裂岩石。在断层附近的断层泥发育处有时可以看到微细的透入性劈理(图 4-25)。这种构造背景发育的劈理,其方位与断层相交成小锐角[图 4-26(a)]。脆-韧性剪切带同样发育这样关系的劈理。

同样,也能见到断层和剪切带中发育的劈理控制着压扁方位,即劈理与应变椭球体的 S_1S_2 面方位一致的现象[图 4-26(b)]。该面通常位于剪切带之上,因此在缺少位移标志的露头可以用其来判断断层和脆-韧性剪切带的运动方向。劈理常与断层面交成锐角,其尖端指向本盘岩块相对运动的方向(图 4-26、图 4-27)。

图 4-25 与断层有关的劈理(山东莱芜,李理摄)

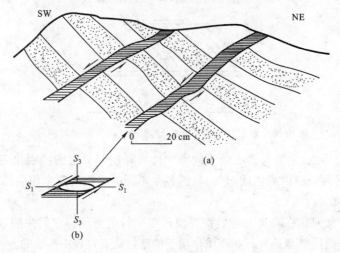

图 4-26 与断层有关的劈理(据 G. H. Davis,1996)

(a)靠近亚利桑那州 Tucson 中新世 San Manuel 组露头素描图:砂岩和粉砂岩被正断层截断,断层内含有粘土质断层泥,一些断层泥带显示透入性劈理;(b)断层泥内劈理方向指示

运动方向:沿着最大拉伸应变方向(S_1)排列,与最小拉伸应变方向(S_3)垂直

在强烈变形的韧性剪切带里多为流劈理,呈"S"形展布,但在脆性或脆-韧性断裂破碎带里,则多为破劈理和褶劈理。

(四) 区域性劈理

区域性劈理一般是指与个别褶皱和断裂(剪切带)无一定成因关系,而是以其稳定产状叠加在前期褶皱、断裂和岩体之上的劈理。这种劈理一般是在区域性构造应力作用下变形变质过程中形成的,多为流劈理或滑劈理。

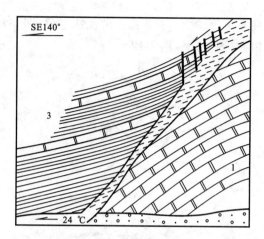

图 4-27 西藏当雄斯米夺温泉断裂带中的劈理(据宋鸿林等,1974)

1—大理岩;2—绿泥石片岩(断裂带宽约 1~1.5 m);3—板岩夹大理岩

第二节 劈理的形成机制和应变意义

一、劈理的形成作用

劈理的形成不仅与压溶作用引起母岩中物质迁移及岩石的体积变化有密切的关系,而且与岩石中矿物的晶体塑性变形有关。同时,褶劈理显然与岩石中先存面理的再褶皱作用有关。现将劈理形成的可能机制概括如下。

(一)机械旋转

早在 1856 年,索尔比(H. C. Sorby)根据对退色斑(deformed reduction spots)的有限应变测量确定了垂直面理有 75% 的缩短,并根据板岩的岩石学研究和粘土压缩实验提出,白云母等片状矿物在变形过程中的旋转与刚性颗粒在塑性流动基质中旋转一样,一直旋转到与压缩垂直的平面上(图 4-28)。索尔比企图用机械旋转的机制来解释板劈理的形成。塔利斯(T. E. Tullis,1975)和伍德(D. S. Wood,1975)对威尔士寒武系板岩退色斑的测量也表明,垂直于板劈理的缩短量达 60%。

机械旋转使片状、板状矿物垂直于缩短方向定向排列,为解释劈理域(M 域)中的白云母定向排列提供了一定的证据。然而机械旋转不能解释劈理域中的云母为何如此富集,而且也不能解释劈理域中扁圆状或透镜状石英的存在。

(二)定向结晶

定向结晶作用在板劈理的形成中较为明显。板岩中的云母或层状硅酸盐矿物的(001)面呈垂直于最大压缩方向排列。由于云母的定向生长,可能促使其中的石英等矿物呈长条状或扁平状,使石英等矿物具有形态上的优选方位(图 4-29)。这种机制用以解释板劈理、片理的形成机制(图 4-10～图 4-12)。

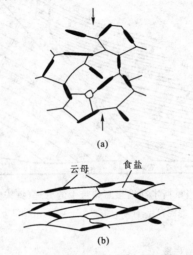

图 4-28　食盐和云母集合体在压扁作用下形成优选方位的实验(据 B. E. Hobbs,1976)

(a) 变形前状态;(b) 缩短 60％后形成具有劈理特征的食盐和云母集合体

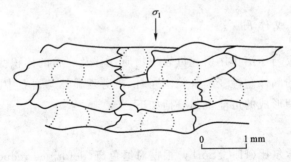

图 4-29　垂直于主压应力(σ_1)方向上的石英次生加大(据 A. Nicolas,1987)

点线部分为原石英颗粒

定向重结晶对于劈理的形成起着重要的作用,但与机械旋转机制一样,定向重结晶不足以解释板劈理、片理的域结构的形成,也不能解释板劈理、片理的劈理域中的石英、长石颗粒强烈变细的事实。

(三) 压溶作用

20 世纪 70 年代以来,通过对劈理的研究,许多学者都认识到岩石通过压溶作用而达到的压扁作用是劈理形成的重要因素。

压溶作用发生在垂直最大压缩方向的颗粒边界上,溶解出的物质在化学势能控制下向低应力区迁移和堆积。板岩中的石英、长石在垂直压缩方向上被溶解,使其颗粒变成透镜状或长条状。压溶作用不断地向垂直压缩方向的颗粒边界或层的界面推进,渐渐地使石英或石英集合体变成透镜状,形成微劈石。溶解出的物质迁移至低应力区形成须状增生物、压力影或分异脉(图 3-38)。岩石中的粘土或云母等不溶残余物质便相对富集,云母等片状矿物在应力作用下递进旋转而定向排列,形成劈理域(M 域)。压溶作用能较合理地解释板劈理的域结构的形成及其特征。

压溶作用在破劈理或间隔劈理的形成中同样起着重要作用。例如,当劈理切断化石时,很难在相邻的劈理域内和微劈石中找到被截断的部分(图 4-15),这种由不溶残余物构成劈理域的间隔劈理是压溶成因,而发育在泥灰岩中的破劈理,或缝合线状的间隔劈理也是压溶作用形成的(图 4-16),压溶作用使可溶物质迁出,粘土质或炭质等不溶残余物质堆积成缝合线状的劈理域。

同样,压溶作用也能较好地解释褶劈理的形成(图 4-30)。先存的流劈理,在顺层或与层斜交的缩短作用下,发生纵弯褶皱作用,形成微褶皱[图 4-30(a)]。当应变状态所需要的缩短作用超过褶皱所能承受的极限时,岩石开始由压溶作用使物质溶失而缩短。沿着褶皱翼部易溶的浅色长英质被溶失,云母或层状硅酸盐的不溶残余相对富集,形成劈理域。微褶皱的转折端相对富集了粒状的石英和长石等浅色矿物。又因微褶皱翼部溶解出的物质在溶解中沿着化学势能的路径迁移到转折端,在那里使石英等矿物次生加大,形成富石英的微劈石[图 4-30(b)、(c)]。因此,褶劈理的形态和间隔的大小与微褶皱的主波长有关,与横截微褶皱翼部的溶解所引起的缩短量有关。劈理域最初与整体缩短方向以多种角度相交[图 4-30(b)],但递进变形中的压扁作用使劈理域近于垂直缩短方向排列[图 4-30(c)]。垂直于最大缩短方向的强烈的压溶作用可以使褶皱翼部中的可溶物质全部溶掉,使微劈石中的先存劈理像断层似地被截断,与劈理域截然相接,形成分隔褶劈理[图 4-30(d)]。

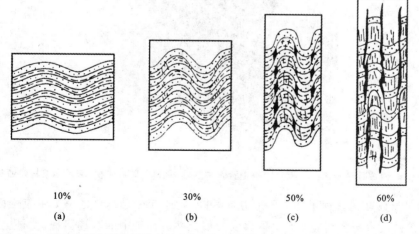

| 10% | 30% | 50% | 60% |
| (a) | (b) | (c) | (d) |

图 4-30 递进缩短变形中褶劈理的发育过程及其与应变量的关系(据 D. R. Gray,1979)

（四）晶体塑性变形

变形岩石中矿物颗粒通过晶体塑性变形作用，如位错蠕变或固态扩散蠕变，促使扁平状或长条状颗粒沿着应变椭球体 XY 主应变面平行排列，获得晶体形态优选方位，从而构成了岩石中连续的面理或流劈理。例如韧性剪切带内通常见到的条带状糜棱面理，就是这种晶体塑性变形机制的典型产物，详见第九章。

劈理形成机制是一个复杂的尚未解决的重要问题，已经证明上述机制是劈理形成的主要机制，但也不能排除还可能存在其他机制。Spencer 等（1977）提出，未固结沉积物会在压实作用下形成劈理。而且区域性劈理与层理一致的现象，说明深埋地下的岩石有可能在"负荷变质"作用下于成岩过程中形成区域性劈理。

二、劈理的应变意义

有限应变测量表明，劈理一般垂直于最大缩短方向，平行于压扁面，即平行于应变椭球体的 XY 主应变面。

在变形岩石中，与褶皱同期发育的绝大多数劈理都大致平行于褶皱轴面（图 4-31）。在强岩层（如砂岩）与弱岩层（如板岩）组成的褶皱中，强岩层中的劈理常呈向背斜核部收敛的扇形，弱岩层中的劈理则呈向背斜转折端收敛的反扇形（图 4-32）。前述强弱岩层相间的褶皱和岩系中，劈理以不同角度与层面相交，从而形成劈理的折射现象（图 4-23、图 4-33）。紧闭褶皱中，劈理与轴面几乎一致，与褶皱两翼近于平行，仅在转折端处，劈理与层理呈大角度相交或近垂直，充分表明劈理垂直于最大压缩方向。

图 4-31　西藏日喀则群砂质板岩的斜歪背斜中的轴面劈理（郭铁鹰摄，宋姚生素描，1978）

虽然大多数劈理垂直于最大压缩方向，并平行于应变椭球体的 XY 主应变面，但不能排除劈理的发育与剪切应变有关的事实。如韧性剪切带中的糜棱面理，就是由在剪应变作用下，矿物平行剪切方向定向排列形成的。更能说明劈理与剪应变有关的是北京西山磁家务地区顺层韧性剪切带中寒武系板岩的压扁退色斑（相当于压扁的应变椭球体），其压扁面或长轴与板劈理面成 $3°\sim5°$ 的极小交角,表明板劈理与应变椭球体的 XY 主应变面不完全平行,而与剪应变面有一定的关系。

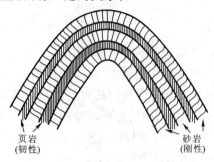

页岩
(韧性)

砂岩
(刚性)

图 4-32　折射劈理的剖面素描图

在强硬层发育扇形劈理,在软弱层发育轴面劈理

图 4-33　北京西山中元古界蓟县系雾迷山组灰岩、白云岩中的劈理折射现象(李理摄)

第三节　劈理的观察与研究

面理是变形岩石体中最常见的面状构造。在未变质或极低级变质的沉积岩区或岩浆岩区,原生面理(如韵律层理或流动面理)不仅是研究这些地区的成岩作用和变形作用及其相互之间关系的重要参照面,而且,原生面理的发育特征为研究成岩作用过程提供了最直接的信息。相比之下,各种次生面理如劈理,则主要发育于变质岩区或强烈变形岩石区。在这种情况下,正确区别原生面理和次生面理是面理观察与研究工作的第一步。

在岩石强烈变形和变质的岩石出露区工作时,对劈理的观察与研究,除大量测量各种劈理的产状要素并均匀地标绘在相应的地质图或构造图上外,在露头良好的地区,应对劈理作深入的观察。

一、劈理的观察与研究

(一) 区分劈理和层理

观察所观测到的平行面状构造是否存在原生沉积标志,如粒级层、交错层、波痕等,特别要努力寻找和追索具有特殊岩性或结构、构造的标志层。通过较大范围的追索和填图,把层理和劈理区分开来,查明两者之间的几何关系和空间展布规律。必须指出的是,当运用劈理和层理之间的几何关系,即通常采用劈理和层理之间的夹角关系来判断沉积岩层层序是正常还是倒转的关系时,要与其他原生沉积构造标志的判断相结合。否则,可能会得到与实际情况相反的结论。

(二) 精细观察劈理的结构及其几何形态

鉴别劈理域和微劈石的岩石化学成分、矿物成分及其相互关系,以区分劈理的类型(图 4-33)。

(三) 观察劈理与岩性之间的关系

逐层测量劈理与层理之间的夹角,以确定劈理的折射现象,进而调查劈理发育特点与岩石间的粘性或能干性差异的关系(图 4-23、图 4-33)。

(四) 确定劈理化岩石间的应变状态

寻找劈理化岩石中的各种应变测量标志,诸如压力影、退色斑、变形化石、变形颗粒和 $S\text{-}C$ 面理(详见第九章)等,进行劈理化岩石的有限应变和增量应变及应变状态的测量与分析,以了解变形岩石中劈理发育特征与岩石应变状态之间的关系。

(五) 确定劈理之间相对发育序次,建立劈理发生发展序列

因为每一期劈理的出现表示经历了一次构造事件,所以,分析劈理的叠加关系及其先后顺序对建立构造发展序列具有重要的理论和实践意义。图 4-34 提供了在板岩和片岩发育带分析劈理叠加关系的一般程序:① D_1 世代变形阶段,流劈理 S_1 与 D_1 世代大褶皱是不协调的,与层理 S_0 成多种夹角关系,在大褶皱长翼两者近于平行,而在褶皱转折端处两者近于直交[图 4-34(a)];② D_2 世代为褶劈理 S_2 的发育阶段,早期的流劈理 S_1 因褶皱和压扁而形成 S_2[图 4-34(b)];③ D_3 世代为 S_2 的再褶皱作用阶段,D_3 褶皱的轴面方位[图 4-34(c)中虚线方向]代表了 D_3 世代形成的褶劈理 S_3[图 4-34(c)右边小圆内所示的微构造]的方位。

(六) 观察劈理与其他构造的生成关系

劈理可以单独出现,但在变形强烈的地区,各种劈理的出现往往与更大规模的褶皱、断层和韧性剪切带有关。详细观察这些细微变化关系,对认识劈理的形成与发展过程具有实质性意义。

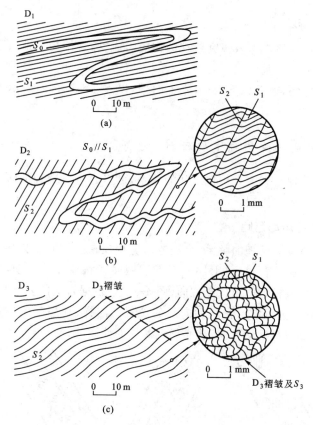

图 4-34　片岩和板岩带劈理发育序列图示(据 C. W. Passchier 和 R. A. J. Trouw,1996)

(七) 观察劈理与岩石类型和变质条件的关系

　　劈理的发育状况及其形成机制,在不同类型岩石和变质条件下各不相同。在泥质岩中,机械旋转、压溶作用、定向成核和重结晶作用都可在劈理形成中起作用。在大多数情况下,成岩面理形成于次生面理发育之前。在一些极低级变质条件下,劈理域与成岩组构构成一定的夹角关系,而微劈石中成岩面理则发生褶皱作用。在碎屑岩中,连续劈理出现在细粒岩石体中,而不连续劈理则发育在粗粒岩石体中,后一种情况下多伴有压溶作用发生。在灰岩中,劈理发育程度取决于温度的大小和云母的含量。在低温条件下,压溶和双晶化作用是颗粒形态组构构成的劈理的重要机制;在高温条件下,晶体塑性流变和双晶化作用才是灰岩中流劈理的主导形成机理。在变基性岩石中,无论是连续劈理,还是不连续劈理,都是由角闪石、绿泥石、绿帘石和云母及透镜状成分层的定向排列显示出来。在低级变质条件下,机械旋转和新生矿物的定向生长是流劈理的重要形成机制;在中高级变质条件下,流劈理发育的主导机制是新生矿物的定向生长、重结晶和晶体塑性变形。因此,对劈理与岩类和变质条件之间关系的研究,不仅有助于了解劈理的形成过程及其机理,而且有助于解释劈理所代表的构造物理学意义。

(八)采集定向标本

采集定向标本可为室内深入研究劈理的物质组成、微观结构构造特征及其变形和变质作用特点提供基本物质基础。

为了野外记录方便,通常以 S_0 表示原生面理,以 S_1,S_2,S_3,…表示不同世代的次生面理。

二、劈理在地质构造研究中的应用

根据上述各种劈理与有关大构造之间的关系,可以通过对劈理的研究来帮助认识大构造的形态特征及其形成机制。

(一)确定物质的运动方向

根据劈理的性质及其层理的关系,可恢复由劈理反映的物质差异性运动的方向。在常见的由纵弯褶皱形成的背斜中,上层相对下层做向背斜顶部的运动,如根据层间劈理与层理所夹的锐角指示相邻岩层运动方向(图 4-35)。根据岩层的差异性运动的方向,可确定岩层的相对层序,从而指示背斜和向斜的位置。同样,利用断层附近的劈理也可帮助判定断层的产状及相对运动方向,从而确定断层的性质(图 4-27)。

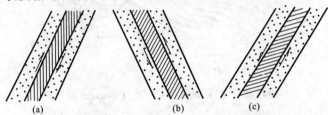

图 4-35　利用劈理确定岩层层序及背斜、向斜位置示意图
(a)正常岩层,背斜在右;(b)正常岩层,背斜在左;(c)倒转岩层,背斜在左

(二)判定褶皱要素的产状及露头所处的构造部位

1. 确定轴面产状

在剖面上系统测量劈理产状,如果劈理在褶皱两翼的岩层中产状一致,不因岩层产状改变而变化,那么它是轴面劈理,产状就代表了轴面的产状。如果它们与两翼岩层的夹角不等而成扇形分布,通过对两翼劈理产状的测量统计,可得出其对称面即相当于轴面。

2. 确定枢纽产状

不管轴面劈理或层间面理,它们与层理的交线都代表了变形时的中间应变轴(B 轴),所以与它所在的褶皱枢纽的产状一致。

3. 确定露头在构造中的部位

因为轴面劈理平行于褶皱的轴面,所以在褶皱转折端的劈理与层理垂直,在翼部的劈理与层理斜交。若岩层倾向与劈理倾向相同时,岩层倾角大于劈理倾角则为褶皱倒转翼(图 4-35),反之若劈理倾角大于岩层倾角或两者倾向相反则都为正常翼。在层序不清的地区,尤其是同斜褶皱区,根据剖面中的劈理和层理关系的规律,可以帮助分析大褶皱情况,发现貌似单斜的地层为一系列的同斜褶皱。

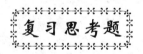

小 结

劈理是在岩石变形变质中形成的一种面理,由拉长的矿物颗粒、颗粒集合体或化石的定向排列形成的显著优选方位形成,属于次生面理。劈理具有域结构,包括劈理域(薄膜域)和微劈石,劈理域由层状硅酸盐(如云母)或不溶残余物构成,层状硅酸盐多定向排列;微劈石是夹于劈理域之间的板状、透镜状岩片,故又称透镜域。根据能否用肉眼鉴别劈理域和微劈石,劈理分为连续劈理和不连续劈理。前者包括板劈理、千枚理、片理和片麻理,分别出现在低级、中一高级和高级变质作用中,与矿物在变形过程中的机械旋转、定向结晶及压溶作用有关;后者包括间隔劈理和褶劈理,多与变形以及压溶作用有关。劈理可以单独出现,与褶皱、断层和韧性剪切带关系也非常密切。劈理多出现在褶皱的轴面,称之为轴面劈理,轴面劈理与层理的交角视褶皱层的脆性、韧性不同而变,形成劈理折射现象,以及扇形和反扇形。与断层相关的劈理多与断层平行或小角度相交,在缺少标志层时可判断断层的位移性质。劈理是不同构造部位应变程度的指示。在应变分析的基础上,对劈理的分类及相互之间的区分是本章的难点。

复习思考题

1. 什么是劈理?其结构如何?
2. 劈理有哪些分类,并说明分类依据及其特征?
3. 劈理的形成机制有哪些?
4. 简述劈理的研究内容及其意义。
5. 简述劈理与褶皱的关系、劈理与断层的关系。

参考文献

[1] Beach A. 低级变质的变形过程中的化学作用:压溶和液压断裂作用. 张秋明译. 国外地质科技,1983,(3):21-26.

[2] Hatcher R D. Structural geology:principles,concepts,and problems. United States of America,1995:393-406.

[3] Hobbs B E,Means W D,Williams P F. 构造地质学纲要. 刘和甫等译. 北京:石油工

业出版社,1982:128-157.

[4] Hutton D H W. Granite sheeted complexes:evidence for dyking ascent mechanism. Transactions of the Royal Society of Edinburgh,Earth Sciences, 1992,83:377-382.

[5] Marshak S,Mitra G. Basic methods of structural geology. United States of America,1998:226-246.

[6] Passchier C W,Trouw R A. Microtectonics. Springer-Verlag Berlin Heidelberg, 1996:25-194.

[7] Powell C. McA. 岩石劈理形态分类法. 周玉泉译. 国外地质科技,1981,(8):95-102.

[8] 冯明,张先,吴继伟. 构造地质学. 北京:地质出版社,2007:114-124.

[9] 武汉地质学院区地教研室. 地质构造形迹图册. 北京:地质出版社,1987:97-108.

[10] 徐开礼,朱志澄. 构造地质学. 北京:地质出版社,1983:193-214.

[11] 朱志澄. 构造地质学. 武汉:中国地质大学出版社,1999:60-78.

第五章 线 理

线理（lineation）是岩石在变形变质过程中发育的线状构造（图 5-1），它相对于节理、断层，具有透入性。一些线理透入性非常强，发育这种线理的岩石就像冰碛，含有明显的风化颗粒。另一些线理呈大型平行排列状，这些就称为线状构造。正如面理一样，线理有无数个自然描述方法，发育在变质岩、岩浆岩和沉积岩中（E. Cloos，1946；F. J. Turner和 L. E. Weiss，1963，1972）。作为变质岩体构造，线理是研究区域构造作用的重要研究对象。它们是构造作用下不同构造部位应变程度的指示。

图 5-1 美国亚利桑那州 Tucson 市 Santa Catalina Mountains 糜棱片麻岩中发育的线理
（据 D. O. Day 和 G. H. Davis，1980）

岩石中存在不同类型的线理（E. Cloos，1946）。根据成因，线理可分为原生线理和次生线理。前者是成岩过程中形成的线理，如岩浆岩中的流线；后者是指构造变形中形成的线理。本书侧重后者。根据观察的尺度，可将线理划分为小型线理和大型线理，前者指露头或手标本尺度上透入性线状构造，后者指大中尺度上不一定具有透入性的线理。

第一节 小型线理

在强烈变形岩石中，常常弥漫着各种微型或小型的线理，其形态和成因各异，主要有以下几种：

一、拉伸线理

拉伸线理是拉长的岩石碎屑、砾石、鲕粒、矿物颗粒或集合体等平行排列而显示的线状构造[图 5-2(a)、图 5-3]。它们是岩石组分变形时发生塑性拉长而形成的。其拉长的方向与应变椭球体的最大主应变轴——X 轴方向一致,故为一种 A 型线理。

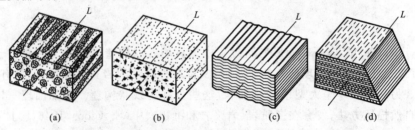

图 5-2 线理的类型(据 F. J. Turner 和 L. E. Weiss,1963 略改)

(a) 矿物集合体定向排列显示出的拉伸线理;(b) 柱状矿物平行排列而成的生长线理;

(c) 面理揉褶形成的褶皱线理;(d) 交面线理

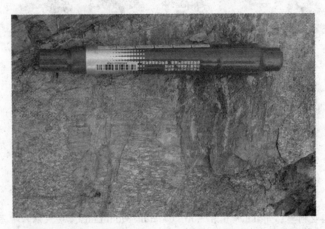

图 5-3 沿震旦系泥晶灰岩层间侵入的侵入岩拉伸线理(山东沂水,李理摄)

二、矿物生长线理

矿物生长线理多在变质岩,特别是板岩、千枚岩、片岩和片麻岩中沿着面理面发育,它是由针状、柱状或板状矿物顺其长轴定向排列而成[图 5-2(b)、图 5-4]。矿物生长线理具有条状、似纤维状线理的典型特征,在露头或手标本中很难据自然描述来识别。在显微镜下,矿物生长线理具有不同的组成:细粒矿物排列集合体,特别是石英和云母;不等粒矿物的排列,如角闪石;在矿物颗粒边缘沿着优选方位发育的与晶体纤维生长有关的须状压力影;或者是由于薄矿物层包卷较大的、不等粒矿物或矿物集合体的排列而形成的微细线理。

矿物生长线理是岩石在变形和变质作用中矿物在引张方向重结晶生长的结果。因而矿物及其纤维生长的方向往往指示岩石重结晶或塑性流动的拉伸方向,一般平行于应变椭球体的长轴方向排列,为一种 A 型线理。

图 5-4　板岩中的角闪石生长线理(据 B. E. Hobbs,1976)

三、皱纹线理

皱纹线理由先存面理上微细褶皱的枢纽平行排列而成[图 5-2(c)、图 5-5]。皱纹线理通常在千枚岩和片岩中发育较好。微细褶皱的波长和波幅常在数 cm 以下,或仅以mm 计。皱纹线理的方向与其所属的同期褶皱的枢纽方向一致,属 B 型线理。

图 5-5　皱纹线理

四、交面线理

交面线理是两组面理相交或面理与粒序层理相交形成的线理[图 5-2(d)]。面理(粒序层理)与露头面相交也能形成交面线理。据我们所知,许多面理通常发育在强烈的变形变质岩中。两个间隔较近、透入性的、平行面理的交面可以形成发育较好的线理,如果仔细观察就会发现,露头上的线状颗粒间隔小,呈平行或近平行状。显然,交面线理的方位即相交面理面的倾向和倾角。交面线理的方向非常自然,常平行于同期褶皱的枢纽方向。常为 B 型线理。

五、滑线理

滑线理存在于断层面上,将在韧性剪切带(第九章)中详细介绍。

第二节 大型线理

变形或变质岩石中常发育一些形态独特的粗大线理,一般不具透入性,但在大尺度上观察,也可看做是透入性的,主要有石香肠构造、窗棂构造、压力影构造等。

一、石香肠构造

石香肠构造又称布丁构造(boudinage),是不同力学性质互层的岩系受到垂直或近垂直岩层挤压时形成的。软弱层被压向两侧塑性流动,夹在其中的强硬层不易塑性变形而被拉伸,以致拉断,构成断面上形态各异、平面上呈平行排列的长条状块段,即石香肠。在被拉断的强硬层的间隔中,或由软弱层呈褶皱楔入,或由变形过程中分泌出的物质所充填(图 5-6)。因此,石香肠构造实际上是各种断块、裂隙与楔入褶皱或分泌物充填的构造组合。

(a) (b)

图 5-6 石香肠构造

(a) 马里兰州 Appalachians 的 Great Valley 地区石灰岩直立岩层中的石香肠构造,以铁锤为标尺(据 S. Marshak 等,1998);(b) 北京西山寒武系府君山组中发育的石香肠构造(李理摄)

为了描述和测量石香肠构造在剖面上及层面上的大小并标定其方位,必须从三度空间来进行其长度(b)、宽度(a)、厚度(c)以及横间隔(T)和纵间隔(L)等要素的观察和测定（图 5-7）。

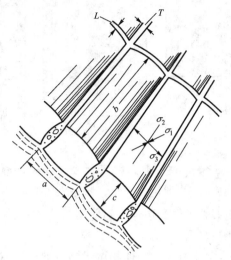

图 5-7　石香肠构造的要素及其反映的应力方位（据马杏垣，1965）
a—石香肠的宽度；b—石香肠的长度；c—石香肠的厚度；L—纵间隔；T—横间隔

从石香肠构造的形成可知，其长度指示了局部的中间应变轴（Y 轴），故石香肠实际上可看做一种 B 型线理。石香肠的宽度指示拉伸方向（X 轴）或局部的最小主应力（σ_3）方向，厚度指示压缩方向（Z 轴）或局部的最大主应力（σ_1）方向。

石香肠构造的三维空间形态一般不易观察，所以对其横断面的描述较多。马杏垣曾按其横断面的形态划分为矩形、梯形、藕节状和不规则状等几种类型（图 5-8）。石香肠的横断面上形态的变化主要取决于两个因素：① 岩层之间的粘度差；② 强硬层所受拉伸作用的强弱。当岩层间的粘度差很大，最强硬岩层在应变很小时就出现张裂，进一步的拉伸使断块分离，则形成横剖面上为矩形的石香肠［图 5-8(a)、图 5-9 中第 1 层］。当岩层间的粘度差为中等时，较强硬的岩层常常先发生明显的变薄或细颈化，进而被剪裂而拉断，形成菱形或透镜状的石香肠［图 5-8(b)，(c)；图 5-9 中第 2，第 3 层］。如果岩层间的粘度差很小，则相对强硬的岩层可能只发生肿缩，形成细颈相连的藕节状石香肠［图 5-8(c)、图 5-9 中第 3 层］。

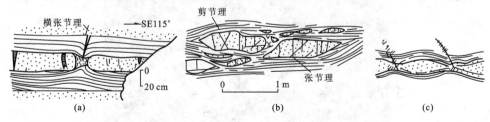

图 5-8　北京西山石香肠的各种形态（据马杏垣，1965）
（a）矩形石香肠；（b）菱形石香肠；（c）藕节状石香肠

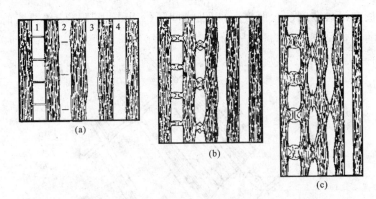

图 5-9　石香肠构造的递进发展图示（据 J. G. Ramsay, 1967）

强岩层 1, 2, 3 和 4 按强度递减的顺序排列，第 4 层与介质的性质相同；(a)→(c)代表变形的发展方向

软弱层的塑性流动使石香肠体的边缘受到剪切改造，原为矩形的石香肠体可以变成桶状和透镜状，端部成鱼嘴状（图 5-9）。

在石香肠化的岩石中，常见有石香肠体相对于围岩的层理发生一定角度的偏转甚至旋转。这些现象可能是顺石香肠的层理受剪切作用的结果。石香肠体的旋转也可以由强硬层的延长方向与应变主轴斜交所致。旋转石香肠体常以角度不对称为特征，各石香肠体之间的楔入褶皱也旋转成一翼长、一翼短的不对称型式。

二、窗棂构造

窗棂构造（mullion）是强硬层组成的形似一排棂柱的半圆柱状大型线状构造。棂柱表面有时被磨光，并蒙上一层云母等矿物薄膜，其上常有与其延伸方向一致的沟槽或凸起，并常被与之直交的横节理所切割。露头中，窗棂构造呈规则状，重复出现，与褶皱形式类似，波长为几 cm 到几 m（图 5-10）。

图 5-10　北京西山沿石英岩和千糜岩中发育的窗棂构造（李理摄，2008）

窗棂构造常沿着强弱岩层相邻的强硬层的界面出现（图5-11）。一系列宽而圆的背形被尖而窄的向形所分开,形成嵌入式"褶皱"。软弱层总是以尖而窄的向形嵌入强硬层,强硬层面则呈圆拱状的背形凸向软弱层,从而形成一系列圆柱形的肿缩式窗棂构造。实验证明,窗棂构造是岩层受到顺层强烈缩短引起纵弯失稳形成的。实验还证实窗棂构造的主波长与强弱岩层之间的粘性差有关。此外,也有人把外貌与一排棂柱相似的褶皱构造称为褶皱式窗棂构造。

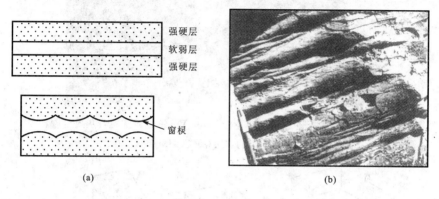

图 5-11 窗棂构造（据 S. Marshak 等,1998）

(a) 层间变形中窗棂构造的演化过程（据 Smith,1975）;

(b) 在 Wyoming 褶皱冲断带中砂质石灰岩中的窗棂构造

窗棂构造与石香肠构造不同。前者反映了平行层理的缩短,而石香肠构造则反映了垂直层理的压缩。但窗棂柱的方向与香肠体的长轴一样,都代表了应变椭球体的 Y 轴,故亦为一种 B 型线理。

三、铅笔构造

铅笔构造是轻微变质的泥质或粉砂质岩石中常见的使岩石劈成铅笔状长条的一种线状构造。铅笔构造的露头如图5-12所示,小的像短牙签,较大的则像魔术棒。

根据铅笔构造的形成作用,可分为两类:

(1) 交切面的铅笔构造通常是透入性劈理面或剪切面与层面相交而成。交面的铅笔构造常具有较规则的断面形状,平行于同期褶皱的褶轴。

(2) 压实与变形共同作用下形成的铅笔构造,其形成过程如下:初始泥质和粉砂质沉积物在垂直层面的压实作用下,随着沉积物的压实和孔隙水的排出,引起原始沉积物的体积损失,形成单独旋转扁球体型的应变。在其后的构造变形中,由于平行层理的压缩及沿垂直方向的拉伸,使岩石变形成单轴旋转长球体型,其应变椭球体的轴值 $X>Y=Z$。这时,片状、柱状和针状矿物发生旋转,顺 X 轴方向定向排列,致使岩石顺 X 轴方向易于劈开。岩石可破裂成大小不一的碎条,称作"铅笔构造"。这种铅笔构造最主要的特征是没有面状构造要素;横截面常呈不规则的多边形或弧形,其长轴虽平行于岩石中有限应变椭球体的 X 轴方向,但是又平行于区域构造变形的 B 轴方向(图5-13)。

图5-12　亚利桑那州 Tucson 市附近 Agua Verde 地区细粒石灰质粉砂岩中
发育的铅笔构造的露头(据 G. H. Davis,1996)

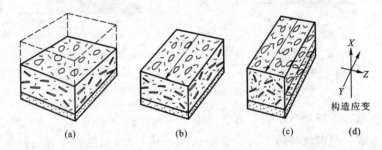

图5-13　铅笔构造的发展阶段及应变状态示意图(据 J. G. Ramsay,1983)
(a)页岩的初始压实阶段;(b)早期变形阶段;(c)铅笔构造阶段;(d)构造应变轴

四、压力影构造

压力影构造是矿物生长线理的另一种表现,常产出于低级变质岩中。压力影构造由岩石中相对刚性的物体及其两侧(或四周)在变形中发育的同构造纤维状结晶矿物组成(图5-14)。岩石中作为相对刚性的物体有黄铁矿、磁铁矿,还有化石、砾石、岩屑和变斑晶等。变形一般不强,只出现微破裂、波状消光、变形纹等。核心物体两侧的结晶纤维常由石英、方解石、云母或绿泥石等矿物组成。

在应力作用下,这些相对刚性的物体在变形时将引起局部的不均匀应变,使其周围的韧性基质从相对刚性的物体表面拉开,形成低压引张区,为矿物提供了生长的场所。在压溶作用下,基质中易溶物质从矿物界面上发生溶解,并从受压边界向低压引张区迁移,沿着最大拉伸方向(X 轴)生长成纤维状的影中矿物,纤维的生长方向随着变形过程中最大拉伸轴方向的变化而变化。因此,相对刚性的物体两侧的影中矿物的不同形状反映了不同的应变状态。在挤压变形或纯剪变形中,相对刚性的物体两侧的结晶纤维常呈对称状(图 5-14)。在单剪作用下,随着非共轴的递进变形,最大主应变轴(X 轴)发生偏转。因此,相对刚性的物体两侧的结晶纤维呈现出单斜对称的形状[图 5-14(c)]。对黄铁矿晶体进行旋转变形模拟实验结果表明,不对称的影中矿物的结晶纤维生长情况随着剪切应变量的大小呈有规律的变化。因此,通过对压力影构造中矿物结晶纤维生长方向的测定,可以确定变形的主应变轴方位及其变化。

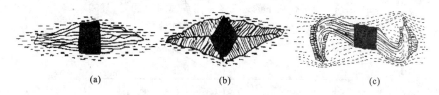

(a)   (b)   (c)

图 5-14   不同类型的压力影(据 A. Nicolas,1987)

(a) 垂直核心矿物表面的石英纤维;(b) 垂直核心矿物表面生长的四组石英纤维;(c) 核心矿物单斜对称的石英纤维

第三节　线理的观察与研究

近年来随着人们在变质岩构造解析方面研究的深入进展,线理在解决构造的几何学和运动学方面的意义,愈来愈被人们所重视。线理是反映岩石变形和变质作用过程中物质运动的良好标志。

线理一般总是位于运动面上,它们或者与物质运动方向平行,或者与运动方向垂直。因此,通过在野外对大量线理的鉴别和测量,分清线理类型以及生成的先后顺序,有助于揭示岩石变形过程中物质主要运动方向以及某地区的构造变形史。

在野外对线理的研究中,除了鉴别它们的类型外,还要区分不同期次的线理,以及线理与大型构造的关系。对线理发育地区,一定要进行针对线理的统计分析,并按类型和期次标示在地质构造图上。

一、运动轴与应变主轴的关系

运动对称轴(a,b,c)与应变主轴(X,Y,Z)是两个不同的概念,分别代表构造变形岩石中物质运动的方向和应变的状态。其中 ab 面代表剪切面;a 轴位于运动面上且平行于剪切方向;b 轴位于运动面上且垂直于 a 轴;c 轴垂直于 ab 面[图 5-15(a)]。具体对于一条断层来说,断层面为 ab 面,擦痕方向为 a 方向,断层面的法线为 c 方向;对于一个褶皱来说,轴面为 ab 面,枢纽为 b 轴,位于轴面上且垂直于枢纽的方向为 a 轴,与轴面垂直的方向为 c 轴(图 5-16);对于一组剪节理来说,节理面的交线为 b 方向,线理为 a 方向,面理面为 ab 面(图 5-17)。

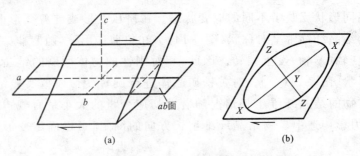

图 5-15　单剪作用下的运动学坐标系(据朱志澄等,1999)

(a) 运动对称轴;(b) 应变主轴

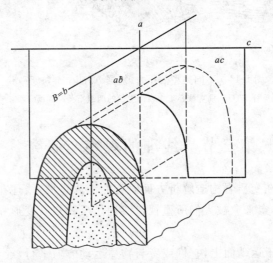

图 5-16　运动面的坐标系(据 J. G. Dennis,1967)

a—在运动面 *ab* 上且平行于运动方向;*b*—在运动面上且垂直 *a* 轴;*c*—垂直于 *ab* 面

图 5-17　糜棱岩化花岗闪长岩中剪节理运动面坐标系(山东临沂,李理摄)

二、线理与运动轴的关系

大多数地质工作者,在对线理研究时应用桑德提出的坐标系统(图 5-16)。根据桑德提出的运动坐标系统分析与褶皱有关的线理的空间特征,结论如下:

(1)所有的线理不是与圆柱状褶皱的枢纽平行,就是与褶皱枢纽垂直。凡是与褶皱平行者称为 b 轴线理,垂直于褶皱轴者称为 a 轴线理。

(2)一般情况下,a 轴线理指示物质运动方向,代表应变椭球体的拉伸应变轴,但并不排斥有平行于 b 轴的拉伸。交叉、旋转乃至滚动成因的线理主要是 b 轴线理。

三、线理和大型构造关系

在褶皱或断裂作用过程中产生的线理,必定与同期的褶皱或断裂之间具有一定的几何关系。在褶皱造山带内,最主要的运动方式是与褶皱轴相垂直的运动。因而在线理与同期的大型构造之间具有以下关系:

(1)层间滑动产生的擦痕线理,可以指示层的相对运动方向。与褶皱有关的擦痕方向垂直于褶皱轴。

(2)轴面劈理与褶皱面交线构成交面线理,它一般是平行于褶皱枢纽。在轴面劈理上,如果见到与枢纽正交的线理,其方向代表褶皱内部物质的运动方向。

(3)通常情况下最大拉伸大致垂直于褶皱轴,代表物质运移方向。但是鲕粒和还原斑点的应变分析表明,其拉长平行于褶皱枢纽,这种情况是可能存在的(图 5-18)。

(4)在断层面上,擦痕线理往往指示断层运动方向。而剪切、滚动成因的并与运动方向垂直的线理,代表均匀应变椭球体中间应变轴的方向。

(5)在大型褶皱内部发育的寄生褶皱、线状石香肠构造、窗棂构造和杆状构造等线理,大致反映大型褶皱轴的方位(图 5-18)。

四、利用石香肠(布丁)计算古应力值

张裂型石香肠的临界宽度(Z)与顺石香肠宽度方向(顺层方向)的张应力 σ'_x、构成石香肠的能干岩石的抗张强度(σ_{wf})、杨氏模量(E_S)、厚度(t)、石香肠上下弱岩层的剪切模量(G_m)、厚度(T)有一定的函数关系(Ferguson 和 Lloyd,1982):

$$\sigma'_x = \frac{2G_m \sigma_{wf}}{E_S \left\{ 1 - \sec\left[\left(\frac{G_m}{E_S} \cdot \frac{1}{(T-t)2t} \right)^{1/2} \cdot Z/2 \right] \right\}}$$

测量石香肠的宽度,求得临界宽度 Z,测量出石香肠能干层厚度和上下弱岩层厚度(t 和 T),在实验室测出岩石的各种弹性模量和参数(σ_{wf},E_S,G_m),代入式中,即可求得张应力 σ'_x。Ferguson 和 Lloyd 以此方法求得英国西南部海西褶皱-逆掩推覆体内板岩中石英岩夹层的顺层张应力为 18.8 MPa。

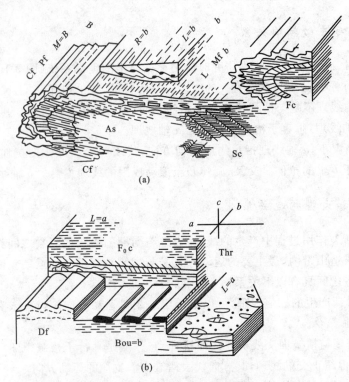

图 5-18　变质岩中小构造与大构造的关系(据 G. Wilson,1961)

(a) 根据苏格兰萨德兰北部阿莫音见到的构造绘制的平卧褶皱；

(b) 根据康尔郡亭塔盖尔地区小构造绘制的平缓逆掩断层

As—轴面片理；Sc—折劈理；Fc—破劈理；F_0c—断层劈理；Cf—细褶皱、锯齿状褶皱；Pf—寄生褶皱；Df—从属褶皱；

Mf—小褶皱；Bou—石香肠构造；M—窗棂构造；L—拉长砾石、拉长火山弹及其他拉长线理

线理的研究，首要是理解线理的概念；其次，分类是难点，要在理解的基础上加以对比。在此前提下，掌握线理的构造背景，能够帮助更好地理解线理构造。线理是岩石变形变质过程中的塑性拉伸或压缩的结果。

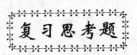

1. 什么是线理？

2. 小型线理有哪些构造？描述其特征。

3. 大型线理有哪些构造？描述其特征。

4. 线理研究的意义何在？

参考文献

[1] Davis G H,Reynolds S J. Structural geology of rocks and regions. John Wiley Inc, 1996:424-492.

[2] Hatcher R D. Structural geology:principles,concepts,and problems. United States of America,1995:393-406.

[3] Hobbs B E,Means W D,Williams P F. 构造地质学纲要. 刘和甫等译. 北京:石油工业出版社,1982:128-157.

[4] Hutton D H W. Granite sheeted complexes:evidence for dyking ascent mechanism. Transactions of the Royal Society of Edinburgh,Earth Sciences,1992,83:272.

[5] Marshak S,Mitra G. Basic methods of structural geology. United States of America, 1998:226-246.

[6] Passchier C W,Trouw R A. Microtectonics. Springer-Verlag Berlin Heidelberg, 1996:25-194.

[7] Ramsay J G. 岩石的褶皱作用和断裂作用. 单文琅等译. 北京:地质出版社,1986: 314-334.

[8] Twiss R J,Moores E M. Structural geology. W H Freeman and Company,New York,1992:262-291.

[9] 李晓波. 近十年来国外小型构造地质研究方法的新进展. 地质科技动态,1988,20: 4-7.

[10] 武汉地质学院区地教研室. 地质构造形迹图册. 北京:地质出版社,1987:97-108.

[11] 徐开礼,朱志澄. 构造地质学. 北京:地质出版社,1984:182-192.

[12] 朱志澄. 构造地质学. 武汉:中国地质大学出版社,1999:60-78,204-216.

第六章 褶 皱

作为岩石变形的基本表现形式,褶皱在构造变动发育区被视为着重研究的对象。褶皱的研究,不仅可以在大的尺度上用来分析区域构造应力场,在小的范围内,褶皱还可以影响矿藏的赋存和产出状态,其中尤以石油、天然气和地下水最为明显。所以,褶皱构造是油气田地质中的重要研究内容,而长期继承性背斜构造是油气聚集的最有利场所。

第一节 褶皱及基本要素

层状岩石在各种应力的作用下所形成的一系列连续的波状弯曲现象称为褶皱(folds)。它是在地壳中广泛发育的一种构造变动,也是岩石塑性变形的表现形式。

褶皱的规模大小不等,大的褶皱长达几十到几百 km、小的褶皱则可以出现在手标本上,甚至有时只能在显微镜下观测到。形成褶皱的面(称变形面或褶皱面)绝大多数是层(理)面,但也可以是变质岩中的劈理面、片理面、片麻理面以及某些岩浆岩中的原生流面,甚至是节理面或断层面等。

一、褶皱的基本类型

根据褶皱的形态和组成褶皱的地层,将褶皱分为两种基本类型:背斜和向斜。

(一)背斜
背斜(anticline)为中间地层老、两侧地层新的褶皱构造,地层一般向上弯曲[图 6-1(a)]。

(二)向斜
向斜(syncline)为中间地层新、两侧地层老的褶皱构造,地层一般向下弯曲[图 6-1(a)]。

若地层的新老关系不清[图 6-1(b)],则分别称背形(antiform)和向形(synform)。需要注意的是,自然界中有些向斜地层向上弯曲,而有些背斜地层向下弯曲,分别形成背形向斜[图 6-1(c)]和向形背斜[图 6-1(d)]。

二、褶皱的基本要素

为了正确描述、对比和研究褶皱构造,确定严格的基本要素非常重要。褶皱的基本要素包括:核部、翼部、转折端、轴面、枢纽、轴迹、脊和槽、褶轴(图 6-2)。

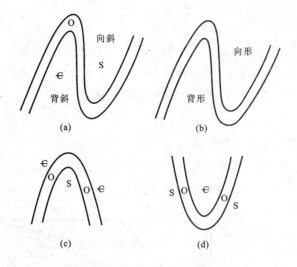

图 6-1　褶皱的基本类型（据 R. D. Hatcher，1995）

（a）背斜和向斜；（b）背形和向形；（c）背形向斜；（d）向形背斜

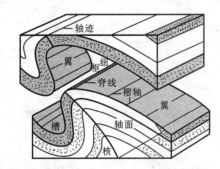

图 6-2　褶皱要素示意图（据 E. S. Hills，1982 修改；引自徐开礼等，1984）

（一）核部

核部（core）是指褶皱中心部位的岩层，一般常指经剥蚀后出露在地表面的褶皱中心部分的地层，简称为核。

（二）翼部

翼部（limb）是指褶皱核部两侧的地层，简称为翼。

（三）转折端

转折端（hinge zone）是从褶皱的一翼向另一翼过渡的部分，它可以呈多种形态。

（四）枢纽

同一褶皱面上最大弯曲点的连线叫枢纽（hinge line），或称枢纽线。枢纽可呈直线（图 6-2），也可呈曲线或折线[图 6-3（a）]；枢纽可以是水平线，也可以是倾斜线[图 6-3（b）]。它是代表褶皱在空间起伏状态的重要几何要素，其产状常用倾伏角和倾伏向表示。

（五）轴面（枢纽面）

在一个褶皱内各相邻褶皱层面上的枢纽构成的假想几何面为轴面（axial plane），也叫枢纽面。它可以是平面（图 6-2），也可以是曲面［图 6-3（a）］。轴面的产状和任何构造面的产状一样，可用其走向、倾向和倾角这三要素来确定。

（六）轴迹

轴面与包括地面在内的任何平面的交线称为轴迹（axial trace）。如果轴面是规则平面，则轴迹为一条直线［图 6-2、图 6-3（b）］；如果轴面是曲面，则轴迹是一条曲线。在平面上，轴迹的方向代表着褶皱的延伸、展布的方向。

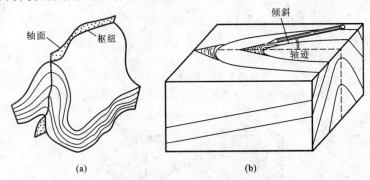

图 6-3　枢纽、轴面和轴迹

（a）曲线枢纽和枢纽面；（b）倾斜枢纽、轴迹

（七）脊与槽

背斜和向斜的各褶皱面在横剖面上的最高点和最低点分别称为脊（crest）和槽（trough）（图 6-2）。在同一褶皱面上连接脊和槽的线分别为脊线和槽线。当轴面直立时，褶皱的脊线和枢纽是互相重叠的，此时二者之间的区分只有理论意义。然而，当遇到轴面倾斜较大的背斜构造时，其脊线与枢纽不吻合。

（八）褶轴

褶轴（fold axis）指与枢纽平行的一条直线，该直线平行自身移动所构成的面与褶皱层面完全一致［图 6-4（a）、（b）、（c）］。具有褶轴的褶皱称为圆柱状褶皱［图 6-4（b）、（c）］。否则，称为非圆柱状褶皱［图 6-4（d）、（e）、（f）、（g）］，其中枢纽向一端倾伏的非圆柱状褶皱，形似锥体，称为圆锥状褶皱［图 6-4（f）、（g）］。

圆柱状褶皱是自然界中简单而规则的褶皱，其枢纽呈水平直线，轴面为平面或规则的曲面。在其延伸方向上，褶皱的规模与形态不变。但总体上，地壳中大多数褶皱为非圆柱状褶皱。为了研究方便，可将某些非圆柱状褶皱划分为若干区段，使每一区段均近似于圆柱状褶皱。

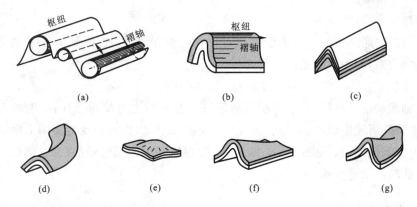

图 6-4　圆柱状褶皱与非圆柱状褶皱[(a)图据 S.Marshak,1998,其余据徐开礼等,1984]

(a)、(b)、(c)为圆柱状褶皱;(d)、(e)、(f)、(g)为非圆柱状褶皱,其中(f)、(g)为圆锥状褶皱

三、褶皱轴面和枢纽产状

褶皱枢纽(或褶轴)和轴面产状是研究褶皱产状和形态的基本要素(图 6-5)。褶皱枢纽和一切线状构造的产状都可用倾伏(倾伏角和倾伏方向)和侧伏(侧伏角和侧伏方向)来表示。

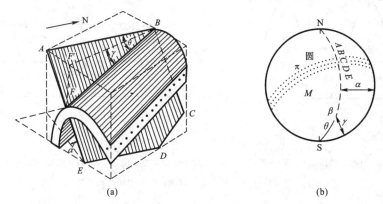

图 6-5　褶皱的轴面和枢纽(或褶轴)及其赤平投影

(a)—立体图;(b)—为左图所示背斜褶皱面、轴面及枢纽的赤平投影图(本书赤平投影图均采用下半球投影)

$ABCDE$—轴面;BF—枢纽;α—轴面倾角;γ—枢纽倾伏角;θ—枢纽在轴面上的侧伏角;

BF'—枢纽在水平面上的投影线;AB(SN)—轴面的走向(线);β—枢纽(或褶轴)在赤平

投影上的投影点;M—轴面法线的投影点(极点)

如图 6-5 所示,枢纽(BF)的倾伏角为$\angle F'BF$(即γ,本例为 25°),其倾伏方向为$\overrightarrow{BF'}$线箭头所指方位(本例为 160°),故枢纽的倾伏为 160°∠25°;又如,枢纽(BF)与轴面走向线 AB 在轴面上的锐夹角$\angle FBA$(即θ,本例为 40°)即为该枢纽在轴面上的侧伏角,$\overrightarrow{BA}$线

方位即为侧伏方向(本例为180°),枢纽的侧伏为∠40°S。

线状构造的倾伏角(γ)、侧伏角(θ)及线状构造所在的构造面的倾角(α)三者之间具有一定的几何关系,其关系式是:

$$\sin \gamma = \sin \theta \cdot \sin \alpha \tag{6-1}$$

褶皱轴面和枢纽产状,除一些小型褶皱可以在露头上直接测量外,一般较大型的褶皱,可根据野外所测层面产状,用赤平投影法简便地求出;也可根据地质图上褶皱层面的产状,作出褶皱横截面(正交剖面),求出褶皱的枢纽和剖面上轴迹的产状(侧伏),再用赤平投影方法求出轴面产状。

四、褶皱的大小

(一)褶皱的波长与波幅

褶皱的大小可用波长(W)和波幅(A)来确定。在正交剖面上连接各褶皱面的拐点的线称为褶皱的中间线。波长(wavelength)是指一个周期波的长度,即等于两个相邻的同相位拐点(相间拐点)之间的距离,也可以是相邻顶(或枢纽点)或相邻槽之间的距离。波幅(amplitude)是指中间线与枢纽点之间的距离(图6-6)。

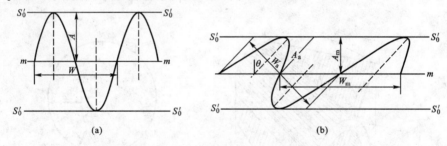

图 6-6   褶皱的波长(W)和波幅(A)

(a)对称褶皱的波长(W)和波幅(A);(b)不对称褶皱的波长(W_m,W_a)和波幅(A_m,A_a)

S_0'—包络面;m—中间面;$θ$—轴面与中间面相交的余角

(二)褶皱的闭合要素

根据枢纽的变化特点,背斜褶皱层面的起伏变化可以分为四种基本类型:① 枢纽水平;② 枢纽向某一方向倾没;③ 枢纽向两个相反方向倾没;④ 岩层向四周倾没。

背斜的枢纽向两端倾没或岩层向四周倾没时,就可形成四周封闭的背斜,这种构造称为闭合背斜(closed anticline)(图6-7)。

闭合背斜的每一层面在某一高度(或深度)的平面形态都是一个闭合的,对一个特定层面而言,其顶面或底面的起伏状况可以用等值线表现出来,这就引出了构造等值线图的概念。构造等值线图(structure-contour map)也称构造等高线图或简称构造图(图6-8)。它是根据地形图的绘制原理,用等高线来反映地下某一特定岩层层面(顶面或底面)起伏形态的平面图形。通过构造图,可以定量表达闭合背斜的闭合程度,一般用闭合度和闭合面积两个概念来表示。

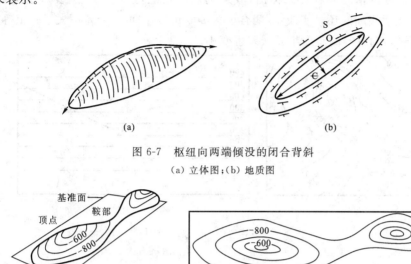

图 6-7　枢纽向两端倾没的闭合背斜

(a) 立体图;(b) 地质图

图 6-8　构造等值线图

(a) 构造图绘图原理;(b) 构造图

1. 闭合度

闭合度(closure)是指闭合背斜的最高点到可以闭合的最低点(溢出点)之间的高差。在等高距较小的构造图上,可近似地视为最高等高线与完全包围着它的最低等高线之间的高程差。如图 6-8 其闭合度为 300 m。

2. 闭合面积

闭合面积(entrapment area)是指通过溢出点的构造等高线所圈闭的面积。一般认为,在等高距较小的构造图上表现为最低一条完全闭合的等值线所包围的面积。图 6-8 中－800 m 等值线所包围的面积为闭合面积。

另外,闭合的最低等高线所包含的范围不一定就是闭合面积,而往往小于实际闭合面积。尤其是等高距较大(比例尺较小的构造图上)时,所求的闭合度、闭合面积均小于真实值。为此,常常在最低闭合等高线与不闭合的等高线之间画一条辅助等高线,以此为最低闭合线来处理(图 6-9)。这种计算之误差最大不超过一个等高距范围。可见,构造图的比例尺越大、构造等高距越小,其误差越小。

图 6-9(a)和(b)分别表示同一背斜的构造图和沿 AB 方向的剖面图。从构造图上明显地看到在 X 附近有一个闭合区,Y 处有一个鞍部,故这一背斜之闭合度就是沿着背斜脊线从 X 附近的高点到 Y 处鞍部之高度差。因为 A 处高度仅 100 m,Y 处为 300～400 m 之间,

所以该背斜之溢出点肯定在 Y 处。

由于 X,Y 处的精确高程均未标出,故从剖面图上既可取上线(点线),也可取下线(虚线),但最接近实际的还是实线,其闭合度为 200 m,其中可能误差不大于一个等高距,即 100 m。显然,随着等高距变小其误差也变小。

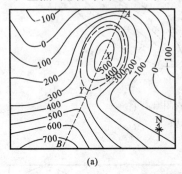 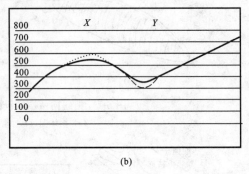

(a)　　　　　　　　　　　　　　(b)

图 6-9　估算背斜闭合度示意图

(a) 构造图;(b) 构造剖面图

第二节　褶皱分类

一、褶皱的产状分类

(一) 根据轴面产状和两翼产状

根据轴面产状,结合两翼倾角,褶皱可分为以下五种类型(图 6-10):

(1) 直立褶皱(upright fold;vertical fold):轴面近直立,两翼倾向相反,倾角近相等[图 6-10(a)]。

(2) 斜歪褶皱(inclined fold):轴面倾斜,两翼倾向相反,倾角不等[图 6-10(b)]。

(3) 倒转褶皱(overturned fold):轴面倾斜,两翼倾向相同,一翼地层倒转[图 6-10(c)]。

(4) 平卧褶皱(recumbent fold):轴面近水平,一翼地层正常,另一翼地层倒转[图 6-10(d)]。

(5) 翻卷褶皱(overthrown fold):轴面弯曲的平卧褶皱[图 6-10(e)]。

(二) 根据枢纽产状

根据枢纽的产状,褶皱可分为三种类型(图 6-11),反映了褶皱在枢纽方向的起伏变化。

(1) 水平褶皱:枢纽近于水平(倾伏角<10°),两翼地层走向基本平行[图 6-11(a)]。

(2) 倾伏褶皱:枢纽倾伏(10°<倾伏角<80°),两翼走向不平行,同一高程走向线在枢纽倾伏方向闭合[图 6-11(b)]。

(3) 倾竖褶皱:枢纽近于直立(倾伏角>80°),两翼地层近于直立[图 6-11(c)]。

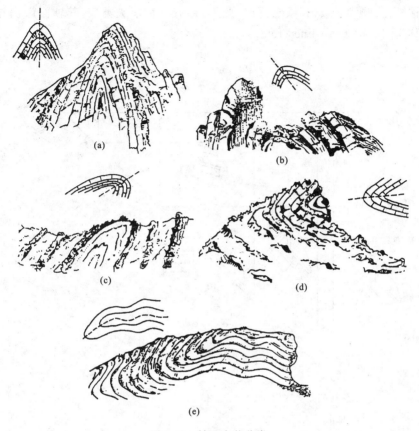

图 6-10 轴面产状分类

(a) 直立褶皱；(b) 斜歪褶皱；(c) 倒转褶皱；(d) 平卧褶皱；(e) 翻卷褶皱

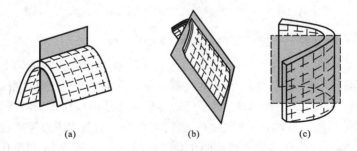

图 6-11 枢纽产状分类

（a）水平褶皱；(b) 倾伏褶皱；(c) 倾竖褶皱

（三）三维形态分类——兰姆赛(J. G. Ramsay)分类

根据轴面的产状和枢纽的产状，兰姆赛将褶皱分为七种类型（图 6-12）。枢纽水平的情况下，轴面倾角从直立到近水平，褶皱分为直立褶皱、斜歪褶皱（陡倾斜褶皱、缓倾斜褶皱）和平卧褶皱；轴面近直立的情况下，根据枢纽的倾伏角大小，分为水平褶皱、倾伏褶皱

（缓倾伏褶皱、陡倾伏褶皱）和倾竖褶皱；此外，还有一种褶皱类型，其轴面产状与枢纽产状一致，称为斜卧褶皱（reclined fold）。

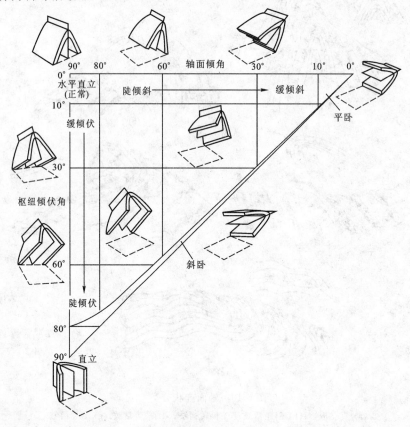

图 6-12　根据枢纽倾伏角和轴面倾角的褶皱三维形态图（据 J. G. Ramsay，1967）

（四）三维形态分类——里卡德(M. J. Rickard)分类

里卡德(M. J. Rickard，1971)在总结前人关于褶皱产状分类的基础上，根据褶皱轴面倾角、枢纽倾伏角和侧伏角这三个变量绘制了一个三角网图，从而对褶皱产状可作三维定量研究（图 6-13）。图上的 *AB* 边与 *BC* 边等度数相连的线代表轴面等倾角线；*AC* 边各度数与 *B* 点的连线为枢纽在轴面上的等侧伏角线；*AC* 边与 *BC* 边等度数（并结合与轴面产状的关系）相连的曲线表示枢纽等倾伏角线。图 6-14 为图 6-13 的简化，并附上各类褶皱的立体图及相应的赤平投影图。

根据褶皱轴面产状和枢纽产状，将褶皱描述为如下七种主要类型：

(1) 直立水平褶皱（图 6-14 Ⅰ 区）：轴面近于直立（倾角 80°～90°），枢纽近于水平（倾伏角 0°～10°）。

(2) 直立倾伏褶皱（图 6-14 Ⅱ区）：轴面近于直立（倾角 80°～90°），枢纽倾伏角为 10°～80°。

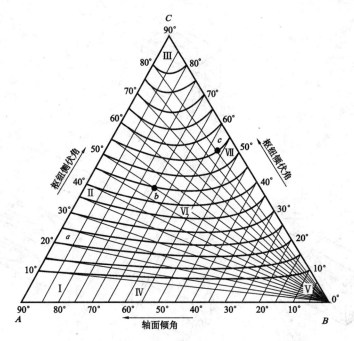

图 6-13 褶皱三维形态类型三角网图(据 M. J. Rickard, 1971)

(3) 倾竖褶皱(竖直褶皱)(图 6-14Ⅲ区):轴面和枢纽均近于直立(倾角和倾伏角均为 80°～90°)。

(4) 斜歪水平褶皱(图 6-14Ⅳ区):轴面倾斜(倾角 10°～80°),枢纽近于水平(倾伏角 0°～10°)。

(5) 平卧褶皱(图 6-14Ⅴ区):轴面和枢纽均近于水平(倾角和倾伏角均为 0°～10°)。

(6) 斜歪倾伏褶皱(图 6-14Ⅵ区):轴面倾斜(倾角 10°～80°),枢纽倾伏(倾伏角 10°～80°),但二者倾向和倾角不一致。

(7) 斜卧褶皱(重斜褶皱)(图 6-14Ⅶ区):轴面倾角和枢纽侧伏角均为 10°～80°,而且两者倾向基本一致,倾斜角度也大致相等,即枢纽在轴面上的侧伏角为 80°～90°。

里卡德的褶皱分类在三维空间状态的三角网图上,可表示所有可能存在的褶皱产状类型。在三角网图(图 6-13)上所划分的七个区,分别代表上述七大褶皱类型的产状变化范围,各区的范围大小也大致反映了该类褶皱在自然界出现的几率大小及其过渡类型的一般变化规律。如Ⅵ区范围最大,表明斜歪倾伏褶皱是地壳中最常见的一类,其产状变化也最大。又如,直立倾伏褶皱(Ⅱ区)、倾竖褶皱(Ⅲ区)与斜卧褶皱(Ⅶ区)之间有一个重叠小区(轴面倾角和枢纽侧伏角均为 80°～90°,枢纽倾伏角为 70°～80°),是三类褶皱中的过渡类型区,投在这个区间的褶皱可以根据其产状最接近的一类褶皱来命名。

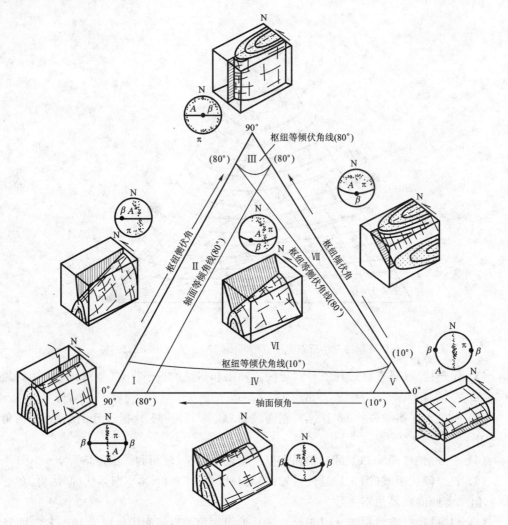

图 6-14 褶皱的三维状态类型及其赤平投影图（据 M. J. Rickard, 1971；武汉地质学院等,1979)

Ⅰ～Ⅶ—褶皱产状类型分区；β—枢纽极点；A—轴面投影大圆；π—褶皱面的 π 圆（环带）

另外,若将一个地区(特别是变质岩区)的诸褶皱产状一一投到三角网上,则易于观察该区褶皱产状及类型的变化规律。

总之,里卡德的三维状态分类可以在三角网上明显地反映出褶皱的产状特征,对褶皱空间状态的研究从概略性描述达到定量描述。

二、褶皱的剖面形态分类

正确地描述褶皱形态是研究褶皱构造的基础,而褶皱的剖面形态是表现褶皱构造在三维空间几何形态的重要方式。通常所用的剖面,分为铅直剖面(横剖面)和正交剖面

（横截面）。正交剖面（profile）是指与褶皱枢纽相垂直的剖面，铅直剖面（vertical section）是指与水平面垂直的铅直方向的剖面（图6-15）。一般来讲，较复杂的褶皱构造只有在正交剖面上才能反映出其真实形态。

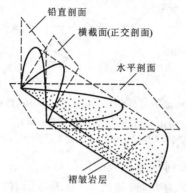

图 6-15 各种剖面及其空间关系

（一）根据转折端形态的褶皱分类（图6-16）

（1）圆弧褶皱（curvilinear fold）：转折端或褶皱面呈圆弧形弯曲。

（2）尖棱褶皱（chevron fold）：两翼平直，转折端为尖顶状（往往只是一点），这种褶皱过去也叫脊形褶皱。

（3）箱形和屉形褶皱：箱形褶皱（box fold）为顶部平缓开阔、两翼陡峻的背斜构造；屉形褶皱（drawer fold）为槽部平缓开阔、两翼陡直的向斜构造。

（4）扇形褶皱（fan fold）：转折端形态为圆弧状，正常层序，两翼岩层层序为倒转，背斜的两翼向轴面方向倾斜而向斜的两翼却向两侧倾斜。通常由背斜构成的扇形褶皱称为正扇形构造，由向斜构成的扇形褶皱称为反扇形构造。

（5）挠曲和构造阶地：在平缓的岩层中，一段岩层突然变陡而表现出的褶皱面的膝状弯曲叫挠曲（flexure）；在倾斜岩层地区，有一段岩层产状平缓或近水平而表现出的阶状弯曲称为构造阶地（structural terrace）。

（a） （b） （c） （d） （e）

图 6-16 转折端的弯曲形态及其分类类型

(a) 圆弧褶皱；(b) 尖棱褶皱；(c) 箱形褶皱；(d) 扇形褶皱；(e) 挠曲

（二）根据对称性的褶皱分类

（1）对称褶皱（symmetrical fold）：褶皱的轴面与水平面垂直，或与包络面垂直，两翼长度基本相等[图6-17(a)，(c)]。这种褶皱轴面为两翼的平分面，在剖面上两翼互为镜像关系。

（2）不对称褶皱（asymmetrical fold）：褶皱轴面与水平面斜交，或与该褶皱包络面斜交，而且两翼的长度不相等［图 6-17(b)，(d)］。

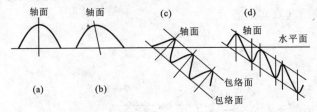

图 6-17　褶皱的对称性分类（据 E. S. Hills，1982 略改）

(a) 对称褶皱（直立）；(b) 不对称褶皱；

(c) 露头不对称褶皱，实际对称褶皱；(d) 露头对称褶皱，实际不对称褶皱

不对称褶皱轴面倾倒的方向称为褶皱的倒向（vergence），即轴面与包络面的锐角指示方向。倒向可以用来指示受力方向，如图 6-18(a)指示右行方向，图 6-18(b)指示左行方向。如果褶皱是右行倒向，褶皱由缓翼至陡倾翼的变化呈现出"Z"形［图 6-18(c)］，反之，若褶皱为左行倒向，褶皱则为"S"形［图 6-18(d)］。

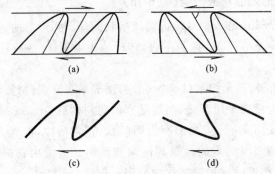

图 6-18　不对称褶皱的轴面倒向及其意义

(a) 右行倒向；(b) 左行倒向；(c) "Z"形褶皱；(d) "S"形褶皱

褶皱的两翼常发育次级从属褶皱，在两翼其轴面倒向呈"Z"形或"S"形，褶皱转折端处则呈对称的"M"形或"W"形［图 6-19(a)］。需要指出的是，从属褶皱的"Z"形和"S"形是顺着褶皱枢纽的倾伏方向观察而定的，如果从相反方向观察，"Z"形即为"S"形，反之亦然［图 6-19(b)］。

北京西山李各庄出露近东西向的谷积山背斜，背斜核部地层为新元古代青白口系长龙山组（$Pt_3 Qn_c$）石英岩和景儿峪组（$Pt_3 Qn_j$）大理岩，翼部为寒武纪—奥陶纪碳酸盐岩。在背斜的转折端发育大型平卧褶皱（图 6-20），褶皱轴向近东西，平卧褶皱发育"S"形、"M"形和"Z"形次级褶皱，在转折端部位地层厚度异常，明显加厚，"M"形次级褶皱发育，且轴面劈理或片理（S_1）与层理（S_0）交角由轴面向两翼由垂直到斜交，呈反扇形。

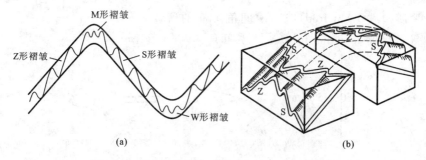

图 6-19　从属褶皱的类型(据 S. Marshak,1998)

(a) 不对称褶皱类型;(b) 不对称褶皱的观察方向

图 6-20　北京西山大型平卧褶皱(李理摄)

(三)根据翼间角大小的褶皱分类

在正交剖面上,两翼间的内夹角叫翼间角(interlimb angle)。圆弧形褶皱的翼间角是通过两翼上两个拐点的切线之间的夹角(图 6-21)。根据翼间角的大小,褶皱可分为五类(图 6-22)。

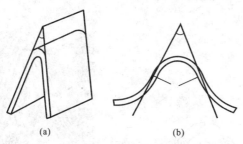

图 6-21　翼间角

(a) 翼部平直的褶皱翼间角;(b) 圆弧形褶皱的翼间角

(1) 平缓褶皱(gentle fold):120°<翼间角<180°的褶皱。

(2) 开阔褶皱(open fold):70°<翼间角<120°的褶皱。

(3) 闭合褶皱(closed fold):30°<翼间角<70°的褶皱。

（4）紧闭褶皱（tight fold）：5°＜翼间角＜30°的褶皱。

（5）等斜褶皱（isoclinal fold）：0°＜翼间角＜5°的褶皱。

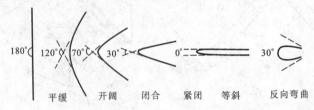

图 6-22　不同翼间角的褶皱分类描述（据 R.D. Hatcher，1995）

褶皱翼间角的大小反映该褶皱的紧闭程度，亦反映褶皱变形的程度，是描述褶皱形态的重要方面。翼间角等于 0°以后，继续施加应力，如果褶皱层是塑性的，往往会反向弯曲，形成扇形转折端（图 6-16）。在出露良好、近于正交的剖面露头上，翼间角可直接测量，但通常是测量褶皱两翼的产状，再利用赤平投影的方法求得。

（四）根据褶皱剖面形态在不同部位变化的褶皱分类

（1）协调褶皱（harmonic fold）：也叫调和褶皱，该褶皱的各岩层弯曲形态基本保持一致或呈有规律的弯曲和变化，彼此协调一致。常见的协调褶皱有平行褶皱（parallel fold）和相似褶皱（similar fold）两种（图 6-23）。

平行褶皱，也叫同心褶皱或等厚褶皱[图 6-23（a）]，其特点是褶皱各岩层作平行弯曲，真厚度（h）基本保持不变，视厚度（h'）在转折端和两翼不相同，各岩层具有共同的曲率中心，但曲率半径不等。这种褶皱常出现在浅部的强硬岩层中[图 6-24（a）]。相似褶皱是指各岩层经过弯曲后，上下层面弯曲成相似形状的一种褶皱[图 6-23（b）]，其特点是沿轴面方向各岩层视厚度基本保持不变，但真厚度在褶皱的不同部位不相同，两翼厚度小，转折端厚度加大，具有大致相等的曲率半径和相似的构造形态，但曲率中心却不是共同的，而视厚度各处近相等。这种褶皱常发育于软弱岩层中，出现在中部及较深构造层次[图 6-24（b）]。

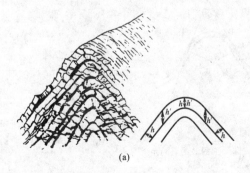

图 6-23　平行褶皱和相似褶皱

（a）平行褶皱；（b）相似褶皱

(a)　　　　　　　　　　　　　　　(b)

图 6-24　平行褶皱和相似褶皱露头特征(李理摄)

(a)秦皇岛祖山∈₂Z鲕粒灰岩中发育的平行褶皱;(b)北京西山 Pt₃Qn₁大理岩中发育的相似褶皱

(2)不协调褶皱(disharmonic fold):褶皱中各岩层的弯曲形态特征极不相同,其间有明显的不协调突变现象(图 6-25)。

 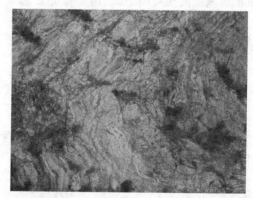

图 6-25　不协调褶皱露头特征

(a)河南卢氏陶湾组条带大理岩(据朱志澄,1999);(b)北京西山孤山口雾迷山组硅质白云岩、大理岩(李理摄)

　　不协调褶皱常见的构造类型有层间牵引褶皱和底辟构造。前者指的是在褶皱各层岩性、厚度不同的情况下,受力不均造成的;后者是最典型的不协调褶皱。底辟构造一般由变形复杂的高塑性层(如岩盐、石膏和泥质岩石等)为核心,刺穿变形较弱的、上覆脆性岩层的一种构造。一般分为底辟核、核上构造和核下构造三个部分。底辟核褶皱复杂,形态多样;核上构造一般是开阔的短轴背斜或穹窿构造,多被正断层切割;核下构造通常简单平缓。如果底辟核由岩盐类组成,则称盐丘构造(图 6-26)。盐丘具有重要的经济价值,内核是重要的盐类矿床,核部周围及核部与上覆岩层接触带常富集油气等矿产。

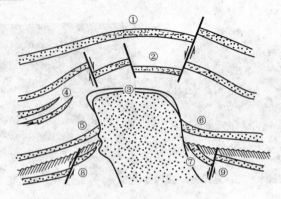

图 6-26 与盐丘有关的常见的油气圈闭类型示意图（据 M. T. Halboutg，1967）

①,② 背斜-断层油气藏；③ 风化淋滤的多孔盐帽；④ 岩性尖灭油气藏；

⑤,⑥ 盐丘遮挡油气藏；⑦ 不整合油气藏；⑧,⑨ 断层遮挡油气藏

(五) 兰姆赛(J. G. Ramsay)的形态分类

平行褶皱和相似褶皱只是褶皱层可能出现的多种形态中的两种简单类型。兰姆赛(1967)根据褶皱层的相对曲率,提出了一套形态分类,较好地描述了协调褶皱和不协调褶皱。

褶皱面的曲率变化可用等斜线表示。等斜线是褶皱正交剖面上层的上、下界面的相同倾斜点的连线(图 6-27)。等斜线的作法如下：

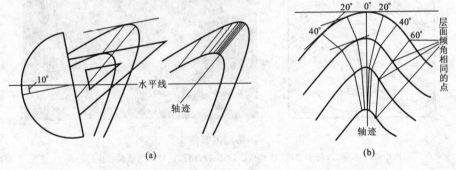

图 6-27　等倾斜线绘制方法图示(据 J. G. Ramsay,1967；D. M. Ragan,1973)

(a) 以水平线为基准线绘制等斜线；(b) 以轴迹的垂直线为基准线绘制等斜线

(1) 在垂直褶皱枢纽的照片或从地质图上作出的正交剖面图上,用透明纸描绘出各褶皱面弯曲形态,并准确地画出轴迹或实地水平线。

(2) 绘好的褶皱层正交剖面上,以标出的水平线为基准线或以轴迹的垂直线为基准线,按一定角度间隔(如以 5°或 10°为间隔)画出两相邻褶皱面的切线。

(3) 用直线将上、下层面上等倾角的切点连接起来,即为等斜线。

褶皱层的厚度变化用褶皱翼部岩层的厚度 t_a 与枢纽部位的岩层厚度 t_0 之比 t' 来表示。

$$t' = \frac{t_\alpha}{t_0} \tag{6-2}$$

式中 t_α——褶皱轴面直立时倾角为 α 的翼部岩层的厚度,是褶皱层上、下界面等斜处切线间的垂直距离(图 6-28)。

以某一褶皱层不同倾角(α)处的厚度比(t')作图,将各点用圆滑曲线相连,该曲线就反映了褶皱层的厚度变化特征(图 6-29)。

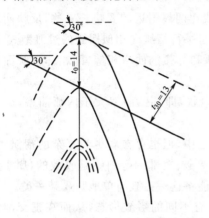

图 6-28 倾角为 0°和 30°的岩层厚度的
作图方法(据 G. H. Davis,1984)

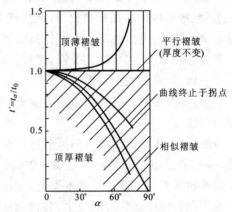

图 6-29 不同褶皱类型的 t'-α 曲线图
(据 J. G. Ramsay,1967)

兰姆赛根据褶皱层的等斜线型式和厚度变化参数所反映的相邻褶皱曲率关系,将褶皱分为三类五型(图 6-30)。

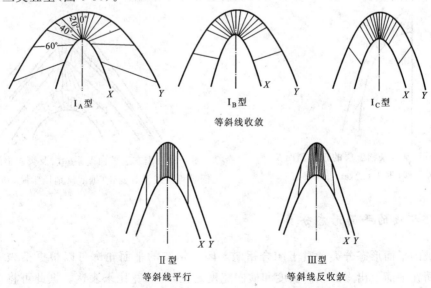

图 6-30 按等斜线的褶皱分类(据 J. G. Ramsay,1967)

Ⅰ类:这类褶皱的等斜线向内弧呈收敛状,内弧曲率总是大于外弧曲率,故外弧倾斜度也总是小于内弧倾斜度。根据等斜线的收敛程度(图6-30),再细分为三个亚型:

Ⅰ$_A$型:等斜线向内弧强烈收敛,各线长短差别极大,内弧曲率远大于外弧曲率。为典型的顶薄褶皱。

Ⅰ$_B$型:等斜线也向内弧收敛,并与褶皱面垂直,各线长短大致相等,褶皱层真厚度不变,内弧曲率仍大于外弧曲率,为典型的平行褶皱。

Ⅰ$_C$型:等斜线向内弧轻微收敛,转折端等斜线比两翼附近的要略长一些,反映两翼厚度有变薄的趋势,内弧曲率略大于外弧曲率。这是平行褶皱向相似褶皱的过渡型式。

Ⅱ类:等斜线互相平行且等长,褶皱层的内弧和外弧的曲率相等,即相邻褶皱面倾斜度基本一致,为典型的相似褶皱。

Ⅲ类:等斜线向外弧收敛向内弧撒开,呈倒扇状,即外弧曲率大于内弧曲率,为典型的顶厚褶皱。

自然界中,多数褶皱都可归属上述基本类型之中,但也存在着更为复杂的褶皱类型。如图6-31,邻近枢纽的等斜线是撒开的,属Ⅲ型褶皱;翼部的等斜线是收敛的,属Ⅰ型褶皱。曲率也不符合上述三种基本类型。因此,不能将这一褶皱简单地归入某一类。

在不同岩性层组成的褶皱中,各褶皱层常具有不同的褶皱形态,从而在正交剖面上的褶皱出现等斜线的折射现象(图6-32)。

用等斜线的方法分析褶皱形态,能较精确地测定褶皱的几何形态。许多可能被忽视的或不可能用传统的分类方法表现的褶皱特征,用等斜线方法都能清楚地表现出来,并可预测褶皱样式从一层至另一层的变化及褶皱层内的变化。

图6-31 某复杂褶皱层的正交剖面及其等斜线(据 J. G. Ramsay,1967)

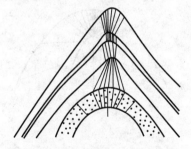

图6-32 山东五莲白垩系砂岩及页岩中的褶皱等斜线及其变化(据武汉地质学院,1978)

三、褶皱的平面形态分类

褶皱的平面形态分类针对于闭合褶皱。闭合褶皱的平面轮廓可以根据褶皱中的同一褶皱面在平面上出露的纵向长度和横向宽度之比,即长宽比来表达。据此可将褶皱描述为:

(1) 等轴褶皱:长宽比近于1∶1的褶皱。等轴背斜又称穹窿构造(dome)[图6-33(a)],等轴向斜又称构造盆地(basin)[图6-33(b)]。

(2) 短轴褶皱:长宽比约3∶1的枢纽向两端倾伏的褶皱(图6-8)。

(3) 线状褶皱:长度远大于宽度的各类狭长的闭合褶皱。

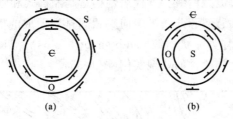

图 6-33 穹窿(a)和构造盆地(b)

第三节 褶皱组合类型

在同一构造运动时期和同一构造应力作用下,成因上有联系的一系列背斜和向斜往往按一定的几何规律组合在一起,由此形成的总体褶皱样式称为褶皱的组合型式。褶皱的组合型式往往反映区域性褶皱的成因、区域应变状态、大地构造属性及地壳运动性质等。

一、褶皱在剖面上的组合形态

褶皱在横剖面上的组合型式,常见的有下列几种。

(一)复式褶皱(compound folds)

被一系列次一级褶皱所复杂化了的巨型背斜和向斜构造,分别为复背斜(anticlinorium)和复向斜(synclinorium)(图6-34)。复背斜和复向斜统称为复式褶皱。

图 6-34 复式褶皱(据徐开礼等,1984)
(a)复背斜;(b)复向斜

各次级褶皱与总体背斜和向斜常有一定的几何关系。一般认为,典型复式褶皱的次级褶皱轴面常向该复背斜或复向斜的核部收敛(图6-34)。但是在平面上,次级褶皱的轴线延伸方向近于平行。

认识复背斜和复向斜,主要根据区域性新老地层的分布特征。例如,中央次级背斜核部地层较两侧次级背斜核部地层老,为复背斜;反之,则为复向斜。

复背斜和复向斜常形成于强烈水平挤压的构造环境中,也常分布在这种构造活动地带。如我国秦岭、天山、喜马拉雅山和欧洲的阿尔卑斯山、北美的阿巴拉契亚山等褶皱带中都有这类褶皱。

（二）侏罗山式褶皱（Jura-type folds）

侏罗山式褶皱又称过渡型褶皱。其代表性构造是隔档式和隔槽式。

由一系列平行的紧闭背斜和开阔平缓向斜相间排列而成的褶皱构造，称为隔档式褶皱（ejective folds，也有人称为梳状褶皱 comb-shaped folds）。四川盆地东部的一系列北北东向褶皱的组合就是这类褶皱的典型实例（图 6-35）。

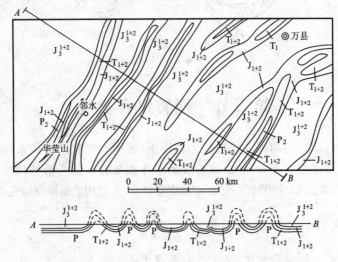

图 6-35　四川盆地东部隔档式褶皱（据徐开礼等，1984）

隔槽式褶皱（trough-like folds）是由一系列平行的紧闭向斜和平缓开阔背斜相间排列而成的构造。黔北—湘西一带的褶皱就属于这种类型（图 6-36）。

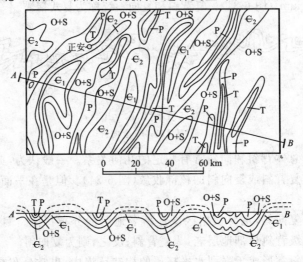

图 6-36　贵州正安及其以东地区隔槽式褶皱（据徐开礼等，1984）

隔档式褶皱与隔槽式褶皱的共同特点是背斜和向斜平行相间排列,但是背斜和向斜的变形特点截然不同。关于其成因,一种观点认为是沉积盖层沿刚性基底上的软弱层滑脱变形或薄皮式滑脱的结果,故又称滑脱构造。如欧洲侏罗山中生界和第三系岩层在固结的海西基底上顺着三叠系盐岩、石膏和页岩层滑动而形成隔档式褶皱(图 6-37)。另一种观点认为,这类褶皱是由一定形式的基底断块活动所控制的盖层变形。

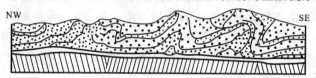

图 6-37 侏罗山隔档式褶皱(引自戴俊生,2006)

二、褶皱在平面上的组合形态

平面地质图或构造图上,常见的褶皱组合形态有如下几种。

(一)阿尔卑斯式褶皱(Alpinotype folds)

阿尔卑斯式褶皱又称全形褶皱。其基本特点是:① 一系列线状褶皱呈带状展布,所有褶皱的走向基本上与构造带的延伸方向一致;② 整个带内的背斜和向斜呈连续波状,基本同等发育,布满全区;③ 不同级别的褶皱往往组合成巨大的复背斜和复向斜并伴有叠瓦状断层。如图 6-38 所示。

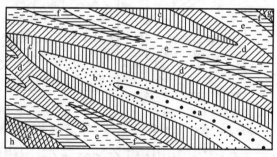

图 6-38 阿尔卑斯式褶皱
a,b,c,…,h 表示地层由老到新

(二)雁行状的褶皱(En-échelon folds)

雁行状的褶皱是指那些由一系列背斜、向斜之轴迹错开成斜列展布的褶皱构造,过去称之为边幕式构造。图 6-39 为青海柴达木盆地红三旱地区由第三系组成的一系列短轴背斜,由北西向南东斜列错开成雁行状的褶皱。

这种褶皱的形成一般认为是受区域性水平力偶(扭应力)作用的结果,有些雁行状向斜盆地被认为受雁行断层控制。

（三）"S"形（S-shaped folds）和反"S"形褶皱（reversed S-shaped folds）

一系列短轴和长轴背斜组成为"S"形或反"S"形的褶皱带，分别称为"S"形和反"S"形褶皱。它是区域性扭动应力场作用的产物。

柴达木盆地冷湖地区反"S"形构造（图 6-40）水鸭子墩背斜带由 11 个背斜组成，第 1 号背斜位于最西北端，轴向近东西，其他背斜轴逐渐转变，到最后第 11 号背斜的轴线又转到近东西。这 11 个背斜排列成为明显的反 S 形。第 4～8 号背斜斜列方向是一致的，第 1～3 号和第 9～11 号背斜的斜列方向又是一致的，但与前者斜列方向恰好相反。每个背斜的两翼多不对称，甚至形成倒转。此反 S 形褶皱中的中间 6 个背斜为第四纪以前形成的，成为有利的油气聚集带。

（四）日耳曼式褶皱（Germanotype folds）

日耳曼式褶皱又称断续褶皱。这类构造发育于构造变形十分轻微的地台盖层中，以卵圆形穹窿、拉长的短轴背斜或长垣为主（图 6-41）。褶皱翼部倾角极缓，甚至近于水平，但规模可以很大，延长可达数十 km。穹窿或长垣可以孤立分布于水平岩层之中，所以向斜和背斜不同等发育，而且空间展布常无明显的方向性；有些穹窿或长垣也可稍呈有规律的定向排列。

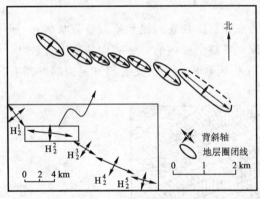

图 6-39　青海柴达木盆地
雁行状褶皱（据孙殿卿，1958）

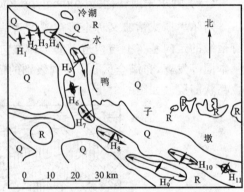

图 6-40　柴达木盆地冷湖地区
反 S 形褶皱（据孙殿卿，1958）

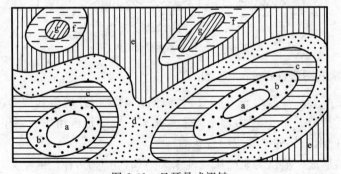

图 6-41　日耳曼式褶皱
a，b，c，…，h 表示地层由老到新

这类构造在北美地台上常产出于区域性巨大构造盆地之中,称作平原式褶皱。我国川中构造盆地也有这类褶皱。

(五) 长垣(placanticline)

长垣是由一系列宽大平缓的背斜(多为短轴背斜或穹窿)沿其轴向排列而成的长条形的隆起构造。在构造图上表现为长条状的同一条构造等高线圈闭若干个局部构造,其延伸长度可达几十到几百 km,长度远大于宽度,翼角通常从十几度到几度,多不对称褶皱,无典型轮廓。

松辽盆地的大庆长垣(图 6-42)由 7 个具有相同排列方向、相似发育历史、相似生储盖组合条件的三级构造组成,自北东向西南为喇嘛甸、萨尔图、杏树岗、高台子、太平屯、葡萄花、敖包塔等构造。这些三级背斜构造除了各自的圈闭条件之外,大庆长垣统一被−1 050 m 构造等高线所圈闭,南北长 145 km,东西宽 6~30 km,闭合面积为 2 000 km²,东翼较缓,一般 1°~2°,西翼较陡,一般 3°~4°。在长垣统一的圈闭中保存了油气,造成了大型背斜带整体含油连片,成为著名的石油聚集带。

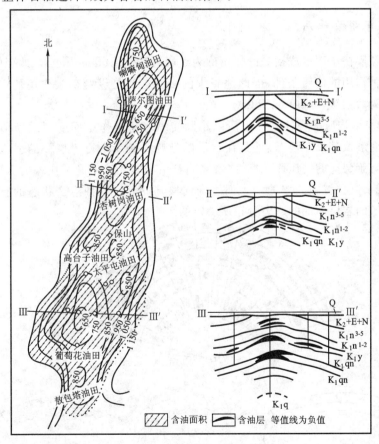

图 6-42 松辽盆地大庆长垣姚家组顶面构造图(据陆克政,1996)

位于前苏联巴什基里亚西北部的大油田——阿尔兰油田分布在阿尔兰—久秋林长垣范围内。据下石炭统陆源层顶面构造图,该长垣为延伸长度超过 120 km,宽度从西北部的 33 km 到东南部的 10 km,总体走向为北西向的不对称构造。其西南翼较陡(1°10′～5°),东北翼则平缓(0°15′～0°30′)。在该长垣内,石炭系和下二叠统隆起,从南到北为尤苏波夫—新哈津、乌尔塔乌利、阿尔兰和维兰特隆起,它们呈雁行分布并在－1 170 m 构造等高线圈定的统一范围内。

第四节　褶皱成因分析

褶皱的千变万化与褶皱成因的复杂性密切相关。褶皱成因的研究是构造地质学的重要内容,主要目的在于了解应力、岩石的力学性质、变形环境等诸多因素在褶皱形成过程中的作用。

一、纵弯褶皱作用

岩层受顺层挤压而形成褶皱的作用称为纵弯褶皱作用(buckling)。地壳中的水平运动是造成这种作用的地质条件,因此地壳中的多数褶皱是纵弯褶皱作用的产物。过去,称此类褶皱为弯褶皱(buckling fold)。

图 6-43 表示均质平板的剖面上所画小圆受纵弯褶皱作用而变形的模拟实验结果。这些小圆的变形及其分布情况表明,在岩层的外凸一侧受平行于层面的引张而拉伸,内凹一侧受平行于层面的挤压而压缩,二者之间有一个既无拉伸又无压缩的无应变中和面(小圆的连线),其位置随曲率的增大而逐渐向核部靠近。这种应变状态的有规律变化,是由纵弯褶皱的岩层内部的应力分布所决定的。

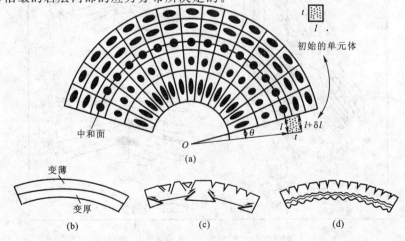

图 6-43　单层纵弯曲的应变分布及内部小构造(据 J. G. Ramsay 等,1987;M. P. Billings,1972)

(a) 纵弯褶皱的应变状态;(b) 韧性层的变形;(c) 脆性层的断裂变形;(d) 上部断裂下部褶皱变形

在纵弯褶皱作用下,由于岩石变形时的韧性不同,可形成不同类型的小构造。如岩层韧性较高,褶皱的外凸侧受侧向拉伸而变薄,内凹部分因压缩、压扁(压扁面垂直层理)而变厚[图6-43(b)];如为较脆性的岩层,在外凸部分常形成与层面正交、呈扇形排列的楔形张节理或小型正断层,甚至地堑或地垒,内凹部分因挤压而形成逆断层[图6-43(c)];若微层理发育较好,在内凹一侧也可形成小褶皱[图6-43(d)]。

当多层岩石受纵弯褶皱作用而发生弯曲时,不存在整套岩层的中和面,而因韧性不同以弯滑作用或弯流作用的方式形成褶皱。

(一)弯滑作用(flexural slipping)

弯滑作用是指多个岩层在纵弯褶皱作用过程中,上、下强硬岩层之间的层间滑动。纵弯褶皱作用引起的弯滑作用的主要特点有如下几方面:

(1)各单层有各自的中和面,而整套褶皱岩层没有统一的中和面。各相邻层面相互平行(形成平行褶皱),褶皱各部位之厚度大体相等。

(2)相邻岩层的层间滑动方向为各相邻上层相对向背斜转折端滑动,各相邻下层相对向向斜转折端滑动(图6-44)。

由于层间滑动,在滑动面(层面)上可能形成与褶皱枢纽直交的层面擦痕[图6-44(c)],而且在转折端往往形成空隙或断裂破碎(图6-45),出现所谓的虚脱现象(图6-46),此处是成矿物质易富集的场所,也是油气易聚集的有利部位。

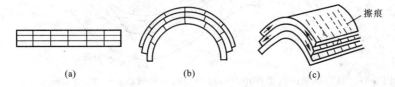

图6-44 纵弯褶皱作用时的层间滑动及其擦痕

(a)弯曲前;(b)弯曲后(注意垂直层面的直线,弯曲后发生错位所反映的层间滑动特点);(c)层面上的擦痕

(3)强硬岩层之间的塑性层,在弯滑作用下(强硬层的相对滑动),常形成不对称的层间"S"形、"Z"形小褶皱(图6-47),褶皱的轴面与上、下岩层面所夹的锐角指示相邻岩层的滑动方向(图6-47箭头所示)。人们常用层间褶皱所示的滑动方向来判断岩层的顶、底面,从而确定岩层层序的正常或倒转以及背斜和向斜的位置(图6-48)。

(二)弯流作用(flexural flowing)

弯流作用是指由岩层内部物质流动而形成褶皱的作用。这种作用的主要特征是:

(1)大都发生在脆性厚层之间的塑性层(如泥灰岩、盐层、煤层、粘土岩层等)内;

(2)层内物质流动方向一般是从两翼流向转折端,形成顶厚褶皱或相似褶皱(与横弯褶皱作用相反);

(3)当软硬互层的岩层受到顺层挤压时,硬岩层仍形成平行(等厚)褶皱,软岩层因流动而形成顶厚褶皱,这样出现顶厚褶皱与等厚褶皱同生共存的现象(图6-49)。

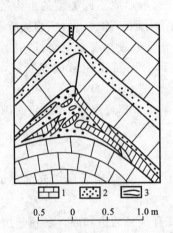

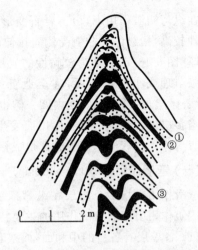

图 6-45　背斜枢纽部位强硬层的断裂破碎现象
据(КИРИЛЛВа,1958)

1—石灰岩；2—泥灰岩；3—断层

图 6-46　河北某褶皱转折端虚脱现象
①—硅质灰岩；②—炭质页岩；③—白云质灰岩

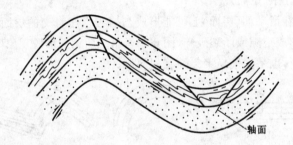

图 6-47　纵弯褶皱的弯滑作用所形成的层间小褶皱(据 F. W. Spencer,1977)
箭头表示岩层滑动方向

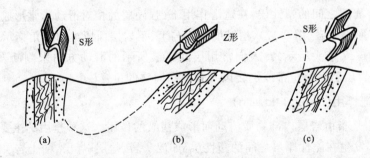

图 6-48　利用从属褶皱的倒向确定岩层层序正常或倒转及背斜、向斜位置(据朱志澄,1999)
(a) 岩层直立；(b) 岩层倾斜,层序正常；(c) 岩层倒转

(三)压扁作用

如前所述,在褶皱过程中,由于岩层的平均韧性及韧性差的不同,岩层在垂直于压力

方向的顺层压扁与岩层的失稳弯曲之间存在着互相消长的关系。如果岩层间的韧性差较小而平均韧性较大,则压扁作用可以在强硬层失稳弯曲之前发生,一直延续到褶皱后期。反之,如果岩层间韧性差较大,则在强硬层失稳弯曲之前,可以不发生显著的顺层压扁,而形成典型的肠状褶皱。两者之间存在过渡,从而使褶皱内的应变分布更为复杂。

图 6-49 砂岩和页岩表现出不同的褶皱类型(山东五莲)(据武汉地质学院等,1978)

在褶皱发生之前的顺层压扁作用,使层均匀缩短而其厚度均匀增大,各点应变椭球体的压扁面(可能发育劈理的方向)垂直于层理。在其后的褶皱中,由于叠加上岩层弯曲的应变而成为一种新的应变形式。图 6-50 表示顺层缩短叠加顺层剪切的弯曲的应变形式。褶皱之后的压扁作用,使弯曲造成的各点的应变椭球体又受到均匀的压扁,其压扁面逐渐向轴面方向旋转。图 6-51 为图 6-43(a)的中和面褶皱之后又受到均匀缩短的情况。在压扁达50%的情况下,层内已不存在中和面,各点的应变椭球体的压扁面已与轴面接近平行。这时,一般就形成了轴面面理。压扁作用还可以使褶皱翼部变陡,并因垂直于总体的压扁方向而变薄,转折端因压扁而加厚。如果中间夹有不易发生韧性变形的强硬层薄层,则可在翼部石香肠化,在转折端处甚至被压扁成为所谓的"无根钩状褶皱"(图 6-52)。

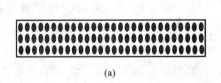

(a)

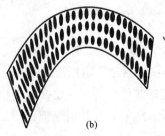

(b)

图 6-50 褶皱前的压扁作用对弯流褶皱内应变分布形式的影响

(据 J. G. Ramsay 等,1987;引自朱志澄,1999)

(a) 褶皱前的均匀压扁;(b) 褶皱后的应变分布形式

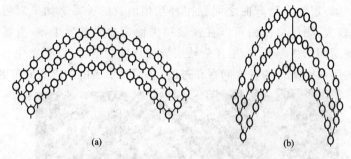

图 6-51　压扁作用对中和面褶皱的应变分布形式的影响(据 B. E. Hobbs 等,1976)

图 6-43(a)中的中和面褶皱经 20%(a)和 50%(b)均匀压扁后的应变分布形式

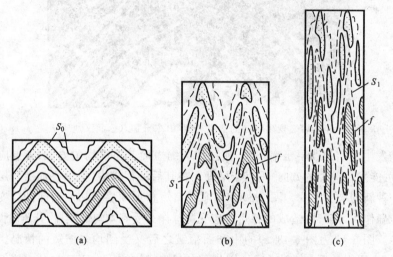

图 6-52　强烈压扁作用对褶皱的影响(据 P. F. Williams,1967)

(a) 压扁前;(b) 被压扁;(c) 经强烈压扁后

S_0—层理;S_1—片理或流劈理;f—无根钩状褶皱

二、横弯褶皱作用

　　岩层因受到与层面垂直方向上的挤压而形成褶皱的作用称为横弯褶皱作用(bending)。由横弯褶皱作用形成的褶皱,过去称为板褶皱(曲)。因岩层的原始状态多近于水平,故横弯褶皱作用的挤压也多自下而上。产生这种力的原因,包括地壳升降运动、岩浆的上拱作用、盐岩层及其他高塑性岩层的底辟作用以及沉积、成岩过程中产生的同沉积褶皱作用等等。

(一)横弯褶皱作用的特征

　　横弯褶皱作用也会引起弯滑作用和弯流作用,它们与纵弯褶皱作用有明显的不同。

　　(1) 横弯褶皱作用的岩层整体处于拉伸状态,所以不存在中和面(图 6-53)。

（2）横弯褶皱作用所形成的褶皱一般为顶薄褶皱,尤其是由岩浆侵入或高韧性岩体上拱造成的穹窿更明显(图6-54)。在这种情况下,顶部不仅因拉伸而变薄,而且还可能造成平面上的放射状张性断层或同心环状张性断层,如为矿液充填,就会形成放射状或环状矿体。

（3）横弯褶皱作用引起的弯流作用使岩层物质从背斜顶部向两翼流动(易形成顶薄褶皱),韧性岩层在翼部由于重力作用和层间差异流动可能会形成轴面向外倾的层间小褶皱(图6-54)。

（4）横弯褶皱作用一般形成单个褶皱,尤其以穹窿或短轴背斜最为常见,很少形成连续的波状弯曲。

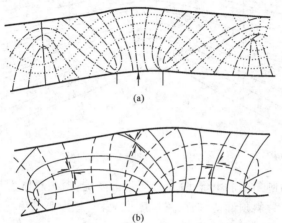

图 6-53　横弯褶皱作用中的应力轨迹(据马瑾和钟嘉猷,1965)

(a) 主应力轨迹图;(b) 剪应力轨迹图

点画线为 σ_1,点线为 σ_3

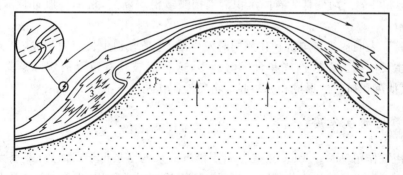

图 6-54　横弯褶皱引起的弯流作用(据 J. G. Dennis,1972 改绘)

横弯褶皱弯流作用产生的层间小褶皱

1—基底;2~4—泥质岩层

前述的底辟构造就是横弯褶皱作用形成的,生长褶皱也是横弯褶皱作用的产物。它们是横弯褶皱作用中比较特殊的褶皱构造,是横弯褶皱作用两种不同的构造表现形式。

（二）生长褶皱

大多数褶皱是在岩层形成之后受力变形而形成的,但也有一些褶皱是在岩层沉积的同时边沉积边褶皱而形成,这类褶皱称为生长褶皱。由于生长褶皱是在漫长过程中逐渐变形而形成的,因此,它的形态可以反映在褶皱过程中形成沉积物的岩相、厚度及其某些结构、构造特点等方面,常具有以下特点(图 6-55):

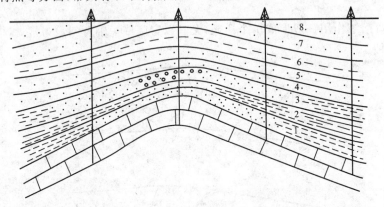

图 6-55　生长褶皱示意剖面图

（1）褶皱两翼的倾角一般上部平缓,往下逐渐变陡,褶皱总体为开阔褶皱。

（2）岩层厚度在背斜顶部薄,向两翼厚度增大,向斜中心部位岩层厚度往往最大,沉积的等厚线与相应的构造等值线形态基本一致。

（3）岩层的岩石结构、构造明显受构造控制。背斜顶部常沉积浅水的粗粒物质,而向向斜中心部位岩石颗粒逐渐变细,反映盆地较深处的沉积。

（4）常在一侧或两侧伴生有同沉积滑塌褶皱或滑塌断层,滑塌一般自背斜隆起中心顺两翼下滑。

以上特征表明褶皱是与沉积作用同时发生的,这是区别生长褶皱与成岩后形成的顶薄褶皱的主要依据。在含油气和含煤盆地中,这种褶皱具有重要的实际意义。对油气藏、煤及其他沉积矿产的形成和分布起一定的控制作用。

三、剪切褶皱作用

剪切褶皱作用(shear folding)是指岩层沿着一系列不平行于层面(一般呈大角度)的密集剪裂面或劈理面发生有规律的差异滑动而形成褶皱的作用,也称滑褶皱作用。

剪切褶皱作用有如下主要特点:

（1）剪切褶皱作用形成的褶皱并非岩层的真正弯曲变形,而是岩层沿密集破裂面发生的有规律的差异滑动造成的锯齿状弯曲外貌[图 6-56(a)]。

（2）剪切褶皱(滑褶皱)的典型形式是相似褶皱,也就是在横剖面上平行于轴面(也是滑动面)方向所量得的视厚度在褶皱的各部位基本相等,但是真厚度为顶部大、两翼小

[图 6-56(b)]。

（3）在剪切褶皱作用中,岩层面不起任何控制作用,滑动也不限于层内,而是穿层的。此时,岩层面只作为被动地反映差异滑动结果的标志,故有人又称之为被动褶皱作用。

（4）剪切褶皱作用多产生在变质岩地区,在变质岩中普遍发育的劈理或片理面常作为差异滑动面。

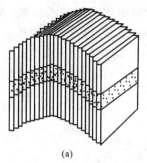
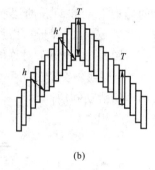

图 6-56　剪切褶皱作用模式(a)和几何特点(b)

四、柔流褶皱作用

柔流褶皱作用(flow folding)是指高塑性岩石(如盐岩、石膏、粘土)或处于高塑性状态的岩石,受应力的作用而发生塑性流动并形成褶皱的作用。由这种作用所形成的褶皱,称之为柔流褶皱。

柔流褶皱的一般特点是形态十分复杂,产状无一定规律,但很多小褶皱转折端厚度大于翼部。如盐岩层因塑性流变而发生的褶皱;深变质岩中的长英质脉流变形成的肠状褶皱(图 6-57)等。在我国太古界深变质岩中,常见到这种肠状褶皱。

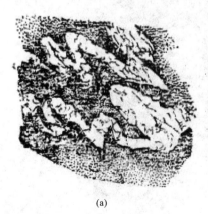
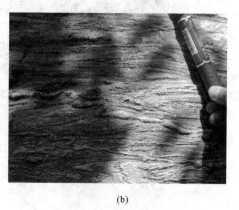

图 6-57　柔流褶皱

(a) 长英质脉岩的肠状褶皱;(b)北京西山景儿峪组中的石英脉褶皱(李理摄)

关于柔流褶皱作用的力学成因,有不同的看法。有人认为,其力学机制仍是剪切褶皱作用。还有人认为,柔流褶皱既可通过纵弯褶皱作用形成,也可经横弯褶皱作用而形成。因此,常见到柔流褶皱作用与那些受层理控制的弯流作用相过渡的现象。

除了上述4种褶皱形成机制的基本类型外,还有一种兼具弯滑褶皱作用与剪切褶皱作用两种机制的特殊褶皱作用——膝折作用(kinking)。膝折作用实质上包括转折端的不平行于层面的剪切滑动和两翼的层间滑动。由膝折作用形成的褶皱(无论是对称的"人"字形褶皱,还是不对称的膝折),均具有尖棱转折端,转折端岩层厚度加大、两翼厚度保持不变(图6-58、图6-59)。对不对称的膝折来讲,因剪切滑动形成膝折带(图6-58中的 K),其两侧界面为与层面斜交的膝折面(图6-58中的 S),膝折带以外仍为层间滑动。有人将枢纽部位的剪切滑动和层间滑动形成对称的"人"字形褶皱的作用称为棱角褶皱作用或手风琴式褶皱作用。

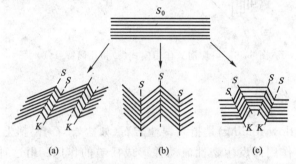

图 6-58　膝折作用示意图
(a) 不对称膝折;(b) 对称膝折(手风琴式褶皱);(c) 共轭膝折(共轭褶皱)
K—膝折带;S—膝折面

图 6-59　膝折作用(据张进江 PPT,2003)

第五节 影响褶皱作用的主要因素

褶皱构造的发生、发展是一个复杂的过程。褶皱构造的规模大小、形态以及分布规律,不仅取决于上述形成机制,而且还要受到岩层层理、厚度、岩石在不同物理环境下的力学性质,层间粘结程度,边界载荷作用方式、作用时间,边界几何条件,基底等因素的影响与制约。

一、单层褶皱发育的影响因素

以盖层的纵弯褶皱为例,在建立褶皱发育的几何模式之前,首先必须考虑岩层的变形行为。岩石在地表条件下的变形基本上是弹性的,即应力与应变成正比。可以把岩层作为弹性板来考虑,其形成的褶皱波长与作用应力的大小有关。但在地下较高的温、压条件下,在小应力的长期作用下,不同的岩石可以看做是粘度各异的粘性固体而变形的,可以简单化地用牛顿体的变形来表达,即应力与应变速度成正比,岩石的粘度在变形中起着主导作用。粘度较大的岩层在褶皱发育中起着骨干作用,这种岩层被称为能干层或强硬层。设想有一厚度为 d 的高粘度(μ_1)强硬层夹于低粘度(μ_2)的软弱岩层中,令其受侧向顺层挤压而发生纵弯褶皱作用(图 6-60)。此时,要使强硬层发生纵弯曲存在着两个阻力:一是来自强硬层的内部,因为岩层弯曲时,必须使外弧受拉伸和内弧受压缩。因此,岩层要弯曲必须克服这种内部的阻抗。这时,岩层弯曲的波长愈大,则形成的弧形愈宽缓,其外弧拉伸和内弧压缩的变形愈小,内部阻抗亦愈小。所以,如果没有周围介质的包围,它就趋向于形成最大的可能波长[图 6-61(a)]。另一种阻力来自强硬层上、下的软弱层。强硬层弯曲时,必然要推开其上、下的软弱层,而软弱层的反作用力企图阻止强硬层的弯曲。这种外部阻抗的大小与强硬层的波长成正比,也与其波幅成正比。波长及波幅愈小,外部阻抗也愈小。所以,外部阻抗的存在要求褶皱的波长尽可能小[图 6-61(b)]。按照最小做功原理,岩层将选择做功最小而又能抵消这两种阻抗,使某一调和的中间值作为最易发生褶皱的初始主波长(dominant wavelength)W_i,即这种波长的褶皱最易发育,因此,成为岩层弯曲的主导波长。根据毕奥特(M. A. Biot,1957,1965)的推算,在粘性介质中粘性较大的粘性板的褶皱的初始主波长 W_i 为:

$$W_i = 2\pi d \sqrt[3]{\mu_1/6\mu_2} \tag{6-3}$$

式中 d——强硬层的厚度;

μ_1,μ_2——强硬层、软弱层的粘度,$\mu_1 > \mu_2$。

从式(6-3)中可以获得如下认识:

(1)褶皱的主波长与所受作用力的大小没有直接关系,而与强硬层的厚度及强硬层与介质的粘度比有关。

（2）褶皱主波长与褶皱层的原始厚度 d 成正比。

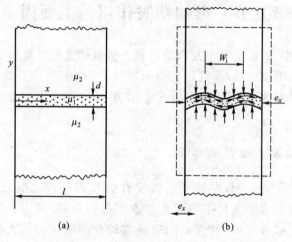

图 6-60　单层厚度为 d，粘度为 μ_1 的强硬层夹于粘度为 μ_2 的
基质中的纵弯曲模型（据 J. G. Ramsay 等，1987）

平行层的缩短 e_x 使强硬层形成褶皱，W_i 为其初始主波长，小箭头
表示层内外的阻抗；图中 e_x 及褶皱的幅度是夸大表示的

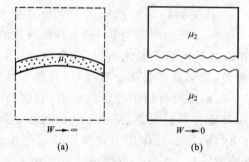

图 6-61　可能的初始波长模式（据 J. G. Ramsay 等，1987）
（a）只有强硬层形成大波长；（b）基质要求形成小波长

　　当强硬层与介质的岩性一定时，即二者的粘度比 μ_1/μ_2 为常数时，如果强硬层的厚度不同，所形成褶皱的波长也不同，厚度大者波长也大。因此，一套褶皱中的各层可因其厚度差异而形成紧闭程度不同的褶皱。层厚的岩层形成的单个褶皱较宽缓，层薄的岩层形成的褶皱相对紧闭而数量多。库尔里等（J. B. Currie，1962）研究了野外实际统计的褶皱岩层厚度与褶皱波长的对应关系，如图 6-62 所示，该图显示两者呈线性关系。

　　（3）褶皱的主波长 W_i 与强硬层和介质的粘度比（μ_1/μ_2）的立方根成正比。

　　褶皱岩层与介质之粘度比对褶皱的发育及其形态的影响是很明显的。可以把强硬层和介质的粘度比大致分为两大类：① 粘度比大，反映强硬层与介质的能干性差大；② 粘度比小，反映强硬层与介质的能干性差小。这两种类型的岩层形成了不同的褶皱形态。

强硬层与介质的能干性差大,如 $\mu_1/\mu_2>50$[图 6-63(a)]。图中 t_0 表示初始状态。在变形初期 t_1 时,强硬层失稳弯曲,形成了波长厚度比(W_i/d)大的褶皱。褶皱初始的扩幅速率 $\dot{A}$ 很大,而强硬层的顺层均匀缩短,$\dot{e}$ 小到可以忽略不计,即初始波长 W_i 与褶皱后的弧线波长 W_a 近于相等。当整个系统逐渐压扁到 t_m 时,褶皱向上的扩幅速率逐渐降低,代之以两翼岩层的向轴面旋转且翼间角变小。进一步压扁到 t_n 时,翼部可能旋转超过 $90°$ 而相互压紧,形成典型的肠状褶皱(图 6-57)。

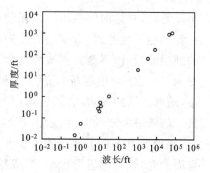

图 6-62 纵弯褶皱中岩层厚度与褶皱波长的关系

(据 J. B. Currie 等,1962)

1 ft=0.304 8 m

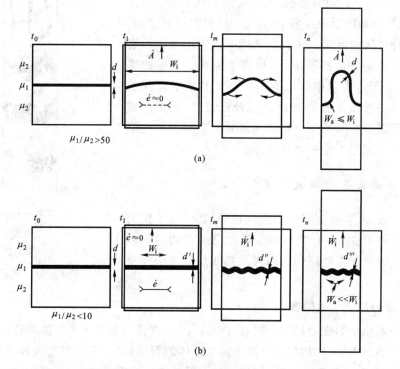

图 6-63 单层强硬层褶皱递进发育模式(据 J. G. Ramsay 等,1987)

(a)能干性差大;(b)能干性差小

W_i— 初始主波长;W_a—沿弯曲的弧测量的波长;d—强硬层初始厚度;

d',d'',d'''—变形后的厚度;$\dot{A}$—褶皱增长的扩幅速率;$\dot{e}$—强硬层加厚的应变速率

强硬层与介质的能干性差小,如 $\mu_1/\mu_2<10$[图 6-63(b)]。图中表示在变形的初期,强硬层发育的褶皱的波长厚度比小。与高能干性差的情况相反,褶皱的扩幅速率 $\dot{A}$ 很

小。所以,总体的侧向压缩使强硬层与介质一起发生明显的顺层缩短,其厚度加大为 d'。两者的能干性差越小,顺层的缩短与褶皱的生长相比就越显著。当 $\mu_1 = \mu_2$ 时,只有均匀的顺层缩短,而不会有褶皱的发生。随着总体缩短变形到 t_m,顺层缩短继续使其厚度增加到 d'',褶皱变得逐渐明显。初始褶皱层仍保持其等厚褶皱的趋势,但由于波长厚度比小,随着褶皱的发育,岩层的形态就形成了外弧宽缓而圆滑、内弧紧闭而尖锐的尖圆型褶皱。随着进一步的总体压缩,单纯的纵弯曲(保持等厚褶皱)已经不可能调节总体的应变,必须要由垂直于轴面的压扁作用来进一步调节总体的压扁。这时,褶皱翼部受到压扁而变薄,转折端岩层加厚,形成压扁的平行褶皱(I_C 型)。压扁作用不太强烈时,沿褶皱层中线测量的弧的波长 W_a 明显小于初始主波长 W_i。随着压扁作用的加剧,W_a 又逐渐变大。

图 6-64 表示在较弱介质(μ_5)中不同能干性的强硬层($\mu_1 > \mu_2 > \mu_3 > \mu_4$)的褶皱形态,可见在能干性差最大($\mu_1/\mu_5$)的肠状褶皱和能干性差最小($\mu_4/\mu_5$)的尖圆褶皱之间,存在着各种过渡的形式。这类尖圆褶皱也常出现于两套韧性不同岩系的界面褶皱中,即相当于强硬层很厚的情况,尤其常见于造山带中挤压变形的基底与盖层之间的界面褶皱中。通常基底岩石较盖层岩石强硬,从而形成了宽缓的背斜与紧闭的向斜相间的形式。我国的某些隔槽式褶皱可能相当于这种类型。

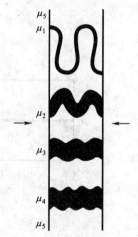

图 6-64　不同能干性岩层的褶皱形态示意图

(据 J. G. Ramsay 等,1982)

$\mu_1 > \mu_2 > \mu_3 > \mu_4 > \mu_5$

二、多层岩层的褶皱发育影响因素

一套强硬层、软弱层相间组成的褶皱,其形态不仅与各层的能干性有关,还取决于相邻强硬层的互相影响程度。后者又取决于强硬层间的距离及褶皱层的接触应变带的宽度。

(一)接触应变带的概念

夹于弱基质中的强硬层发生褶皱时,其周围的软弱层会发生不同的构造反映。远离褶皱强硬层的软弱层,以均匀的加厚来调节总体的顺层压缩;邻近褶皱强硬层的软弱层,受强硬层的影响,一起弯曲。若层间顶、底面因粘结而不能自由滑动,受弯曲强硬层外侧拉伸、内侧压缩的影响,强硬层弯曲外侧的软弱层因顺层拉伸,形成 I_A 型顶薄褶皱;在内侧的软弱层因顺层压扁而强烈加厚,形成 I_C 型到 III 型的顶厚褶皱。逐渐远离强硬层,这种接触应变的强度逐渐减弱以至消失,变为正常的顺层压缩[图 6-65(a)]。根据兰姆赛的研究,比较明显的接触应变带的宽度,大约相当于强硬层的一个初始主波长的大小。在多层岩系中,各层褶皱间的相互关系与它们的接触应变带的影响范围有关。

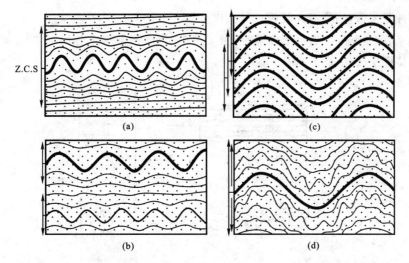

图 6-65 接触应变带与多层褶皱的关系(据 J. G. Ramsay 等,1987)
(a) 单层强硬层(黑色者)的褶皱及其接触应变带(Z. C. S);
(b) 不协调褶皱;(c) 协调褶皱;(d) 复协调褶皱

(二)强硬层间距离对褶皱形态的影响

1. 强硬层间距离与接触应变带范围的关系

如果两强硬层相隔很远,超过了接触应变带的范围,则两层各自弯曲而互不影响,每一层按其与基质的粘度比,形成各自特征波长的褶皱,从而构成不协调褶皱[图 6-65 (b)]。如果两强硬层的间距较小,相邻层位于相互的接触应变带之内,那么,其中一个强硬层的褶皱就会影响另一个。

2. 强硬层的厚度及粘度相同

如果各强硬层的厚度及粘度相同,则整个褶皱的岩系将形成协调的褶皱[图 6-65(c)]。在这种规则的互层岩系中,由于强硬层与软弱层的能干性差(反映在粘度比上)及厚度比的不同,可以形成各种不同的褶皱样式。兰姆赛等(1987)较详细地讨论了这种情况,提出了六个模式(图 6-66)。设强硬层和软弱层的粘度和厚度分别为 μ_1,d_1 及 μ_2,d_2,令 $n=d_2/d_1$。

(1) μ_1/μ_2 低,n 高。在这种情况下,即强硬层间距大于其褶皱的接触应变带,这时,岩层的顺层缩短应变率 $\dot{e}$ 大而褶皱的扩幅速率 $\dot{A}$ 很小。如前所述,将分别形成尖圆褶皱,从而形成许多窗棂构造。最终的褶皱波长比初始主波长小,$W_a=W_i(1+\dot{e})$,其中 $\dot{e}$ 小于零[图 6-66(a)]。

(2) μ_1/μ_2 低,n 中。能干性差小,在 n 变小的情况下,当相邻的强硬层的接触应变带重叠时,强硬层的褶皱互相影响,形成较明显的褶皱。在进一步压扁过程中,褶皱的两翼变薄而转折端加厚,形成压扁的平行褶皱。尤其是其间的软弱层应变更为强烈,翼部可压得很薄甚至尖灭,物质流向转折端处集中[图 6-66(b)]。

　　(3) μ_1/μ_2 低,n 低。若能干性差小,当 n 很小时,即强硬层十分接近,岩层均被压扁,显示不出特征主波长[图 6-66(c)]。

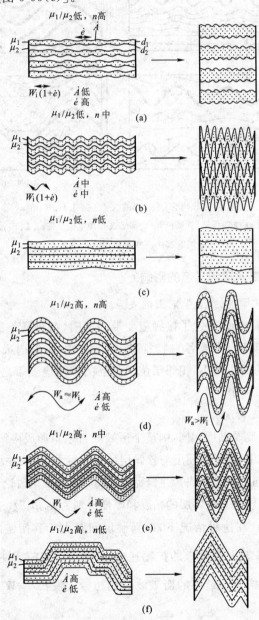

图 6-66　多层规则相间的强硬层的褶皱发育模式图(据 J. G. Ramsay 等,1987)

　　(4) μ_1/μ_2 高,n 高。若能干性差大,且 n 较大,则褶皱的初始扩幅速率 $\dot{A}$ 很大而强硬

层的顺层缩短速率 e 很小,因此褶皱迅速发育,沿褶皱层中线测量,褶皱形成的波长 W_a 与初始波长 W_i 近似,整个岩系形成协调褶皱。在进一步压缩过程中,随着褶皱的增高和紧闭,强硬层的翼部因与挤压方向近于垂直可能受到轻微的压扁,形成 I_C 型褶皱。软弱层在翼部强烈压扁,形成 Ⅱ 型或 Ⅲ 型褶皱。总体形成近似于 Ⅱ 型的相似褶皱。这时,沿褶皱曲面测量的波长 W_a 可以因翼部的压扁而大于初始波长 W_i [图 6-66(d)]。

(5)μ_1/μ_2 高,n 中。若能干性差大,n 变小,即强硬层间的软弱层很薄,这时,既要保持总体褶皱的协调性,又要保持强硬层的厚度不变,强硬层以发育成规则的尖棱褶皱为特点,应变集中于转折端而两翼变为平直。进一步的压缩使软弱层在转折端明显加厚[图 6-66(e)]。

(6)μ_1/μ_2 高,n 低。在能干性差大、n 很小的情况下,相当于一套薄的强硬层系,层间只有少量的起润滑作用的软弱物质。这时,没有初始的特征波长,形成许多膝折褶皱。进一步发展可形成不规则的尖棱褶皱及顶部虚脱现象[图 6-66(f)]。

上述模式为进一步了解褶皱形态的多样化提供了一个很好的思路,当然实际情况还要复杂得多。

3. 各强硬层粘度或初始厚度不同

如果各强硬层具有不同的粘度或不同的初始厚度,那么在褶皱中的每一层既要按其与介质的粘度比及厚度形成本身的特征波长,又要受到系统中相邻层褶皱波长的影响。如图 6-65(d)中,薄的强硬层形成小的波长,而厚的强硬层形成大的波长,结果,薄的强硬层既形成其特有的小波长的褶皱,又与厚层一起共同形成大波长的褶皱,这种褶皱称复协调褶皱。在进一步压紧的变形中,大褶皱翼部的小褶皱变形成不对称的褶皱,与大褶皱翼部成小角度相交的一翼,与总体压缩方向成大角度相交,因而受挤压而变长;另一翼与总体压缩方向近于平行,因压缩而变短。最后,在大背斜的右翼和左翼分别形成了“S”形和“Z”形褶皱。大褶皱转折端处的小褶皱只进一步被压紧,仍为对称的“M”形褶皱。因此,根据这种小褶皱的分布规律,可以判断其所处的大褶皱部位。

三、温度、压力和应变速率对褶皱发育的影响

上述粘度差及厚度对褶皱的影响仅仅局限于相同的温度、压力条件。不同的温、压条件对褶皱的发育有不同的影响。F. A. Donath 和 R. B. Parker(1964)根据褶皱岩系的平均韧性和岩层之间的韧性差,以及层理在褶皱形成中的作用,将褶皱作用分为以下三类:

(一)弯曲褶皱作用

弯曲褶皱作用又称为主动褶皱作用,层理积极控制着褶皱变形,岩体通过层间滑动或层内流动的运动方式而形成褶皱。如纵弯褶皱作用中的弯滑作用和弯流作用,前者形成等厚褶皱,后者形成某些相似褶皱,如顶厚褶皱。弯曲褶皱主要发育在地壳浅层次。

（二）被动褶皱作用

如果岩石物质的滑动和流动不受层面的限制，层理在变形中不具积极的控制作用，只是作为岩层错移方向的标志，从而产生一种外貌上的弯曲现象，这种褶皱作用方式所形成的褶皱可称作被动褶皱。被动褶皱又可按穿过层理发生滑动或流动分为被动滑动褶皱和被动流动褶皱。剪切褶皱就是被动褶皱的典型例子。被动褶皱主要发育在地壳的中层次。

（三）准弯曲褶皱作用

这是一种过渡类型的褶皱，也是中韧性和高韧性岩石特有的一种褶皱。从整个褶皱岩系来看，它具有被动褶皱的特征，而其中个别夹层是低韧性的，可以表现为弯曲褶皱的变形特征。因此，在褶皱的几何形态和外部特征总体上是弯曲褶皱，而从其物质运动的主要特点上看又是被动褶皱。准弯曲褶皱常表现为不协调褶皱，主要发育在地壳深层次，如太古宇、元古宇等变质岩区常见的肠状褶皱。

图 6-67 表示随深度变化的岩层平均韧性与岩层间韧性差和各类褶皱作用之间的关系，以及各类褶皱作用之间相互过渡的关系：① 韧性差小的岩系，随着岩系平均韧性增高，由弯滑褶皱作用过渡到弯流褶皱作用，进而过渡到被动褶皱作用，即由顺层滑动和顺层流动，过渡到穿层滑动或流动（如图 6-67 中 a 箭头方向所示）。② 一般平均韧性低的岩系，主要发生弯滑褶皱作用，当岩系平均韧性增高时，韧性差大的岩系则由弯滑褶皱作用过渡到弯流褶皱作用，进而向准弯曲褶皱作用、被动褶皱作用过渡（如图 6-67 中 b 箭头方向所示）。当然韧性除与其本身物质性质有关外，还因褶皱作用中的温度、围压、溶液、应变速率及应力作用方式等因素的影响而变化。具体见第三章。

图 6-67 中褶皱类型的影响因素尚未提及压扁作用的影响。事实上，在弯流褶皱作用与被动褶皱作用之间，应该存在与压扁作用相关的褶皱，这样与 M. Mattauer(1980)构造层次的划分（图 1-1）基本一致。

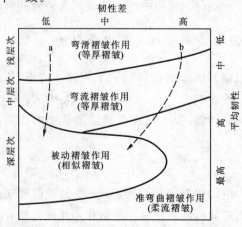

图 6-67 褶皱作用与岩层平均韧性和韧性差的关系（据 F. A. Donath 和 R. B. Parker，1964，略改）

四、基底构造对盖层褶皱的影响

基底或深层构造特别是基底断层对盖层或浅层的褶皱形态和组合分布具有较大的影响,通过模拟实验也可以证实这一点。例如,有些雁行褶皱就是由基底中的平移断层(走向滑动断层)的水平剪切作用所引起的盖层褶皱(图 6-68)。

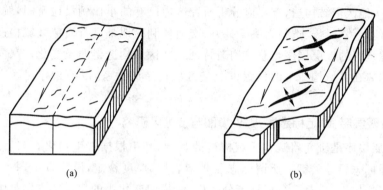

图 6-68 雁行褶皱与基底断层的关系模拟
(a) 变形前;(b) 变形后

长期活动的较大规模的基底断层,不仅影响区域岩浆活动,控制整个盆地(断陷盆地)的发生、发展,而且对沉积盖层的褶皱形式也有很大影响。钟大赍等根据野外观察和模拟实验研究,论述了不同组合形式及不同运动方式的基底断层对盖层褶皱的形态和组合形式的控制关系。如基底隆起之上的盖层形成大型穹窿[图 6-69(a)];基底断层的活动常造成沉积盖层的不对称褶皱[图 6-69(b)],其轴面和断层面倾向一致;两基底断层活动的断块部位常形成箱状(也可为屉状)[图 6-69(c)]褶皱构造;当基底波状起伏时,在浅部地层受到侧向挤压变形过程中,不整合面可表现为滑动面,致使深层构造正向地形上出现向斜构造,负向地形上出现背斜构造[图 6-69(d)]。

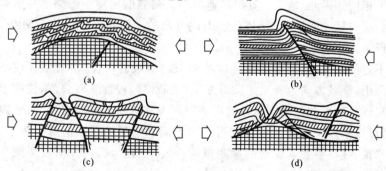

图 6-69 基底(深层)构造控制盖层(浅层)构造示意图(据钟大赍等,1981)

第六节　褶皱的观察和研究

一、露头区及覆盖区确定褶皱的存在

研究某一地区褶皱构造,首先应分析研究区内已有的小比例尺地质图,航拍、卫星图片特征及其他有关资料。选择露头条件好、交通便利的地带进行横穿区域构造走向的剖面观察,了解全区的地层层序与总体构造特征。如区域构造走向及变化,背、向斜发育特点,研究区构造在区域构造中的位置以及与区域构造的关系,以便指导对区内构造的详细研究。

(一)查明层序,确定标志层,野外填图与覆盖区研究

查明地层层序是研究褶皱和区域构造的基础,其中根据古生物化石与岩性特征、沉积特征,选择标志层是关键。所谓标志层是指岩性、厚度稳定,厚度较小,并有易于识别的特殊标志(如岩性、化石等)、区域上分布广泛、横向变化小的岩层。它们是野外地质填图与研究的重点对象。野外填图是露头区褶皱研究最直接的重要手段,通过地质填图,可以了解褶皱的地面形态、规模大小、组成地层及分布规律。

覆盖区褶皱研究主要利用地震勘探特别是三维地震勘探资料,结合录井和测井资料来研究地下褶皱。钻井、录井(岩心录井、岩屑录井)资料可以进行地层对比,并为地震资料进行深度和层位(标志层)的标定,测井资料(如炭质页岩标志层特殊的测井曲线特征)赋予地质含义后可以用来进行地层对比。

(二)观察分析褶皱的出露形态

褶皱的地面出露形态不仅与褶皱本身形态、产状和规模大小有关,而且还受到地形特征的影响,即地形效应。如图 6-70 所示的一个简单褶皱,在不同方向上的切面上所出露的形态很不相同。因此,地面或其他任何剖面上褶皱的出露形态都不一定是褶皱形态的真实反映。应当尽可能地从不同位置、不同方向的出露形态综合观察分析,才能够正确判断褶皱形态。

在露头不好的情况下,某些地形可以帮助识别褶皱的存在,褶皱两翼往往是倾斜岩层组成的单面山,缓坡方向为岩层的倾斜方向;褶皱核部侵蚀常较强烈,往往形成横谷或河流及泉水出露。轴面和枢纽产状是确定褶皱形态和产状的基本要素,对于露头良好的小褶皱,有时可以从露头上直接量得该褶皱的轴面和枢纽产状。但对露头不完整、规模较大的褶皱来说,往往需要系统地测量两翼同一岩层的产状,用几何作图或赤平投影方法才能确定其轴面和枢纽产状。

转折端的研究有助于褶皱形态的确定,因为平面上转折端的形态与剖面上的形态往往一致,或者是近似的。而且,无论褶皱两翼岩层层序正常与否,在转折端处岩层层序总

是正常的。据此,有利于建立正常的岩层层序。

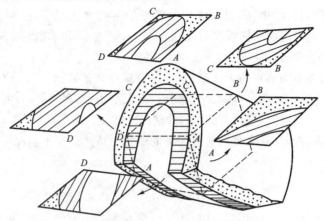

图 6-70　同一褶皱在不同方位的切面上出露形态示意图

褶皱在地质图上的分布是褶皱在地面出露形象的平面投影。在地质图上分析褶皱,也要注意地形的影响,地质图的比例尺越大,地形影响越大。一般来说,地面起伏小、轴面近直立、枢纽倾伏较缓的对称褶皱,地质图上各岩层出露界线转折端点的连线,可以代表褶皱的轴迹,其方向大致反映枢纽倾伏方向。但是,对于歪斜倾伏褶皱,尤其是斜卧褶皱和变形较复杂的褶皱,或地形复杂、起伏较大时,两翼岩层出露界线转折端点的连线与枢纽的方向不一致。图6-71表示一个斜卧褶皱,从地面(假设无起伏)上看,岩层出露界线转折端的连线是南北向的,而枢纽的真实倾伏方向却是正东,两者方位相差90°。

覆盖区局部褶皱构造的研究仍然主要利用地震勘探、钻井、测井方法。地震结合钻井层位标定、测井资料特别是地层倾角测井可以确定层面的产状

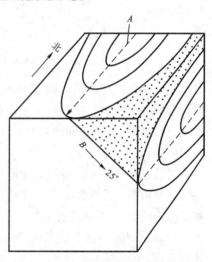

图 6-71　斜卧褶皱立体示意图
A 为岩层露头线转折端点连线;
B 箭头所指为枢纽倾伏方向

(倾向及倾角),通过不同方向、深度的地震切片,可以反映褶皱的类型、规模、闭合情况等的三维空间形态和变化规律。不同层位顶面、底面构造等高线图的绘制,能够准确地反映褶皱形态、规模及高点位置。

(三)编制褶皱横剖面图

褶皱通常具有复杂的立体形态,仅从地面或平面图上观察分析其形态是不够的。地质工作者通常利用褶皱的横剖面(即铅直剖面)配合平面地质图,表示褶皱在剖面上的形态特征和在一定深度内的变化。某些地球物理方法的成果,如地震勘探,首先得到的就

是沿一定方向部署的剖面图。

在编制剖面图的过程中,必须考虑褶皱形态的某些变化规律,推测其深部的可能变化。例如,等厚褶皱岩层曲率向深部有变化,但整个褶皱不可能延伸很深;相似褶皱在一定深度范围内,褶皱形态可能不变。

另外,利用附近不同高程的天然剖面,可以直接观察褶皱向深处的变化趋势,推测其更深部的形态。例如,北京周口店太平山向斜,在太平山(高程 303 m)山顶剖面上为一正常向斜构造,而在周口河附近(高程 80 m)的剖面上却变为扇形向斜(图 6-72)。这种观察要求剖面相距要近,否则,就会将褶皱纵向上的变化误认为是在不同深度的变化。

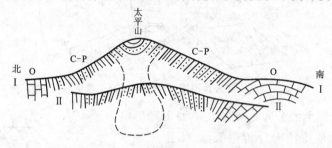

图 6-72 周口店太平山向斜不同高程剖面图(据陆克政,1996)

对于枢纽倾伏方向与倾伏角变化复杂的褶皱,可以按枢纽倾伏特点划分不同的区段,以详细反映褶皱形态变化。在确有必要时,还可以编制褶皱的纵剖面图(平行轴迹)。把纵、横剖(截)面及平面图综合起来,就能充分反映褶皱在三维空间内的整体形态及在不同区段内的形态变化。

覆盖区褶皱剖面的编制主要通过三维地震、钻井、测井资料方法。垂直褶皱枢纽方向不同深度精细三维地震解释之后可以得到褶皱发育地区的地震横剖面,通过时深转换得到褶皱构造横截面,沿褶皱走向的一系列横截面能够反映覆盖区褶皱的三维空间形态。

在确定褶皱形态要素之后,可以根据轴面和枢纽的产状分析古构造应力场,即 σ_1 与轴面垂直,枢纽与 σ_3 平行。

二、褶皱内部小构造的研究

岩层在褶皱变形过程中,因其各部分间的相对运动,常相应伴生或派生许多次级小构造,诸如劈理与线理、小褶皱、节理与断层、层间滑动擦痕与破碎带。它们都有规律地发育在主褶皱的一定部位,与主褶皱有一定几何关系,各自从不同侧面反映主褶皱特征。在褶皱研究中应重视对内部小构造的研究,结合主褶皱的形态、产状、岩石力学性质和岩层厚度变化等研究,探讨褶皱成因机制和变形过程。

主褶皱内部的次级小褶皱有两类:一是与主褶皱有成因联系并有一定几何关系的小褶皱,称为从属小褶皱;二是与主褶皱无直接成因联系也无一定几何关系的小褶皱,称为独立小褶皱。后者是主褶皱形成之前或之后其他构造运动的产物。

从属褶皱主要发育在强岩层之间的薄层弱岩层中,也可以发育于厚的弱岩层中的薄层强岩层,这时弱岩层发育劈理,薄的强岩层形成小褶皱。从属褶皱在主褶皱的不同部位有不同的特点,位于主褶皱翼部的从属褶皱(即拖曳褶皱)常为不对称褶皱。利用层间小褶皱轴面与主褶皱层面所夹锐角方向指示相邻岩层相对运动方向的规律,可以确定背斜与向斜的位置及岩层相对层序。从属褶皱的枢纽常与主褶皱枢纽平行,可以反映中间应变轴的方位。

覆盖区从属褶皱的研究可以通过岩心观察的方法。图6-73为湖北某地矾矿层中的层间小褶皱与主褶皱的关系。最初认为是一套厚层石灰岩组成的单斜构造,后来,经过详细观察,发现灰岩中夹着一层小褶皱十分发育的薄层泥灰岩。根据这些小褶皱的轴面产状与岩层面的关系并参考其他资料,认识到它们是同斜褶皱的翼部,从而获得了对矿层的正确评价。

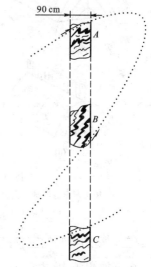

图6-73 利用矾矿岩心中的小褶皱
判断主褶皱类型(据陆克政,1996)

三、褶皱伴生构造的研究

褶皱形成过程中,在统一应力作用下,往往相伴产生一些断裂构造,它们破坏了褶皱的完整性。褶皱形成以后出现的断层也会使褶皱遭到破坏,使之变得更为复杂。就同期构造来说,褶皱及与之伴生的各种断裂构造有着规律的组合特点。在褶皱构造的研究中,详细研究褶皱的伴生构造,有助于研究褶皱的形成与发展历史。

褶皱岩层的层间相对滑动,将在层面上发育擦痕、阶步,并通常在相对刚性岩层中发育派生扭(破)劈理、张裂隙,在相对塑性层中发育拖曳小褶皱(图6-74)。其中,层面擦痕显示应变椭球体 a 轴方向,劈理面、小褶皱轴面与层面相交的滑移交线和滑移轴线代表 b 轴方向。根据派生构造的力学性质及层面所交锐角指向或扭动方向,可以确定主体褶皱两相邻岩层的空间相对位移方向。如图6-74所示,压性褶皱及其派生构造揭示上覆岩层上冲、下伏岩层下滑的特点;而压扭性褶皱及其派生构造则揭示上覆岩层斜上冲、下伏岩层斜下滑的相对活动特征。

四、叠加褶皱研究

(一)叠加褶皱的概念

叠加褶皱又称重褶皱,是指已经褶皱的岩层再次弯曲变形而形成的褶皱。叠加褶皱是一个描述性的术语,它的褶皱面可以是层理面(S_0),也可以是其他面理(S_1 或 S_2,S_3,$\cdots$)。就形成时间而言,叠加褶皱可以是两个或两个以上构造旋回中的褶皱变形叠加而成的,也可以是同一构造旋回不同构造幕的褶皱变形叠加的结果,甚至是同一期递进变形过程中由增量应变方位和性质改变而造成的。总之,叠加褶皱反映了多期变形的结果。

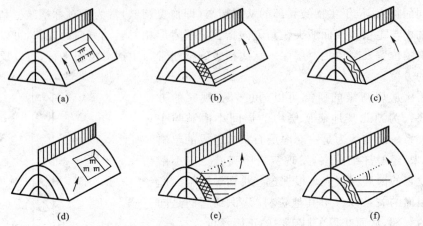

(a)　　　　　　　　　(b)　　　　　　　　　(c)

(d)　　　　　　　　　(e)　　　　　　　　　(f)

图 6-74　褶皱的派生小构造(据冯明等,2007)

箭头示上盘滑动方向;(a),(b),(c)分别表示压性褶皱层面擦痕、劈理、拖褶皱发育特征;

(d),(e),(f)分别表示压扭性褶皱上相应派生小构造发育特征

(二)叠加褶皱的三种基本型式

在叠加褶皱中,由于前、后两期褶皱的构造方位、形态、位态、叠加方式和规模,以及叠加强度和岩石力学性质的差异,叠加褶皱的形态十分复杂,类型极其繁多,曾有多种分类。兰姆赛(1967,1987)以规模近似的两期褶皱叠加为例,提出以下变量决定的叠加褶皱的基本要素(图 6-75):

S_1——早期褶皱轴面;

S_2——晚期褶皱轴面;

b_1——早期褶皱轴;

b_2——晚期褶皱轴;

a_2——叠加运动的流动方向;

α——早期褶皱轴 b_1 与晚期褶皱轴 b_2 延伸方向的交角;

β——早期褶皱轴面 S_1 的迹线与晚期叠加流动方向的交角;

通过几何分析,图 6-75 中两期褶皱各变量之间一般有以下三种复合方式:

第一种:a_2 与 S_1 近平行(α 等于 0° 以外任何值,$\beta > 70°$);

第二种:a_2 与 S_1 高角度相交,b_1 与 b_2 呈中等或

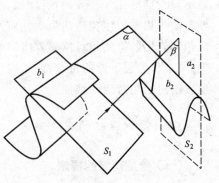

图 6-75　叠加褶皱的基本要素

(据 J. G. Ramsay,1967)

高角度相交($\alpha>20°$,$\beta<70°$)；

第三种：a_2与S_1高角度相交，b_1与b_2近平行（α接近于 0°,$\beta<70°$）。

据此,兰姆赛(1967,1987)提出了九种二维平面干扰形式(图 6-76)和三种基本干扰类型。不过在b_1和b_2完全平行时,则出现褶皱完全复合的特殊情况。如图 6-77 中类型 0 所示,叠加结果是两组褶皱相互作用没有形成一般叠加褶皱所具有的几何现象,称无效叠加作用。

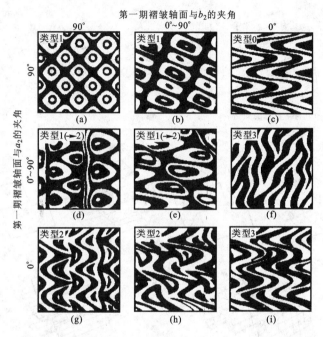

图 6-76 由两期褶皱叠加而成的两度空间干涉的露头型式(据 J. G. Ramsay,1967)

每图左上角的数字表示干涉型式的分类号；图左边的数字为 β 角的值,β 为第一期褶皱轴面
与 a_2 间的夹角；图上方的数字为 α 角的值,α 为第一期褶皱轴面与 b_2 之间的夹角

1. 类型 1

由两期皆为直立水平褶皱、两期褶皱轴呈大角度相交或直交的横跨叠加形成,如图 6-77 类型 1 所示。通常称正交者为"横跨褶皱",斜交者为"斜跨褶皱"。叠加后,早期褶皱的轴面一般受变形的影响不大,而枢纽被再褶皱呈有规律的波状起伏。常见的形态是一系列穹-盆相间的构造[图 6-76(a),(b)]。两期背形叠加处形成穹窿构造；两期向形叠加处形成构造盆地；当晚期背形横过早期向形时,背形枢纽发生倾伏,而向形枢纽发生扬起,形成鞍状构造。连接一系列穹窿的高点,就可以大体上看出两期褶皱的方向和规模。湖南邵阳涟源一带的地质构造是这种叠加褶皱的实例(图 6-78)。早期 EW 向的褶皱被晚期 NNE 向褶皱所叠加,中部以泥盆系及前泥盆系为核,总体来看为一个 EW 向的背斜,但被晚期褶皱改造成一系列 NNE 向的短轴背斜或穹窿。南北两侧石炭系—二叠系中近 NNE 向的褶皱接近早期 EW 向背斜时,其枢纽都一致扬起,形成短轴的向斜盆地。

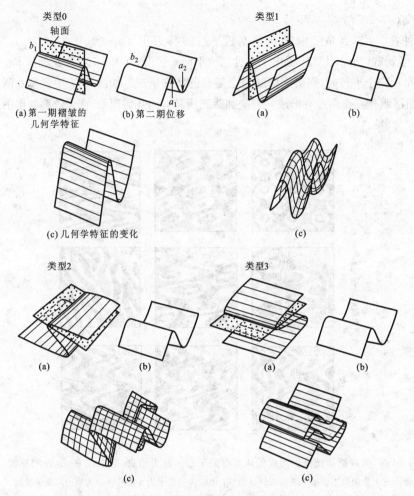

图 6-77　叠加褶皱三种基本干扰型式和特殊的干扰型式（据 J. G. Ramasay 等，1987）

（a）早期褶皱形态；（b）晚期褶皱形态；（c）叠加后的干扰形式

2. 类型 2

由早期紧闭至等斜的斜歪或平卧褶皱与晚期直立水平褶皱，在两期褶皱轴以大角度相交或直立的情况下横跨叠加形成，如图 6-77 类型 2 所示。晚期褶皱作用叠加时，早期褶皱的轴面与两翼一起再褶皱，其枢纽也被再褶皱而波状起伏，从而在水平的切面上形成复杂的蘑菇形、新月形等图形[图 6-76(g),(h)]。由于剥蚀深度的不同，同一类型的褶皱在不同的切面上呈现纷繁多姿的平面形态。

3. 类型 3

由早期等斜至平卧褶皱与晚期直立水平褶皱，在两期褶皱轴或枢纽近于平行叠加情况下形成，如图 6-77 类型 3 所示。通常称为共轴叠加褶皱。这时，早期褶皱的轴面和两翼共同被再褶皱，尤其在正交剖面上最为清楚，可出现双重转折或钩状闭合等形态[图 6-76(f),(i)]。

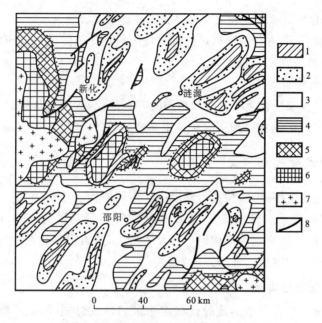

图 6-78　湖南邵阳涟源一带地质略图

1—三叠系；2—二叠系；3—石炭系；4—泥盆系；5—志留—寒武系；6—元古宇；7—花岗岩；8—断层

以上三类只是有代表性的叠加型式，此外还有类型 1→类型 2 的过渡型［图 6-76(d)，(e)］。这些并不能全面概括复杂多样的叠加关系及其表现型式，不过这种分类给人们以启示，在分析和研究叠加褶皱时，首先要注意两期褶皱的几何形态和方位关系。

（三）叠加褶皱的研究

认识和鉴别叠加褶皱的主要标志如下：

1. 重褶现象

在褶皱的同一切面上不仅有先存褶皱轴面的重新弯曲，而且还有相应的双重转折，使褶皱呈钩状［图 6-25(b)］，在褶皱范围内出现双重的褶皱要素。

2. 新生构造有规律的弯曲

新生面理或线理一般代表一期构造变形，它们有规律地弯曲，一般代表了新生褶皱变形面在新的构造应力场中的又一次变形。如图 6-79 所示，一组包含早期顺层平卧褶皱及轴面片理的磁铁石英岩层，又一次褶皱变形，形成叠加褶皱。

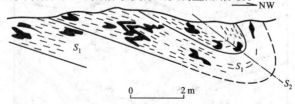

图 6-79　河北迁安黑山向形构造剖面图(据朱志澄，1999)

示早期片理 S_1 的弯曲

3. 面理或线理有规律地交切及陡倾斜或倾竖褶皱的发育

两组不同类型、不同方位的面理或线理有规律地交切及陡倾斜或倾竖褶皱的广泛发育，常常是叠加褶皱的判别标志之一。

4. 大型褶皱的转折端

大型褶皱的转折端往往是研究叠加褶皱的有利部位，因为叠加褶皱现象在此处表现得最为明显[图 6-25(b)]，在叠加褶皱研究中不容忽视。

五、褶皱形成时代的研究

在漫长的地质历史中，地质构造可能经历了不同的构造运动，它们之间相互作用、相互制约，并有一定的联系。研究褶皱，不仅应从空间上研究它的分布、形态、规模、类型等，而且还应从时间上研究它的形成时代及发展历史，追索褶皱构造的变形历史，确定褶皱形成的主要构造运动时期。常用方法如下：

（一）角度不整合分析法

根据区域性角度不整合的形成时代确定褶皱的形成时期，即从不整合面上、下构造形态是否连续一致，来推断包括褶皱在内的各种构造的形成时代的上限和下限。如果不整合面以下的地层均褶皱，而其上的地层未褶皱，则褶皱作用应发生于不整合面下伏的最新地层沉积之后和上覆最老地层沉积之前；如果不整合面上、下两套地层均褶皱，但褶皱方式、形态又都互不相同，则至少发生过两次褶皱作用；如果一个地区的三套地层中有两个角度不整合，且两个不整合面上、下的地层均褶皱，褶皱的形态又不一样，则该区发生过三次或多次褶皱作用。

从图 6-80 中可以看出该区发生过两次褶皱作用。第一次表现为白垩系与侏罗系之间的角度不整合，第二次表现为新生界新近系中新统与古近系及中生界地层之间的角度不整合。

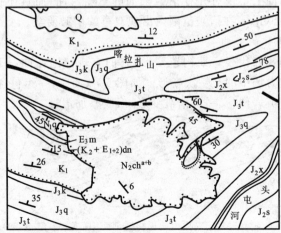

图 6-80　新疆喀拉扎山附近地质图（据徐开礼等，1984 有修改）

（二）放射性年龄法

根据与褶皱相接触的岩浆岩体的同位素年龄确定褶皱形成时间。

（三）叠加褶皱分析法

根据褶皱的重叠现象,分析多期褶皱形成的先后顺序。同一时期形成的褶皱,它们的排列组合往往有着一定的规律,可以用统一的应力作用方式来解释。而不同时期形成的构造,由于应力作用方式不同,先后两套构造常有相互切割、相互干扰或叠加现象,据此可以判断褶皱构造的先后顺序。

通常有两种术语描述褶皱的形成时代:一是根据组成褶皱地层的时代,如早古生代褶皱、晚古生代褶皱、中生代褶皱等;二是根据形成褶皱的构造运动名称,如加里东期褶皱、海西期褶皱、印支期褶皱、燕山期褶皱等。

小 结

对褶皱构造的掌握,要从褶皱各个要素的认识、区分,以及其产状入手,从而在野外踏勘或室内识图中正确区分各类型褶皱,并进一步检索出准确的组合类型,进行大尺度应力场分析。本章要重点掌握褶皱的基本要素、分类、组合类型及成因机制、形成时代,以提高学生对褶皱的综合认识。受形成机制和岩石力学性质的影响,褶皱在地壳上由浅至深呈不同的形态;不同时期、不同方向和不同应力作用下的褶皱则称为叠加褶皱。

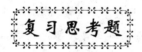

复习思考题

1. 什么是褶皱构造?

2. 褶皱的基本类型有哪几种?各代表什么样的地质含义?

3. 褶皱的基本要素包括哪些?其概念和指示的地质意义是什么?

4. 什么是闭合面积、闭合高度?

5. 褶皱产状分类有哪些?划分依据是什么?

6. 褶皱形态分类有哪些?各自的划分依据是什么?又有哪些相应褶皱?

7. 褶皱在横剖面上的组合型式,常见的有哪几种?试举实例加以说明。

8. 褶皱在不同深度有什么形式?原因何在?

9. 地质图或构造图上,常见的褶皱组合形态有哪几种?试举实例加以说明。

10. 叠加褶皱应该如何分析研究?

11. 研究褶皱构造的意义何在?如何研究褶皱?

参考文献

[1] Hills E S. 构造地质学原理. 李叔达等译. 北京:地质出版社,1982.

[2] Hobbs B E, Means W D, Williams P F. 构造地质学纲要. 刘和甫,吴政等译. 北京:石油工业出版社,1982.

[3] Ragan D M. 构造地质学——几何方法导论. 邓海泉,徐开礼等译. 北京:地质出版社,1984.

[4] Ramsay J G. 岩石的褶皱作用和断裂作用. 单文琅等译. 北京:地质出版社,1985.

[5] Rusell W L. 石油构造地质学. 徐韦曼等译. 北京:地质出版社,1964.

[6] Seni S J, Jackson M P A. Evolution of salt structure, East Texas diapir province, Part 1: sedimetary record of Halokinesis. AAPG., 1983,67(8):1 219-1 244.

[7] 曹成润,孟元林,黎文清. 石油构造地质学. 哈尔滨:黑龙江科技出版社,1998.

[8] 陈碧珏. 油矿地质学. 北京:石油工业出版社,1987.

[9] 戴俊生. 构造地质学及大地构造. 北京:石油工业出版社,2006.

[10] 地质矿产部地质辞典办公室. 地质辞典(一). 北京:地质出版社,1983.

[11] 陆克政. 构造地质学教程. 东营:中国石油大学出版社,1996.

[12] 武汉地质学院,成都地质学院,南京大学地质系,等. 构造地质学. 北京:地质出版社,1979.

[13] 徐开礼,朱志澄. 构造地质学. 北京:地质出版社,1984.

[14] 俞鸿年,卢华复. 构造地质学原理. 北京:地质出版社,1986.

[15] 朱志澄. 构造地质学. 武汉:中国地质大学出版社,1999.

第七章 节 理

　　节理(joint)是地壳上部岩石中发育最广泛的一种构造,它出现在多种岩石类型和构造环境中,控制着海岸线、水系、湖泊和大陆构造线的形态,从而深深地影响着地球表面的自然地理特征(图 7-1)。节理揭示了与之相关的脆性破裂的岩石应变,节理及其成因可以推断岩石的应力状态和力学性质,节理的性质、产状和分布规律与褶皱、断层和区域构造有着成因联系。作为通道或聚集空间,节理的存在为矿液上升、分散、渗透提供了构造条件,因此一些矿区中的矿藏的形状、产状和分布与其有密切关系。如,节理与油气的关系密切,从世界上已开发的油气田统计数字看,裂隙性储集层在油气资源和生产能力方面,大约占世界总量的一半。大量发育的节理常常为水库和大坝等工程带来隐患。因此,对构造节理的研究具有重要的理论意义和实践意义。

图 7-1　青岛崂山花岗岩中发育的剪节理(李理摄)

第一节　节理的概念及其基本特征

节理又称为裂缝(fracture)或裂隙,是岩石受力发生破裂,两侧的岩石沿破裂面没有发生明显位移的一种断裂构造。节理发育的基本特征是普遍性、发育不均一性,同时又具有方向性和组系性。

除了松散的堆积物和十分潮湿柔软的岩石外,节理是一种普遍存在的地质构造,无论是老岩石还是新岩石,无论在地表还是在地下,都可以有节理存在。例如,胜利油田在埋深 3 443 m 古生界中奥陶统灰岩和 3 950 m 太古宇花岗片麻岩中发现节理,地下不同时代的各种岩石中普遍有节理存在。

节理的发育具有很明显的不均一性。一般脆性岩石(如白云岩、灰岩)较韧性岩石(如泥岩和页岩)节理更发育,薄层岩石较厚层岩石节理更发育;不同构造部位节理发育情况不同,以褶皱为例,节理往往发育在背斜的转折端、沿枢纽方向、翼部倾角变化大的地带等,而节理在断层带附近远比远离断层带发育。

构造节理的成因决定了节理的产状,作为一种较小型的构造,节理的发生和发展不是孤立的,与褶皱和断层等地质构造有密切的成因联系。这些决定了节理发育的方向性和组系性。

第二节　节理的分类

一、原生节理和次生节理

节理形成的原因很多,按节理形成与岩石形成的时间先后关系,可将节理分为原生节理和次生节理两种基本类型。原生节理是在成岩过程中形成的,而次生节理则是在岩石形成以后由于构造运动或其他因素造成的。

(一)原生节理

(1) 沉积岩的原生节理,如泥裂。

(2) 喷出岩的原生节理,如玄武岩的柱状节理。

(3) 侵入岩的原生节理。侵入岩的形成经历了早期液态流动阶段和晚期凝固阶段。在液态流动阶段形成两种主要的流动构造——流线和流面;在凝固阶段形成的原生节理有(图 7-2):

① 横节理(Q 节理),发育于侵入岩体顶部,节理走向与流面流线垂直,节理面粗糙,沿走向延伸较远。横节理是一种张节理。

② 纵节理(S 节理),发育于侵入岩顶部平缓流线部位,平行于流线、垂直于流面的陡倾斜节理,发育较好,节理细密,节理面较平滑。纵节理也是一种张节理。

③ 层节理(L节理),发育于侵入体顶部,产状平缓,大致平行于接触面,节理面比较平整光滑且平行于流线流面,亦是一种张节理。

④ 斜节理(D节理),发育于侵入体顶部,节理面比较光滑,与流线流面都斜交,是两组共轭的"X"形交叉节理,其锐角等分线平行于流线方向,反映了变形时岩石塑性较大。往往一组较发育,常见错动。

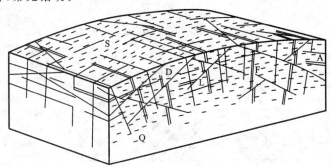

图 7-2　深成岩体顶部的原生节理(据 H.Cloos,1926)

Q—横节理;S—纵节理;L—层节理;D—斜节理;A—细晶岩脉;F—流线

(二)次生节理(构造节理)

次生节理的形成可由构造运动引起,也可由非构造运动的其他因素引起。由构造运动形成的节理,称为构造节理,又名内生节理。构造节理的形成和分布有一定的规律性,并与周围的地质构造有成因上的联系,它们的分布范围往往很广。由非构造运动的其他外力作用形成的节理,称为非构造节理,又称外生节理。如岩石因温度变化引起体积不均匀的膨胀和收缩而产生的风化节理、冰川运动和冰劈作用形成的节理、山崩地滑及人工爆破等原因引起的节理均属非构造节理。非构造节理一般分布不广,局限于一定岩层或一定深度之内,或局限于某一现象附近,多数为张节理。

二、构造节理的分类

构造节理的分类主要包括几何分类与成因分类。几何分类是成因分类的基础,根据节理的形态特征和展布规律,可以推断节理成因。

(一)几何分类

(1) 根据节理与所在岩层产状要素的关系,可将节理分为:

① 走向节理:节理走向与所在岩层走向大致平行。

② 倾向节理:节理走向与所在岩层倾向大致平行(即与岩层走向大致垂直)。

③ 斜向节理:节理走向与所在岩层走向斜交。

④ 顺层节理:节理面大致平行岩层层面。

(2) 根据节理走向与区域构造线或局部构造线的关系,如与区域褶皱的枢纽方向、主

要断层走向或其他线性构造延伸方向的关系,可将节理分为:

① 纵节理:节理走向与区域构造线走向大致平行。

② 横节理:节理走向与区域构造线走向大致垂直。

③ 斜节理:节理走向与区域构造线走向斜交,即二者既不平行又不垂直。

以上分类特征请参见图 7-3。

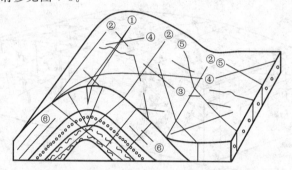

图 7-3　节理的几何分类(据武汉地质学院等,1979)

①,②—走向节理或纵节理;③—倾向节理或横节理;④,⑤—斜向节理或斜节理;⑥—顺层节理

(二)力学成因分类

构造节理都是在一定条件下受力的作用而产生。从应力角度考虑,直接形成节理的应力只有两种,即剪应力和张应力,因此,节理按力学成因分类可分为剪节理和张节理。

剪节理是由剪应力形成,当剪应力达到或者超过岩石抗剪强度时,就沿着与 σ_1,σ_3 均斜交的面上发生剪切破裂(图 3-40)。一般是两组同时出现,相交成"X"形[图 7-4(a)]。

(a)　　　　　　　　　　　　　　(b)

图 7-4　剪节理与张节理(李理摄)

(a)秦皇岛石门寨下寒武统徐庄组砂岩中发育的共轭剪节理;(b)山东临沂古近系官庄组砾岩中发育的张节理

张节理是由于在某一个方向的张应力超过了岩石的抗张强度,因而在垂直于张应力方向上产生的脆性破裂面[图 3-40、图 7-4(b)]。张应力作用的方向也是伸长应变方向,因此可以认为张节理的产生与某一方向上的伸长应变量超过了岩石所能承受的限度有关。

第三节　节理的特征

一、剪节理的主要特征

（1）剪节理产状较稳定，沿走向和倾向延伸较远，但穿过岩性显著不同的岩层时，其产状可以发生改变，反映岩石性质对剪节理方位有一定的影响。

（2）节理面平直光滑。若发生在砾岩或含有结核的岩层中，剪节理切穿胶结物及砾石或结核；由于沿剪裂面可以有少量的位移，借助被错开的砾石或结核可以确定节理面两侧的相对位移方向（图 7-5）。

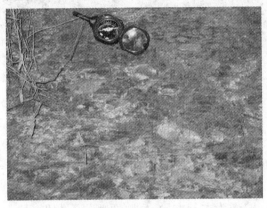

图 7-5　剪节理切穿中奥陶统八陡组碎裂灰岩砾石（山东莱芜，李理摄）

（3）剪裂面上常有扭动时留下的擦痕、摩擦镜面（图 7-6）。但由于剪节理沿扭裂面相对位移量一般不大，因此在野外必须仔细观察。擦痕可以用来判断剪节理两侧岩石相对扭动方向。

图 7-6　山东临沂太古宇花岗闪长岩剪节理面上的擦痕（李理摄）

（4）剪节理一般发育较密，即相邻两节理之间的距离较小，常密集成带。但也可疏密相间出现，其间距大小又因岩性与岩层厚度的不同而变化，硬而厚的岩层中的剪节理间距（图7-7）大于软而薄的岩层。

图7-7　山东章丘下奥陶统亮甲山组灰岩中剪节理的间距（李理摄）

（5）剪节理常呈羽列状。根据它们首尾邻接部分的两种重叠关系，沿着节理走向观察，一条节理消失之后下一条节理在其左侧重叠出现（即各节理顺走向观察依次向左错列）称左阶，反之称右阶。利用剪节理排列方式可判断两侧岩石的扭动方向。如图7-8所示，其中，(a)图为右行左阶，反映两侧岩石相对扭动方向为右行或右旋；而(b)图为左行右阶，反映两侧岩石相对扭动方向为左行或左旋。

羽饰构造是发育于节理面上的羽毛状精细纹饰，是在应力作用下形成的小型构造。羽饰构造包括以下几个组成部分（图7-9）：羽轴、羽脉、边缘带、边缘节理、缘面和陡坎。羽饰构造产于多种岩石之中，以砂岩、粉砂岩等碎屑岩中最为常见（图7-10）。其宽度一般为数 cm 至数十 cm，也有数 m 宽者。规模大小主要与岩石的粒度有关，粒度愈小，羽饰愈小，羽脉愈细；

(a)　　　　　(b)

图7-8　湖北黄陵南部寒武系灰岩中的剪节理羽裂（据马宗晋等，1965）

颗粒愈均匀，发育的羽饰愈完美。羽饰构造有多种形式，最常见的是"人"字形，有时呈放射状或环状，或构成复合过渡形式。决定羽饰几何形态的因素有：裂源点（破裂发生起点）的位置、岩石性质、层厚、层面约束条件及作用力。羽饰构造一般发育在浅层次的脆性状态岩石中，并且可能是在快速破裂中形成的。羽脉发散方向指示节理的扩展方向，羽脉收敛汇聚方向和"人"字形尖端指向断裂源点。

（6）剪节理两壁之间的距离较小，常呈闭合状（图7-7）。后期风化、地下水的溶蚀作用或后期应力作用方式的改变可以扩大剪节理的壁距。

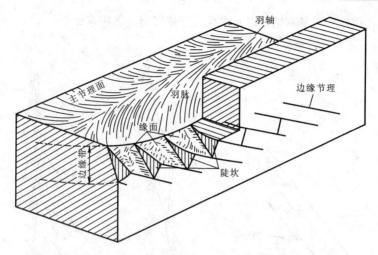

图 7-9　羽饰构造图示(据 Bankwitz,1966)

图 7-10　山东临沂下元古界黑云母闪长岩中的羽饰构造(李理摄)

　　(7) 剪节理的尾端变化有三种形式:折尾、菱形结环和节理叉(图 7-11)。这三种尾端变化均反映了剪节理不同的组合方式,它们可以出现在同一露头上。

　　(8) 剪节理的发育具等距性,即相同级别的剪节理常有大致等距离的发育分布规律。

　　X 型节理系是剪节理的最典型形式,两组剪节理的夹角为共轭剪裂角;两组剪节理的交线代表 σ_2,夹角平分线代表 σ_1 和 σ_3。X 型节理与主应力轴的关系是对节理进行分期、配套、分析应力状态和探求应力场的基础和依据,这种关系分别适用于挤压、引张和剪切状态。多年来地质学家几乎总是认为 X 型节理的锐角角平分线与 σ_1 一致,即剪裂角小于 45°,可是实际观察发现,共轭剪节理的共轭剪切角常等于甚至大于 90°,即剪裂角可等于或大于 45°。对此一些地质学家作了不同解释。这里要强调指出的是,不应简单地把 X 型剪节理的锐角平

分线作为 σ_1,在韧性岩石发育地区以及多次强烈变形地区尤应审慎。

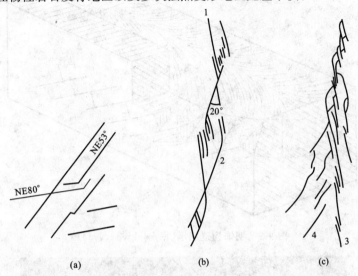

图 7-11　剪节理尾端变化形式(据马宗晋等,1965)

(a)折尾;(b)菱形结环;(c)节理叉

1 与 2、3 与 4 分别为两组共轭节理

二、张节理的主要特征

(1)张节理产状不稳定,而且往往延伸不远即行消失。单个张节理短而弯曲,若干张节理常侧列出现。图 7-12 示湖北白垩系—古近系砂岩中张节理的侧列现象。

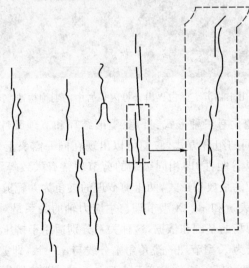

图 7-12　湖北省某地砂岩中张节理的侧列形式(据马宗晋等,1965)

（2）张节理面粗糙不平，发育在砾岩中的张节理往往绕砾石通过（图7-13）；如切穿砾石，破裂面也凹凸不平。平面观察，张节理明显呈不规则的弯曲，图7-14表示宁芜侏罗系砂岩中张节理不规则的弯曲现象。

图 7-13 张节理绕过砾石（图7-4局部放大，李理摄）

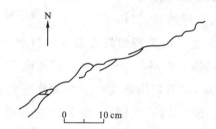

图 7-14 宁芜侏罗系砂岩中张节理的不规则弯曲

（3）垂直张节理面方向上往往有轻微的裂开，但节理面上一般无擦痕。

（4）张节理一般发育稀疏，节理间距较大，而且即使局部地段发育较多，也是稀疏不均，很少密集成带。

（5）张节理常呈开口状或楔形，节理两壁之间的距离较大，常被后期地质作用的物质所充填，形成各种脉体（图7-15）。

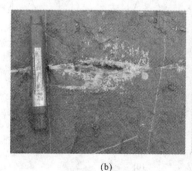

（a）　　　　　　　　　　（b）　　　　　　　　　　（c）

图 7-15 被矿物充填的张节理

（a）右侧是一对共轭剪节理，先剪后张被方解石充填，左侧为追踪张节理（宋鸿林摄，杨光荣素描）；（b）山东贺庄紫红色砂岩中发育的节理被石英晶簇半充填（李理摄）；（c）奥陶系岩心中发育的张节理被方解石充填（李理摄）

　　(6)张节理的尾端变化形式有两种:树枝状分叉和杏仁状结环(图 7-16)。树枝状分叉的小节理没有明显的方向性,可与扭节理尾端的节理叉区别开来;杏仁状结环呈椭圆形,棱角不明显,亦可与扭节理尾端的菱形结环区别开来。

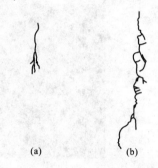

图 7-16　张节理尾端变化形式(据马宗晋等,1965)
(a)树枝状分叉;(b)杏仁状结环

　　上述剪节理和张节理的特征是在一次变形中形成的节理所具有的。如果岩石或岩层经历了多次变形,早期节理的特点在后期变形中常被改造或破坏。此外,在一次变形中,由于各种因素的干扰,也会使节理不具备上述典型特征。因此,在鉴别节理的力学性质时,首先,必须选取未受后期改造的节理,并且要综合考虑各种特点;其次,不能只根据个别露头上节理的特点,而应对区域内许多测点或露头上多数节理的特点加以分析对比;最后,鉴别节理力学性质时应结合与节理有关的构造和岩石的力学性质全面考虑。

　　一些早期形成的剪节理,在后期构造变形中会被改造或叠加,发生先剪后张或先张后剪等节理性质的转化[图 7-15(a),(b)]。图 7-17 显示在南北向挤压下形成的一对共轭剪节理,后期在南北力偶作用下,顺先成剪节理形成两种不同类型的追踪张节理。

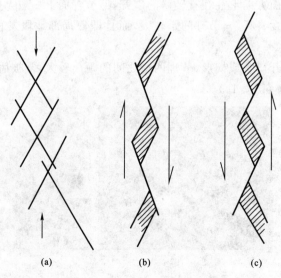

图 7-17　节理的演化(据徐开礼等,1984)
(a)共轭剪节理;(b),(c)顺先成剪节理形成的张节理

第四节　节理的分期和配套

一、节理组和节理系

构造节理的分布往往表现为有成因联系的许多节理具有一定的排列方式,对它们的分布作有规律的组合,有助于节理的描述及节理的研究。

1. 节理组

由同一时期,相同应力作用下产生的方向相互平行或大致平行、力学性质相同的节理组合成为一个节理组。图 7-18 所示为北京周口店奥陶系白云岩中沿两组共轭扭裂带形成的雁行排列(即斜列型)张节理。

图 7-18　北京周口店奥陶系白云岩中出现的节理羽列现象(据徐开礼等,1984)

2. 节理系

同一时期,相同应力作用下产生的两组或两组以上的节理组合成为一个节理系。其排列型式有"X"型、环型、放射状等。共轭剪节理即为同一时期的剪应力作用所产生的两组节理,相交成"X"形,故称为 X 型节理系或交叉型节理系(图 7-14、图 7-19);穹窿构造地区常见到的许多方向不同的节理呈环状或放射状分布,它们均系同一时期的张应力作用造成的,可分别组合成环型或放射型节理系。

不是任何方向相同的节理都可归并为一个节理组,也不是任何方向不同而又交叉排列的两组节理均可称为 X 型节理系;在一个节理组或一个节理系中不可能同时存在张节理和剪节理。这是野外研究节理组合时必须掌握的基本原则。

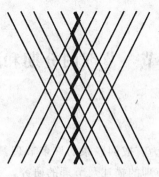

图 7-19 X型节理系

二、节理的分期

节理的分期就是区分不同时期形成的节理的先后关系。节理分期是由现象深入本质,由实践上升到理论的一个重要的中间环节。判断节理形成的先后关系可以用以下几种方法。

1. 切断错开

后期形成的节理常切断前期形成的节理,如后期节理属剪节理,则被切断的前期节理往往还表现出少量位移的相对错开现象。图 7-20 为两组前期节理 1,2 被后期节理 3 错开。

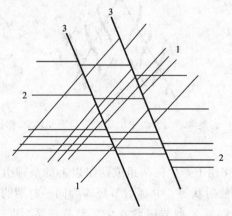

图 7-20 节理切断、错开现象

2. 限制中止

一组节理被限制在另一组节理的一侧而中止发育,说明被限制的节理形成较晚。图 7-21 所示 3,4 两组节理被 1,2 两组节理限制中止,说明 3,4 两组节理形成晚于 1,2 两组节理。

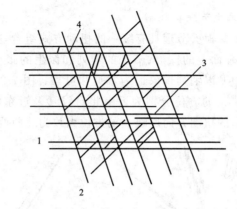

图 7-21　节理限制中止现象

如果节理被岩脉充填,除利用岩脉与岩脉之间的穿插、切断和限制关系判断它们的先后关系外,尚须注意岩脉的边缘有无烘烤现象和冷凝边,前期岩脉被后期岩脉侵入时,往往在其被侵入的边缘产生烘烤现象,而后期岩脉的边部则出现冷凝边。

3. 相互切断错开

相交时均不中止,而是相互切断并彼此被错开,或者在一处甲组被乙组错开,而在另一处乙组被甲组错开,这种节理属于一对共轭剪节理(图 7-22)。它们彼此错开的方向也必然符合产生共轭剪节理时的扭动方向,即其中一组为左行扭动,另一组则为右行扭动,如图 7-17(a)所示。

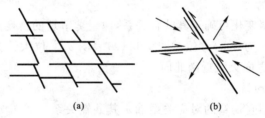

(a)　　　　　　　　(b)

图 7-22　节理的相互切断错开现象

三、节理的配套

配套就是在野外找出反映区域构造应力作用的各种不同类型、不同次序和不同级别的节理构造,将它们作为一个整体进行研究,从而推导出区域构造应力作用方向。

构造应力场最基本的表示方式是三个主应力轴 σ_1,σ_2 和 σ_3 的空间分布方位。由于构造研究在较多情况下不得不采用反序法,因此必须从个别构造着手。对于恢复构造应力场,确定主应力轴方位,节理的研究特别是共轭剪节理的研究有着特别重要的意义,因为根据它们能够有效地确定主应力轴的方位。实践表明,节理的配套工作是各种构造配套的基础。

1. 共轭剪节理及其派生节理特征

由于同期形成的两组共轭剪节理具有统一的扭动方式组合,并常留下擦痕和其他标志。因此,可以利用扭节理面上的擦痕、节理的羽列和派生的张节理所显示的扭动关系来确定其共轭关系。其中尤以羽列现象最为常见和可靠。图 7-23 中的两对共轭剪节理羽列指示的扭动方向反映 σ_1 的方位分别为近南北向(P_1)及近东西向(P_2),图 7-24 中的一对共轭扭节理羽列指示的扭动方向反映 σ_1 的方位大致为北西西—南东东方向。

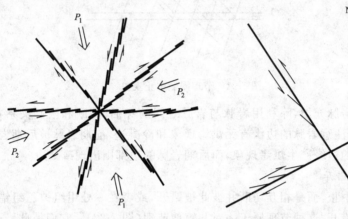

图 7-23 羽列共轭剪节理的配套
组合(据徐开礼等,1984)   图 7-24 剪节理的羽列现象

2. 剪节理的尾端特征

利用剪节理的尾端变化可确定其共轭关系,两组剪节理的折尾和菱形结环所交之锐角等分线一般情况下即为 σ_1 的方位。图 7-11(a)表明 σ_1 方位大致为北北东—南南西方向;图 7-11(b)表明 σ_1 方向大致近南北向。

3. 剪节理的相互切错

利用两组剪节理相互切错的对应关系确定其共轭关系。如图 7-22 中 σ_1 方向为北东东—南西西。在确定两组剪节理共轭关系的同时,还需观察和研究其他的构造,如横张节理及褶皱等,以检验根据共轭节理确定的主应力轴方位的可靠性,必要时利用赤平投影方法确定 $\sigma_1,\sigma_2,\sigma_3$ 的准确位置。

第五节 构造节理分布规律

构造节理往往与褶皱或断层相伴生,或者由它们所派生。无论是伴生还是派生关系,节理与褶皱及断层之间都有着密切的联系。认识构造节理与褶皱、断裂的关系,了解构造节理分布规律及其影响因素,对构造应力场分析,以及寻找孔隙性和渗透性条件好的节理发育带,在矿区和油气勘探开发中具有十分重要的意义。

一、节理与褶皱的关系

构造节理的发育和类型不仅与岩性和应力有关,而且与岩层的产状和受力后不同的变形阶段有关。

(一)与纵弯褶皱有关的节理

纵弯褶皱是在区域水平挤压应力作用下产生的。在区域水平挤压应力方向不变的情况下,随着纵弯褶皱的发生和发展,在不同发展阶段和褶皱的不同部位,局部应力状态也会发生变化,因此产生的节理也不相同。

当岩石受挤压、尚未形成褶皱时,先产生两组平面上交叉的 X 型共轭剪节理。两组剪节理的交角常以锐角对着挤压力的方向。此时应变轴方位是:B 轴直立,A 轴和 C 轴水平。如果继续加大挤压力,但仍没有形成褶皱,则挤压作用在其垂直方向引起张应力作用,垂直张应力方向沿 X 型剪节理形成锯齿状横张节理[图 7-25(a)]。

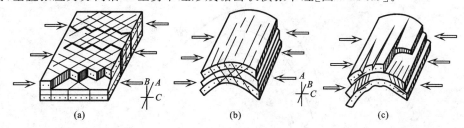

图 7-25 纵弯褶皱中节理的发育

如果顺层挤压形成褶皱,在背斜转折端由于岩层弯曲在垂直枢纽方向引起局部张应力,此时 A 轴和 C 轴交换了方位,A 轴垂直于枢纽,C 轴平行于枢纽,B 轴仍然直立。因此所形成 X 型剪节理所夹钝角对着区域挤压方向,随着褶皱继续加强,沿这些 X 型剪节理形成平行于背斜枢纽的锯齿状纵张节理。而向斜则相反,由于局部应力场与区域应力场一致,形成的 X 型剪节理所夹锐角对着区域挤压方向,随着褶皱继续发育,沿这些 X 型剪节理形成垂直于向斜枢纽的锯齿状横张节理。这种锯齿状横张节理的发育都是由剪节理开始进而发展成的,因此,称为追踪张节理(图 7-26)。

在挤压应力持续作用下,岩层褶皱发展到一定程度,最大伸长轴 A 轴由水平转为直立,B 轴平行于褶皱枢纽,可以产生剖面共轭 X 型剪节理,所交锐角对着挤压方向(C 轴)[图 7-25(b)]。

纵张节理除锯齿状外,还可以呈直线状[图 7-25(c)]。它们多发育在脆性岩层中,平行于背斜枢纽,呈上宽下窄的楔形,垂直于层面,但延伸不远。直线状纵张节理的发育与背斜外弯部位的局部张应力有关。

层间节理的发育与褶皱两翼层间滑动诱导的局部剪应力有关。在脆性岩层中形成一组与岩层层理斜交的剪节理,其走向平行于褶皱枢纽方向,其锐角指向邻侧岩层的滑动方向[图 7-25(c)],由褶皱两翼层间滑动的剪切作用还可产生旋转剪节理和同心状剪节理(图 7-27)。前者的方位大致垂直于层面,后者则平行于层面,随岩层而弯曲。

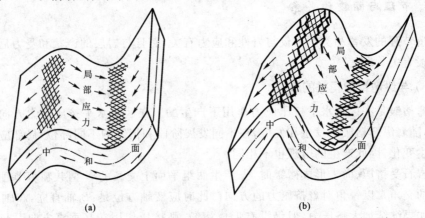

图 7-26　X 型剪节理、锯齿状张节理与褶皱的关系(据张文佑,1984)

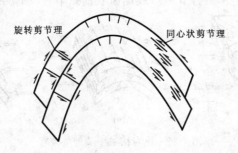

图 7-27　旋转剪节理和同心状剪节理

(二)与横弯褶皱有关的节理

不同方式形成的褶皱,应力状况不同,故节理的分布也不同。受垂直向上挤压力形成的穹窿或短轴背斜,由于拱起普遍受张应力作用,形成放射状和同心状的张节理。

(三)张节理在褶皱中的密集规律

在同一褶皱中,不同岩性特征的岩层具有不同的节理发育特点,相同岩性尤其是同一岩层的节理发育规律,主要受构造部位控制。生产实践的统计资料表明:张节理在褶皱中具有如下密集部位:① 背斜枢纽或轴的延伸方向上;② 背斜构造高点的范围之内;③ 枢纽发生弯曲的部位;④ 背斜的倾伏端;⑤ 岩层倾角突然变陡的地带。

此外,节理在不对称背斜缓翼往往比陡翼发育。因为岩层受到顺层挤压而发生弯曲时,缓翼岩层受拱曲而产生面积较大的张应力,同时形成追踪张节理。

二、节理与断层的关系

节理的发育程度与断层的出现有密切的关系。从岩石发生断裂变形的角度来讲,节理与断层同属断裂变形,断层往往是节理发育的继续,反过来,断层又促进了新的节理的形成。

断层对节理的影响首先表现在断层附近节理的数量显著增加,密度相对增大,因为断层的形成是应力集中的结果。例如四川的高木顶构造,翼部的节理密度为 4～7 条/m,而断层附近为 79 条/m。

其次,断层附近的节理带的宽度加大了。因为在断盘错动的过程中,会派生次一级应力,使其两盘产生一系列剖面羽状张节理,在平面上这一组张节理与断层的走向近于平行。例如四川的自流井构造,一般情况下节理密集带的宽度为几 m 到几十 m,而断层附近节理密集带的宽度达 770 m。另外,根据格里菲斯应力集中理论,在断层带的端点、拐点、交汇点、分枝点和错列点最容易出现节理。

三、节理发育的影响因素

岩石是非均质体,不同岩石的力学性质差别甚大。在同一构造部位上受相同应力作用的一套岩层,各层的节理发育程度不同,这就是岩性不同的结果。沉积岩的力学性质主要受岩石的成分和结构、岩层的厚度及岩系组合等因素的影响。

成分不同的岩石,其力学性质有很大的差别。例如在实验室中测定粘土岩、砂岩和石灰岩的抗张强度,发现粘土岩比石灰岩要大好几倍,而石灰岩比砂岩要大一倍左右,即相同条件下粘土岩最不容易产生节理。这种结果同样被大量的资料所证实。川南地区三叠系石灰岩的泥质含量与节理发育程度的统计结果表明,当石灰岩中的含泥质程度相对增加时,岩石的塑性变形便普遍加强,而节理则普遍减少了。

岩石成分影响节理发育的原因在于组成岩石的矿物具有各自不同的应力释放特征。某些脆性强的矿物,受力后主要以脆性变形方式来释放应力,方解石和白云石就属于这一类;而某些塑性强的矿物,受力后主要以塑性变形方式来释放应力,粘土和石膏就属于此类。根据这个原理,并结合野外节理调查统计结果,几种常见的沉积岩的节理发育程度为白云岩、石灰岩、粉砂岩、粘土岩、盐岩、无水石膏,按此顺序,节理的发育程度依次降低。

岩石的结构是影响岩石力学性质的另一个因素。因为结构不同,相同成分的岩石其节理的发育程度亦不相同。结晶岩中节理发育的程度与岩石的结晶程度有关,一般结晶较均匀的岩石,力学性质亦较均一,受力后不易破裂;结晶不均匀的受力则较易破裂。结晶粗的碳酸盐岩的脆性要比结晶细的大,这是因为碳酸盐岩的矿物属离子型晶体,具有沿晶面滑动的能力;而且晶体内的解理面结合力弱,受力时也易于滑动,晶粒粗,解理清晰,故脆性大。碎屑岩中节理发育的程度与碎屑粒度、胶结物及胶结程度亦有一定的关系。如北京西山郝家坊向斜枢纽部位的二叠系,在粉砂岩中节理的密度为 128 条/m,在同一构造部位,石英砂岩的节理密度为 3 条/m。

岩层厚度是控制节理发育程度的一个重要因素。如果其他条件相同,厚度较大的岩层,节理发育较少;厚度较小的岩层,节理发育较多。四川的自流井构造岩层厚度与节理间距的关系统计结果见表 7-1。结果表明岩层厚度与节理间距之间存在一个抛物线型正变函数关系。

表 7-1　岩层厚度与节理间距的相关关系统计表

岩　性	J_3^1 石灰岩			J_3^1 粉砂岩		
厚　度/m	2.10	0.85	0.25	0.80	0.25	0.15
节理间距/m	1.60	0.66	0.22	0.63	0.22	0.15

岩石受力作用是以层为受力单位的,厚度大的岩层,其横断面亦大,欲使厚层岩石发生破裂,必须有较大的应力差,故需在较大的空间内聚集力量,这是厚岩层节理间距大的主要原因。反之,较薄的岩层发生破裂时所需的应力差较小,其中的节理密度则较大。再者,地下的岩层受围压影响,层与层之间普遍存在摩擦力,因此是一个统一的应变系统。当岩层受力达到强度极限时,将出现破裂。但是任何一个局部的破裂都不足以使应力全部得到释放时,其他部位仍处于受力状态。随着应力逐渐积累,岩层之中还会继续产生破裂。这就是节理为什么成群出现的原因。在岩性和厚度比较稳定的情况下,其间距也是比较固定的,从而造成节理的等距性。

第六节　节理的观测与研究

节理研究的目的在于配合褶皱与断层的研究,分析构造应力场,阐明构造的分布和发育规律。对石油地质工作者来讲,研究节理的主要目的还包括确定与油气分布关系密切的节理密集带,从而确定与预测可能的油气高产区。

节理的研究内容主要包括:单个节理的研究、节理组系的研究、节理发育程度的研究、划分节理的发育区。研究节理必须建立在齐全准确的第一性资料的基础之上,然后将大量的资料经过归纳整理,编成图件,并与褶皱和断层联系起来,通过综合分析,寻找节理的分布规律。

一、节理的观测

(一) 观测点的选择

观测点密度或数量的布置视研究任务和地质图的比例尺而定,进行观测的地点,必须布置在既能容易测量节理的产状,又能收集到有关的地质资料的地段。因此,一般不机械地采用均匀布点方法进行节理的观测,而是为了解决某些具体问题,选在特殊的位置上。每一观测点的范围视节理的发育情况而定,观测点的面积不要太大,最好是长宽一致的正方形,以照顾到不同方向发育的节理,避免统计偏差。一般要求在几 m² 内,至少有几条节理可供观测,而且最好是将节理点选在既有平面又有剖面的露头上,以利于对节理的全面观察。除了考虑观测点的面积外,还应考虑岩石的出露情况。构造变动微弱地区,点的数量可以少些,构造变动比较复杂的地区,点的数量要适当增加。例如,要研究节理与背斜构造的成因联系时,应将观测点选在背斜的顶部、两翼和倾伏部分,而不要选择在大的断裂带附近,以免因断层的影响使节理的方向不能如实地反映区域应力场的方位。若要研究节理与断层的关系时,则应沿断层的两盘布点。这就要求在观测点与观测地段选择之前,先对该区的地质构造发育特征及岩层出露情况有较清楚的了解。

(二)节理观测的内容

观测节理应首先区别构造节理和非构造节理,是张节理还是剪节理,并按几何形态和力学成因加以分类;掌握节理的空间展布规律及形成时间的先后顺序和彼此穿插情况、节理所在岩层(体)的岩性特征,并对每一条节理进行编号,以免观测混乱,造成重复或遗漏现象。

对单个节理的观测内容包括:节理的产状、节理的长度和宽度、节理的穿层和分支情况、节理在平面上和剖面上有关力学特征的各种现象、节理的充填物及其充填程度等。

测量节理的产状要素时,可将一个硬纸片或塑料垫板插入节理缝内,然后用罗盘测量纸片或塑料垫板的走向、倾向和倾角。

研究充填物时要划分先后充填顺序,如金属矿脉、石英脉、方解石脉、重晶石脉等等,并记录矿化的先后及原生矿化和次生矿化的特征,以便分析节理形成的先后顺序。

观察和测定的结果应如实填在节理观测点记录表内(表7-2),不应分散记录在野外记录簿中,以便整理和编图。有些专门项目如油气苗和水泉等则应专列项目进行描述。

表7-2 节理观测点记录表

观测日期

点 号			所在褶皱或断层的部位			地层时代 层位及岩性			
岩层产状					露头情况及面积				
观测 序号	节理产状			节理宽度 /cm	节理长度 /cm	节理面及充 填物的特征	节理力学 性质及其 旋向	节理组系 归属及相 互关系	节理频度 /(条·m⁻¹)	备注
	走向	倾向	倾角							

观测人_____ 记录人_____

二、节理资料的整理和制图

在节理的研究中,为了简明、清晰地反映不同性质节理的发育规律,需进行室内整理和制图。图示法能清楚地表示出一个地区节理发育的方向和特点,较常用的图示方法主要有玫瑰花图、极点图和等密图等。

（一）节理玫瑰花图

节理玫瑰花图是一种常用的统计图，这种图形似玫瑰花。其优点是编制简便容易，反映节理的产状也比较明了；缺点是不能反映各种节理的确切产状，故此种方法多用来定性地分析节理。节理玫瑰花图可分为三种：走向玫瑰花图、倾向玫瑰花图和倾角玫瑰花图。现分别介绍其编制方法。

1. 走向玫瑰花图

（1）整理资料。将观测点所测定的节理走向换算成北西和北东两个方向，按其方位角的大小，依次以每10°为间隔分组，如1°～10°，11°～20°，…，350°～360°，习惯上把0°归入360°组内。然后统计每组的节理条数，计算每组的节理平均走向，把统计好的数据填入节理统计表中，以备作图使用。

（2）确定作图的比例尺及坐标。根据作图的要求和各种节理的数目，选取一定长度的线段代表一条节理，然后按比例以数目最多的那一组节理的线段长度为半径作圆，过圆心作南北线及东西线，并在圆周上标明方位角（图7-28）。因节理走向有两个方位角数值，两者相差180°，作节理走向玫瑰花图时，只取半个圆即可。

（3）找点连线。从1°～10°一组开始，按各组节理平均走向方位角顺序在半圆周上作一个记号，再从圆心向圆周上该点的半径方向，按该节理数目和所定比例找出一点，此点即代表该组节理平均走向和节理数目。在某一组内若无节理，连线时连至圆心，然后再经圆心连出。各组点确定以后，用折线依次连接各点，构成一个封闭形状的好像玫瑰花一样的节理图，即得节理走向玫瑰花图（图7-28）。

2. 倾向玫瑰花图

倾向玫瑰花图的编制方法与走向玫瑰花图基本相同，只要把平均走向的数据改用为平均倾向的数据即可，不过用的是整圆（图7-29）。

3. 倾角玫瑰花图

倾角玫瑰花图的编制方法与倾向玫瑰花图基本相同，只是半径的长度代表节理的平均倾角。通常把倾角和倾向玫瑰花图作在同一图上，合称为节理倾斜玫瑰花图（图7-29）。比例设定关系是圆心处代表节理平均倾角为0°，圆周上的点代表平均倾角为90°，节理玫瑰花图可以定性而形象地反映节理走向、倾向及倾角的优势分布。

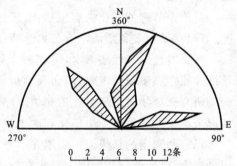

图7-28 节理走向玫瑰花图

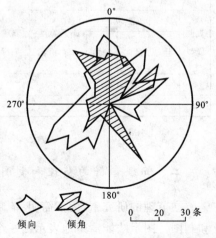

图7-29 节理倾斜玫瑰花图

（二）节理极点图

极点图是用节理面法线的极点投影绘制的,投影网有等面积网(施氏网)与等角距网(吴氏网)两种。图7-30是直接将节理面产状投影到极等面积投影网(赖特网,见附录Ⅴ)的节理极点图。图上放射线代表节理倾向方位角,自正北方向顺时针转动0°～360°方位角;同心圆代表节理倾角,自圆心至圆周为0°～90°。该图的优点在于制作方法简便,所表示的各个节理产状确切,且能定性地反映节理发育密集的优势方位。

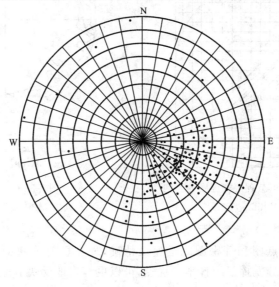

图 7-30 节理极点图(用赖特网)

（三）节理等密图

等密图是在极点图上绘制的。如极点图系用等面积网制作,则用密度计统计节理极点的密度,如极点图利用等角距网制作,则用普洛宁网统计节理极点的密度。为了绘制方便,极点图一般采用等面积网,用密度计统计其密度。等密图的绘制方法如下:用透明纸蒙在编好的极点图上,并在透明纸上画好投影网圆周及方位,以大圆半径的1/10为边长画小正方形网格(多用方格透明纸)(图7-31)。然后用中心密度计(图7-31中之CC)和边缘密度计(图7-31中之PC)来统计节理极点百分数。中心密度计和边缘密度计的小圆半径为大圆半径的1/10。以中心密度计统计圆内的节理极点百分数,从左到右每次移动小圆半径的距离,把每次小圆中的节理点百分数记在十字中心。在一行移动完后,则向上或向下移动一个小圆半径,再依次如前单行移动,直至把大圆内的正方形统计完为止。用边缘密度计统计位于边缘的节理极点百分数,每次统计时把两个小圆内的节理点百分数加在一起分别记在两个圆心上,同样每次移动一个小圆半径距离,直到绕一周为止。全部统计完以后,根据节理点百分数选择等密线间距,通常图上等密线不少于 4 条,不多于 10 条。然后用插值法勾绘出极点密度的等值线。为了阅读方便,可用不同的符号或颜色,把密度不同的部分分别表示出来,即绘制出节理等密图。图 7-32 即是根据图7-31节理极点图绘制的节理等密图。这种方法较繁琐,工作量较大,但能定量地反映节理发育的密集程度及其优势方位。

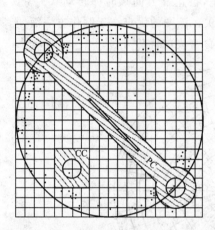

图 7-31　在极点图上节理等密度图的绘制

（据 M. P. Billings,1956）

CC—中心密度计;PC—边缘密度计

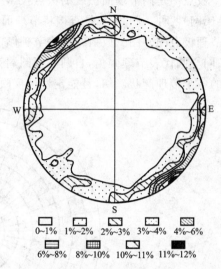

| 0~1% | 1%~2% | 2%~3% | 3%~4% | 4%~6% |

| 6%~8% | 8%~10% | 10%~11% | 11%~12% |

图 7-32　节理等密图

（据 M. P. Billings,1956）

运用计算机作极点图和等密图既迅速又精确,现在已有成熟的软件在计算机上完成。这种图件由于充分发挥了统计学的优点,可以更客观地反映节理发育规律。

三、节理发育区的划分

编制统计图件在于便于划分节理组系,在此基础上就可以进行组系对比,并求出各种相关参数。有了各种参数后,就能对一个构造进行节理发育区的划分,其目的在于对该构造上节理的发育程度作出全面的评价。

节理的发育程度常以频度、节理壁距、面密度、节理率等参数表示。它们可以客观反映研究区的渗透性及其变化,在石油地质、水文地质及工程地质领域经常使用。

（1）节理频度或视密度:指单位长度测线内所有不同方向节理的条数(条/m)。即:

$$\mu = \frac{h}{l} \tag{7-1}$$

式中　μ——节理频度;

　　　h——节理条数;

　　　l——测线长度。

（2）平均节理壁距:指单位长度内一条节理的平均宽度(m)。即:

$$t = \frac{\sum g}{h} = \frac{g}{\mu} \tag{7-2}$$

式中 t——平均节理壁距；

$\sum g$——节理的总宽度；

g——节理度，指单位长度内节理空隙的累积宽度。

（3）面密度（长度值）：指单位面积内节理的总长度（m/m²）。即：

$$P_s = \frac{\sum L}{F} \tag{7-3}$$

式中 P_s——面密度；

$\sum L$——节理总长度；

F——露头面积。

（4）节理率：指单位面积内节理面积所占的百分比（%）。即：

$$M_s = \frac{F'}{F} \times 100\% \tag{7-4}$$

式中 M_s——节理率；

F'——节理面积。

由平均节理壁距和节理总长度可以计算出节理面积 F'：

$$F' = t \cdot \sum L \tag{7-5}$$

如将式（7-3）与式（7-5）代入式（7-4）得：

$$M_s = \frac{t \cdot \sum L}{\sum L/P_s} \times 100\% = t \cdot P_s \times 100\% \tag{7-6}$$

即节理率等于节理的平均节理壁距乘以面密度。由此可见，节理率越大，说明节理愈发育，岩石的渗透性也愈好。

不同地区控制节理发育程度的主要因素有差别，因此在划分节理发育区时，各地所采用的参数可以不同。在实践中划分节理特征区的原则是节理组系在一定范围内分布的共同性、某一部位上节理发育的程度和节理的力学性质。然后，进一步在节理特征区内根据节理的发育程度对节理进行分级，通常分为三级：发育、较发育、一般。在油气区，节理发育区的划分，能比较定量地评价节理的分布情况，指出节理发育的有利区，有效地指导油气勘探与开发。

四、利用节理恢复构造应力场

两组共轭剪节理面的交线平行于中间主应力轴 σ_2，最大主应力轴 σ_1 和最小主应力轴 σ_3 平分两组共轭剪节理的夹角。共轭剪节理在自然界数量大、分布广，利用足够数量的剪节理测量点上所获得的三个主应力轴方位，就能反推主应力轴空间方位的变化。

利用共轭剪节理确定主应力轴的方位应遵循以下四个方面的原则：

（1）在野外工作时，应注意研究并鉴别节理的性质、旋向和是否有共轭关系，以确定

σ_1 的方位,而不能在室内资料整理时主观臆断。其原因有两方面:一方面是因为呈共轭关系的两组剪节理指示的 σ_1 方位并非总是按库仑-莫尔准则位于小于 90°的剪裂角象限中。确定 σ_1 方位的可靠依据只能是节理性质、剪切动向及其相互关系,这些特征必须通过野外实地观测才能得到。另一方面是一个地点可能有不同时期、不同方式和方向的构造应力场形成的共轭节理系叠加在一起。此外,由于节理发育往往具有一定程度的等间距性,共轭的两组剪节理只能在一些特定的部位才能同时出现。因此,若有两套或更多套共轭剪节理同时分布在一个区域内,在选点测量时一定要分清不同的共轭组合关系。

（2）必须正确区分区域构造应力场所形成的共轭剪节理系和局部构造应力场所形成的共轭剪节理系。这样才能既掌握全局的构造应力状态又掌握局部构造所反映的局部应力场的变化,从而清晰地建立不同级别的构造及其相互间成因联系的整体概念而不致陷于混乱之中。

（3）必须把不同时期构造应力场所形成的剪节理区别开来。不同地质时期构造应力场的主应力轴方位可以发生变化,所产生的共轭剪节理系也就不同。因此需要利用各种方法和标志来确定共轭剪节理的形成时代,方能追溯构造应力场的演变历史。现将共轭剪节理形成时代的判断方法简述如下:

① 根据两套共轭剪节理系之间的切割关系判断它们的相对时代的早晚。被切割者形成时代早于切割者。

② 利用早期或晚期平面共轭剪节理判断它们的形成时代。将倾斜岩层在赤平投影网上转平后,节理产状也会发生相应变化。据此,可以区分早期平面共轭剪节理与晚期平面共轭剪节理。早期平面共轭剪节理反映沉积岩层堆积以后,岩层呈水平或准水平状态,直到岩层受褶皱或断层掀斜之前的地质时代中构造应力场的作用。晚期平面共轭剪节理则为岩层受褶皱或断层而被掀斜之后的应力场作用的产物。结合区域角度不整合及构造运动的资料,可以把形成这两种剪节理的地质年代确定到较小的时间范围。

③ 利用"地层过滤法"确定节理形成的年代。较早时代的应力场所产生的剪节理不会在较新时代的地层中出现,较新时代的应力场所产生的共轭剪节理系却有可能在较老的地层中出现。比较新老地层中的节理系,老地层所特有的剪节理是新地层形成前的产物,新老地层所共同具有的剪节理则是新地层堆积以后的产物。这种节理时代的鉴别方法形象地被称为"地层过滤法"。

④ 根据充填在共轭剪节理中岩脉的年龄确定节理的形成时代。填充有岩脉的共轭剪节理,其形成时间必然比岩脉的年龄老,至少二者是同一时期形成的。切过岩脉的共轭剪节理,其形成年代必然比岩脉新。当岩浆岩岩脉年龄确定时,被岩脉填充的和切过岩脉的剪节理的相对形成时间也就可以确定。

（4）在上述各方面研究的基础上,进行大量节理产状的测量和统计,以便从统计的共轭剪节理产状中求得 $\sigma_1,\sigma_2,\sigma_3$ 的方位,尽量使所得数据保持正确,避免人为或其他因素引起的误差。

构造应力场的研究要求确定三个主应力轴在三度空间中的方位。节理的配套和统计研究在这方面有着重要意义。前已述及,两组剪扭节理的交线平行于中间主应力轴(σ_2),它们的夹角分别为最大主应力轴(σ_1)与最小主应力轴(σ_3)所平分。基于这个原因,在对节理野外观测和统计研究的基础上,利用两组共轭剪节理所反映的统一扭动方向关系,在吴氏网上能够比较精确地定出三个主应力轴的方位,确定应力状态。如果有了足够的点应力状态资料,即可编绘出主应力网络图,从而恢复区域构造应力场,解释区域内构造的成因、分布和发育规律。

第七节　覆盖区节理研究方法

覆盖区节理研究包括岩心的节理观测、地应力预测节理、根据岩层曲率预测节理、测井裂缝识别和分形分维法,利用多波地震勘探也可以对节理进行识别,但由于多波地震勘探目前主要处于探索与实验阶段,在此暂不作介绍。

一、岩心节理观测

岩心节理观测是目前研究节理油气藏的一个重要手段,它是根据岩心中节理发育情况对地层中的节理进行直观描述,是进行节理研究的最直接的手段,是节理测井和地震研究的技术基础,也是对其研究精度的最直接的检验。

节理岩心观测内容很多,与露头区节理类似,主要包括以下几项:

1. 岩心收获率

岩心收获率受岩性、节理溶孔发育程度及取心技术等因素影响。一般情况下,节理发育层段岩心收获率都较低。

2. 节理宽度

节理宽度也叫张开度,是指节理张开的大小。节理上所量取的宽度为视宽度,要根据测量面与节理夹角进行换算,得到真实的节理宽度:

$$w = w' \cdot \cos \theta \tag{7-7}$$

式中　w ——节理真实宽度;

　　　w' ——节理面视宽度;

　　　θ ——测量面与节理面的夹角。

3. 节理间距

同一组系的节理之间的垂直距离称为节理间距(图 7-19)。间距越小,节理越发育。因此,间距反映了节理密度的大小。节理间距的大小决定节理渗透率的高低,其变化较大,由几 mm 到几十 m 不等。一般地,节理的间距与节理的规模大小、延伸长度和切穿深度成正相关。因此,在岩心观测中,只有在节理发育密集段才能测出节理的间距。节理的间距一般取平均值,用以反映不同规模节理的叠加效应。

4. 节理密度

节理密度是衡量节理发育程度的重要标志。它反映了节理的多少,与露头区节理研究相似。常规的节理密度分为线密度、面密度和体密度。

(1) 线密度(ρ_1):一般指每米岩心长度观测到的裂缝的条数,单位为条/m。与节理间距互为倒数。

(2) 面密度(ρ_2):指节理累计长度与流动横截面积上基质总面积的比值,单位是 m/m^2。

(3) 体密度(ρ_3):指节理总表面积与基质总体积的比值,单位是 m^2/m^3。

5. 节理的产状

节理的产状包括倾角和倾向。倾角容易测量,而确定倾向比较困难。当岩层面倾斜明显时,可用相对倾向的方法加以评价:测出节理倾向与地层倾向的夹角,然后利用该岩心所属地层的平面构造图恢复岩心的方位,从而间接求得节理的倾向。此外,还可用古地磁法确定节理的方位。依据节理与层面的夹角,可将节理分为:水平节理(0°～15°)、低角度斜交节理(15°～45°)、高角度斜交节理(45°～75°)、垂直节理(75°～90°)。

6. 节理的充填情况

节理中通常都有充填物,对其进行描述是判断节理成因及其有效性的重要环节。根据节理的充填物及其晶形节理可划分为四类,如表 7-3 所示。节理中充填物的成分和分期性在描述中应体现出来。如图 7-33 为钙质充填的灰岩岩心,其中见油斑。

表 7-3　节理类型、充填情况、晶形及有效性评价

名　称	充填物情况	晶　形	节理宽度	有效性评价
开启节理	基本无充填物		较　大	有　效
闭合节理	基本无充填物		基本闭合	较有效
半充填节理	有部分充填物	自形、半自形	未被完全充填	有　效
全充填节理	节理被充填	他　形	有效宽度近于零	无　效

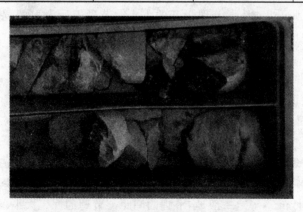

图 7-33　灰岩岩心中发育的节理(李理摄)

示钙质充填,见油斑

7. 节理的溶蚀改造情况

大多数碳酸盐岩地层中的节理,其节理面被水溶蚀的现象是常见的,在某些砂泥岩或岩浆岩、变质岩节理中也常见到。对其进行描述的内容包括:溶蚀段的基块成分、结构和构造特征;溶蚀部位分布的特点;溶蚀加宽的平均宽度。

8. 节理的性质

(1) 节理的力学性质。

节理的力学性质在岩心观察中可以通过节理面擦痕、阶步、充填物及脉体生长情况进行初步判断。一般将节理的力学性质分为张性、剪性,或者两者兼而有之。张裂面一般不平直,高倾角,常有方解石、膏盐充填。剪裂面平直,可见擦痕、阶步。岩心观测时,有时很难区分。对此类节理应作一定的描述。如果节理十分发育造成破碎带,则专门用"破碎带"一词表示。

(2) 节理的开启性质。

节理的开启性质主要由开启程度来表示。节理的开启程度指节理的张开程度。影响因素有前述节理的充填特征、节理的力学性质等。一般来说,开启节理会极大地提高平行于破裂面方向的储集层渗透率,而那些被断层泥充填的节理会降低垂直节理面的储集层渗透率。节理的开启程度也可以用拉张程度来表示。拉张程度是指节理宽度(w)和长度(l)的综合反映。

在进行节理岩心观测时,应注意的一个重要问题是区分天然节理和人工节理。天然节理是指由构造作用、成岩作用、压实作用等构造应力作用下而形成的节理。构造节理是我们研究的对象。人工节理是指由人为因素而形成的节理。形成人工节理主要有以下几种原因:岩心破裂、压力卸载、钻具磨损等。

岩心构造节理的识别标志主要有以下几点:① 节理内含有与泥浆无关的充填物;② 节理面有擦痕、阶步;③ 节理之间存在明显的组系关系。

二、利用地应力资料评价地下节理

现今地层应力是地层受力破裂变形后相对剩余的应力值,地层破裂越严重(断层、节理越发育),地应力释放越大。因此,可以通过直接和间接方法确定地层目前的应力状态,推断地下节理的发育程度。

地应力可以用应力测量仪从井下直接测得,利用静力学方法与压裂资料等也可以间接估算地应力,然后通过编绘应力分布图,进行节理预测解释。间接的地应力估算方法很多,这里介绍一些主要方法。

目前地应力状态是:$S_V(\sigma_1)$垂直应力(上覆岩层应力);$S_H(\sigma_2)$侧向最大主应力;$S_h(\sigma_3)$侧向最小主应力。

如果储集层孔隙压力为 p,则可以得出应力之间的关系式:

$$\sigma_V = S_V - p \tag{7-8}$$

式中 σ_V——垂直有效应力。

$$\sigma_h = S_h - p \tag{7-9}$$

$$\sigma_h = \frac{\upsilon}{1-\upsilon}\sigma_V \quad （水平应变为零）$$

$$S_h = f \times S_V \tag{7-10}$$

式中 σ_h——水平有效应力；

　　υ——储集层泊松比；

　　f——围限应力系数。

通常将 S_h/S_V 称为总应力比率，σ_h/σ_V 称为有效应力比率。将 $(S_V+2S_h)/3$ 称为平均应力，则$\{[(S_V+2S_h)/3]p\}$为平均有效应力。在非构造活动区，可以利用有效应力比率、垂直有效应力、平均有效应力的关系对地应力作出判断。所需地应力值求得后，即可绘制相应的应力分布平面图（图7-34），并作节理预测。

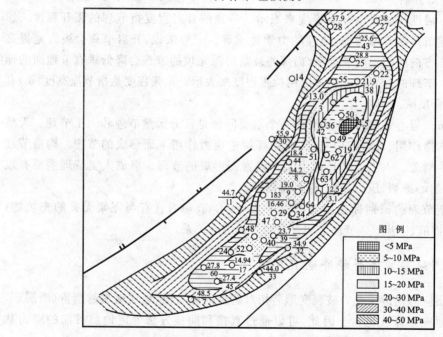

图例

图案	数值
	<5 MPa
	5~10 MPa
	10~15 MPa
	15~20 MPa
	20~30 MPa
	30~40 MPa
	40~50 MPa

图7-34　中坝气田须二段岩石应力分布平面图（据王允诚等，1994）

三、利用曲率评价构造节理

曲率是反映线或面弯曲程度的参数。曲率值被引入研究地下岩石的破裂，始于 Murray(1968)对美国北达科他州 Sanish 油田的成功应用。这一方法从 20 世纪 70 年代初被引入国内进行对节理的预测（戴弹申等，1980，1981），经过近 40 年的不断探索，该方法得到了进一步的完善。

曲率法用于研究节理分布的前提是:① 研究的地层必须是变形弯曲岩层,而不是非变形弯曲岩层。即岩层弯曲是受力的结果(如横弯或纵弯褶皱)时,才能应用该方法。② 曲率值只能反映弯曲岩层面上由弯曲派生的拉张应力而形成的张性节理的多少(相对值)。③ 该方法假设与弯曲有关的节理将产生于曲率值最大处,但未考虑岩层的塑性变形,即将岩层看做一个完全的弹性体。以一维变形为例,图 7-35 表示岩层沿某一方向变形弯曲(初始情况是无弯曲的岩层)。岩层受力弯曲后,中性面以上部位承受拉张应力,岩石可以形成张节理;中性面以下承受挤压应力,不能形成节理,只可能有一些压溶构造(如缝合线等);中性面即是岩层中受力前后长度不变的面。

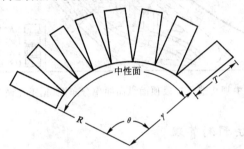

图 7-35 岩层弯曲后的断裂单元(据 Murray,1968)

设岩层中性面以上厚度为 T,根据变形前后面积变化,得到:

$$\phi_f = \frac{T}{2R+T} \tag{7-11}$$

式中 ϕ_f——张节理的孔隙度,小数;

R——岩层弯曲的曲率半径,m;

T——中性面以上厚度,m。

由于 R 远大于 T,可将分母中的 T 忽略,得到:

$$\phi_f = \frac{T}{2R} \tag{7-12}$$

将曲率半径用曲率表示,有:

$$R = \frac{1}{d^2 z / d x^2} \tag{7-13}$$

$$\phi_f = \frac{1}{2} T \frac{d^2 z}{d x^2} \tag{7-14}$$

上式即为 Murray(1968)推出的公式。上式表明,节理孔隙度与曲率值呈正比。因此可用曲率来反映节理的相对发育程度。

实际上,在许多情况下地层并非受单一应力产生一维变形,而是可以存在几个方向的变形。在这样的变形特征下,节理的发育程度应由多个单向变形的曲率叠加来描述。然后绘制相应的曲率分布图(图 7-36),即可预测节理的相对发育程度。生产表明,在油气圈闭的有效范围内,储层曲率与其油气产能具有较好的正相关关系。

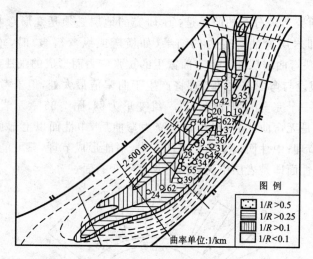

图 7-36　中坝构造须二段顶面纵向曲率分布图(据王允诚等,1994)

四、利用测井方法预测节理

可用于节理裂缝预测及研究的测井方法很多,如电阻率测井、声波测井、中子测井、岩性测井、电磁波测井与裂缝识别测井等多种方法,在此举几例作简要说明。

(一)声波测井响应

裂缝性储集层研究中经常应用的声波测井包括声波时差测井、声波全波波形测井(WF)及声波变密度测井(VDL)等。

声波时差测井记录声波通过每米地层所需的时间。不同岩性具有不同的骨架时差,对致密层段可以用声波时差曲线划分岩性。裂缝在声波时差曲线上的反映与井筒周围裂缝的产状及发育程度有关,因声波按最短时间选择声程,传播过程中将尽可能绕过裂缝,因此声波时差对高角度裂缝反映较差。由于水平或低角度裂缝与声波传播路径正交,小裂缝可近似地看成孔隙,因此声波可以反映小的水平裂缝。但当遇到大的水平裂缝或网状裂缝时,声波能量急剧衰减,往往导致首波不能触发接收器,有待于后续波触发接收器,因而声波时差相应增大,显示出时差突然增高的跳跃现象,称作周波跳跃。图 7-37 为华北某井声波时差曲线在裂缝发育段 3 169～3 172 m 产生周波跳跃的实例。含气层也会造成声波能量严重衰减,出现周波跳跃。对裂缝性储集层而言,声波时差这种周波跳跃只作为裂缝发育带或含气层的指示,一般不作定量解释。

一般当仪器通过裂缝带时,声波幅度下降。声波能量的传输系数是裂缝相对于声波传播方向的视倾角的函数。声波跨过裂缝时的能量传输在很大程度上取决于声波在裂缝界面处的模式转换系数,这是因为声波穿过裂缝时,必须在裂缝的第一界面处再转换回来。很明显,裂缝的倾斜是一个很重要的因素。在横波幅度无衰减,而纵波幅度有衰减时,反映有垂直裂缝;在横波幅度有衰减,而纵波幅度无衰减的情况下,反映有水平裂缝。

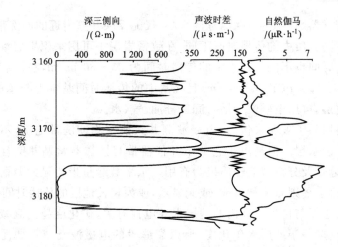

图 7-37 声波时差曲线在裂缝发育处产生周波跳跃

斯通利波的能量(幅度)对张开裂缝十分灵敏,尤其当有流体在裂缝中流动,如泥浆滤液在裂缝中渗流时,更有明显的幅度衰减显示。因为斯通利波实质上是一种管波,它在井筒中的传播相似于一个活塞的运动,造成井壁在径向上的膨胀和收缩。这时如有张开裂缝与井壁连通,则管波的传播将使井液沿裂缝流进和流出地层,从而消耗其能量,使幅度衰减,衰减的程度与裂缝的张开度有关。因此利用斯通利波的衰减来探测有效裂缝是一种较好的方法。

声波全波波形测井曲线上记录了从发射探头出发经过泥浆与地层到达接收探头的声波波列,包括纵波、横波、泥浆波和斯通利波等。它们的振幅和频率各有特征(图7-38)。目前主要是根据纵波和横波幅度衰减来确定裂缝。对于致密岩层段,纵、横波均不出现衰减,不同深度上的波形曲线几乎一致,而裂缝层段纵、横波能量出现衰减。对于不同倾角的裂缝,波的能量衰减不同。例如对于高角度裂缝,纵波和横波的能量衰减都比较小,横波能量衰减稍大些;对于低角度裂缝或网状裂缝,纵波能量衰减大,横波能量衰减特别严重。因此声波全波波形测井资料可用于确定裂缝的位置并定性解释裂缝的性质。

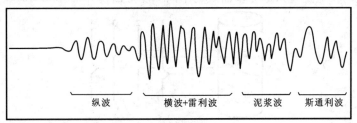

图 7-38 全波波形示意图

(二)电磁波测井响应

电磁波测井主要记录电磁波沿地层的传播时间(TPL)和电磁波信号衰减(EATT)。

下井仪器通过推靠器贴向井壁,探测范围很小,仅能反映井壁附近的冲洗带情况。

电磁波在不同介质中的传播时间不同,在致密岩层中可用来识别岩性。电磁波在不同流体中的传播时间也不同。在水中的传播时间为 $25\sim30$ ns/m,在油和气中的传播时间分别为 $4.7\sim5.2$ ns/m 和 3.3 ns/m,且在水中的传播时间基本上与水的矿化度无关。对于孔隙性储集层,可用电磁波传播时间区分油、气、水。

裂缝性储集层易于被泥浆侵入,电磁波测井只能探测冲洗带地层,不能用电磁波传播曲线区分油、气、水层。但是由于它的下井仪器带有推靠器紧贴井壁且有极高的垂直分辨率,划分裂缝带及分析裂缝性质极为有用。水平裂缝呈极明显的薄而尖锐的传播时间增大异常;垂直裂缝则有两种可能,或无显示,或为较长地段的传播时间增大异常。

电磁波衰减主要与传播范围内的地层水导电性有关,矿化度越高衰减越严重。一般情况下,泥浆矿化度低于地层水矿化度,所以裂缝段的电磁波衰减不如泥质层或高束缚水层那样尖锐,尽管它们的电磁波传播时间可能比较接近。

(三) 裂缝识别测井响应

裂缝识别测井(FIL)是利用高分辨率地层倾角仪进行测量。每次下井取得 9 条曲线,包括互成 $90°$ 的 4 个极板上的 4 条微电导率曲线和井斜、方位、相对方位(1 号极板和井斜方向的夹角)以及相互垂直的两对极板所测的井径曲线(c_1,c_2)。

水平裂缝的特点是 4 条电导率曲线在同一深度上出现一边倒的尖刺状异常(图 7-39)。

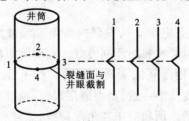

图 7-39　水平裂缝 FIL 示意图

斜交裂缝的特点是 4 条电导率曲线在不同深度上出现异常(图 7-40)。

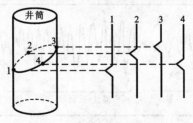

图 7-40　斜交裂缝 FIL 示意图

垂直缝的显示,由于极板有一个裂缝、一对裂缝或全部没有遇上裂缝而有所不同。可能是某一个或某一对极板上有异常,也可能全无异常。但是一般说来,垂直缝的异常井段较长,形状不像水平裂缝尖锐,电阻率也不如水平缝低。在重复测量中,下井仪如旋转一个方位,则可能见到异常出现在另一个(或另一对)极板的曲线上。

根据出现异常的极板号、井斜方位角和相对方位角,可以估算出裂缝的发育方向。

(四) 放射性测井

密度测井仪与张开裂缝相接触时,可能产生明显的低密度值。由于密度仪器常受到极板压力和井壁不规则的影响,用密度测井判断裂缝的效果时必须和其他方法联合应用。

光电吸收截面测井在使用普通钻井液的情况下对孔隙度的变化不灵敏,不能反映裂缝。然而,如果使用重晶石钻井液,就可以探测钻井液侵入的裂缝。因为重晶石的光电吸收截面值极高。

在某些地区,由于裂缝层段的地下水的活动很活跃,地下水中溶解的铀元素被离析,并沉积在裂缝周围的壁上,造成铀元素富集。常规自然伽马测井与自然伽马能谱在裂缝带处显示出铀含量的增加。另外,在地下水不太活动的地区,裂缝性储集层的自然伽马显示为低值,可结合中子、密度、声波时差来判断是否为裂缝性储集层。

(五) 成像测井

井壁图像测井方法目前有探测井壁附近电阻率特性的地层微电阻率扫描测井(简称为 FMI)以及探测井壁声波反射特性的井下声波电视(简称 BHTV)两种。一般来说,如果在 FMI 图像及 BHTV 图像上都显示有裂缝特征,那么就可以肯定裂缝的存在。

FMI 测井成像技术具有非常高的分辨率,这种图像常用于识别岩层中各种尺度的结构、构造,如裂缝、节理、层理、结核、砾石颗粒、断层等。但由于是分段配色,因此某种颜色在不同井段可能对应着不同的岩性。处理后的图像以及其他辅助文件均被送入 SUN 工作站进行分析和描述。FMI 图像解释与岩心描述有很多相似之处,其内容包括沉积构造、成岩作用现象、岩相、构造以及裂缝、孔洞分析等。不同的是 FMI 成像测井为井壁描述,井壁上的诱导缝及破损反映了地应力的影响,而层理及裂缝的定向数据也是岩心上很难得到的。当然,岩心是地下岩层的直接采样,是最为准确的资料,将两者进行标定后,将使地层描述更为准确。

五、利用分形分维法研究节理的发育程度

(一) 分形几何学简介

分形是法国数学家 B. B. Mandelbrot 创造出的一个名词,用以描述不规则物体形态的几何特征。自然界的许多现象,如曲折的海岸线、破碎的岩石、起伏的山脉,由于几何形态非常复杂,无法用传统的欧几里得几何学进行描述。B. B. Mandelbrot 通过系统研究自然界这些现象的几何学,于 1973 年提出了分形几何学的思想。

分形几何学中一个最基本的概念是自相似性(self-similarity),即局部是整体成比例缩小的性质。自然界中的许多物体都具有自相似的层次结构。在理想的情况下,甚至是

无穷多层次,适当地放大或缩小几何尺寸,整个结构并不改变。因此,物体的自相似性要求其分布具有幂律特征。具有自相似性的几何对象叫分形(fractal),描述分形的维数的量称为分维或分数维(fractal dimension)。

通过系统研究各类分形现象,B. B. Mandelbrot 对分维作了如下定义:

$$N = a \cdot \varepsilon^{-D} \tag{7-15}$$

式中　N——分形在该度量尺度下的度量数量;

a——常数;

ε——度量尺度;

D——分数维,其大小是物体不规则性或复杂性的一种度量,它们在双对数坐标系中呈较好的线性关系,其斜率即为分数维 D 值。

不难看出,分形几何学的建立为我们描述各种不规则和高度分离的现象以及研究自然界中的非均质性提供了一种有效的工具。目前,分形几何学已广泛应用于物理学、化学、地学、经济学等多种领域。在地学中的应用最早见于对天然地震的研究。后来人们把这一方法应用于数理统计、节理的研究中。

(二)节理的分形特征

节理是岩石在应力作用下未发生明显位移的破裂。从传统观点来看,节理的形态及分布十分复杂,很难用一个简单的模型加以概括。自然界中分布最为广泛的是构造节理,其走向、分布和形态都受局部构造事件所控制。断层与节理都是地质应力作用的结果,二者在成因上有一致性,节理是断层的微观表现,断层是节理进一步受力的结果。

近年来的大量研究表明,岩石的破裂过程具有较好的自相似性,因此可以用分形几何特征来表征岩石的破裂。天然节理系统是一个分形体系,在 1990 年中美学术讨论会上,P. L. Gong Dilland 从理论上证明了分形理论可用于碳酸盐岩地区的节理研究,并介绍了用分形理论建立节理分布的实际模型。以后,许多学者对用分形技术来研究节理进行了大量的探讨,证明分形理论不但可以用于碳酸盐岩地区的节理研究,还可以推广到其他岩性的节理研究。Hirata(1989)认为分形几何对描述断层的几何形态是一个有用的工具。Main 等(1990)指出节理数与节理长度之间符合分形关系,可以用来描述地下节理系统。C. C. Barton(1985)研究了 Yuccas 二维节理网格的分形特征。C. A. Viles 研究了 San Anderess 断层的特点,结果表明某大尺度区域与该区域中子区的分布形式完全相同。这一结果表明,我们在一个小的局部区域中所获得的节理分布结果与力学规律可以推到大尺度。赵阳升(1992)在煤岩体节理分布规律的研究中得出小尺度岩体与大尺度岩体节理数存在一种自相似性。A. Thomas 和 J. L. Blin-lacroix(1989)对岩心和井壁中节理的宽度分布进行了观察,研究表明节理的宽度 w 和节理宽度大于等于 w 的节理数之间的关系也可以用分形关系描述。可以利用岩心资料对节理进行分形研究,进入 20 世纪 90 年代以后,应用地震资料等计算分数维进行节理研究的方法日益得到重视。

（三）利用岩心资料计算节理分数维

计算中首先选取一个 ε 值,然后算出 N,选取 ε 的 10^{-n}(n 为正整数),分别算出相应的 N 值。当选取的 ε 合适时,N 和 ε 在双对数坐标系中呈较好的线性关系,其斜率即为分数维 D 值。

肖淑蓉(1998)利用分形几何方法对辽河盆地中的几个变质岩和碳酸盐岩油气藏中发育的复杂分布的节理进行了系统研究,研究表明,节理的分数维 D 值反映了节理的聚集程度和发育程度。从计算结果看,变质岩潜山中节理的分数维 D 值在 $1.1 \sim 1.6$ 之间,其中混合花岗岩中的平均值为 1.24,而辉绿岩岩脉中的平均值为 1.1。由于该潜山油藏油气的储集空间和渗流通道都是节理系统,混合花岗岩中节理的分数维值最大,大于 1.34,表明混合花岗岩中节理最发育,节理的连通性较好。辉绿岩岩脉中节理不太发育,且多数被方解石和绿泥石等矿物充填。在碳酸盐岩潜山油藏中,节理的分数维 D 值为 $1.34 \sim 1.51$,平均为 1.44,说明该区节理相当发育,其连通性和渗流性好,非均质性较弱,使该潜山具有类似于高孔隙型油藏的特点,这与该油藏开发中所表现出的正常水驱特征相同。

随着 D 值的增加,说明节理的聚集程度和发育程度增大,节理的连通性变好,节理的储集能力和渗流能力增强。Barton(1995)等人通过研究认为,当节理的分数维 D 值大于 1.34 时,节理之间就能构成互相渗流的节理网络。

（四）节理发育程度的分形分析

前已述及,节理的发育程度可以用密度来表示。以面密度为例,在两个不同的模型中,相同的面密度,如果分维值不相同,节理的发育程度则大不相同。从分维值的意义上可以看出,分维值越大的模型,节理越发育。因此,如果在面密度的基础上,考虑到分维值,则更能反映节理的发育程度。因为考虑了分形特征,就是考虑了节理离散充填岩石横截面的特征。

由于节理的面密度表达式为:

$$\rho_s = \frac{\sum_{i=1}^{n} l_i}{S} \tag{7-16}$$

式中 ρ_s——节理的面密度;

  l_i——裂缝的长度;

  S——基质的总面积。

所以节理的发育程度为:

$$f = \frac{\sum_{i=1}^{n} l_i}{S} \times D \tag{7-17}$$

式中 f——节理的发育程度;

  D——分数维。

f越大,表明岩石破裂程度越高,节理越发育。

(五)节理拉张程度的分形分析

岩石节理有分形特征,因此用分形理论中随机分形的方法可以定量分析节理的拉张程度。由于随机分形的统计主要依赖于分数维(D)和整数维(d)的比较,因此,在某一 L 范围内,尺度为 l 的几何体内任意随机点分布的概率分析,就是 l 几何体充填 L 空间范围的分形分布,即:

$$P(l) = \left(\frac{l}{L}\right)^{d-D} \tag{7-18}$$

式中　$P(l)$——几何体分布的概率;

　　　$d-D$——复合维。

在宽度为 A,长度为 B 的横截面 S 上,任意张开面积为 s 的节理分布概率 $P(s)$ 可从上式中推导如下:

$$P(s) = \left(\frac{s}{S}\right)^{2-D} \tag{7-19}$$

这里,$s = a \cdot b, S = A \cdot B$,所以:

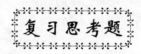

$$P(s) = \left(\frac{ab}{AB}\right)^{2-D} \tag{7-20}$$

式中　D——节理分数维;

　　　$P(s)$——节理拉张程度的分布概率。

它可以预测具有最大分布概率的节理的拉张程度。拉张程度越大,表明节理开度越大,长度越长,节理的开启性质越好。

小　结

节理的研究,在野外要分清节理的力学性质、节理组和节理系的发育情况,进行节理的分期配套;进入室内后,主要是整理资料和作图,以便找到分布规律及与其他构造的关系。本章应重点掌握节理按力学性质的分类及特征、节理资料的整理和作图,以提高学生的动手能力;难点是节理的分期配套;切入点是剪节理和张节理的成因。

复习思考题

1. 什么是节理?其基本特征是什么?

2. 简要叙述一下节理的连通性、不均匀性。

3. 什么是张节理、剪节理?它们是在何种力学条件下形成的?

4. 张节理和剪节理的主要特征是什么?试做比较。

5. 什么是节理组、节理系?

6. 简述与纵弯褶皱、横弯褶皱有关的节理。

7. 试比较节理和断层的异同。

8. 张节理在褶皱中是如何分布的？其影响因素是什么？

9. 什么是节理的分期与配套？各有什么规律可循？

10. 节理研究的意义何在？在露头区和覆盖区如何研究节理？

参考文献

[1] 戴俊生. 构造地质学及大地构造. 北京:石油工业出版社,2006.

[2] 迪基 P A. 石油开发地质学. 闵豫等译. 北京:石油工业出版社,1984.

[3] 冯明,张先,吴继伟. 构造地质学. 北京:地质出版社,2007.

[4] (前苏联)斯麦霍夫 E M. 裂缝性油气储集层勘探的基本原理与方法. 北京:石油工业出版社,1985.

[5] 孙永壮,吴时国. 古潜山构造分析与储层裂缝预测. 武汉:中国地质大学出版社,2006.

[6] 童亨茂,钱祥麟. 储层裂缝的研究和分析方法. 石油大学学报,1994,18(6):14-20.

[7] 王允诚,等. 裂缝性致密油气储集层. 北京:地质出版社,1992,7.

[8] 扎基·尼索尼,等. 裂缝性碳酸盐岩测井评价译文集. 吕学谦,朱桂清等译. 北京:石油工业出版社,1992.

第八章 断层

断层是岩层或岩体顺破裂面发生明显位移的断裂构造。断层发育广泛,是地壳中最重要的构造类型之一。断层规模不等,小的不足 1 m,大到数百、上千 km。大型断层常常构成区域地质格架,不仅控制区域地质的结构和演化,还控制和影响区域成矿作用。如,中国东部著名的郯庐断裂带内,有多种矿产资源:辽宁鞍山铁矿、岫玉、金刚石矿、山东招远金矿、蒙阴金刚石原生矿、昌乐蓝宝石,江苏东海水晶、云母、红宝石、金红石、蛇纹石矿等。一些中、小型断层常常直接决定某些矿床和矿体的产状,对油气、地下水等的形成、运移、聚集和分布有重要影响。活动性断层则直接影响水工建筑甚至引发地震,如龙门山断裂带。对断层的研究,包括断层的形态、分类、组合规律、成因,以及对矿产的控制等,具有重要的理论意义和实际意义。

地壳表层岩石一般为脆性,随着向地下深处温度和压力的增高,岩石也由脆性转变为韧性。因此,地壳岩石中的断层随之表现出层次性,浅层次形成脆性断层或简称断层;在较深和深层次形成韧性断层或称韧性剪切带;两者之间还存在一个过渡层次。脆性断层和韧性剪切带构成了断层的双层结构。本章讨论的中心内容为(脆性)断层,韧性剪切带将于第九章论述。

第一节 断层的几何要素和位移

一、断层的几何要素

断层的破裂滑动面,简称断层面。断层面可以是一个平面,也可以是一个曲面,顺走向或倾向都会发生变化。其空间方位和形态可用走向、倾向和倾角加以描述。

有些断层面并不是一个单一的破裂面,往往是具有一定宽度的破碎带,简称断层带。断层带可以由一系列近于平行的或相互交织的断层组合而成,也可以是由构造岩或破碎岩块充填的破碎带。断层带的宽度由不足 1 m 至数 km 不等。

断层面与地表或地下某层面的交线,称为断层线。一条断层在地表通常为一条断层线,在地下常为近于平行的两条断层线(图 8-1)。断层线可以是直线,也可以是曲线,其形态取决于断层面的产状和地表或地下层面的起伏形态,符合"V"字形法则。断层线的形态取决于断层面的弯曲程度、断层面的产状及地面的起伏。一般断层面倾角越缓、地形起伏越大,断层线的形态也越复杂。

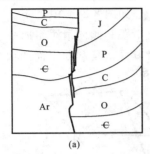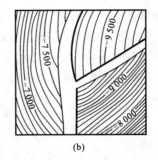

图 8-1　断层线(单位为 m)

(a)地质图;(b)正断层构造图

断盘是断层面两侧的岩层或岩体。如果断层面是倾斜的,位于断层面上侧的一盘为上盘,位于断层面下侧的一盘为下盘。如果断层面近于直立,则用相对于断层走向的方位来描述断层,如东盘、西盘或南东盘、北西盘等。根据两盘的相对升降情况,用上升盘和下降盘描述断盘。

二、断层位移

断层位移用来描述断层两侧岩层或岩体的相对移动。断层位移距离的确定需要借助相当点和相当层等参照点(面)来界定。

相当点又称撕裂点,是指未断之前的一个点在断层位移以后出现在两盘上的两个点。如图 8-2 中 a,b 两点为相当点。两相当点必定位于相当层面上。

相当层又称撕裂层,指断层位移之后出现在断层两盘的同一地层。

两相当点之间的距离是断层的真位移,称为总滑距。总滑距的分量及再分量也都是真位移的分量,均以“滑距”称之。依据相当层测算的断层位移是视位移,均以“断距”称之。在不同的位置和方向上可观测到不同的断层位移。

(一)滑距

1. 总滑距

相当点之间的真正位移,即断层的擦痕,如图 8-2(a)中之 ab。

2. 水平滑距

水平滑距是总滑距的水平投影,如图 8-2(a)中之 am。

3. 走向滑距

走向滑距是总滑距在断层面走向线上的分量,如图 8-2(a)中之 ac。

4. 倾斜滑距

倾斜滑距是总滑距在断层面倾斜线上的分量,如图 8-2(a)中之 cb。

5. 倾向滑距

倾向滑距是倾斜滑距的水平分量,如图 8-2(a)中之 cm。

6. 铅直滑距

铅直滑距也称断层落差,是总滑距的铅直分量,如图 8-2(a)中之 mb。

总滑距、水平滑距、走向滑距、倾斜滑距、铅直滑距和倾向滑距组成一个四面体,其每一个面都是一个直角三角形。如果知道总滑距及其倾伏角和断层面产状,就可以求出其他的滑距,其中总滑距的侧伏角就是擦痕的侧伏角。

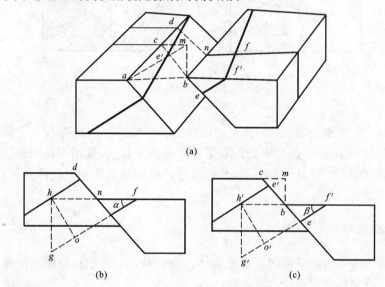

图 8-2　断层滑距和断距

(a)断层位移立体图;(b)垂直于被错断地层走向的剖面图;(c)垂直于断层走向的剖面图
ab—总滑距;ac—走向滑距;cb—倾斜滑距;am—水平滑距;cm—倾向滑距;mb—铅直滑距;
ho—地层断距;$h'o'$—视地层断距;hg—铅直地层断距;$h'g'$—视铅直地层断距,$h'g'=hg$;
hf—水平断距;$h'f'$—视水平断距;α—地层倾角;β—地层视倾角

(二)断距

1. 在垂直于被断地层走向的剖面上

在垂直于被断地层走向的剖面上可以观测到以下断距:

(1)地层断距。

地层断距指断层两盘相当层层面之间的垂直距离,如图 8-2(b)中之 ho。地层断距相当于两盘相当层之间重复或缺失的那一部分地层的真厚度。

(2)铅直地层断距。

铅直地层断距指两盘相当层层面之间的铅直距离,如图 8-2(b)中之 hg。

(3)水平地层断距。

水平地层断距指两盘相当层层面之间的水平距离,如图 8-2(b)中之 hf。

地层断距、铅直地层断距和水平地层断距三者之间构成两个直角三角形。如果已知地层产状和其中一种断距的大小,就可以求得其他两种断距。

2. 在垂直于断层走向的剖面上

在垂直于断层走向的剖面上还可观测视地层断距[图 8-2(c)中之 $h'o'$]、视铅直地层断距[图 8-2(c)中之 $h'g'$]和视水平地层断距[图 8-2(c)中之 $h'f'$]。

当地层走向与断层走向不一致时,由于 $\alpha > \beta$,因此,除铅直地层断距在两个剖面上相等外,在垂直于岩层走向的剖面上测得的地层断距和水平地层断距都小于垂直断层走向的剖面上测得的数值。即视地层断距和视水平地层断距通常分别大于地层断距和水平地层断距。

第二节 断层的分类

断层的分类是一个涉及因素较多的问题,它涉及地质背景、运动方式、力学机制和几何关系等因素,因此有不同的断层分类。本节只对目前常用的分类加以介绍。

一、按断层与有关构造的几何关系分类

根据断层产状和所在地层产状的关系,可将断层分为走向断层、倾向断层、斜向断层和顺层断层(图 8-3)。

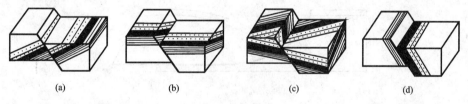

图 8-3 根据断层产状和地层产状关系的断层分类示意图
(a) 走向断层;(b) 倾向断层;(c) 斜向断层;(d) 顺层断层

根据断层走向与褶皱轴向的关系,可将断层分为纵断层、横断层和斜断层(图 8-4)。

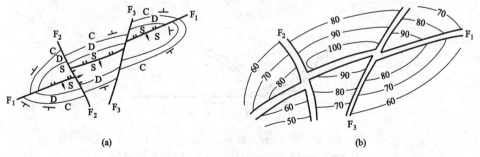

图 8-4 地质图(a)和构造图(b)中的断层(据陆克政,1996)
F_1—纵断层;F_2—横断层;F_3—斜断层

二、按断层两盘相对运动方向分类

(一) 正断层(normal fault)

正断层是上盘相对下盘向下滑动的断层。正断层一般较陡,其断层面倾角多在 45°～90°之间。一些正断层的倾角在浅部和深部基本一致,呈板形;另外一些正断层倾角上陡、下缓,呈铲形;还有一些正断层倾角呈上、下陡,中间缓的坡坪式(图 8-5)。断层带内岩石破碎相对不太剧烈,角砾岩多带棱角,通常没有强烈挤压形成的复杂小褶皱等现象。上、下盘或不发生旋转,呈水平状[图 8-5(a)];或随断层面倾角变缓发生旋转,呈倾斜状;或产生褶皱,呈弯曲状[图 8-5(b),(c),(d),图 8-6]。

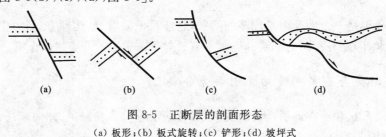

图 8-5　正断层的剖面形态

(a) 板形;(b) 板式旋转;(c) 铲形;(d) 坡坪式

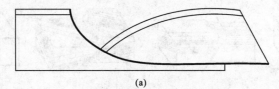

(a)

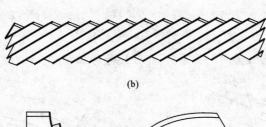

(b)

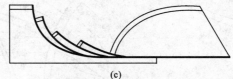

(c)

图 8-6　旋转的正断层(据 B. Wernicke 等,1982)

(a) 地层旋转而断层不旋转的铲状正断层;(b) 地层和断层均
旋转的平面状正断层;(c) 地层和断层均旋转的铲形正断层

正断层还经常存在倾角小于 45°的情况,主要出现在韧性拆离断层中,一般规模较大,详见断层的组合一节。

断层属于三维构造,沿一条大型正断层走向观察,不同剖面上断距大小会发生变化(图 8-7),在平面上会出现多条断层的假象。

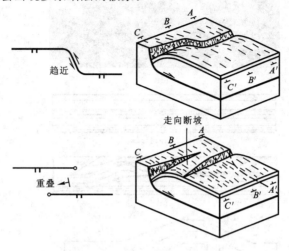

图 8-7 正断层沿走向的变化(据 C. K. Morley,1990)

(二) 逆断层(reverse fault)

逆断层是上盘相对下盘向上滑动的断层。断层面倾角大于 45° 的逆断层称为高角度逆断层,断层面倾角小于 45° 的逆断层称为低角度逆断层,也称逆冲断层。逆冲断层常呈现出强烈的挤压破碎现象,形成角砾岩、破裂岩等构造岩;顺逆冲断层还常出现劈理化、节理化、剪切带和各种复杂揉皱。逆冲断层带两侧岩层常强烈褶皱变形。

逆冲断层的断层面平缓,以 30° 左右常见[图 8-8(a)]。断层规模越大,推移距离越远,断面倾角也愈平缓。有时断层面呈波状起伏,称为台阶状。台阶式是逆冲推覆构造的基本格架,由长而平的断坪(flat)与连接其间的短而陡的断坡(ramp)交替构成[图 8-8(b)、(c)]。断坪顺层发育,产出于岩性软弱的岩层中或岩性差异显著的界面上;断坡切层发育,产出于较强硬岩层中,总体上则构成下缓上陡凹面向上的铲状。根据断坡与上、下盘岩层的产状关系,断坡可分为上盘断坡(HWR)和下盘断坡(FWR)[图 8-8(d)]。在断坡部位断层面与下盘岩层产状一致而斜切上盘岩层处,为上盘断坡;与上盘岩层产状一致而斜切下盘岩层处,为下盘断坡。没有特别说明,断坡一般指的是下盘断坡。

在空间上,根据断坡走向与逆冲位移方向的方位关系,断坡可分为前断坡、侧断坡和斜断坡(图 8-9)。前断坡位于逆冲席前侧,是断坡走向与逆冲方向直交的断坡,表现为逆倾向滑动,处于挤压应力状态。侧断坡是断坡走向与逆冲方向一致的断坡,表现为走向滑动,处于剪切应力状态。斜断坡是断坡走向与逆冲方向斜交的断坡,兼具走向滑动和倾向滑动,处于压剪性应力状态。在分析并确定前断坡、侧断坡和斜断坡时,应观测断坡产状与逆冲方向的关系及反映构造力学性质的伴生构造。

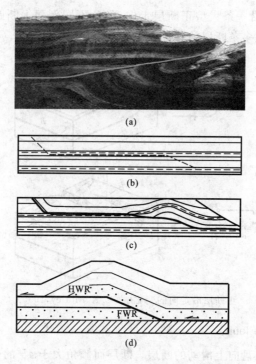

图 8-8　逆冲断层、台阶式断层

（a）逆冲断层（据吉林大学 PPT,2011）；（b），（c）台阶式断层结构和发展形成（据 P. B. King, 1951）；（d）断坡类型

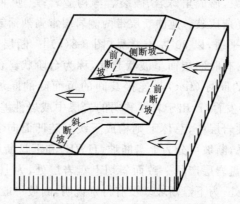

图 8-9　逆冲断层下盘的形态结构图

推移距离在 10 km 以上、倾角极其平缓的巨大逆冲断层称为推覆构造（nappe tectonics）、推覆体或辗掩构造。推覆构造的上盘是由远处推移而来，称为外来岩块，下盘称为原地岩块。在剥蚀作用下，部分外来岩块可被剥蚀掉，局部地区露出原地岩块。这种由上盘岩块环绕、四周以断层为界的下盘局部露头，称为构造窗（图 8-10）。在强烈的剥蚀作用下，外来岩块被大面积剥蚀，仅局部有残留。这种四周被断层环绕的、孤立于大片下盘岩块之上的小片上盘岩块，称为飞来峰（图 8-10）。

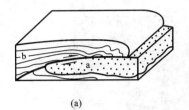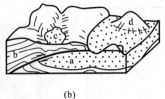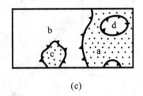

图 8-10 构造窗和飞来峰的形成或发育过程(据 M. Mattauer,1980)

a—原地岩块;b—外来岩块;c—构造窗;d—飞来峰

(三) 走滑断层(strike-slip fault)

走滑断层是两盘顺断层面走向相对移动的断层。走滑断层倾角一般较陡,近于直立,有时具有一定程度的倾斜滑动,其结构复杂,断层带内包含有不同力学性质的构造。大型走滑断层常表现为强烈破碎带、密集剪裂带和糜棱岩化带。根据两盘相对移动方向,走滑断层有右行(右旋)和左行(左旋)之分。当顺断层走向观察时,若右盘向观察者移动,则是右行走滑断层;若左盘向观察者移动,则是左行走滑断层(图 8-11)。

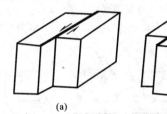

图 8-11 走滑断层

(a) 左行走滑断层;(b) 右行走滑断层

走滑断层常具以下特点:① 走滑断层带包括一系列与主断层带相平行或以微小角度相交的次级断层,单条断层延伸一般不远,各级断层分叉交织构成发辫式;② 常伴生有雁列式褶皱、断层及断块隆起和断陷盆地等构造;③ 断层两侧地层-岩相带呈递进式依次错移,时代愈老,移距愈大;④ 断层带常呈直线延伸,甚至穿过起伏很大的地形仍保持直线性,在航空照片、卫星照片上显示良好的直线性。

圣安德列斯断层(San Andreas fault)位于美国西部,是一条著名的走滑断层(图 8-12)。它长约 1 287 km,错断地面以下约 16 km,是分割北美板块和太平洋板块的断层。北美板块向北运动,太平洋板块向南运动,地面以上将河流错断 120 m。郯城—庐江断层是中国东部乃至东亚的一条著名走滑断层,规模宏伟,在中国境内延伸 2 400 多 km,宽几十至 200 km,总体走向北东 10°～20°。它切穿中国东部不同大地构造单元,结构复杂,是地球物理场异常带和深源岩浆活动带。

断层两盘通常不是完全顺断层面倾斜或沿走向滑动,而是斜交断层面走向滑动,因此断层常同时具有正或逆和走滑性质,故常对断层采用组合命名,即走滑-正断层、走滑-逆断层、逆-走滑断层(图 8-13)。

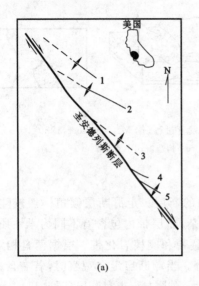

（a）　　　　　　　　　　　　　　　　（b）

图 8-12　圣安德列斯走滑断层

（a）走滑断层伴生的雁列褶皱（1～5 为背斜，据 Moody 等，1956）；（b）航空照片（R. E. Wallace）

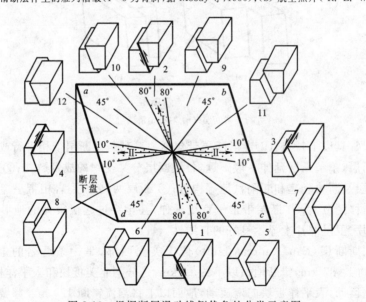

图 8-13　根据断层滑动线侧伏角的分类示意图

abcd—断层面；Ⅰ—断层面倾斜线，Ⅱ—断层面走向线；10°,45°,80°—断层滑动线的侧伏角；

1—正断层；2—逆断层；3,4—走滑断层；5,6—走滑-正断层；7,8—正-走滑断层；

9,10—走滑-逆断层；11,12—逆-走滑断层

　　此外，还可以依据上述两种断层分类对断层作复合命名，如纵向逆断层、横向正断层等。正、逆、走滑断层的两盘相对运动都是直线运动，事实上许多断层常常有一定程度的

旋转运动。断层的旋转有两种情况：一种是旋转轴位于断层的一端，表现为横过断层走向的各个剖面上的位移量不等；一种是旋转轴位于断层的中点，表现为旋转轴两侧的位移的方向不同，如一侧为上盘上升，而另一侧为上盘下降。对于旋转量较大的断层可称为枢纽断层(图 8-14)。

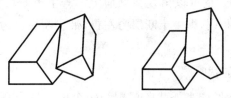

图 8-14　两种旋转的枢纽断层

第三节　断层的组合

在同一时期、同一地区、受同一应力作用时，岩体在破裂过程中会产生多个破裂面，产生多条断层，这些断层在空间有规律地分布，互有成因联系，在地壳的浅层和深层有不同的表现。观察一个地区断层的组合形式，分析几何学特征，可以研究断层的发展过程。断层的组合形式可以从平面上和剖面上进行观察。

一、平面组合类型

由地质图、构造图、卫星照片等图件和实地考察可知，常见的断层平面组合类型有如下几种(图 8-15)。

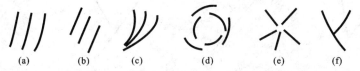

(a)　　　　(b)　　　　(c)　　　　(d)　　　　(e)　　　　(f)

图 8-15　常见的断层平面组合类型(据陆克政，1996)
(a)平行式断层；(b)雁列式断层；(c)帚状断层；(d)环状断层；(e)放射状断层；(f)斜交式断层

(一)平行式断层

平行式断层是由若干条走向大致相同的断层组合而成。组成平行形式的断层可以是正断层、逆断层，也可以是走滑断层。平行式组合的断层常具有等规模性和等间距性，即同一组合内各断层的规模大致相当，相邻两条断层之间的距离大致相同。

(二)雁列式断层

雁列式断层由同性质的若干条断层在平面上呈雁列式排列而成，也有等规模性和等间距性。正断层、逆断层、走滑断层均可各自组合呈雁列式。雁列式断层的存在与剪切构造应力均有关。

（三）帚状断层

帚状断层是由若干条弧形断层组合而成,它们向一端收敛,向另一端撒开。在帚状断层的旁侧常存在高级别的主干断层,正是主干断层的活动导致了帚状断层的形成。帚状断层可以出现在平面上,也可以出现在剖面上。若主干断层与帚状断层同为走滑断层,则二者走滑运动性质相同,即主干断层为左行,帚状断层也为左行;反之,主干断层为右行,帚状断层也为右行。

（四）环状断层和放射状断层

环状断层由若干条弧形或半弧状断层围绕一个中心呈同心圆状排列而成。放射状断层由若干条断层自一个中心呈辐射状排列而成。环状和放射状断层往往是上隆作用引起平面引张的结果,是正断层的组合类型,两者可以在同一个构造上产出,也可以单独发育。

（五）斜交式断层

斜交式断层是指一条断层不垂直相交并终止于另一条断层之上。在具有共生组合关系的斜交式断层中,限制断层常具有剪切性质,被限制断层可以是正断层、逆断层,也可以是走滑断层。若被限制的断层为正断层或逆断层,则常由走滑断层所派生[图 8-16(a),(b)]。若限制断层和被限制断层均为走滑断层,则两者可以为派生关系,也可以是共轭关系,往往造成块体之间的相对升降活动。若两断层间的旋向相同,则块体的升降无规律可循;若两断块旋向相反,则其升降规律如图 8-16(c),(d)所示。

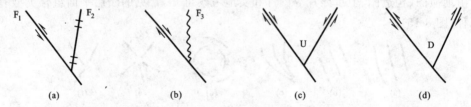

图 8-16　斜交式断层

F_1—走滑断层;F_2—逆断层;F_3—正断层;U—上升;D—下降

二、剖面组合类型

通过地质剖面图、地震剖面、野外考察等研究,得出常见的断层剖面组合类型有如下几种(图 8-17)。

（一）正断层的剖面组合类型

1. 阶梯状断层(ladder-shaped fault)

阶梯状断层由若干条产状基本一致的正断层组成,各条断层的上盘依次向同一方向断落。各断层面可呈板形，也可呈铲形。阶梯状断层在断陷盆地的边缘较发育。呈阶梯状排列的各条断层向下延伸可交于主干断层，也可交于某一水平滑动面，后者可被水平滑动面所切，也可呈多米诺式（图 8-18）。规模较小的阶梯状断层向下延伸不深便自行消失。

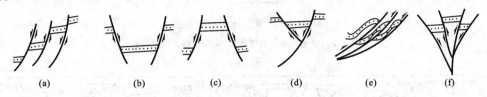

图 8-17 断层剖面组合类型（据陆克政，1996）

（a）阶梯状；（b）地堑；（c）地垒；（d）"Y"字形；（e）叠瓦状；（f）花状

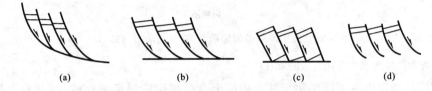

图 8-18 阶梯状断层的深部延伸

（a）相交于主干断层；（b）相切于水平滑动面；（c）多米诺式；（d）自行消失

2. 地堑与地垒（graben and horst）

地堑由走向大致平行、倾向相反、性质相同的两条（或数条）断层组成，它们中间共用一个下降盘；地垒则恰好相反，它们中间共用一个上升盘。组成地堑和地垒的断层通常为正断层，有时也可以是逆断层。

多级地堑与地垒同时存在组成盆岭构造（basin and range structure）。"盆岭构造"一词源自美国西部科迪勒拉山系的盆岭区，是指由不对称的纵列单面山、山岭及其间列的盆地组成的构造-地貌单元。

断陷盆地（在伸展背景条件下受基底及盆缘正断层控制发育的沉积盆地）的结构多为地堑构造，其内部的坳陷、凹陷和洼陷等也常为地堑。地垒在断陷盆地中常构成隆起、凸起等正向构造（图 8-19）。有些断陷盆地或盆地内部次级构造单元呈半地堑形式（half-graben），也称箕状凹陷，其一侧受正断层控制，向另一侧基底呈单斜，盖层呈超覆状态，如渤海湾盆地济阳坳陷古近系为多个半地堑构造（图 8-20）。

如果地堑规模巨大，切断了地壳，则称为裂谷。裂谷（rift）是区域性伸展隆起背景上形成的巨大窄、长断陷，切割深，发育演化期长，常具有地堑结构（详见本章第五节）。按照发育阶段，裂谷可分为大陆裂谷、陆间裂谷和大洋裂谷。东非裂谷是最著名的大陆裂谷，红海裂谷是陆间裂谷的典型，大西洋中央海岭上的裂谷是大洋裂谷的典型。

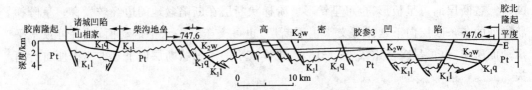

图 8-19　胶莱盆地构造剖面图

高密凹陷、诸城凹陷为地堑构造,柴沟地垒为地垒构造

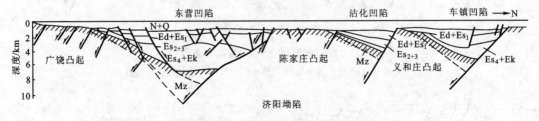

图 8-20　济阳坳陷横剖面示意图(据高瑞祺,2004)

3."Y"字形断层(Y-shaped fault)

"Y"字形断层由主干断层和与其对应的上盘低级别断层组合而成,在剖面上呈"Y"字形状,是生长断层(详见本章第九节)的组合类型,在断陷盆地中发育较多。根据上盘低级别断层的数量级与主干断层的倾向关系,"Y"字形断层可分为反向"Y"字形、同向"Y"字形、多级"Y"字形等(图 8-21)。"Y"字形断层的产生是在伸展作用和重力作用下,由主干断层派生上盘低级别断层而实现的。

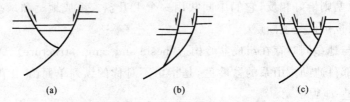

图 8-21　"Y"字形断层

(a) 反向"Y"字形;(b) 同向"Y"字形;(c) 多级"Y"字形

4.拆离断层(detachment fault)和变质核杂岩(metamorphic core complex)

(1)拆离断层。拆离断层是区域或亚区域规模、倾角低缓的正断层。正断层延伸到深部,倾角往往变缓、变平,形成拆离断层。拆离断层经常与变质核杂岩相伴出现。Davis 1980 年将拆离断层定义为"结晶变质基底杂岩与上覆沉积盖层之间的大型低角度正断层或伸展断层"。即分割变质核杂岩与上盘岩石并将这两种构造层次相差很大的岩石单元叠置于一起的大规模低角度正断层(图 8-22)。

地质、地震资料研究表明,拆离断层有如下特征:① 将年轻的变质变形程度轻微的浅构造层次岩石叠置于强烈变质变形的深构造层次岩石之上;② 规模巨大,一般具有区域性;③ 位移量大,可达数 10 km;④ 上盘以一期或多期正断层形式进行伸展,这些正断层呈铲状或多米诺状,向下并入拆离断层;⑤ 拆离断层具有特征的构造岩系,即糜棱岩、绿泥石化角砾岩(含假熔岩)、断层角砾和断层泥。它们自下而上顺序产出,向上变新并且发生后者对前者的叠加,各类构造岩的发育厚度也依次变薄。

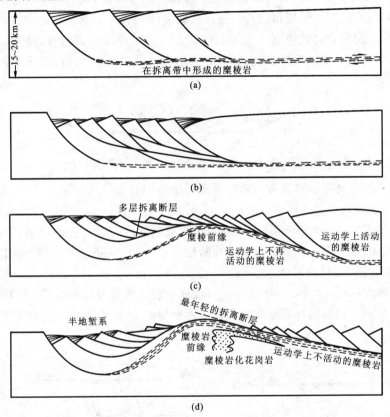

图 8-22 拆离断层和变质核杂岩(据 Wernicke 等,1988)

(a) 拆离开时;(b) 低角度正断层由拆离层"发动";(c) 下盘向上弯成弓形;

(d) 在下盘最高处的变质核杂岩

(2) 变质核杂岩。变质核杂岩是构造上被拆离断层和未变质沉积盖层所覆盖的、呈孤立的平缓弯形或拱形强烈变形的变质岩和侵入岩构成的隆起。

根据经典地区变质核杂岩和我国一些地区变质核杂岩的发育状况和结构,变质核杂岩具备以下基本特征(图 8-22):① 空间上呈穹隆状或长垣状孤立隆起,通常具有一翼陡、一翼缓的特征;② 由深部隆升的中、下地壳古老的中深变质岩组成,常见晚期的中酸性岩浆侵入体;③ 核杂岩顶部和周缘为以糜棱岩状岩石为特征的韧性剪切带,糜棱岩带的顶部被拆离断层切割,使早期的糜棱岩发生脆性变形;④ 拆离断层上盘为变形变质较轻的上地壳岩石,以脆性变形为主;⑤ 上盘的脆性伸展方向、拆离断层的滑动方向、下盘糜棱岩的运动方向具有一致性,反映了统一的运动方式(图 1-2)。

(二)逆断层的剖面组合

1. 叠瓦构造(imbricate structure)

叠瓦构造是指一系列产状大致相同呈平行排列的逆断层的组合形式,各断层的上盘岩块依次逆冲,在剖面上呈屋顶瓦片一样依次叠覆(图 8-23)。叠瓦构造中各断层面倾角常向下变缓,在深处有时收敛成一主干大断层。按照主冲断层的位置,叠瓦状构造又分为前缘叠瓦状冲断系统和后缘叠瓦状冲断系统,前者主冲断层在前方(图 8-23),后者在冲断系统的后方。

图 8-23　叠瓦式逆冲断层系(扇)(据朱志澄,1999)

如果一系列逆冲断层在发育过程中按照一定方向有一定先后顺序,则称为有序冲断序列,包括前展式和后展式两种:

(1)前展式(piggy-back propagation),也称前裂式或背驮式冲断序列。其顺序是腹陆向前陆(造山带的前沿)扩展。较新的冲断层发育于较早冲断层的下盘,且其倒向与较老冲断层相同[图 8-24(a)]。

(2)后展式(break-back propagation),也称后裂式或上叠式冲断序列。其顺序是由前陆向腹陆扩展。较新的冲断层发育于较老冲断层的上盘,且其倒向与较老冲断层相同[图 8-24(b)]。

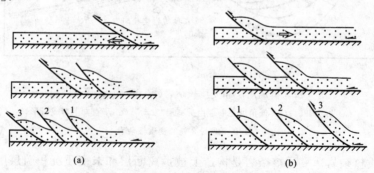

(a)　　　　　　　　　　　　(b)

图 8-24　有序冲断作用(据朱志澄,1999)

(a)前展式;(b)后展式

2. 双重逆冲构造(thrust duplex)

由一系列连续逆冲的叠瓦状断层形成的构造,简称双重构造(duplex)。每个分支断层向上再次合并于一个主(断层)滑动面,底部主断层称为底板逆冲断层(floor thrust),上部主断层称为顶板逆冲断层(roof thrust),这种由顶、底板逆冲断层及其间叠瓦状断层和断夹块形成的构造称为双重构造(图 8-25)。

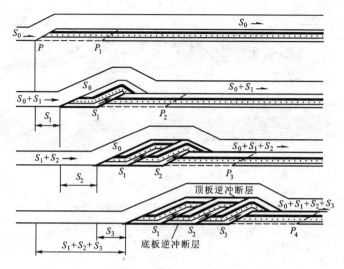

图 8-25 双重构造(据 Boyer 和 Elliott,1982)

3. 背冲式和对冲式构造

自一个构造单元的两侧分别向外缘逆冲的两套叠瓦式逆冲断层,即构成背冲式逆冲构造。背冲式构造中两套分别向相反方向逆冲的逆冲断层是在统一构造应力场中形成的,并且与所在褶皱同时形成。大型背冲式逆冲断层常与造山带复背斜共同产出(图 8-26)。如天山大复背斜南北两翼上各产出一套逆冲断层系,分别向塔里木盆地和准噶尔盆地逆冲。一些较小规模的与背斜伴生的逆冲断层,可产出于背斜核部,分别自核部向两翼逆冲,或以大型古隆起为中心向两侧拗陷逆冲。

图 8-26 背冲式逆冲断层系

对冲式构造为两套叠瓦式逆冲断层对着一个中心相对逆冲构成。对冲式逆冲断层常与盆地伴生,自盆地的两缘向盆地中心逆冲,如中国西部三大压缩盆地(图 8-27)。

4. 冲起构造(pop-up structure)和构造三角带(triangle structure)

逆冲席沿拆离面运动受阻,沿断坡上升要求很大的侧向挤压力,应力超过岩石强度时,可形成与断坡共轭的背冲断层,因其与总体逆冲方向相反,故又称反冲断层(back thrust,图 8-28)。

冲起构造发育在反冲断层与同时形成的逆冲断层所围限的部位,因强烈挤压而上冲,形成变形强烈的隆起构造,表现为断层切割岩层扭曲的背斜形式。

构造三角带发育在反向逆冲断层与其后侧的逆冲断层汇聚部位,形成以反冲断层、分支逆冲断层和底部拆离断层限定的三角带,其构造变形十分强烈(图 8-29)。

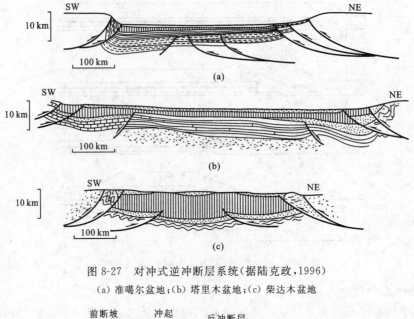

图 8-27 对冲式逆冲断层系统(据陆克政,1996)

(a)准噶尔盆地;(b)塔里木盆地;(c)柴达木盆地

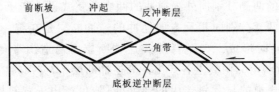

图 8-28 逆冲断层系中反冲断层、冲起构造和构造三角带图示

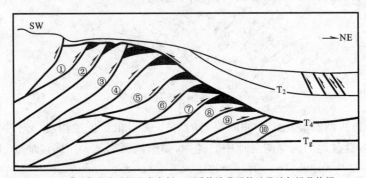

①~⑩形成时间由老变新,双重构造背形控油及油气运移特征

图 8-29 齐姆根三角带构造深部与油气运移和聚集的关系(据王伟锋 PPT,2004)

5. 前陆褶皱-冲断带(foreland fold-thrust belt)

上述逆断层的组合形式在前陆地区常常依次出现,呈明显的分带特征。根据我国龙门山前陆褶皱-冲断带发育特点,基本上可以划分出五个带(图 8-30):① 具有强烈变形和变质的异地推覆带(O 带),发育韧性剪切和叠加褶皱,劈理普遍发育;② 叠瓦冲断带和双层冲断带(A 带),主要为后缘叠瓦扇,冲断层向盆地内部前展式推进;③ 反向冲断带,主

要形成背冲隆起构造及对冲三角构造带(B);④ 弯滑褶皱带(C 带),主要形成由冲断层引起的各种同心褶皱;⑤ 前缘向斜带(D)为变形微弱的向斜盆地。但在一些陆内造山带常缺失 O 带,而在一些再造山前陆盆地中 A 带有时缺失。

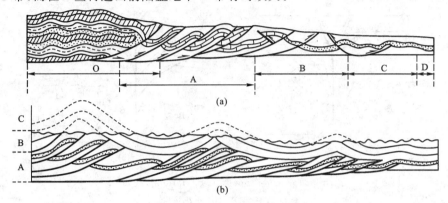

图 8-30　前陆褶皱-冲断层的分带性(据刘和甫,1993)

(a) 水平分带;(b) 垂直分带

A～C 与水平分带可以对应

6.薄皮构造和厚皮构造

上述逆断层的组合类型可分为两种类型:薄皮构造和厚皮构造。

H·D·罗杰斯于 1849 年在欧洲侏罗山发现了薄皮构造。薄皮构造指盖层的褶皱-冲断带向下终止于一个巨大的滑脱面上,基底没有卷入盖层的变形。薄皮构造中逆断层仅发育在盖层,倾角一般小于 45°,多出现在造山带的前缘,通常称为前陆褶皱-冲断带。

如果基底与其盖层一起卷入变形,则称为厚皮构造。厚皮构造中的逆断层倾角为高角度,一般大于 45°,常出现在造山带内部。

造山带(orogenic belt)是经受强烈褶皱及其他变形而形成的规模巨大的线(带)状大地构造单元。

(三)走滑断层的剖面组合——花状构造

走滑断层带在浅部常表现为向上分叉、撒开的断层组合,在剖面上似花朵,称为花状构造(flower structure),也称棕榈树构造。组成花状构造的断层可具有张剪性质或压剪性质,据其可将花状构造分为正花状构造[图 8-31(a)]和负花状构造[图 8-31(b)]两种,简称正花朵和负花朵。

1.负花状构造

负花状构造由剪切断层产生的张剪作用形成,向上分叉、撒开的断层在剖面上主要表现为正断层,倾向相反的断层之间为相对下落的地堑断片。构造形态为向形,因为只是形态与向斜相似,在深处其翼部已分别抬起或根本没形成一个完整的弯曲。在负花状构造中也可以有逆断层。

2. 正花状构造

正花状构造由走滑剪切断层产生的压剪作用所形成,分叉、撒开的断层多具有逆断层性质,构造形态为背形。

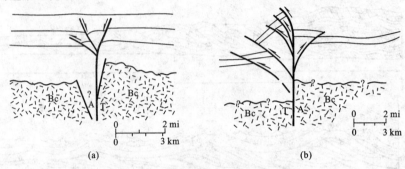

图 8-31　花状构造(据 T. P. Harding,1985)

(a) 负花状构造;(b) 正花状构造

第四节　断层形成机制

断裂两盘沿着断裂面有明显的剪切滑动是一切断层的共有特征,也是形成断层的普遍力学模式。

当岩石受力超过其强度,即应力差超过其强度便开始破裂。破裂之初,出现微裂隙,之后,微裂隙逐渐发展,相互联合,形成一条明显的破裂面。破裂面一旦形成且应力差超过摩擦阻力时,两盘就开始相对滑动,形成断层。随着应力释放或应力差($\sigma_1 - \sigma_3$)趋向于零,一次断层作用即告终止。

一、安德生模式

E. M. Anderson(1951)认为,紧靠地表的地方,不可能有垂直地表的压缩或拉伸,也不会有平行地表的剪切。但是,在地面以下的一定深度内,三个主应力中必定有一个主应力轴与地面垂直,其余两个主应力轴呈水平状态。他应用摩尔-库仑强度理论,假定以内摩擦角为 30°,且应力在垂直与水平方位上均无变化,以及岩石的各向力学性质相等为前提,提出了下述被长期广泛应用的断层成因模式。

(一)正断层的安德生模式

当 σ_1 直立,σ_2 和 σ_3 水平时,形成正断层。也就是说,正断层的走向与 σ_2 呈水平平行,与 σ_3 呈水平垂直,σ_1 呈直立状态,断层倾角约 60°[图 8-32(a)]。因为在这种构造应力状态下,当 σ_1 逐渐增大或 σ_3 逐渐减小时,都可以导致正断层的形成。因此,地块上隆及水平拉张都是形成正断层的有利条件。

（二）逆断层的安德生模式

当 σ_3 直立，σ_1 和 σ_2 水平时，形成逆断层。也就是说，逆断层的走向与 σ_2 呈水平平行，与 σ_1 呈水平垂直，σ_3 呈直立状态，断层倾角约 30°[图 8-32(b)]。水平挤压最容易形成逆断层。

（三）走滑断层的安德生模式

当 σ_2 直立，σ_1 和 σ_3 水平时，形成走滑断层。走滑断层的走向与 σ_1，σ_3 都成水平斜交，断层面近于直立[图 8-32(c)]。

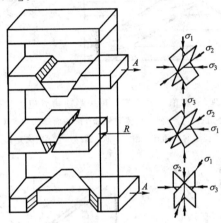

图 8-32 形成断层的三种应力状态(据 E. M. Anderson,1951)

(a) 正断层；(b) 逆断层；(c) 走滑断层

二、最大有效力矩准则

根据安德森模式，正断层应是高角度断层，逆断层才是低角度断层。但实际上自然界大多数大规模正断层是低角度的，这是目前国际地质学界没有解决的问题。郑亚东(1999)提出的最大有效力矩准则(图 8-33)做了很好的解释。认为变形带内先存的面理或层理[图 8-33(b)]在某一有效力矩的作用下发生转动，形成伸展褶劈理(ecc—extensional crenulation cleavages) [图 8-33(a)]。应力场中力矩的大小随方向而变，是某方向与 σ_1 间的夹角(α)的函数。

$$M_{\text{eff}} = 0.5(\sigma_1 - \sigma_3)L\sin 2\alpha \sin \alpha \tag{8-1}$$

式中 　M_{eff}——有效力矩；

　　　$\sigma_1 - \sigma_3$——应力差；

　　　L——褶劈理带内岩片长度；

　　　α——褶劈理面与 σ_1 的夹角。

公式计算表明最大有效力矩出现在 σ_1 左右两侧 54.7°方向，即钝夹角为 109°28′指向主压应力,方向正好与脆性共轭破裂相反(图 8-34)。岩片一旦发生转动,伸展褶劈带内面理转动过程中沿面理经受拉张,当岩石的强度与应力达到平衡时,褶劈带便停止扩展;当应力超过岩石强度时褶劈带(图 8-35)便向低角正断层转化。

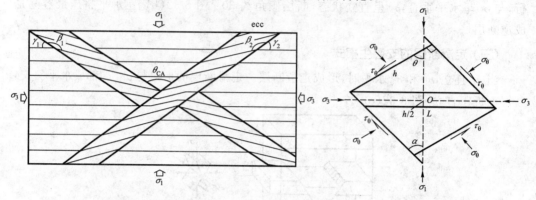

图 8-33 共轭伸展褶劈理(a)和单一岩块褶劈理失稳前边界应力状态(b)(据郑亚东,1999)

θ_{CA}—伸展褶劈理共轭角;γ_1,γ_2—伸展褶劈理与带外糜棱面理间的夹角(该例情况下相等);
β_1,β_2—伸展褶劈理与带内糜棱面理间的夹角;θ—褶劈理面法线与 σ_1 间的夹角;α—褶劈理面本身与 σ_1 间的夹角

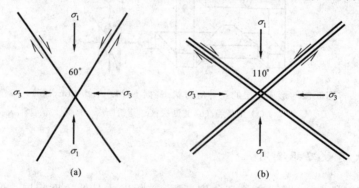

图 8-34 共轭断裂带锐角面对挤压方向(安德生模式,a)
与共轭变形带钝角面对挤压方向(b)(据郑亚东,2007)

最大有效力矩准则还可用于解释高角逆冲断层的形成、变质基底区的菱网状韧性剪切带和前陆逆冲褶皱带的冲起构造(图 8-23)。

三、哈弗奈模式

实际上,自然界应力在垂直方向和水平方向都是有变化的,因而断层面既不可能保持对于水平面和铅直面的对称关系,也不可能向深处或侧方保持断面产状的恒定。哈弗奈(W. Hafner)分析了地球内部可能存在的各种边界条件所引起的应力系统。他假定一个标准应力状态并附加以类似实际构造状况的边界条件,从而推算出各种边界应力场下潜在断层的可能产状和性质。

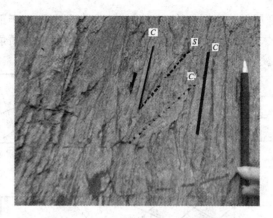

图 8-35　SCC组构（北京西山，李理摄）

S—剪切带内面理；C—糜棱岩面理；C′—伸展褶劈理

哈弗奈提出的标准状态的边界条件是：第一，岩石表面为地表，没有剪应力作用，仅受 $1.013×10^5$ Pa 的压力；第二，岩石底部，应力指向上方，等于上覆岩块的重量；第三，边界上没有剪应力作用。

任何处在标准状态下的岩石，如受水平挤压，最简单的情况就是两侧均匀受压（图 8-36）。在这种受力情况下，可能出现两组共轭逆断层，它们的产状不论在水平面上或向地下深部，均无变化。但是两侧均匀受压毕竟不是地质环境中常见的受力情况，最常见的反倒是不均匀的侧向挤压。因此，哈弗奈提出了三种附加应力状态。

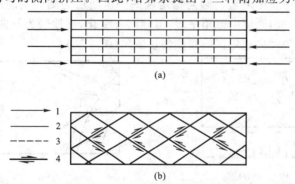

图 8-36　两侧均匀水平挤压应力作用下潜在断层的分布（据 W. Hafner，1951）

1—应力；2—最大主应力迹线；3—最小主应力迹线；4—潜在断层；(b) 图中箭头代表潜在断层的相对移动方向

三种附加应力状态均假设中间主应力轴水平，共轭剪裂角约 $60°$，以最大主应力轴等分之。

（一）第一种附加应力状态

水平挤压力不仅自上而下逐渐增大，且在同一水平面上，两端挤压力不等，图 8-37 所示为左端大于右端[图 8-37(a)箭头长度表示]，计算出的最大与最小主应力迹线如图 8-37(a)所示。图 8-37(b)显示了由附加应力形成的潜在断层分布区与应力大小不足以产生断层的稳定区。这里的潜在断层为两组倾角约 30°、倾向相反的逆断层,由于最大应力轴的倾角各点不一,并且有向右增大的趋势,所以倾向稳定区的一组逆断层的倾角自地表向下逐渐增大,但断层性质没有改变。

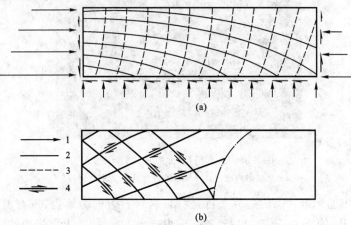

(a)

(b)

图 8-37　第一种附加应力状态(a)及潜在断层的分布(b)(据 W. Hafner,1951)
1—应力;2—最大主应力迹线;3—最小主应力迹线;4—潜在断层;(b) 中空白区为未产生断裂的稳定区

(二)第二种附加应力状态

垂向挤压力在水平方向上自左至右呈指数递减,因而稳定区远远大于潜在断层分布区,后者局限于左端一狭窄地段。倾向稳定区的一组断层为陡倾斜逆断层,其倾角自地表向下显著增大;另一组断层的倾角平缓,但倾向有变化,近地表为倾向左端的低角度逆断层,向下逐渐转变为倾向稳定区的缓倾斜正断层(图 8-38)。

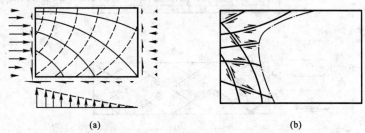

(a) (b)

图 8-38　第二种附加应力状态(a)及潜在断层的分布(b)(据 W. Hafner,1951)

(三)第三种附加应力状态

附加应力包括两种,一种为作用在岩块底面上呈正弦曲线形状的垂向力[图 8 39(b)箭头所示],一种为沿岩块底面作用的水平剪切力[图 8-39(a)底面箭头所示]。这种应力状态下形成的潜在断层产状比较复杂。在中央稳定区的上部形成两组高角度的正断层,每组断层的倾角都向深部变陡。自中央稳定区趋向边缘,断层倾角变缓,一组变成低角度正断层,另一组经高角度逆断层变成逆冲断层(图 8-39)。

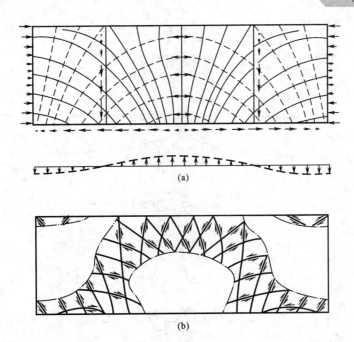

图 8-39　第三种附加应力状态及潜在断层分布(据 W. Hafner, 1951)

第五节　断层形成的构造背景

一、正断层成因分析

(一)区域水平拉伸背景下形成的正断层

1. 侧向水平拉伸

侧向水平拉伸导致沉降盆地的形成,盆地边缘造成了正断层所要求的应力条件。断陷盆地边缘的断层就是这样形成的。水平拉伸作用使 σ_3 为水平,沉积载荷使 σ_1 铅直,符合安德生的正断层形成模式。

2. 板块的分离边缘——裂谷发育过程

在板块的分离边缘——裂谷发育过程中,由于板块的背离运动,形成了大规模的区域性水平拉伸的应力条件,因而产生一系列正断层以及它们组成的地堑和地垒(图 8-40)。

(二)局部拉伸作用下形成的正断层

1. 背斜构造上发育的正断层

无论是纵弯作用还是横弯作用形成的背斜,在其外弯层必然诱导与背斜枢纽垂直的顺层张应力。而在铅直方向上则由于岩体重力造成直立应力。在这两种应力作用下可产生两组相向倾斜的正断层,并常组合成背斜顶部的纵向地堑(图 8-41)。

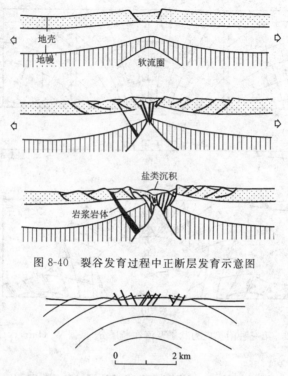

图 8-40　裂谷发育过程中正断层发育示意图

图 8-41　美国海员山背斜顶部正断层和小型地堑（据 de Sitter，1956）

在短轴背斜中，沿枢纽方向也可引起局部拉伸，从而形成走向与背斜枢纽垂直的两组倾向相反的横向正断层（图 8-42）。

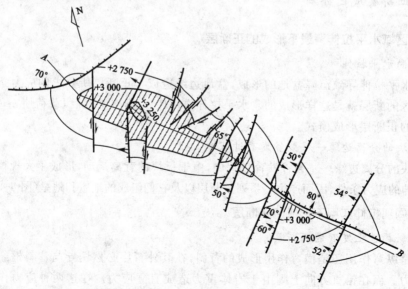

图 8-42　短轴背斜中的横断层（据 de Sitter，1964）

穹窿构造形成过程中的垂直上隆必定产生以穹窿为中心呈辐射状向穹窿外围缓倾的拉伸(σ_3)和向穹窿中心陡倾或近直立的挤压(σ_1),从而在穹窿构造顶部形成环状正断层和放射状正断层。

2. 海沟外隆处发育的正断层

海洋板块向大陆俯冲时,在海沟外侧发育有略微隆起的海沟外隆构造,与背斜顶部相似,在与外隆垂直(即与海沟方向垂直)的方向上产生侧向拉伸,造成纵向正断层,并组成地堑、地垒构造(图8-43)。

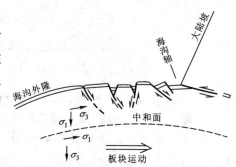

图8-43 海沟外隆上的正断层
(据 W. J. Schweller 等,1981)

(三)区域性的差异升降运动形成的正断层

差异升降运动可以在升降过渡的挠曲地段产生正断层,其产状向下降一侧陡倾。

(四)重力滑动的正断层

这种正断层的产生要有足够的重力势能与必要的自由面。在低粘度介质中,重力滑动正断层面很平缓。在浅海或大陆坡的未固结沉积物中常有这类断层发育。

二、逆断层成因分析

(一)高角度逆断层的成因

1. 造山带中与褶皱同时发育的高角度逆断层

在一些造山带中一系列轴面陡倾的紧闭同斜褶皱的倒转翼,常发育有很多相同造山期的,但比褶皱形成略晚的高角度逆断层,它们的倾向与褶皱倾向一致,甚至倾角也一致。它们是在水平侧向挤压下,造山带物质垂向差异塑性流动的一种表现(图8-44)。

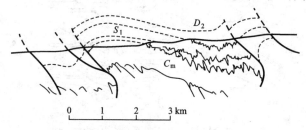

图8-44 萨拉伊尔山梁与同斜褶皱同时发育的高角度逆断层(据 гдAжгнрей,1956)

2. 造山带中与深成岩浆活动有关的高角度逆断层

在许多造山带的主要褶皱构造形成之后,往往有剧烈的岩浆活动。当岩浆从深部楔入地壳时,常形成高角度逆断层(图8-45)。

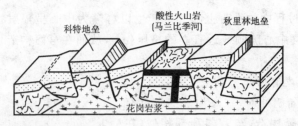

图 8-45　堪培拉区域花岗岩侵入有关的高角度逆断层(据 E. S. Hills,1972)

3. 差异升降运动造成的高角度逆断层

在侧方受限,差异升降运动造成挠曲时,由上下剪切作用产生的一组次级同旋向剪裂面,可进一步发展成为高角度逆断层(图 8-46)。哈弗奈模式中的第三种附加应力状态可解释这种断层的形成。在隆起区与下降区的交替部位,原来在隆起区的一组正断层变成了隆起区倾斜的高角度逆断层。

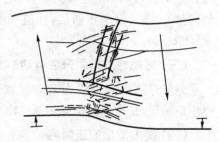

图 8-46　上下剪切作用导致的高角度逆断层(据 E. S. Hills,1972)

(二) 低角度逆断层的成因

低角度逆断层的形成符合安德生的逆断层模式。若考虑到水平应力的侧向和垂向变化,它们与哈弗奈的第一种附加应力模式相符,与第二种附加应力模式中一组在浅部向水平应力高的一侧倾斜的逆断层也相符。

1. 由褶皱进一步发展而成的延伸逆断层

在水平挤压甚强并向一侧减弱的情况下,褶皱发生倒转。倒转翼在持续变形的过程中,会逐渐被拉薄,最后沿剖面 X 剪裂面中的一组断开而成逆断层[图 8-47(a)]。这种成因的逆断层常见于造山带边缘强烈不对称褶皱的地带。

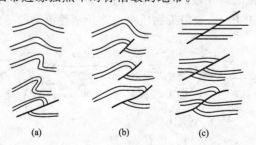

(a)　　　　　　　(b)　　　　　　　(c)

图 8-47　逆断层与褶皱的关系(据 de Sitter,1964)

(a) 延伸逆断层;(b) 破裂逆断层;(c) 剪开逆断层

2. 与褶皱同时发育的破裂逆断层

脆性岩层在水平挤压作用下可以形成开阔褶皱,同时也很快出现破裂,形成一系列在剖面 X 剪裂面基础上发育起来的破裂逆断层[图 8-47(b)]。破裂逆断层与延伸逆断层的区别在于前者形成过程中不伴有褶皱翼部岩层的减薄现象,而是与同心褶皱相联系。

3. 早于褶皱形成的剪开逆断层

剪开逆断层发生之前并无明显褶皱现象，它是在水平地层的背景上发展起来的，是水平挤压作用的结果[图8-47(c)]。剪开断层常常呈台阶式（图8-48），某些段顺岩层面滑动，形成断层弯曲褶皱。因此逆断层作用在前，褶皱作用在后。

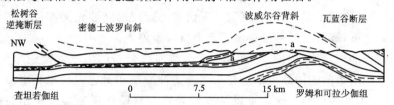

图 8-48　松树谷台阶式逆断层和断层弯曲褶皱（据 P. B. King, 1951)

4. 逆冲断层相关褶皱

与逆冲断层作用相关的褶皱形式包括断层弯曲褶皱（断弯褶皱）、断层扩展褶皱（断展褶皱）和断层滑脱褶皱（断滑褶皱）三种（图8-49），这些都属于无根褶皱。从图8-49中还可以看出，断坡在褶皱形成中具有重要作用，褶皱的几何形态和组合型式受断坡（倾角、长度、间距）、运移速度和规模、岩系组成、逆冲作用进程、滑脱层（性质、厚度和深度）诸因素的影响。

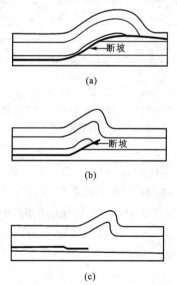

图 8-49　断层相关褶皱（据 W. L. Jamison, 1987）

（a）断层弯曲褶皱；（b）断层扩展褶皱；（c）断层滑脱褶皱

（1）**断层弯曲褶皱**（fault bend fold）。简称断弯褶皱，是逆冲岩席在爬升断坡过程中形成的褶皱作用。这种褶皱作用与断坡密切相关，褶皱发生在断坡形成之后。

（2）断层扩展褶皱（fault propagation fold）。简称断展褶皱，与下伏逆冲的断坡密切相关，不过褶皱形成于逆冲断层终端，是在断坡形成同时或近于同时发生的。这种作用意味着逆冲断层沿着断坡的位移逐渐消失以至停止，褶皱实际上是塑性应变的地质表现。

（3）断层滑脱褶皱（décollement fold）。滑脱褶皱是在一个或多个滑脱层之上形成的收缩背斜（Dahlstrom，1990）。它的形成是岩层将平行断层的位移传递到上盘地层的褶皱之中，即顺层滑脱的结果。因此，褶皱与下伏逆冲断层的断坡无关，而是产生于断层的终端。在褶皱之下，顺层滑脱的位移也逐渐消减以至停止。

中国西部含油气盆地，如位于天山南、北两侧对称分布的塔里木盆地库车前陆冲断带和准噶尔盆地南缘前陆冲断带都发育一系列逆冲断层和上述三种相关褶皱，构造变形复杂，是大油气田勘探目标。库车前陆冲断带发育有台阶状逆断层及其相关褶皱。如，断弯褶皱、断展褶皱、滑脱褶皱、双重逆冲构造、突发构造等（卢华复等，2001）。

（4）与断层相关褶皱有关的生长地层。断层相关褶皱中，褶皱发育在一定区域，这个区域由活动轴面和不活动轴面限定，称为膝折带（图 8-50）。活动轴面的下端是断层倾角的拐点。褶皱变形首先发生于活动轴面，终止于不活动轴面。因此，不活动轴面代表了活动轴面的原始位置，褶皱前二者重合，变形后二者分开，形成的膝折带代表了断层的滑移量。

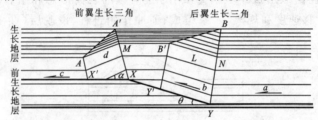

图 8-50　生长地层与生长三角（据 J. H. Shaw 和 J. Suppe，1994）

a—后断坪断层运动速度即地壳缩短速度；b—下盘断坡膝折带迁移速度；
c—中断坪和上盘断坡上盘运动速度；d—上盘断坡膝折带迁移速度；$B'Y'$、AX'—不活动轴面；
BY、$A'X$—活动轴面；θ—下盘断坡切角；α—背斜前翼倾角

断层相关褶皱的研究引出了生长地层的概念。生长地层或同构造沉积是在变形过程中沉积发育的地层，生长地层的时代就是构造形成的时代。用膝折带的宽度（生长三角的底边长度，如图 8-50 中的 d 和 L）除以生长地层的时间，可得到膝折带迁移的速率。当沉积速率大于抬升速率时，生长地层在褶皱翼部形成向上变窄的三角形，称为生长三角（图 8-50 中的△$A'AM$ 和△$BB'N$）。当沉积速率等于或小于抬升速率时，会形成明显不同形状的生长三角。

（5）断层相关褶皱的叠加类型。

① 楔形构造。

楔形构造是由自上而下相接的反冲断层和正冲断层构成（图 8-51）。楔形构造具有三个明显的特征：一是正冲断层和反冲断层同时形成并同时产生位移；二是地层在楔形体端点限制的活动轴面之内发生褶皱变形；三是反冲断层的下盘发生褶皱的同时，向前

陆方向的位移分量使上盘地层抬升。

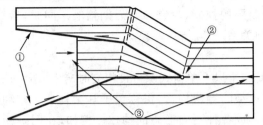

图 8-51　楔形构造变形的几何学模型(据 J. H. Shaw 等,2005)
①正冲断层和反冲断层同时发育;②褶皱限制在楔形体端点
控制的活动轴面内;③反冲断层下盘褶皱使上盘地层抬升

② 叠瓦状双重构造。

两个或多个具有共同上盘断坡和下盘断坡的逆冲岩席叠加,形成叠瓦状双重构造(图 8-52)。由断弯褶皱形成的叠瓦状双重构造有以下几个明显特征:一是具有两个以上的断坡,褶皱形态宽缓;二是断坡附近地层倾角变化明显,使前翼和后翼存在多个倾角变化带(倾角域)。

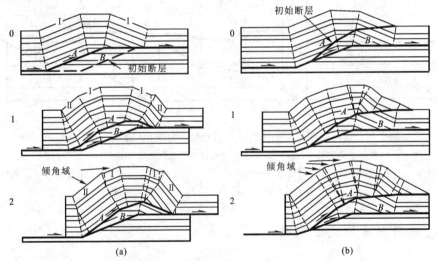

图 8-52　两种基本类型的叠瓦状双重构造(据 J. H. Shaw 等,2005)
(a) 前展式叠瓦状双重构造;(b) 后展式叠瓦状双重构造

断弯褶皱型叠瓦状双重构造分为前展式叠瓦状双重构造[图 8-52(a)]和后展式叠瓦状双重构造[图 8-52(b)]。两种构造可能分别是前展式和后展式的结果,也可能是两种方式的叠加。在前展式叠瓦状双重构造中,后期逆冲断层改造了前期逆冲作用,使前期逆冲断层及断弯褶皱又发生褶皱,新形成的断弯褶皱除保留原先的倾角域Ⅰ外,形成了倾角更陡的倾角域Ⅱ,两期褶皱存在相关性,褶皱总体形态大致不变。后展式叠瓦状双重构造与前展式叠瓦状双重构造明显不同。后期逆冲断层(A)仅仅改造前期褶皱,使其形态和前翼、后翼倾角发生较大变化,出现不同的倾角域,但两期褶皱的轴面没有相关性;前期断层不受后期断层的控制,没有参与后期褶皱。同时,后期逆冲断层上、下盘地层倾角不具备几何序列关系。

③ 干涉构造。

干涉构造在两个或两个以上单斜式膝折带相交时产生[图 8-53(b),(c)]。在横剖面上,常在向斜之上形成典型的背斜构造,俗称兔子耳朵构造。多种断层相关褶皱都可能发生膝折带干涉,从而形成各种不同形态的构造。例如,在同一断层两个转折点(拐点)的上方、叠瓦断层上方或相向倾斜的断层相关褶皱的前翼等部位,都可以见到干涉构造。膝折带的干涉可以出现顺时针或逆时针两种形式。

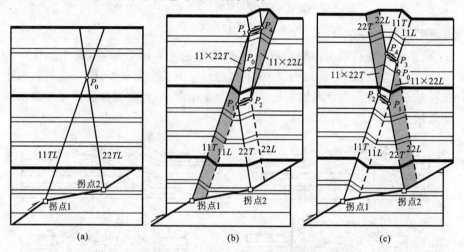

图 8-53　两个拐点的断层膝折带干涉构造的初始状态与演化(据 D. A. Medwedeff 等,1997)

(a)断层滑动前轴面的初始状态;(b)顺时针干涉几何学;(c)逆时针干涉几何学

11TL,22TL—膝折带;11T,22T—活动轴面;11L,22L—不活动轴面;11×22T,11×22L—干涉轴面

P_0—膝折带交点;P_1,P_2 及 P_3,P_4—干涉轴面连接点

三、走滑断层的成因分析

(一)走滑断层的形成方式

(1)由于不均匀的倒向挤压使不同部分的岩块在垂直于纵向逆断层和褶皱枢纽的方向上,作不同程度的向前推移可形成走向垂直于逆断层或褶皱枢纽的走滑断层(图 8-54)。其规模一般不太大,旋回也无一定规律。

(2)在侧向水平挤压作用下,当 σ_2 直立时,顺平面 X 剪节理可发育成走滑断层。其规模可大可小,旋向具有一定规律,常有共轭的两组发育,一般斜交褶皱枢纽。

(3)褶皱带中的一些纵向逆断层、碰撞带边界的一些逆断层以及某些弧后扩张的纵向正断层均可因构造应力场主压应力方向的变化而转化为走滑断层。通常它们规模巨大,平行褶皱带,且有长期活动历史。

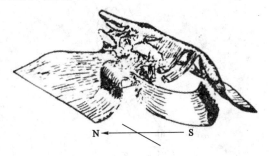

图 8-54 走滑断层的一种形成方式(据 Goguel,1962)

(二)走滑断层的应力状态

在剪切作用下断裂中可形成两组里德尔剪裂(R 和 R')及张裂(T),继之可形成压剪性断裂(P)。里德尔剪裂(R)与主走滑断层约成 15°角(内摩擦角的一半)相交,两者滑向一致(图 8-55)。压剪性断裂(P)与主走滑断层的交角小于 17°,与里德尔剪裂 R 倾向相反,但滑向一致。由于压剪性断裂(P)与两组里德尔断裂(R,R')的连接和贯通,常常将断裂带切割成一系列菱形或近菱形块体;断层的弯曲也易切割成菱形块体。因此,菱形结块与环绕结块的剪切断裂带往往构成发辫式构造或隆、坳断块间列交织的海豚式构造。

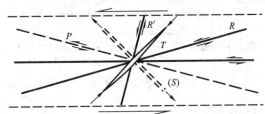

图 8-55 走滑剪切作用引起的各种断裂(据朱志澄,1999)

(三)走滑断层的派生构造

走滑断层的剪切活动可派生出次级应力场,从而形成张裂、剪裂及拖褶皱等派生构造(图 8-56)。愈近主断层,派生构造发育愈好,但不会越过主断层。派生张节理与主断面的锐角夹角指向本盘的运动方向。派生拖褶皱轴与主断层面的锐夹角指向对盘运动方向。派生剪节理有两组,与主断层旋向相同的一组,其方位比较稳定,与主断面的交角一般不超过 20°,锐夹角指向本盘运动方向;与主断层旋向相反的一组,与主断层面交角较大,且随主断层剪切运动的发育而不断变化,在实际中不能用其判断正断层的旋向。

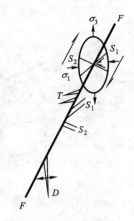

图 8-56　走滑断层派生构造示意图

F—主断层；T—派生节理；D—派生拖褶皱；S_1，S_2—派生剪节理

（四）走滑断层的收敛和分散作用

在走滑断层带中，由于断层走向的局部弯转，断层的一盘便出现平面上突出的透镜状岩块（图 8-57 中 I′）。当断层走滑活动时，必然在透镜状岩块的一端引起挤压和重叠（图 8-57 中 A），形成褶皱或逆断层，此为走滑断层的收敛作用。在透镜状岩块的另一端则引起岩块的拉开与陷落（图 8-57 中 B），此乃走滑断层的分散作用，形成正断层或断陷盆地，这种盆地称为拉分盆地（pull-apart basin）。

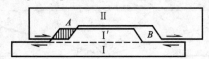

图 8-57　走滑断层收敛和分散作用示意图（据 E. W. Spencer，1977）

（五）走滑断层的垂向运动

1. **不同旋向的走滑断层相交所产生的升降运动**

若两条走向不同、旋向相反的走滑断层相互交截，在平面上便会形成楔形岩块。这种楔形岩块随着其两侧断层的剪切位移而发生升降运动。

2. **走滑断层剪切中心附近的升降运动**

同一条走滑断层的剪切运动通常是均匀的，以剪切运动量最大的地段为剪切中心，沿断层走向向两端剪切量减小。在任一断盘上，沿断盘运动方向，剪切中心的前方岩块处于挤压状态，地面隆起；后方岩块处于拉伸状态，地面下降（图 8-58）。

3. **斜列式走滑断层引起的升降运动**

斜列式的两条同旋向走滑断层沿断层走向有一段重叠区，该重叠区常发生升降活动（图 8-59）。若断层排列与走滑断层旋向相同，即左行左阶断层和右行右阶断层使重叠区处于拉张状态[图 8-59(a)，(d)]，可以形成与走滑断层垂直的正断层和拉分盆地。若断层旋向与排列相反,即右行左阶断层和左行右阶断层使重叠区处于挤压状态,可以形成与走滑断层相重叠的褶皱和逆断层,并使地面隆起[图 8-59(b),(c)]。

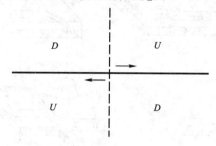

图 8-58 走滑断层引起的地面升降

D—下降区;U—上升区;虚线示剪切中心

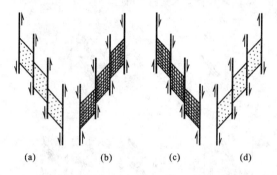

图 8-59 斜列式走滑断层引起的升降运动(据陆克政,1996)

(a)左行左阶;(b)左行右阶;(c)右行左阶;(d)右行右阶;细点为伸展区;格线为聚敛区

(六)基底走滑断层与盖层伴生构造

由于走滑断层两盘的大规模平移,断层两侧的地层在剪切与推挤作用下常形成各种褶皱构造,如果断层只切割盖层,则盖层易于产生褶皱枢纽被错开的两组褶皱组合[图 8-60(a),(b)];如果断层切割达基底,则由于基底的错开而在表层形成各种褶皱断层构造组合和大型牵引构造[图 8-60(c),(d)]。

张文佑(1984)总结了基底走滑活动控制和影响盖层构造的三种情况。

1. 基底断裂基本呈平直状态(图 8-61)

基底走滑断层在平行扭动下,盖层褶皱表现为雁列式。走滑断层错移越大,盖层构造的叠加距离越近,并呈"S"形。在走滑运动后期常伴生断裂[图 8-61(a)]。基底断裂在压扭复合作用下,盖层褶皱除表现雁列式外,还呈紧闭形态,其构造轴向与基底错动方向呈很小交角,运动后期单个盖层构造常被断层截断,并表现为反"S"形[图 8-61(b)]。基底断裂在张扭复合作用下,盖层褶皱除表现雁列式外,还呈松弛间距,其构造轴向与基底错动方向呈大角度相交,运动后期亦常被伴生断裂截断[图 8-61(c)]。

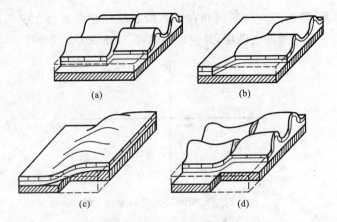

图 8-60　走滑断层伴生褶皱与牵引（据 M. Mattauer, 1980 简化）

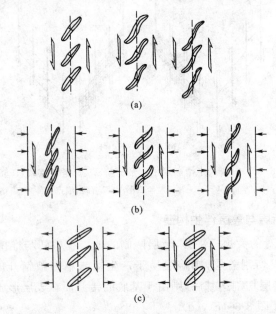

图 8-61　平直基底断裂扭动时产生的盖层构造排列形式（据张文佑, 1984）

(a) 纯走滑作用；(b) 走滑叠加挤压；(c) 走滑叠加伸展

2. 基底断裂呈不平直状态（图 8-62）

基底断裂呈锯齿状，在扭动时，两平行边为扭性，转折部呈张性。前者所控制的盖层为雁列式背斜，后者所控制的盖层构造为一向斜或凹陷区[图 8-62(a)]。中间转折处为挤压时，两端盖层同样为雁列式背斜，中间为一紧闭并伴有轴向逆断层的背斜[图 8-62(b)]。

3. 基底平直的交叉断裂（图 8-63）

在剪切作用下，盖层常形成弧形构造，大致分三类：第一类弧形构造，即李四光所称的"山"字形构造，其形成原理与横梁弯曲相同，当弧内侧岩石比较柔软时，便形成与弧形走向垂直的纵向压性构造,称为脊柱[图 8-63(a)];第二类弧形构造,即李四光所称的大陆"边缘弧"构造,弧内岩石比较脆硬,无明显脊柱,仅仅出现平缓穹窿[图 8-63(b)];第三类弧形构造,即西太平洋边缘弧,弧形内侧没有纵向脊柱,代之以明显的横向张裂带,相当于弧后伸展盆地[图 8-63(c)]。

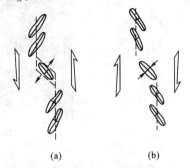

(a)   (b)

图 8-62　基底断裂不平直情况下扭动时产生的盖层构造排列形式(据张文佑,1984)

(a) 张性转折;(b) 压性转折

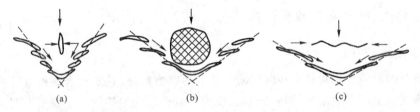

(a)   (b)   (c)

图 8-63　基底平直的交叉断裂扭动时形成的盖层弧形构造(据张文佑,1978)

(a) 第一类弧形构造;(b) 第二类弧形构造;(c) 第三类弧形构造

第六节　断层的标志

断层活动总会从与产出地段有关的地层、构造、岩石、地貌、地球物理等方面反映出来,便形成了断层标志。

一、构造线不连续

任何线状和面状地质体,如地层、矿层、岩脉、侵入体与周围的接触面、片理或相带等均顺其产状延伸。如果这些线状和面状地质体在平面上或剖面上突然中断、错开,不再连续,说明有断层存在(图 8-64)。

图 8-64(a)是断层造成的构造线不连续现象的图示。走向断层 F_1、倾向断层 F_2 和斜向断层 F_3 分别切断地层或早期断层,或在平面上或在剖面上,或者既在平面上又在剖面上,地层或早期断层均显示出构造线的中断。为了确定断层的存在和测定错开的距离,在野外应尽可能查明错断层的对应部分。

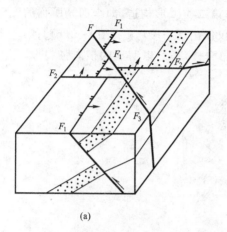

(a)   (b)

图 8-64   断层引起的构造线的不连续现象

(a) 构造线不连续示意图；(b) 秦皇岛石门寨西门下奥陶统亮甲山组中发育的小断层

二、擦痕、阶步和纤维状晶体

(一)擦痕

擦痕是断层两盘相对错动在断层面上留下的摩擦痕迹，是两盘岩石被磨碎的岩屑和岩粉在断层面上刻划的结果(图 8-65)，表现为一组比较均匀的细纹。擦痕有时表现为一端粗而深，一端细而浅。由粗向细一般指示对盘运动方向。用手顺擦痕方向轻轻抚摸，常可以感觉到顺一个方向比较光滑，而相反方向比较粗糙，感觉光滑的方向指示对盘运动方向。

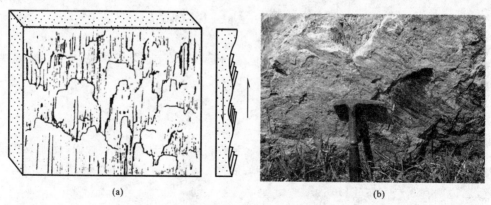

(a)   (b)

图 8-65   擦痕和阶步

(a) 北京西山奥陶系灰岩断层面上的擦痕和阶步，擦痕和阶步由纤维状方解石晶体构成(据杨光荣素描，1978,引自徐开礼等,1984)；(b) 山东莱芜文祖断层中发育的擦痕和阶步(李理摄)

（二）纤维状晶体

纤维状晶体又称为滑抹晶体。最常见的是石英或方解石纤维状晶体（图 8-66）。当断层两盘相对位移时,垂直位移方向的一些断口上会出现小空隙,淋滤到小空隙中的溶液所含的 SiO_2 或 $CaCO_3$ 析出结晶成石英或方解石晶体。随着位移不断进行,空隙不断增大,晶体沿着空隙增大的方向不断增长,最终形成纤维状晶体。所以,纤维状晶体的延伸方向,指示了断层两盘相对位移方向。

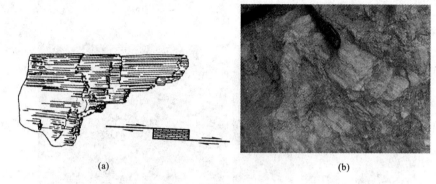

(a)　　　　　　　　　　　　　　(b)

图 8-66　断层带中纤维状晶体及其形成过程示意图
（a）纤维状晶体及其形成过程；（b）山东马站沂水—汤头断裂中的生长纤维（孙钰皓摄）

（三）阶步和反阶步

阶步是发育在断层面上或纤维状晶体中的一种小陡坎,其高度一般不超过数 mm,延伸方向大致与擦痕或纤维状晶体的延伸方向垂直[图 8-66(b);图 8-67(a),(c)]。小陡坎是一组横向拉断面或者是纤维状晶体的顶面,由于是背着断层两盘相对位移的方向而被保留下来,因此它是指向断层对盘相对位移方向。

反阶步与阶步形态十分相似,所不同的是在小陡坎的根部有切入岩石的小裂缝[图 8-67(b),(d)]。这是由于断层两盘相对位移时,断层面受到剪切应力的作用,使两侧产生羽状剪裂面切入岩石或形成楔形张节理。小陡坎的倾向指向本盘相对运动方向。

三、断层破碎带和构造岩

（一）断层破碎带

断层两盘相对运动,互相挤压,使附近的岩石破裂,形成与断层面大致平行的破碎带,称为断层破碎带,简称断裂带。断层破碎带的宽度有大有小,小者仅数 cm,大者达数 km,甚至更宽,与断层的规模和力学性质有关。

在压性和剪性断层的破裂带中,经常可以看到透镜状的岩石碎块,称为构造透镜体（图 8-68、图 8-69）。一般认为,构造透镜体长轴和中间轴组成的平面往往与断层面斜交,锐夹角指示同侧盘的运动方向。

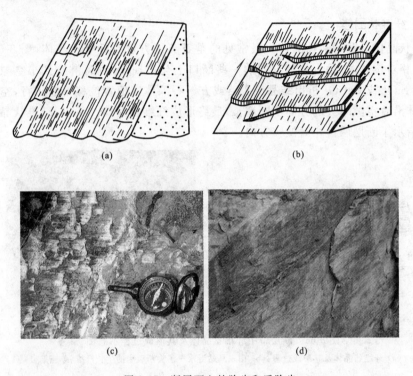

图 8-67 断层面上的阶步和反阶步

（a）由摩擦形成的阶步；（b）由羽列剪裂形成的反阶步；（c）山东临沂张夏组鲕粒灰岩
断层面上的阶步（李理摄）；（d）山东诸城下白垩统砂岩断层面上的反阶步（李理摄）

（二）断层构造岩

　　断层构造岩是断层带上的岩石在断层作用中被搓碎、研磨，甚至重结晶、再定向又固结的岩石。根据断层构造岩研磨破碎的程度以及重结晶和定向性，将脆性断层构造岩分为以下几类：

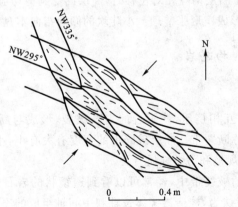

图 8-68 南京小九华山断层带中的构造透镜体（据徐开礼和朱志澄，1984）

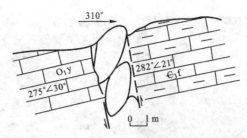

图 8-69 秦皇岛潮水峪断层带中的构造透镜体

O_1y—冶里组；$\in_3f$—凤山组

1. 构造角砾岩（tectonic breccia）

构造角砾岩具碎裂结构，角砾状构造。主要由直径大于 2 mm 的碎斑（角砾）组成，角砾呈棱角状，大小混杂、排列紊乱；基质由细小的破碎物（碎基）和外源 Fe 质、Mn 质、Ca 质胶物组成（图 8-70）。多出现在正断层中。

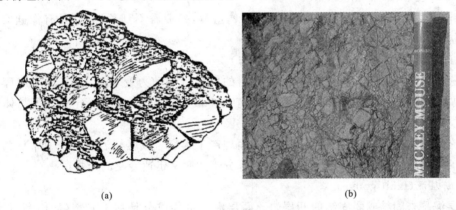

图 8-70 构造角砾岩

（a）苏州泥盆系砂岩中的构造角砾岩（据陆克政，1996）；（b）山东临沂张夏组灰岩中的构造角砾岩（李理摄）

角砾岩种类很多，如不整合的底砾岩、火山角砾岩、同生角砾岩、膏盐角砾岩、岩溶角砾岩等，在野外应注意区分。区分的主要标志是：角砾岩成分及其与围岩的同源关系，是否顺层发育，是否有摩擦搓碎现象等。

2. 构造砾岩（tectonic conglomerate）

构造砾岩具碎裂结构、角砾状构造，主要分布于压性和剪性断裂带中，角砾多呈透镜状、椭圆状，常呈弱定向或定向排列（图 8-71），有时排列成雁行式，胶结物有时也显示出定向性，围绕角砾，甚至发育成流劈理。

3. 碎裂岩（cataclasite）

碎裂岩具碎裂结构、块状构造，岩石经断层活动研磨得极细，一般看不到砾石，主要由碎基组成。

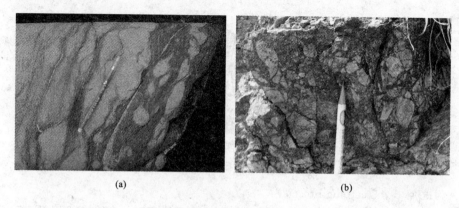

(a)   (b)

图 8-71　构造砾岩(李理摄)

(a) 山东淄博奥陶系灰岩中的构造砾岩;(b) 山东泗水太古宇中的碎裂花岗砾岩

4. 超碎裂岩(ultracataclasite)

超碎裂岩为由断层活动研磨成的极细的构造岩,一般看不到角砾,并具有像硅质岩的致密构造,并在断层面上形成板状薄层。

5. 假玄武玻璃(pseudotachylite)(假熔岩)

假玄武玻璃(假熔岩)是一种貌似玄武岩的黑色特殊动力变质岩,具有玻璃质碎屑结构,块状构造。在隐晶质-玻璃质基质中有或多或少的石英、长石、石榴石等晶体碎屑。

假玄武玻璃岩呈细脉状、层状沿裂隙或面理产于碎裂岩或糜棱岩之中。通常认为假玄武玻璃是高应变速率下,强烈变形造成的部分熔融而又迅速冷凝的产物。

6. 断层泥(fault gouge)

断层泥是未固结或弱固结的断层岩。断层泥的主要成分是粘土矿物(如伊利石、高岭石和蒙脱石),其次为原岩的碎粉和碎粒,是断层剪切滑动、碎裂、碾磨和粘土矿化作用的产物,一般呈不同颜色的条带平行于断层面分布。

从构造角砾岩→构造砾岩→碎裂岩→超碎裂岩→假熔岩以至断层泥,在一定程度上可以看做是一个动力变质强化系列。这个系列的完整程度,既取决于断层错动强度和持续时间,还取决于断层错动时的温度状态和岩石性质,此外还有构造应力和应力状态的影响。

四、地层的重复和缺失

一套顺序排列的地层,由于走向断层的影响常在平面上和垂向上造成两盘地层的重复和缺失。这种重复和缺失现象与断层性质(正断层或逆断层)、断层面和地层两者的倾向和倾角关系有关(图 8-72、表 8-1)。

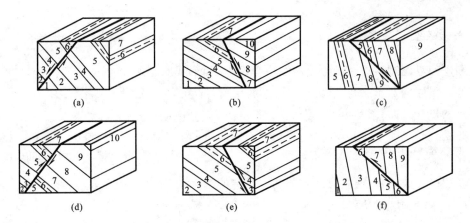

图 8-72　走向断层造成的地层重复与缺失（据徐开礼和朱志澄，1984）

(a) 平面重复，垂向缺失；(b) 平面缺失，垂向缺失；(c) 平面重复，垂向重复；

(d) 平面缺失，垂向重复；(e) 平面重复，垂向重复；(f) 平面缺失，垂向缺失

表 8-1　走向断层造成的地层重复与缺失

断层性质	观察部面	断层倾向与地层倾向的关系		
		相反	相同	
			断层倾角大于岩层倾角	断层倾角小于岩层倾角
正断层	平面	重复	缺失	重复
	垂向	缺失	缺失	重复
逆断层	平面	缺失	重复	缺失
	垂向	重复	重复	缺失

五、牵引构造和逆牵引构造

（一）牵引构造

断层一盘或两盘紧邻断层的岩层，常发生明显的弧形弯曲，叫做牵引褶皱（drag）。牵引褶皱的枢纽平行于断层面，弯曲凸出的方向指示本盘位移方向［图8-73(a)］。关于牵引褶皱的成因有两种看法，一种认为是断层两盘相对错动对岩层拖曳的结果；另一种认为先挠曲后断层。实际工作中要具体情况具体分析。

图 8-73　牵引及逆牵引

(a) 牵引；(b) 逆牵引

（二）逆牵引构造

在正断层的上盘常发育逆牵引（reverse drag），又称滚动背斜，弯曲凸出方向与本盘位移的方向相反［图8-73(b)］。逆牵引是在弯曲断层面上运动的结果（图8-74）。

六、派生构造

断层两盘相对移动或派生出次级应力场，从而形成断层的派生构造。派生构造不会穿过主干断层。利用派生构造可确定断层两盘的位移方向(图8-56)。

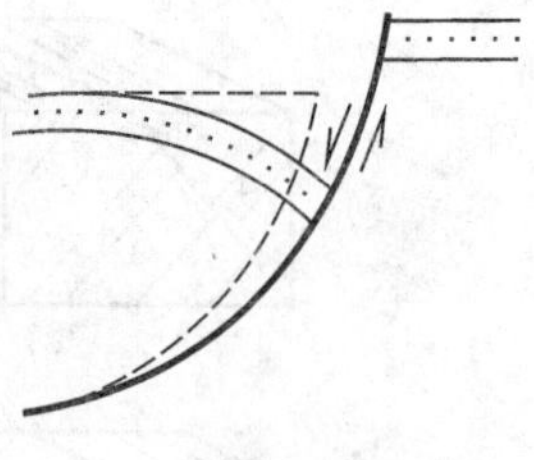

图 8-74　逆牵引成因
(据 W. K. Hamblin,1965)

七、地貌标志

断层带是破碎带，通常具有软弱和多孔隙的特点，容易在地貌上显示出来。

（一）断层崖

由于断层两盘的相对滑动和差异剥蚀作用，常使断层面裸露地表，形成陡崖，这种陡崖通常称为断层崖。太行山山前断裂带使太行山于河北平原西缘拔地而起，成为华北平原的西部屏障。盆地与山脉间列的盆岭地貌更是断层造成一系列陡崖的良好例证。秦皇岛石门寨潮水峪逆断层保留有原始的断层崖(图8-75)，上盘上寒武统凤山组薄层泥质条带灰岩与下盘下奥陶统冶里组厚层灰岩经相对运动和后期差异风化形成，断层崖为下奥陶统冶里组厚层灰岩，其上发育擦痕、阶步和摩擦镜面等断层面特征。

图 8-75　秦皇岛石门寨潮水峪逆断层断层崖

（二）断层三角面

在山区，断层崖受到与崖面垂直方向的流水侵蚀切割，形成沿断层走向分布的一系列三角形陡崖，即断层二角面(图8-76)。秦皇岛石门寨东部落西山也发育明显的断层三角面，为正断层的上升盘经过流水侵蚀后的次生断层崖。

另外，山脊被错断、河流折线式改变方向[图8-12（b）]、湖泊洼地的串珠状分布、泉水的带状分布等通常也是断层活动造成的。

图 8-76　断层三角面(张进江摄)

八、海豚效应和丝带效应

对走滑断层而言,在走滑断层面倾斜方向相同的情况下,在一个横穿断层的剖面上观察是正断层,而在另一处剖面则显示逆断层。即相邻剖面的相对上升盘、滑距类型和方向不同,这种现象被称做海豚效应(图 8-77)。

若走滑断层面总的看近于垂直,但沿其走向其倾斜方向有变化,结果也会造成有视"正"断层和视"逆"断层的表现。这种现象被称做丝带效应(图 8-77)。

九、地震时间剖面上的标志

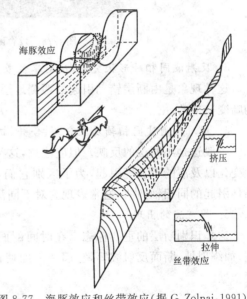

图 8-77　海豚效应和丝带效应(据 G. Zolnai,1991)

断层在地震时间剖面上的主要标志可归结为:

1. 反射波同相轴错断

断层规模不同可表现为反射标准层的错断和波组波系的错断。在断层两侧波组关系稳定,波组特征清楚,这一般是中、小型断层的反映。其特点是断距不大,延伸较短,破碎带较窄(图 8-78)。

2. 反射同相轴数目突然增减或消失,波组间隔突然变化

在断层的下降盘地层变厚,而上升盘地层变薄甚至缺失,这种情况往往是基底大断

裂的反映。其特点是断距大,延伸长,破碎带宽。这种断层对地层厚度起着控制作用,一般是划分区域构造单元的分界线。

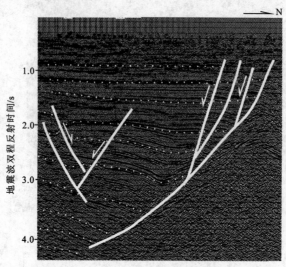

图 8-78　发育断层的地震剖面

3. 反射波同相轴形状突变,反射零乱或出现空白带

这种现象是由断层错动引起的两侧地层产状突变,或是断层面的屏蔽作用和对射线的畸变造成的。

4. 标准反射波同相轴发生分叉、合并、扭曲、强相位转换等现象

一般这是小断层的反映。但应注意,这类变化有时可能是由地表条件变化或地层岩性变化以及波的干涉等引起,为了区别它们,要考虑上下波组关系进行分析。对于地表条件引起的同相轴扭曲,通常表现为对不同深度的同相轴都产生一样的影响。

5. 异常波的出现

这是识别断层的重要标志。在时间剖面上,反射层中断处,往往伴随出现一些异常波,如绕射波、断面反射波等,它们一方面使记录复杂化,另一方面也成为确定断层的重要依据。

十、布格重力异常 Δg 平面图上的标志

在布格重力异常 Δg 平面图(图 8-79)上,下列部位常存在断层:

(1) 线性重力高与重力低之间的过渡地带[图 8-79(a)];

(2) 异常轴线明显错动的部位[图 8-79(b)];

(3) 串珠状异常的两侧或轴部所在位置[图 8-79(c)];

(4) 两侧异常特征明显不同的分界线[图 8-79(d)];

(5) 封闭异常等值线突然变宽、变窄的部位[图 8-79(e)];

（6）等值线同形扭曲部位［图 8-79（f）］。

十一、磁异常图上的标志

一个磁性层或磁性体当其被断层错开时，不论是上下错动还是水平错动，当断距较大时，都会使磁异常发生明显变化。一般上盘的磁异常强度大而范围小，下盘的磁异常反映为缓、宽、弱和较平稳；若为水平错动，磁异常等值线会发生扭曲，异常轴向发生明显变化（图 8-80）。

在地质研究中，应注意观察、发现和收集指示断层存在的各种标志，结合其他地质条件和背景，加以综合分析，以作出确切而又适当的结论。

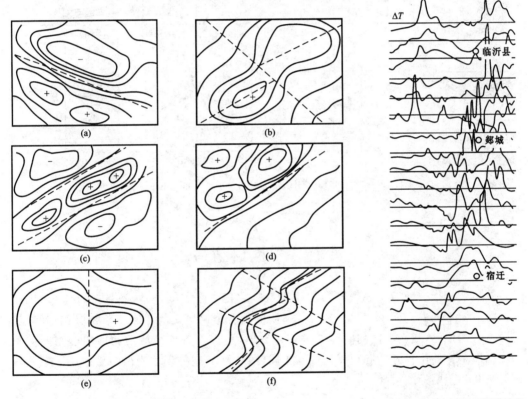

图 8-79　标有断层的 Δg 平面图

图 8-80　郯-庐断裂带沂沭段
磁异常图（据地质部，1957）

十二、测井资料上的标志

断层面实际是一个破碎带，且常造成上下盘不同岩性相接触，因此在自然电位、电阻率等测井曲线上有明显反映。断层两盘常发育牵引构造、逆牵引构造等派生构造，利用地层倾角测井资料能较好地确定断层（图 8-81）。

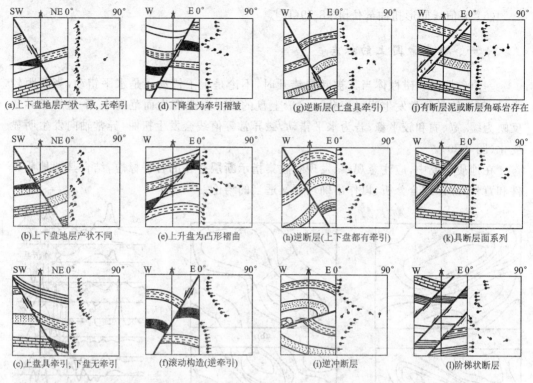

图 8-81　不同类型断层的倾斜矢量特征图(据 Schlumberger,1970)

第七节　断层效应

断层效应指被断地层表现出的位移情况。它是由断层的产状、断层的真位移、地层的产状以及不同的剖面位置等因素及其不同的组合情况决定的。同一条断层,当其切过不同产状的地层,或在不同的剖面上进行观察时,可以发现以断层两侧地层的错开关系为依据而测算的位移方向和距离也各不相同(图 8-82),这种现象叫做断层效应。下面具体分析几种主要的断层效应。

一、走向断层

(1)沿断层面倾斜滑动的走向断层,如图 8-83,总滑距 ab 等于倾斜滑距。在垂直于断层走向上的剖面上观察的视位移与真位移一致,但在剥蚀以后的平面上却显示出比断层实际拉开距离(即总滑距的水平投影)为大的水平断距。地层倾斜愈缓,这种视位移的水平距离也愈大。

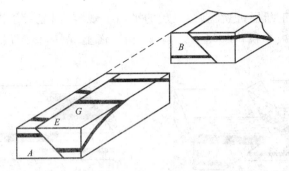

图 8-82　切过背斜的横向走滑断层在褶皱两翼剖面上分别
显示正断层和逆断层的假象（据 J. E. Gill, 1971）

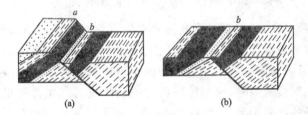

图 8-83　走向断层效应图示（据 M. P. Billings, 1972）

(a) 剥蚀以前；(b) 剥蚀以后

ab—总滑距

（2）沿断层走向滑动的走向断层，不论真位移距离多少，也不论在平面上或剖面上观察，均无视位移。

二、倾向断层

（1）沿断层走向平移的倾向断层，如图 8-84，总滑距 ab 等于走向滑距。平面上根据相当层测得的视位移等于真位移，但剥蚀以后在垂直于断层走向的剖面上，则显示不出其走滑特点，而造成逆断层性质的错觉。从图上还可以看出，其视位移随地层倾角增大而增大。

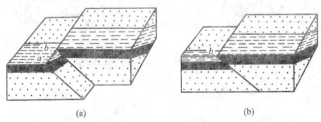

图 8-84　倾向断层效应图示（一）（据 M. P. Billings, 1972）

（2）沿断层面倾斜滑动的倾向断层（正断层或逆断层），如图 8-85 为正断层，其总滑距 ab 即倾斜滑距。在垂直于断层走向的剖面上，根据相当层测得之视位移 cd 与真

位移 ab 一致,应为正断层;但在剥蚀以后的平面上观察,则显示了沿走向的视位移,而且随着地层倾角的减小视位移增大。因此,在平面上观察,该断层很容易被误认为是走滑断层。

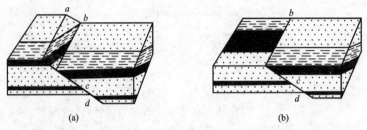

图 8-85　倾向断层效应图示(二)(据 M. P. Billings,1972)

沿断层倾斜线滑动的倾向断层横截轴直立的直立对称背斜,在剥蚀以后,上述平面上的断层效应同时表现在背斜的两翼,造成两翼相当层之间的水平距离在下降盘变小,在上升盘变大,以及两盘同一翼的相当层向两个方向被拉开,拉开的距离彼此相等。如系横切轴面倾斜的斜歪背斜时,则剥蚀以后的平面效应与直立背斜相同,只是两翼的相当层在两盘被拉开的距离不等,倾角较小的一翼,相当层被拉开的距离较大,而倾角较大的一翼该距离较小。横切向斜的情况恰与背斜相反。

(3)斜向滑动的倾向断层,上盘斜向下滑时,会出现三种效应:第一,如果滑移线与岩层在断层面上的迹线平行,则不论总滑距大小如何,水平面上或剖面上岩层好像没有平移(图 8-86);第二,如果滑移线的侧伏角大于岩层在断层面上迹线的侧伏角,剖面上表现为正断层,而水平面上表现为平移错开(图 8-87);第三,如果滑移线的侧伏角小于岩层在断层面上迹线的侧伏角,剖面上表现为逆断层,而水平面上表现为平移错开(图 8-88)。当倾向断层的上盘在断层面上斜向上滑时,上述三点的第二、第三点则出现相反的情况。

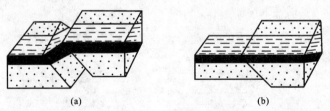

图 8-86　倾向断层效应图示(三)(据 M. P. Billings,1972)

三、斜向断层

斜向断层兼有走向断层和倾向断层的双重效应。因此按照走向滑动、倾斜滑动和斜向滑动三种情况可以得出斜向断层的各种效应。例如,走向滑动的走向断层没有视位移,但走向滑动的倾向断层在垂直于断层走向的剖面上则有倾斜视位移(图 8-84)。

因此,走向滑动的斜向断层亦有倾斜视位移。又如,沿断层面倾斜线滑动的走向断层在平面上虽无走向视位移,但倾向断层则有走向视位移。因此,倾斜滑动的斜向断层也有走向视位移(图 8-89),斜向滑动的斜交断层则兼有上述两种效应,其情况更复杂一些。

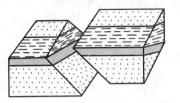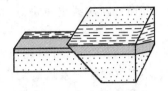

图 8-87　倾向断层效应图示(四)(据 M. P. Billings,1972)

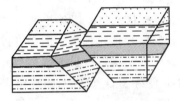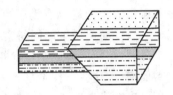

图 8-88　倾向断层效应图示(五)(据 M. P. Billings,1972)

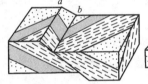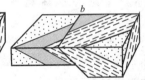

图 8-89　斜交断层效应图示(据 M. P. Billings,1972)

四、顺层断层

顺层断层面平行于地层层面滑动,故不论平面上或剖面上都没有任何地层被错开的效应,犹如没有发生一样。

从以上断层效应分析中可看出,只在一个剖面上或平面上观察断层,是不全面的。一定要考虑到断层三维空间的立体形象,多方面观察断层的各种标志并结合断层效应进行分析,才有可能准确鉴别断层的性质。

第八节　断层的观察与研究

断层观察与研究的任务是分析和确定断层的几何学特征、运动学特征和动力学特征。在通过观察断层标志确定断层存在的基础上,测量断层产状,确定两盘相对运动方向,分析断层的活动时代,分析断层组合规律以及与其他构造的关系,探讨断层的形成机制及其产生的地质背景和物理背景。

一、断层面产状的测定

在露头区,断层面有时出露于地表,可以直接测量断层面产状。如果断层面比较平直、地层切割强烈而且断层线出露良好,可以根据断层线的"V"字形来判断断层面的产状。

在覆盖区,根据钻孔资料,可以用三点法求取断层面的产状。地震资料也用来断定断层面产状,但不能仅根据一条地震剖面确定断层面产状,因为地震剖面不一定与断层走向垂直,应根据两条或多条相互不平行的剖面来测定。根据重力资料也可计算出断层面的产状。

断层伴生和派生的小构造也有助于判定断层产状。与断层伴生的剪节理带和劈理带一般与断层面一致。断层派生的同斜紧闭褶皱带、片理化构造岩的面理以及定向排列的构造透镜体带等,常与断层面成小角度相交。这些小构造变形愈强烈、愈压紧,距断层面也愈接近。需要指出,这些小构造的产状常常是易变而急变的,需要测量一定的数量并进行统计分析以确定代表性的产状,然后加以利用。

二、断层两盘相对运动方向的确定

确定断层两盘的相对运动方向不仅对确定断层性质、分析其成因机制有重要意义,而且对寻找矿产、预报灾害等同样具有重要意义。具体的确定方法有:

(一)根据两盘地层的新老关系

走向断层或纵断层,上升盘一般出露老地层[图 8-72(a),(b),(d),(e)]。但是如果地层倒转或断层倾角小于地层倾角,则老地层出露为下降盘[图 8-72(c),(f)]。

(二)根据褶皱核部的宽窄变化

横断层或斜断层切过褶皱核部,对背斜来讲,上升盘核部变宽,下降盘核部变窄。对于向斜来讲,上升盘核部变窄,下降盘核部变宽(图 8-90)。

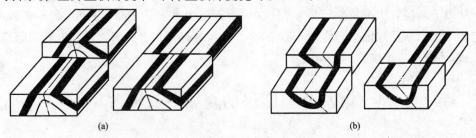

(a)   (b)

图 8-90 横断层造成褶皱核部的宽窄变化(据徐开礼和朱志澄,1984)

(a)背斜;(b)向斜

（三）根据地层的重复与缺失

在已知断层面产状和地层产状的情况下，根据地层的重复与缺失情况可以确定断层两盘的相对运动方向（图 8-72）。

（四）根据牵引构造和逆牵引构造

牵引构造中岩层弯曲所指示的两盘相对运动方向与逆牵引构造正好相反（图 8-73、图 8-74），应注意区分两者。

（五）根据擦痕、阶步和反阶步

单独利用擦痕判断断层两盘的相对运动方向难度较大，但若与阶步结合起来则既容易又准确。要注意辨别阶步和反阶步（图 8-67）。

（六）根据构造透镜体和断层角砾岩

单个构造透镜体最大切面与断层面的夹角关系和多个构造透镜体的雁行式排列可用于判断断层两盘的相对运动方向（图 8-69）。压碎角砾岩中砾石的雁行式排列同样可用于判断断层两盘的相对运动方向。如果断层切断并错碎某一标志性岩层或矿层，根据该层角砾在断层带中的规律性分布可以判断两盘的相对运动方向（图 8-91）。

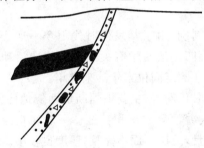

图 8-91 断层带中标志层角砾的分布示上盘上升

（七）根据派生构造

根据派生构造的力学性质和与主断层的交角关系，可以判断主断层两盘的相对运动方向（图 8-56）。帚状断层的力学性质和旋向同样可用于判断主断层两盘的相对运动方向，一般主断层为走滑断层，其力学性质和旋向与帚状断层相同。

（八）根据断层两侧层序、厚度、岩相和倾斜的突变

生长正断层（详见本章第九节）地层厚度大的一盘为下降盘，地层厚度小的一盘为上升盘；走滑断层两侧厚度、层序、岩相或地层倾向都可能发生突变。

（九）根据走滑断层收敛、分散作用和升降活动

根据走滑断层的形态和收敛、分散作用发生的部位，可以判断断层两盘的相对运动方向（图 8-57）。斜交走滑断层、斜列走滑断层可引起岩块的升降活动，走滑断层剪切中心附近也可发生升降活动（图 8-16、图 8-58、图 8-59）。根据这种升降活动和断层的形态，

可以判断走滑断层两盘的相对运动方向。

需要指出的是,断层活动是复杂多变的,常是多期次的,先期活动留下的各种现象常被后期活动所磨失、破坏、叠加、改造,而最后留下的只是改造变动过的或最后一次活动的痕迹。因此在运用上述标志时,需进行统计分析并互相印证。

三、断层活动时代的确定

确定断层的活动时代主要利用断层与不整合面的关系进行。对于一次构造运动形成的断层,它会切穿一套较老的地层并终止于某一个不整合面上,而不切穿不整合上覆较新地层。这种断层的活动时间必然在这套较老的地层中的最新地层之后,在其上覆的一套较新地层中的最老地层之前。它同不整合面及其代表的构造运动时间是一致的。

如果断层切割的一套地层之上,未见区域性不整合覆盖的较新地层时,那么应利用别的方法和标志来确定断层的活动时代。例如利用断层的相互切割关系和侵入岩体的关系来确定其活动时期。如果断层切割岩体、岩脉或矿体,则说明断层是在岩体或矿体形成之后形成的;如果有岩体、岩脉或矿脉充填在断层中,则说明断层的活动时代早于岩体、岩脉或矿体的形成时代。然后,再利用放射性同位素法测定岩体的年龄,就可确定断层的活动时代。

对现代活动断层时代的判别,由于其发生时代距今不远,常常保留了较好的地貌特征,因此可借助于地貌学和第四纪地质学有关沉积与构造活动的标志来确定,还可以在探测空间定位的同时适当采样测定同位素年龄来定年。

对长期活动断层的发育时代问题,主要根据断层两侧地层的对比予以确定。长期活动断层一般规模较大,并控制着两侧的沉积特征。一般在正断层下降盘,地层沉积连续完整,厚度较大;在断层上升盘,地层剖面不完整,厚度也较小。

四、断层活动的叠加

地质历史时期,构造应力场的性质和方向会发生改变,方向相反的应力场的更迭会产生相反的地质构造,这就是反转构造(inverted structure)。一般而言,反转构造是指在构造演化中伸展构造系统和挤压构造系统相互转换和相互作用的产物,它与地球动力条件改变有关,是不同阶段、不同动力条件下,构造变形或体系的叠加与复合的构造样式。对于断层而言,两期相反的应力场会产生两种断层叠加形式。由正断层转变为逆断层,称为正反转构造(图 8-92);由逆断层转变为正断层,称为负反转构造。

在构造研究中,常常利用上下构造比较的方法来识别正反转构造的发育程度,分出多种类型,其中主要包括下列几种(图 8-93):

(一)上下皆正

反转程度低,反转量小,逆断距尚不足以抵消原来的正断距[图 8-93(a)]。

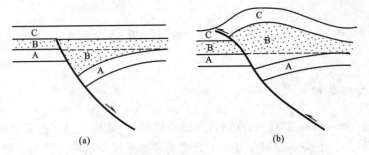

图 8-92　正反转构造示意图（据陆克政,1998）

（a）伸展半地堑；（b）挤压产生正反转构造

A—前裂陷期层序；B—同裂陷期层序；C—后裂陷期层序

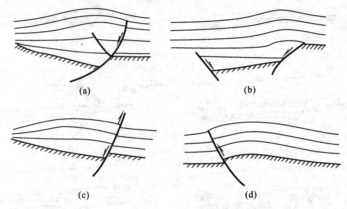

图 8-93　正反转构造发育程度和样式类型

（据陈发景和刘德来,1994）

（二）上褶下正

反转不强烈时形成平缓褶皱,当反转增强可形成强烈褶皱,并可能被剥蚀为削截背斜[图 8-93(b)]。

（三）上逆下正

在半地堑沉积较厚,逆断距小于前期正断距时,剖面上可见上部为逆断距,下部为正断距[图 8-93(c)]。

（四）上下皆逆

当后期逆断距超过前期正断距时,剖面上可见上、下皆为逆断距[图 8-93(d)]。

因此研究反转构造需要研究挤压前拉张伸展程度和后期挤压缩短程度;研究褶皱与断层之间的运动学关系;确定构造反转运动的期次和时间;研究构造的升降作用(地层的剥蚀程度分析)等。

第九节　生长断层

一、生长断层的概念

生长断层（growth fault）是在沉积过程中长期发育、逐渐"生长"起来的断层。其落差随深度增加而增大，下降盘地层厚度比上升盘相应的地层厚度明显增大。图 8-94 是以三角洲前积过程中前缘部位断层发育为例，说明生长断层发育过程的模式图。

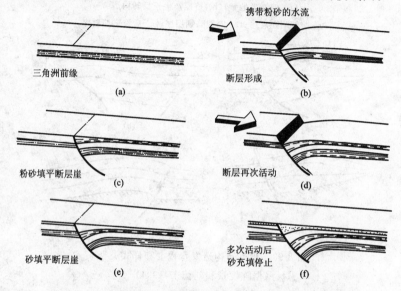

图 8-94　理想的生长断层演化模式图（据 M. H. Rider，1978）

(a) 三角洲前缘部位粉砂质沉积环境中出现薄弱带；(b) 沿薄弱带形成断层；

(c) 三角洲前缘部位断层崖被填平 ；(d) 断层再次活动，出现新的断层崖；

(e) 三角洲向前推进，断层崖又被砂质沉积物填平，可以看出砂层向断层面方向加厚；

(f) 断层不断活动，沉积物不断充填，形成一套复杂的砂质层系

生长断层的上升盘和下降盘是一个相对的概念。事实上，大部分生长正断层发育过程中，两盘都在下降，都处于接受沉积的状态，只不过上升盘的沉降速度明显低于下降盘。

生长断层发育过程中，沉积物是以牵引负荷方式搬运的，不会呈悬浮状态。因为悬浮状态的搬运、沉积不可能造成上、下盘地层的厚度差。所以，生长断层主要发育在碎屑岩系中，特别是较粗的碎屑岩。就世界范围来讲，生长断层主要发育在海相陆缘地区（被动大陆边缘），在我国，生长断层主要发育在断陷盆地中。

生长断层也称为同生断层、同沉积断层等。

二、生长断层的基本特征

(一) 断层性质

生长断层可以是正断层,主要为张性和张扭性断层,也可以是台阶状逆断层。中国西部含油气盆地广泛地发育生长逆断层,我国东部含油区多见生长正断层,也见到生长逆断层。

(二) 平面特征

按照断层走向与区域构造线的关系,可分为走向生长断层和非走向生长断层。前者受区域构造运动的影响,和区域构造线走向一致,而且往往和基底断层有一定的成因联系。非走向生长断层主要受局部构造因素的控制,例如盐丘的上拱或差异压实因素等。

单条生长正断层在平面上常呈弧形,凹面指向下降盘,具有中段倾角小而位移量大、两端倾角大而位移量小的特点(图 8-95)。在侧向张应力作用下,断层自 P 点开始,然后逐渐向两端扩展。在扩展的过程中,由于端点应力集中,因此两端应力较大,而中点 P 张应力较小。按莫尔破裂准则,P 点附近的内摩擦角比两端小。如图 8-96 所示,圆 O_1 为 P 点附近破裂应力圆;φ_1 为 P 点破裂时的内摩擦角;圆 O_2 为两端的破裂应力圆;φ_2 为两端破裂时的内摩擦角。显然 $\varphi_2 > \varphi_1$,内摩擦角小者,主应力与剪破面之夹角就大,因 σ_1 直立,断层面的倾角比较小。因此 P 点附近该断层的倾角小于两端该断层面的倾角。从位移量来看,由于 P 点经历断层作用的时间长,因而其位移量大于两端。

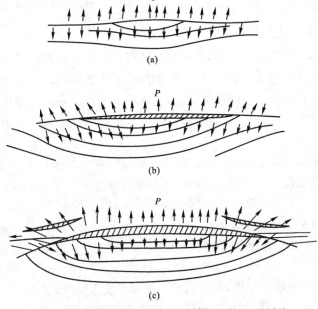

图 8-95 弧形正断层发育图示(据 de Sitter,1964)

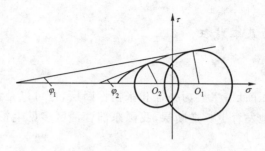

图 8-96　弧形正断层的应力圆

（三）下降盘地层明显增厚

这是识别生长正断层最基本的标志。两盘厚度差越大说明断层活动越强烈(图 8-97)。

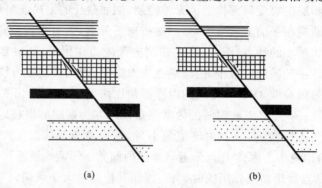

图 8-97　生长正断层(a)与一般正断层(b)两盘地层厚度变化的对比图示

（四）落差随深度增大而增大

　　生长正断层由于长期发育,上部的年轻地层沉积时发生的断层活动产生的落差必定累积叠加到下部较老地层中的落差上。所以层位愈老愈深,落差应愈大。理论上,如果一条生长断层在沉积过程中始终在活动,那么断层上的任何一个标准层的落差都应等于上下盘该标准层以上全部地层的厚度差,即反映该层以上全部地层沉积过程中断层活动的总和。

　　对于基底卷入式大型生长断层,即控制巨型沉积盆地的边界断层来说,它可能延入基底很深以至到上地幔。对于中、小型沉积盆地以及盆地内发育的次级生长断层来说,其落差向深部增大不是无限的。再向深处逐渐减小,以至消失。消失的形式有:

　　(1)断面向深部逐渐变缓,垂直落差减小,水平位移增大,最终成为顺层拆离断层。更多的是成为顺基底面滑动的断层。而水平位移则通过岩层的侧向压实将能量释放。

　　(2)向深部断入塑性岩层中,断层的能量被缓冲或吸收掉。

　　(3)断层的岩层本身具有弹、塑性,向深部逐渐将能量吸收。

（五）断层面上陡下缓呈铲形

这是生长正断层普遍具有的引人注目的特征。一系列重要的构造现象都和这一特征有关。渤海湾地区的生长断层浅层断面倾角多在 70°以上，向深层逐渐变到 40°～30°以下。

引起断层面铲形弯曲的因素是多方面的。深部断层倾角变缓与出现异常孔隙流体压力有关。压实作用使地层厚度变小，先存断层的倾角也必然变小，随深度加大压实作用增强，故断层面表现为铲形。

随深度加大，岩层所受围压增大，岩石内摩擦变小，从而导致断层面倾角变缓。如图 8-98 所示，在浅部（圆Ⅰ），因岩体重力小，σ_1 很低，破裂应力圆

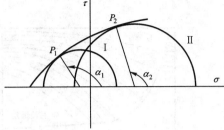

图 8-98　正断层破裂应力圆

Ⅰ—浅部；Ⅱ—深部

靠左，与破裂包络线切于 P_1 点，断层面的倾角 $\left(\dfrac{\alpha_1}{2}\right)$ 较大。在深部（圆Ⅱ），上覆岩体重力大，

σ_1 值高，破裂应力圆偏右，与破裂包络线切于 P_2 点，断层面的倾角 $\left(\dfrac{\alpha_2}{2}\right)$ 就较小。

（六）沉积滑动构造

生长断层活动期间，由于岩层尚未固结成岩，受到扰动或其他应力而发生塑性变形，产生沉积滑动构造，其主要形态为塑性-半塑性的滑塌构造、流动褶皱、砂砾岩、微型沉积间断和搅混构造等等。其规模自几 m 至几百 m。由于这种构造和地史期间的生长断层活动有着极为密切的成因联系，因此，常作为生长断层附近岩层结构的一种标志性特征。

（七）生长断层下降盘砂层的层数增多，单层厚度增大

这是生长断层控制沉积的相当普遍也是相当重要的特征。这一特征为油气提供了良好的储集条件。

（八）掀斜断块和逆牵引构造

生长断层发育过程中由于发生掀斜式旋转和拉张，常在上升盘形成掀斜断块，下降盘形成逆牵引构造——滚动背斜（rollover anticline），也叫逆牵引背斜（reverse drag fold）、逆倾斜（dip reversal）、翻转构造（turnover）。

滚动背斜是在生长断层活动时由于两盘之差异压实作用和下降盘沉积层的重力作用形成的弧形弯曲现象，故一般发育在产状平缓的地层中，而且发育在同生断层的下降盘上。它是生长断层的标志性伴生构造[图 8-99（a）]。它的弯曲方向与断层两盘相互摩擦、牵引而形成的正牵引的弯曲方向恰好相反（图 8-73），所以，滚动背斜又称做"逆牵引构造"。所谓"逆牵引"只是形态上对比的名词，并非真正的构造牵引现象。逆牵引弧形弯曲的凸出方向指示对盘的运动方向（与正牵引相反），逆牵引构造走向与断层走向一

致,高点向深部偏移的轨迹与断面大致平行。当铲式断层发育成坡坪式时,发育伸展断层滚动褶皱[图 8-99(b)]。

同逆冲断层作用发育相关褶皱一样,滚动背斜和滚动褶皱产生之后会发育生长地层(图 8-99)。

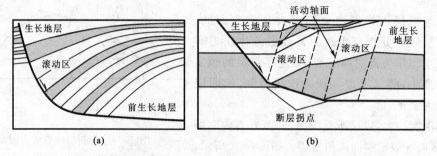

图 8-99　伸展断层相关滚动褶皱(据 J. H. Shaw 和 J. Suppe,1997)

三、生长断层的成因

从基本动力来源分析,生长断层有两种成因:一是构造运动因素,强调基底断层活动对上覆沉积盖层的影响。就是说沉积盖层中的生长断层受基底断层控制,是区域构造运动的产物。它可能是由地壳的垂直运动引起的,也可能是由水平运动引起的。另一种是重力因素,沉积盖层自身的重力以及由此产生的重力滑动、沉积压实、异常孔隙流体压力和塑性流动导致了生长断层的发育。

四、生长断层基本研究方法

在确定了生长断层的存在和性质之后,需要对其进行定量研究。目前的主要研究内容包括生长指数分析、断层活动强度分析、正断层伸展量的计算、铲形断层滑脱深度的计算、铲形断层面形成的恢复等。

(一)生长指数分析

正断层生长指数是下降盘地层厚度与上升盘地层厚度的比值。即:

$$Q = \frac{H_1}{H_2} \tag{8-2}$$

式中　Q——生长指数;

　　　H_1——下降盘厚度;

　　　H_2——上升盘厚度。

对同一条断层应分别计算各个时期的生长指数。生长指数大,说明断层活动较强烈;生长指数小,说明断层活动较微弱;生长指数为 1,说明断层不活动。生长指数小于 1,说明断层性质反转,即正断层在某一时期表现为逆断层。对于小于 1 的生长指数要慎重分析。图 8-100 说明孔店期(E_k)、沙四期(Es_4)、沙三和沙二期(Es_{3-2})、沙一期(Es_1)是断层的强烈活动时期,沙一期(ES_1)、东营期(Ed)断层的活动性较弱,馆陶期(Ng)、明化镇期(Nm)和第四纪(Q)断层停止活动。

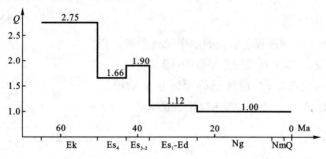

图 8-100　东营凹陷二级断层生长指数图

(二)断层活动强度分析

断层垂向活动特征主要通过断层活动速率加以分析。该参数既保留了断层落差的优点,又能弥补断层生长指数由于缺少时间概念所带来的不足,能够更好地反映断层活动特点。

在沉积补偿前提下,不考虑沉积压实,断层两盘同一岩层厚度差(落差 Δh)能够表示断层活动造成的构造沉降。落差与岩层沉积时间相比,即为断层活动速率(v_f)。

1. 生长正断层

$$v_f = \frac{H_h - H_f}{T} \quad (v_f > 0) \tag{8-3}$$

式中　v_f——断层活动速率;

　　　H_h——上盘厚度;

　　　H_f——下盘厚度;

　　　T——岩层沉积时间。

2. 边界正断层

$$v_f = \frac{H_h + H_{f,e}}{T} \quad (v_f > 0) \tag{8-4}$$

式中　v_f——断层活动速率;

　　　H_h——上盘厚度;

　　　$H_{f,e}$——下盘剥蚀厚度。

3. 生长逆断层

$$v_f = \frac{-H_{h,e} - H_f}{T} \quad (v_f < 0) \tag{8-5}$$

式中　v_f——断层活动速率;

　　　H_h——上盘厚度;

$H_{h,e}$——上盘剥蚀厚度。

当断层发生构造负反转时，断层活动速率 v_f 由负值到正值。

（三）伸展量的计算

伸展量是正断层活动过程中岩块的水平拉开距离。当岩层水平时，伸展量（e）等于断层的水平滑距（图 8-101）。

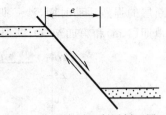

图 8-101　水平岩层正断层剖面图

若岩层为倾斜或弯曲时，伸展量等于断层活动前后剖面长度之差。图 8-102、图 8-103 中，伸展量 $e=x-l$。

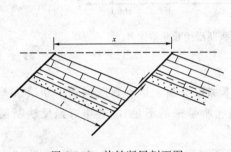

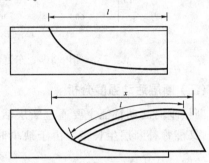

图 8-102　旋转断层剖面图　　　　　图 8-103　铲形断层剖面图

（四）铲形断层滑脱深度的计算

如图 8-104 所示，铲形断层拉伸过程中，面积 A 等于发生位移后产生的潜在的孔隙面积 B，面积 C 是以产生滚动背斜方式弥合潜在空隙的面积。因为面积 A 是伸展量（e）和滑脱面深度（d）的函数。因此，按照实际剖面资料测量出面积 C，就可根据伸展量计算出滑脱深度。

$$A=B=C, \quad d=\frac{C}{e} \tag{8-6}$$

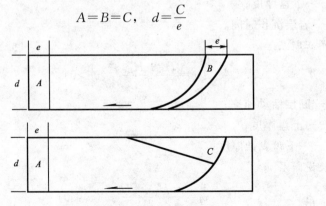

图 8-104　铲形断层滑脱深度的计算

（五）根据地层长度平衡原理和水平滑距编制铲形正断层剖面

滚动背斜的任何一部分形态都反映这一部分的正下方铲形断层上的累计滑动量。利用这一关系，可以根据滚动背斜形态作出铲形断面向深部的延伸形态。采用这种方法有两个前提条件，一是假定下降盘上的滚动背斜为一弯滑褶皱，即断层的总滑距由上往下减小，从而产生收缩应变；其二是滚动背斜的地层厚度不变。剖面编制分以下两种情况。

1. 单一铲形正断层剖面的编制

（1）Davison 作图法。方法如图 8-105 所示，首先计算出断层的水平滑距［图 8-105（a）］，由 A 点作垂线与区域倾向线 XY 相交于 B。由点 A 开始沿下降盘地层画弧，弧长为 l_a，得到点 C。再由 C 作垂线与 XY 相交于点 D，得到水平断距 BD，长度为 l_b。自点 C 画弧长 l_b，得到点 E。如此反复作下去，直到最后画出的弧线与 XY 平行（即图 8-105 中的 l_h）。将 $B,C,D,E,\cdots,l_M$ 等点连接起来，得到 $BC,DE,\cdots,l_M$ 等线段，这些线段必定代表断层的轨迹。然后将线段 BC 向下平行移动使得 B 点与 A 点重合。再将线段 DE 向下平行移动，使点 D 与点 C 重合。如此下去，最终得到图 8-105（a）中的断层剖面，将得到的 l_h 与最初估算的断层水平伸展量比较，即可有效地检验地层长度平衡作图法的精度。利用图 8-105（b）上图中的等式可以计算出滑脱深度，即断层变为水平处的深度。

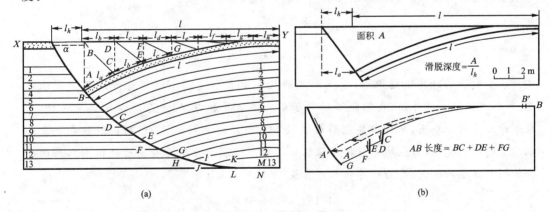

图 8-105　铲形正断层剖面的编制（据 I. Davison，1986）

（2）Kilsdonk 作图法。M. W. Kilsdonk 据滚动背斜由挠曲产生的观点，修正作图方法，并用面积平衡法检验，此方法求算型式断层滑脱面深度误差仅为 0.3%。

具体作图方法为：在图 8-106 中，x,a_1 为相当点，a_1x' 为上盘标志层。过 x' 作 xx' 垂线 X，a_1x' 长为 L_1，自 x' 沿 $x'x$ 选取长为 L_1 的线段 $x'p$，定 p 点，xp 长为 H，为水平断距。从 a_1 向 X 作垂线 a_1b_1，与 xx' 平行，a_1b_1 长为 L'_2，b_1x' 长为 t_1，自 b_1 点作与 a_1x' 平行、长度为 L'_2-H 的线段 b_1a_2，定 a_2 点，连接 a_2a_1。如此反复进行，直到完成整个剖面，就可作出铲式断层的底界面来。

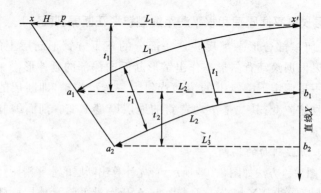

图 8-106　层长-层厚作图法求铲式断层滑脱深度（据 M. W. Kilsdonk，1989）

2．具有反向正断层的铲形主断层剖面的编制

如图 8-105（b）所示，沿滚动背斜发育反向（或同向）次级正断层，基本作图法与图 8-105（a）相似。但需要计算出主断层本身的总位移量，次级断层所引起的位移必须消除，即必须将标志层恢复成光滑、连续的曲线 AB，而后将曲线 AB 平行于标志层的区域倾向朝主断层移动，直到点 A 与主断层相接触为止。此时，AB 的位置应是图 8-105（b）中 A′B′ 的位置，其余的作图方法与图 8-105（a）相同。这种方法包含了用肉眼进行光滑曲线的恢复引起的误差。所以次级断层落差大时，误差也大。

小　结

单个断层的野外踏勘识别，是从断层的几何要素出发的。根据野外断层识别的标志，并参考区域构造作用，我们能够断定断层的性质并加以描述、分类。回到室内后，从整体出发绘制地质图，分析者要能够相互联系各断层之间的关系，识别出断层在平面和剖面上的组合类型，为区域分析提供证据和材料。断层的分析重在通过几何形态和组合分析判断断层的成因、先后顺序和形成背景。

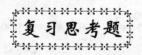

复习思考题

1．什么是断层？与节理的区别是什么？

2．断层的几何要素有哪些？指示怎样的地质含义？

3．什么是滑距、相当点？

4．断层的分类有哪些？指出分类的依据和所包括的断层类型。

5．什么是逆冲断层、推覆构造？

6．断层相关褶皱有几种？其形成条件各是什么？

7. 描述构造窗和飞来峰的概念,并指出如何在地质图上识别两种构造。

8. 走滑断层为什么比较难识别? 如何研究走滑断层?

9. 试述断层的识别标志,并指出各标志识别的具体方法。

10. 什么是擦痕、阶步、构造岩、逆牵引构造?

11. 从平面、剖面上如何根据地层的重复和缺失判断断层性质?

参考文献

[1] Hatcher R D. Structural geology: principles, concepts, and problems(2nd edition). New Jersey: Englewood Cliffs, Prentice Hall, 1995:111-198.

[2] Hobbs B E, Means W D, Williams P F. 构造地质学纲要. 刘和甫等译. 北京:石油工业出版社,1982.

[3] Medwedeff D A, Suppe J. Mutibend fault-bend folding. Journal of Structural Geology, 1997, 19(3-4): 279-292.

[4] Ragan D M. 构造地质学几何方法导论. 邓海泉等译. 北京:地质出版社,1984.

[5] Ramsay J G, Huber N L. 现代构造地质学方法. 徐树桐译. 北京:地质出版社,1991:312-359.

[6] Sibson R H. Structural permeability of fluid-driven fault-fracture meshes. Structural Geology, 1996, 18(8):1 031-1 042.

[7] 戴俊生. 构造地质学及大地构造. 北京:石油工业出版社,2006.

[8] 戴俊生,李理. 油区构造分析. 东营:石油大学出版社,2002.

[9] 傅昭仁,蔡学林. 变质岩区构造地质学. 北京:地质出版社,1996:110-128.

[10] 李本亮,管树巍,陈竹新,等. 断层相关褶皱理论与应用——以准噶尔盆地南缘地质构造为例. 北京:石油工业出版社,2010.

[11] 刘德良,杨晓勇,杨海涛,等. 郯-庐断裂带南段桴槎山韧性剪切带糜棱岩的变形条件和组分迁移系. 岩石学报,1996,12(4):573-588.

[12] 卢华复,贾承造,贾东,等. 库车再生前陆盆地冲断构造楔特征. 高校地质学报,2001,7(3):257-271.

[13] 陆克政. 构造地质学教程. 东营:石油大学出版社,1996.

[14] 马杏垣. 嵩山构造变形:重力构造、构造解析. 北京:地质出版社,1981.

[15] 张恺,陆克政,沈修志. 石油构造地质学. 北京:石油工业出版社,1989.

[16] 王燮培. 石油勘探构造分析. 北京:中国地质大学出版社,1990.

[17] 徐开礼,朱志澄. 构造地质学. 北京:地质出版社,1984.

[18] 许志琴,崔军文. 大陆山链变形构造动力学. 北京:冶金工业出版社,1996:21-83.

[19] 游振东,索书田. 造山带核部杂岩变质过程与构造解析——以东秦岭为例. 武汉:中国地质大学出版社,1991:56-79.

[20] 俞鸿年,卢华复. 构造地质学原理. 北京:地质出版社,1986.

[21] 张文佑. 断块构造导论. 北京:石油工业出版社,1984.

[22] 朱志澄. 逆冲推覆构造. 武汉:中国地质大学出版社,1989.

[23] 郑亚东. 共轭伸展褶劈理夹角的定量解析. 地学前缘,1999,6(4):390-395.

第九章　韧性剪切带

第一节　韧性剪切带的概念和基本类型

一、剪切带概念

剪切带是地壳和岩石圈中广泛发育的主要构造类型之一(图 9-1),可以在不同层次、不同环境下发育,其尺度可从超显微的晶格位错到造山带或变质基底内几十 km 宽和上千 km 长的韧性剪切带。剪切带的研究不仅是造山带研究中的重要课题,而且在整个岩石圈构造及全球构造动力学方面具有重要意义。

(a)　　　　　　　　　(b)

图 9-1　野外剪切带
(a) 北京西山切割太古宇片麻状花岗岩的脆性剪切带(李理摄);
(b) 山东临沂条带状片麻岩中的韧性剪切带(李理摄)

二、剪切带的类型

根据剪切带的几何产状和运动方式,可将剪切带划分为走滑(平移)型剪切带、推覆(逆冲)型剪切带和滑覆(正断)型剪切带等三种类型。根据剪切带发育的物理环境和变形机制的不同,可将剪切带划分为脆性剪切带、脆-韧性过渡型剪切带和韧性剪切带三种基本类型(图 9-2、图 9-3)。

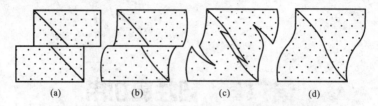

图 9-2　剪切带的类型图示(据 J. G. Ramsay,1980)

(a) 脆性剪切带;(b) 脆-韧性剪切带;(c) 韧-脆性剪切带;(d) 韧性剪切带

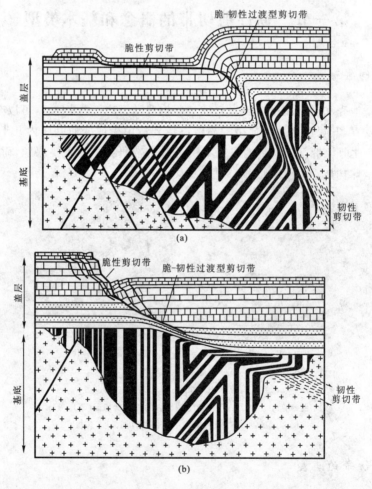

图 9-3　地壳中发育的脆性剪切带(据徐树桐等,1991;译自 Ramsay 等,1987)

(a) 地壳挤压区;(b) 地壳伸展区

　　剪切带内岩石形变各不相同。根据剪切带内岩石内基质(相对于细粒化基质)的含量、基质粒度、岩石是否固结,以及由于剪切变形岩石是否发育面理,Sibson(1977)提出了剪切带内岩石类型划分方案。剪切带内岩石主要有三种类型:① 角砾岩系,包括非固结和无面理化岩石;② 碎裂岩系,包含固结的任意组构的岩石;③ 糜棱岩系,包括固结的面理化岩石。地质学家通常用"碎裂岩"表示任何角砾岩系,用"糜棱岩"表示任何糜棱岩系。

图 9-4(a)所示为这些岩系的不同亚类(岩石类型)(Sibson,1977)。以花岗质岩系为例,图 9-4 同时给出了每一岩系发育的大致压力-温度条件(变质级别)(Hull 等,1986)。图 9-5 是一些断层带和剪切带岩石的典型样品和薄片的照片。

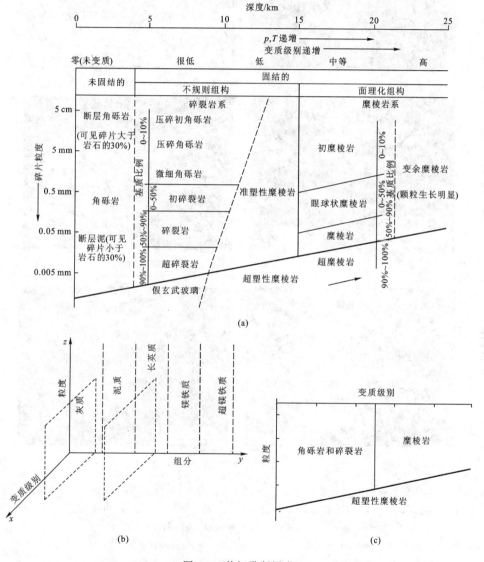

图 9-4　剪切带断层岩

(a) 石英-长石质(如花岗岩)的断层岩石分类(据 R. H. Sibson,1977);

(b) 粒度-变质级别-岩石组分关系图,用于断层岩分类(据 J. Hull 等,1986);

(c) 泥灰质断层岩图表,糜棱岩和超塑性糜棱岩区域与(a)中花岗岩质的区域相比有所扩大

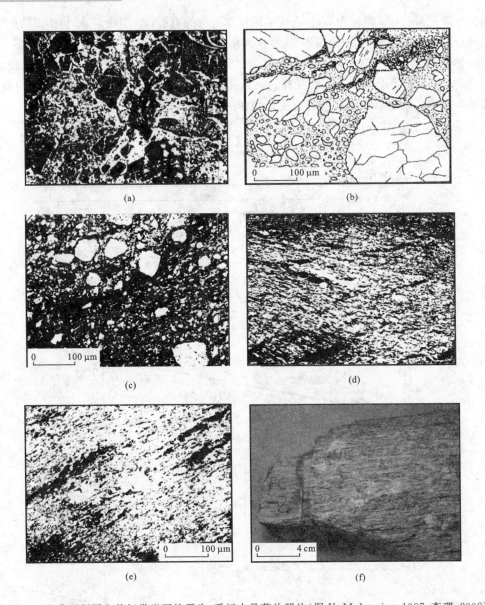

图 9-5　一些典型断层和剪切带岩石的露头、手标本及薄片照片(据 K. M. Lumino,1987;李理,2008)
(a) Tennessee Appalachian 冲断带中的断层角砾岩;(b) Wind River Mountains 中碎裂岩薄片素描图;
(c) Wind River Mountains Wyoming 地区 White Rock 冲断带中面理化碎裂岩碎片;
(d) Appalachian Mountains of Virginia,Blue Ridge 地区准塑性糜棱岩;
(e) 准塑性糜棱岩薄片,注意粉碎的长石碎斑;(f) 山东临沂糜棱岩手标本(李理摄)

（一）脆性剪切带（断层或断裂带）

脆性剪切带是在地壳上部的低温、高孔隙压力和静压力比较小的条件下发生的脆性变形的产物。它通常发育在地壳浅层，位于地表 5～10 km 处，变形受脆性控制（图 9-3）。脆性剪切带的特点是具有一个或多个清楚的不连续界面[图 9-2(a)]，两盘位移明显，变形集中在个别不连续面上，伴生有各种碎裂岩系列的断层岩，其两侧岩石几乎未受变形。第八章讨论的断层属于脆性剪切带。

（二）脆-韧性过渡型剪切带

脆-韧性过渡型剪切带是介于脆性和韧性变形机制之间的一种剪切带。它有多种类型，主要形式有两种：① 似断层牵引现象的脆-韧性剪切带[图 9-2(b)]，在韧性变形的岩石内部发育不连续面，沿不连续面可能产生摩擦滑动，而其两侧一定范围内的岩层或其他标志物则发生一定程度的塑性变形；② 韧-脆性剪切带由张裂脉的雁行状排列表现出来[图 9-2(c)]，雁列张裂隙反映岩石的脆性变形，而张裂隙之间的岩石一般受到一定程度的塑性变形。

（三）韧性剪切带

韧性剪切带是岩石在塑性状态下发生连续变形的狭窄高剪切应变带[图 9-2(d)、图 9-6]。典型的韧性剪切带内变形状态从一盘穿过剪切带到另一盘是连续的，不出现破裂或不连续面，带内变形和两盘的位移完全由岩石的塑性流动或晶内变形来完成，并遵循不同的塑性或粘性蠕变律。因此，韧性剪切带具有"断而未破，错而似连"的特点[图 9-2(d)]。

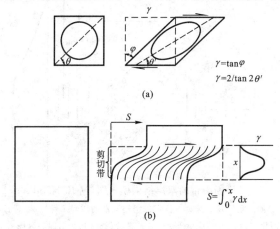

图 9-6　据剪切带内面理方向的改变判断剪切力和位移（据 S. Marshak，1998）

大多数的韧性剪切带在变质作用中形成，剪切带岩石多具有变质岩特征，特别是发育有面理和变质矿物（图 9-7）。

以上三种剪切带反映了它们形成时岩石力学性质的差异，也反映了地壳和岩石圈不同层次、不同物理环境和不同流变机制条件下岩石的应变局部化特征。在空间和时间上,它们有着紧密的联系,且可以相互转换或过渡(图9-8)。在地壳浅层形成的剪切带为脆性,并发育角砾岩系或碎裂岩系岩石;而在深层形成的剪切带,由于经历了高温高压作用,多为韧性,且发育糜棱岩系岩石。由于地壳和岩石圈具有流变学的分层性,故地壳或岩石圈尺度上的剪切带流变模式也是很复杂的。简单说来,由浅层至深部,剪切带的性质和产状变化是多重的(图9-9)。

图 9-7　Swedish Caledonides 眼球状片麻岩中发育的
近水平韧性剪切带(据 R. D. Hatcher,1995)

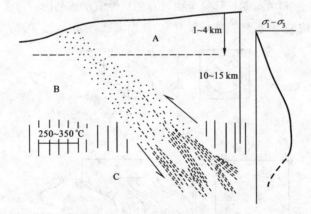

图 9-8　一条大型断裂带的双层结构模式图(据 R. H. Sibson,1977)

A—未固结断层泥及角砾发育区;B—固结的组构紊乱的压碎角砾岩、碎裂岩系发育区;
C—固结的面理化糜棱岩系列及变余糜棱岩发育区;250~350℃地温区域为脆性断裂与
韧性剪切带过渡区;右侧为变形深度及应力差值大小曲线

　　描述剪切带应包含以下要素:① 剪切带(挤压和倾斜)的方向;② 剪切带两盘的相对运动(滑动方向和位移);③ 带宽;④ 剪切带内的形变类型(韧性还是脆性);⑤ 剪切带和两盘岩石间的过渡类型(带边界是渐变的还是突变的)。

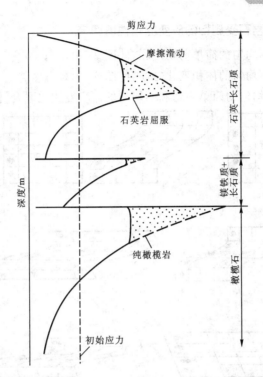

图 9-9　大陆岩石圈剪应力-深度剖面示意图（据 Rutter 和 Brodie，1988）

第二节　韧性剪切带的几何特征

　　韧性剪切带有两个基本结构要素，即剪切带的两盘（壁）和两盘所限制的强塑性变形带。剪切带的两盘可以是平行的，也可以是弯曲的。前者的几何边界条件是：① 具有相互平行的两盘或边界；② 沿每个横断面的位移相同，这表明岩石的有限应变方向和性质在横过剪切带的各剖面上是一致的。后者沿剪切带走向两盘可能收敛、汇合或分散，不同位置上剪切带横剖面的变形情况存在变化。根据剪切带的边界条件和位移情况，韧性剪切带划分如下。

一、韧性剪切带的几何类型

（一）剪切带外的岩石未受变形的韧性剪切带

（1）不均匀的简单剪切［图 9-10(b)］；

（2）不均匀的体积变化［图 9-10(c)］；

（3）不均匀的简单剪切和不均匀的体积变化之联合［图 9-10(d)］。

（二）剪切带外的岩石受到均匀应变的韧性剪切带

（1）均匀应变与不均匀的简单剪切之联合[图 9-10(e)]；

（2）均匀应变与不均匀的体积变化之联合[图 9-10(f)]；

（3）均匀应变、不均匀的简单剪切和不均匀的体积变化之联合[图 9-10(g)]。

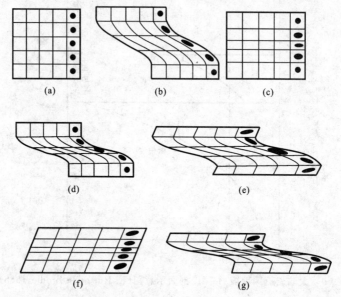

图 9-10 韧性剪切带的几何类型(据 J. G. Ramsay,1980)

(a) 原始状态；(b)～(g) 各种类型的韧性剪切带

二、简单剪切带的基本几何关系

各类剪切带的变形都是非均匀简单剪切。一个非均匀简单剪切可看做是若干个无限小的均匀剪切带的组合。因此，一个小的均匀简单剪切单元的应变特征是分析所有剪切带变形的基础。在分析均匀简单剪切单元的基本几何关系时，一般作如下假设（图 9-11）：

（1）坐标的选择。设平行剪切方向为 X 轴，剪切面为 XY 面，Y 轴垂直于 X 轴，Z 轴垂直于 XY 面[图 9-11(a)]。

（2）设应变椭球的三个主应变轴为 X_f、Y_f 和 Z_f，并且 $X_f \geqslant Y_f \geqslant Z_f$，同时还假设 Y_f 不变，即 $e_2 = 0$。作为平面应变分析，中间应变轴 Y_f 包含在平行剪切带两边界的平面中。在 XZ 面上测得主应变轴 X_f 与 X 轴的夹角为 θ'。

（3）设原先存在的平面标志层在 XZ 面上的迹线与 X 轴在变形前的夹角为 α，变形后的夹角为 α'。原单位半径的圆变为应变椭圆，其主轴沿 X_f 长度为 $l+e_1$，而沿 Z_f 的长度为 $l+e_3$。X_f 的旋转角度 $\omega = \theta - \theta'$，$\gamma$ 为剪应变，ψ 为剪切角，d 为平行 X 轴的位移距离。

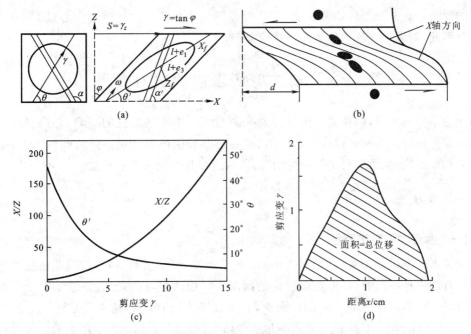

图 9-11 剪切带内的剪应变图示(据 J. G. Ramsay,1980)
(a) 简单剪切系统中应变椭圆与剪切的关系;(b) 横过剪切带应变的连续变化;
(c) 剪应变与轴率的关系曲线;(d) γ-x 曲线图(x 为距离)

在上述假设条件下,剪切带的基本几何关系可表示为:

$$\gamma = \tan \psi \tag{9-1}$$

$$d = \gamma \cdot z \tag{9-2}$$

$$\tan 2\theta' = 2/\gamma \tag{9-3}$$

$$\cot \alpha' = \gamma + \cot \alpha \tag{9-4}$$

式中 z——小单元剪切带的宽度。

据剪切带内面理(S)与剪切带边界的夹角及其变化可以测量平行于剪切带的剪应变,从而计算出横过剪切带的总位移。具体的计算方法是:在垂直于 Y 轴的剪切带的剖面(XZ 面)上,横穿剪切带,从剪切带的边界直至中心,依次测量各点的剪切带内面理(S)与剪切带壁(即 X 方向)的夹角 θ',据公式(9-3),利用 θ' 求出剪应变量 γ[图 9-11(c)]。以剪应变 γ 为纵坐标,以测点到剪切带一边的距离 x 为横坐标,作剪应变 γ 与距离 x 的曲线图[图 9-11(d)]。曲线与横坐标包围的面积就是总的横过剪切带的位移距离 d。

$$d = \int_0^x \gamma \cdot \mathrm{d}x \tag{9-5}$$

据比奇(A. Beach,1974)对苏格兰西北部的前寒武纪 Caxfordin 造山带前缘的许多剪切带作的计算,总位移量达 25 km 以上。

以上表达式反映了剪切带内一些基本物理量间的关系。这是基于小均匀剪切应变单元的假设。对于天然剪切带来说，剪切应变值是变化的。它在带的中心最高，边界处最低。因此，剪切带中各物理量的计算较复杂。

第三节　韧性剪切带内的岩石变形

从力学观点来看，韧性剪切带就是地壳和岩石圈中不同尺度的缺陷，是应变软化带和应变局部化带。其变形过程中的应力、应变速率和温度等环境条件之间的关系，受不同的流动律控制，从而形成了特征性的岩石、构造和其他微观变形现象。

一、糜棱岩

（一）糜棱岩的基本特征

糜棱岩（mylonite）这一术语是 Lapworth 于 1885 年提出的，用以描述苏格兰沿莫因断层发育的一种细粒的、具强烈面理化的断层岩。他认为，这些岩石是错动面上岩石受到压碎、拖曳、强烈研磨而产生的。因而，长期以来人们都认为糜棱岩是脆性变形的产物。20 世纪 70 年代以来，随着岩石变形实验研究的发展，金属物理学理论的引入及透射电子显微技术的兴起与运用，人们对糜棱岩的显微构造、组构特征都有了新的认识。1981 年在加利福尼亚彭罗斯国际糜棱岩研讨会上，普遍认为糜棱岩的三个基本特征是：① 与原岩相比，粒度显著减小；② 具增强的面理和（或）线理；③ 发育于狭窄的强应变带内。然而，凭这三个特点有时仍难以将糜棱岩与面理化的碎裂岩很好地区分开来。因此，对糜棱岩的基本特征鉴别还应加上另一个特征，即岩石中至少有一种主要的造岩矿物发生了明显的塑性变形，其显微构造，如丝带构造及核幔构造等都表现出塑性变形、动态恢复及动态重结晶的特点。这是现代糜棱岩概念的四个基本特征。

（二）糜棱岩的类型

研究（Bell 和 Etheridge，1973；Hobbs 等，1976；White 等，1980；Suppe，1985；Poirier，1985）认为，韧性变形机制中发育糜棱岩系岩石，典型的主要形成于中—高级变质剪切带中。糜棱岩分为初糜棱岩—眼球状糜棱岩—糜棱岩—超糜棱岩及准塑性糜棱岩，表示其粒度由于原始颗粒的动态结晶作用逐渐变小[图 9-4(a)]。

在初糜棱岩（proto mylonite）中，尽管多数岩石颗粒受到压扁和拉长并出现波状消光但仍保留原岩粒度，没有完全失去原岩性质[图 9-12(a)]。随着韧性剪切作用的继续，粗粒岩石逐渐发育成极细粒的基质。细粒基质多强烈面理化和线理化；面理通过细小云母的排列，加上其他矿物压扁颗粒的优势方位，基质流动析离成带[图 9-12(b)]。在眼球状糜棱岩（augen mylonite）中，基质条带包卷在透镜状粗颗粒周围，称为眼球[图 9-12(c)]。有些眼球称为碎斑[图 9-12(d)]，由母岩的残余晶体或晶簇组成。碎斑通常以溶解-再沉淀作用形成的压力影尾部为边界，或者以重结晶作用形成的微细颗粒拖尾（通常是不对称的)为边界。沿着颗粒拉伸方向及细云母条纹方向的拖尾,形成糜棱岩系岩石的线理[图 9-12(e)]。严格意义上的糜棱岩含有 50%～90%的基质;其余岩石部分由碎斑和带状高应变残余矿物组成。在超糜棱岩(ultramylonite)中,碎斑很少出现,整个岩石几乎完全由极细的基质组成,为隐晶的[图 9-12(f)]。

(a)

(b)

(c)

(d)

(e)

(f)

图 9-12 不同类型的糜棱岩

(a)初糜棱岩(山东临沂,李理摄);(b)糜棱岩析离体(北京西山,李理摄);

(c)眼球状糜棱岩(http//jpkc.cug.edu.cn);(d)含眼球碎斑的糜棱岩(http//blog.163.com);

(e)糜棱岩(山东临沂,李理摄);(f)超糜棱岩(据 Higgins,1971,美国地质调查局)

图 9-4(a)给出了准塑性糜棱岩的范围。准塑性糜棱岩(quasiplastic mylonite)既具有塑性变形又具有脆性变形特征。在一些有花岗质组分的准塑性糜棱岩中,石英是塑性变形,而长石则是破裂和碎裂变形[Mitra,1978;图 9-5(e)]。

对于超塑性糜棱岩(superplastic mylonite)这个术语在使用上有些争议。广义上讲,超塑性仅仅是指在很大应力下的极限韧性变形而没有断裂产生(Schmid,1983)。因此,任何承受巨大应变而没有失去凝聚力的剪切带岩石都可以称为超塑性糜棱岩。这种大的韧性应变在非常细粒的剪切带岩石中较常见,无论粒度变小是由脆性作用还是韧性作用造成的(Wojtal 和 Mitra,1986;Mitra,1984;Gilotti 和 Kumpulainen,1986;Schmid,1975;Bouillier 和 Gueguen,1975)。图 9-4(a)为广义上的超塑性糜棱岩。超塑性糜棱岩带包含极细粒的准塑性糜棱岩系和糜棱岩系。

前已述及,图 9-4(a)中的岩石界限是根据变质作用级别划分的。图 9-4(a)表明长英质角砾岩系岩石的形成深度小于 4 km;碎裂岩系岩石形成深度可达 15 km;糜棱岩形成深度在脆性/韧性转换作用之间(也就是大于 15 km)。所列深度范围非常相近,这取决于岩石组分、地温梯度和应变速率。

图 9-4 表明碎裂岩和糜棱岩的界限也取决于原岩岩性。例如,超基性岩在相对高温下仍保持脆性,而碳酸盐岩在低温下就具有韧性。图 9-4(a)是过图 9-4(b)的三维空间中平行于 XZ 面的切面。图 9-4(c)平行于代表碳酸盐岩 XZ 面的切面。注意,对于碎裂岩和糜棱岩边界,碳酸盐岩的位置比花岗质岩石的位置更偏左(也就是在低级变质作用下)。

随着变形后重结晶作用的加剧,糜棱岩的细小颗粒或多晶集合体将重新结晶、长大,使糜棱岩转变成各种结晶片岩。根据其结晶程度和结晶颗粒的大小,分为千糜岩、变余糜棱岩、构造片岩和构造片麻岩。

千糜岩是糜棱岩的一个变种,具有千枚岩的外貌,其中有大量的含水的片状或纤维状矿物,如绢云母、绿泥石、透闪石、阳起石等(图 9-13)。构造片岩具有明显的面理构造和新生的矿物,颗粒一般较大(大于 0.5 mm),有时可见到变余的糜棱结构。其中的石英在平行的云母类矿物的限制下常形成矩形晶体,其长边平行于面理(图 9-14)。如残存有长石斑晶,则形成眼球状片麻岩。

变余糜棱岩是介于构造片岩和糜棱岩之间的一个过渡类型,它虽然具有广泛的重结晶作用,但糜棱岩的结构构造仍明显可辨。变余糜棱岩与糜棱岩的区别在于后期重结晶的强弱。在典型的变余糜棱岩中,基质甚至碎斑也发生重结晶,而且是由动态重结晶转为静态重结晶,以矩形多晶石英条带与白云母等矿物成分条带的发育为特征(图 9-15)。

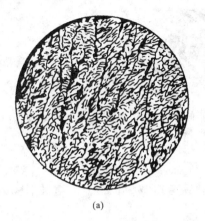

(a)

(b)

图 9-13 千糜岩

（a）显微照片，$d=3$ mm，千糜岩由石英和白云母组成（据 Williams，1982；转引自朱志澄，1999）；

（b）北京西山景儿峪组大理岩中发育的千糜岩褶皱（李理摄）

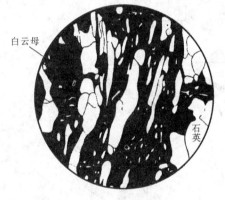

白云母

石英

图 9-14 江西大余构造片岩

（转引自朱志澄，1999）

显微照片素描，正交×170，石英呈矩形晶体，

白云母为细长条、片状，岩石片状构造明显

图 9-15 变余糜棱岩（北京西山，李理摄）

二、韧性剪切带内的褶皱变形

各向异性地质体内产出的韧性剪切带，经常出现复杂的褶皱变形，其主要的褶皱变形类型有以下三种：

（一）被动相似褶皱

由于剪切带内差异剪切作用，改变了先存面状构造的方位，导致标志层出现被动褶皱，一般形成相似褶皱。褶皱轴平行于原始标志层与剪切带的 XY 面的交线，轴面平行于剪切带（图 9-16）。

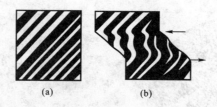

图 9-16　由岩层的差异剪切作用而形成的被动相似褶皱示意图（据 J. G. Ramsay，1967）

（a）变形前；（b）变形后

（二）主动纵弯褶皱

先存标志层或面状构造受挤压失稳形成主动纵弯褶皱（图 9-17）。褶皱形成的先决条件是标志层与围岩之间存在能干性差。

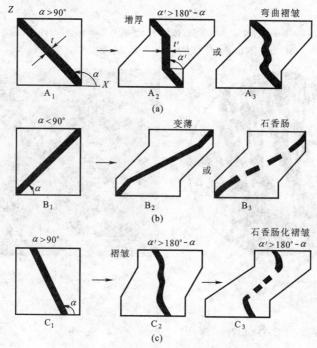

图 9-17　韧性剪切带对标志层影响的图示（据 J. G. Ramsay，1980）

如果标志层与围岩之间韧性差不大，则标志层的厚度由于被剪切而发生改变。同时，这种变化还取决于标志层的产状及标志层与剪切带的夹角 α。其关系式为：

$$t' = \frac{\sin \alpha'}{\sin \alpha} \cdot t \tag{9-6}$$

式中　t——原始厚度；

　　　t'——剪切后的厚度；

　　　α'——剪切后标志层与剪切带的夹角。

当 $\alpha > 90°$ 时（图 9-17A$_1$），递进剪切应变将首先使标志层缩短加厚，然后褶皱[图 9-17(a)]；

当 $\alpha < 90°$ 时(图 9-17B$_1$),递进的剪切应变总是使标志层逐渐变薄(图 9-17B$_2$)。

如果标志层与围岩之间韧性差明显,标志层在变形中并不是被动的,在递进剪切应变中,起初相当于被动层的缩短时,标志层将发生纵弯褶皱(图 9-17C$_2$,A$_3$),其褶皱的幅度取决于标志层的厚度及标志层与围岩间韧性差的大小;强硬的标志层被拉伸时变薄,还可能形成石香肠构造(图 9-17B$_3$),或在强硬层受递进应变先缩短后拉伸的情况下,在一个剖面上先出现褶皱,后又被压扁形成石香肠构造(图 9-17C$_3$)。

(三)鞘褶皱

韧性剪切带中的褶皱与地壳浅层次常见的褶皱的几何形态不同。剪切带中大部分褶皱的褶轴与拉伸线理的方向大致平行,这种褶皱称为 A 型褶皱[图 9-18(b),(d)和(e)];而浅层次褶皱的轴面与拉伸线理相垂直,这种褶皱称为 B 型褶皱[图 9-18(c)]。A 型褶皱一般发育在剪切带的强烈剪切部位,可以直接受剪切作用形成,或由较开阔的 B 型褶皱随着剪切变形的加剧,使褶皱平行拉伸线理而形成。

鞘褶皱是韧性剪切带中的一种特殊的 A 型褶皱,因形似刀鞘得名(图 9-19)。鞘褶皱常成群出现,大小不一,以中、小型为主。鞘褶皱大多呈扁圆状或舌状或圆筒状。多数为不对称褶皱,沿剪切方向拉得很长。为了研究方便,将鞘褶皱的长轴(平行运动方向)确定为 X 轴;Y 轴与 X 轴垂直,并平行于剪切面;Z 轴垂直于 XY 面[图 9-18(e)]。

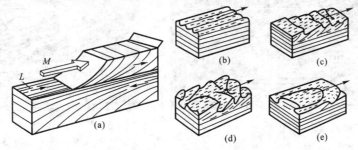

图 9-18　韧性剪切带中的褶皱示意图(据 M. Mattauer,1980)

(a)韧性剪切带的拉伸线理;(b),(d),(e)褶皱平行拉伸线理的 A 型褶皱;

(c)褶轴垂直拉伸线理的 B 型褶皱;M—运动方向;L—拉伸线理

鞘褶皱在不同断面上的形态变化很大。在垂直 X 轴的 YZ 面上以封闭的圆形、眼球形、豆荚状为典型特征[图 9-20(a),(c)]。在 XZ 断面上多为不对称及不协调的褶皱,其轴面的倒向为剪切方向[图 9-18(d),(e);图 9-20(b),(d)];在 XY 断面上褶皱不明显,但显示出长条形或舌形等,其上发育有明显的拉伸线理,拉伸线理指示剪切运动的方向。

鞘褶皱的形成有多种方式。有的是先期褶皱在剪切过程中枢纽被弯曲,甚至可以变得很尖,形成翼间角较小的鞘状褶皱,是叠加变形的结果。多数鞘褶皱是由被动层中存在的原始偏斜,如原始厚度不等的局部原始偏斜,或层面斜交于剪切方向及其他的局部不均一性,在递进剪切作用下发育成枢纽弯曲或形态复杂的褶皱。当剪应变值很大($\gamma >$ 10)时才形成典型的鞘褶皱。

图 9-19　鞘褶皱(北京西山,李理摄)

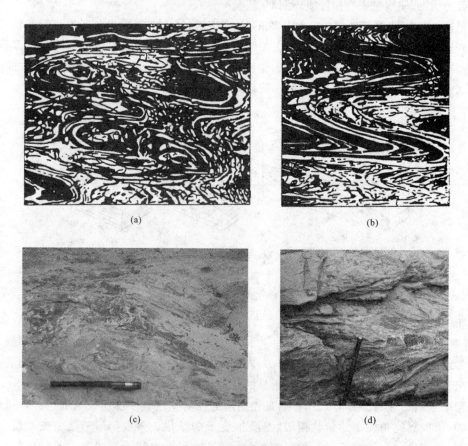

(a)　　　　　　　　　　　　　　　(b)

(c)　　　　　　　　　　　　　　　(d)

图 9-20　北京西山孤山口雾迷山组韧性剪切带中的鞘褶皱

(a) YZ 面素描图(据朱志澄,1999);(b) XZ 面素描图,底长 30 cm(据朱志澄,1999);

(c) 鞘褶皱 YZ 面露头特征(李理摄);(d) 鞘褶皱 XZ 面露头特征(李理摄)

三、新生面理和线理

在许多天然韧性剪切带的变形岩石中,常发育有面理,这种面理是由矿物或矿物集合体的优选方位平行于剪切带的应变椭球体的 $X_f Y_f$ 面而形成的剪切带内面理(S),其方位变化受应变主拉伸轴(X_f)方位的控制[图 9-11(b)、图 9-21]。因此,剪切带内面理(S)的方位随着从剪切带的边缘到中心的应变加强而相应改变。在简单剪切带边部,"S"形面理与剪切带的边界成 45°夹角,在中部,随着主应变量的增加,夹角变小趋近于 0°,穿过剪切带夹角逐渐变为 45°,形成"S"形面理[图 9-11(b)]。

在剪切带面理上,还经常发育有平行最大拉伸方向的矿物拉伸线理(图 9-22),其发育程度随变形的增强而显著。拉伸线理与剪切带边界的锐夹角所指的方向反映了剪切运动的方向。

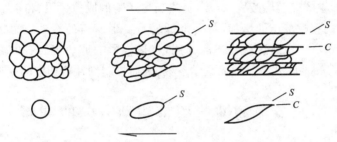

图 9-21 剪切带内面理(S)和糜棱岩面理(C)形成模式图(据 D. Berthe 等,1979)

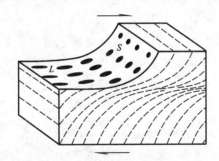

图 9-22 剪切带内面理(S)面上的拉伸线理(L)示意图(据朱志澄,1999)

由于剪切带内发育"S"形面理和矿物拉伸线理,使剪切带内的岩石具有良好的面状构造(S)和线状构造(L)。此类岩石称为 SL 构造岩,它是韧性剪切带的标志之一。

四、变质作用和流体作用

韧性剪切带不仅是强烈的线状应变带,而且也是线状的变质作用带。伴随着变形作用,剪切带内岩石和矿物中形成一定的应力梯度和化学浓度梯度,为流体及组分的运动提供了驱动力,开辟了通道。流体和组分的运动,导致流体与岩石、矿物之间或岩石、矿物的组分与组分之间的不平衡,从而发生变质反应,使岩石间的差异变小,并使岩石发生软化。变质反应的结果,改变了岩石的矿物组合,使原来已变质的岩石发生退变质,或使原来未变质的岩石发生变质作用,形成新的岩石类型,即构造岩。其典型代表是糜棱岩。

剪切带既是流体运移的主要通道,也是流体-岩石发生相互作用的主要场所。在剪切带的变质、变形作用过程中,流体-岩石的相互作用主要表现为:剪切带中的变质作用、钾交代作用、脱硅作用、碳酸盐化作用,以及长英质条带、硅质条带的生成等。同时,通过对野外天然变形岩石和室内高温、高压蠕变实验研究表明,流体对剪切带内岩石变形的影响主要包括:① 流体的水解弱化作用与压溶作用,这极大地降低了岩石的剪切强度,并促进位错蠕变、扩散蠕变和颗粒边界滑移,导致岩石的应变软化,有利于岩石发生塑性变形;② 流体的存在不仅能够有效地促进矿物变质反应的速率,而且作为一种载体有利于物质的扩散迁移,使得易溶物质能够迅速地从高应变区迁移到低应变区,并在有利部位(应变分解作用产生的应变屏蔽区)沉淀,促进新生矿物的成核、生长和重结晶;③ 由于流体的存在所造成的孔隙液压的增加,将会降低岩石变形所需的有效应力,从而促进剪切带的不断成核和扩展。所有这些流体的作用,将最终影响剪切带岩石的剪切强度、矿物晶格优选方位、脆-塑性转变及其他流变学参数,进而控制韧性剪切带的变形机制。

第四节　韧性剪切带运动方向的判断

韧性剪切带的剪切运动方向,可根据以下十个方面加以判断。

(一)错开的岩脉或标志层

穿过剪切带的标志层往往呈"S"形弯曲,造成标志层在剪切带两盘明显位移。根据互相错开的方向可确定剪切方向[图 9-23(a)、图 9-24]。但运用这一方法时,要注意先存标志层与剪切带之间的方位关系,否则会得出错误的结论。

(二)不对称褶皱

当岩层受到近平行层面方向的剪切作用时,由于层面的原始不平整或剪切速率的变化,导致岩层弯曲旋转。随着剪应变的递进发展,褶皱幅度被动增大,形成由缓倾斜的长翼和倒转短翼组成的不对称褶皱,由长翼至短翼的方向为褶皱倒向,代表剪切方向[图 9-23(b)]。但要特别注意:在剪应变很大时,褶皱形态将发生变化,变形初期与剪切作用方向一致的不对称褶皱的倒向会发生反转,如由"S"形褶皱转为"Z"形褶皱,上述法则就不适用了。

(三)鞘褶皱

鞘褶皱枢纽的方向或垂直 Y 轴剖面上的褶皱倒向指示剪切方向[图 9-20(b),(d);图 9-23(c)]。

(四)S-C 组构

S-C 组构是判断剪切带内剪切指向最有效的方法(Berthe 等,1979;Simpson 和

Schmid,1983;Lister 和 Snoke,1984;Simpson,1986;Hanmer 和 Passchier,1991)。S-C组构由面理(S面)和剪切带(C面)组成。S面和C面以一定角度相交[图 9-21、图 9-23(d)、图 9-25],锐夹角指示剪切带的指向(Berthe 等,1979)。在大多数 S-C 组构中,S 面为典型的面理,由压扁拉长的颗粒以颗粒集合体的形式出现;C 面与剪切带平行,在任何连续的剪切带中与同一应变有关。随应变加大,S 面逐渐接近、旋转以至平行于 C 面呈"S"形。

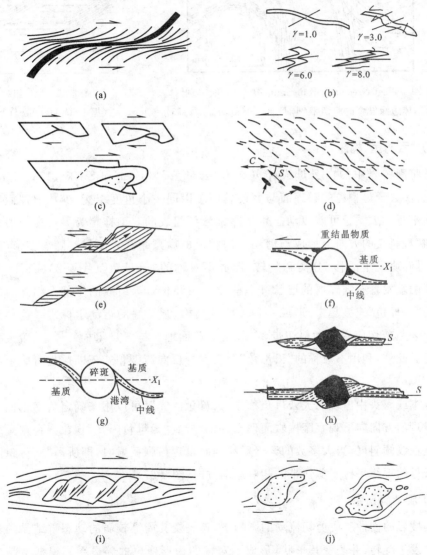

图 9-23 指示剪切运动方向的各种构造标志图示

(据徐树桐等,1991,译自 J. G. Ramsay 等,1987;引自朱志澄,1999)

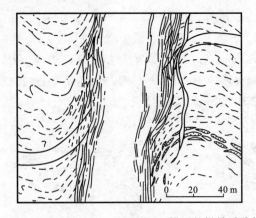

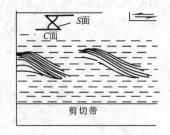

图 9-24　West Greenland Kangamiut 错开的镁铁质脉体及
沿脉体边缘发育的剪切带(据 Escher Watterson,1975)

图 9-25　S-C 组构
(据 R. D. Hatcher,1995)

(五)"云母鱼"构造

通常将糜棱岩中的白云母大碎斑称为"云母鱼"(Lister 和 Snoke,1984;Simpson,1986)。大多数云母颗粒的解理面与糜棱岩面理以同一小角度相交,少数解理面与递进缩短方向平行。大颗粒可能以动态重结晶细云母组成的 σ 型拖尾为界。在剪切作用过程中,与解理斜交的方向上形成与剪切方向相反的微型犁式正断层。随着变形的持续,上、下云母碎块发生滑移、分离和旋转,形成不对称的"云母鱼"[图 9-23(e)、图 9-26]。"云母鱼"两端发育有细碎屑的层状硅酸盐类矿物和长石等组成的尾部。细碎屑的尾部将相邻的"云母鱼"连接起来,形成一种台阶状结构,是良好的运动学标志。这种细碎屑的拖尾代表强剪切应变的微剪切带,它组成了 C 面理。与 S-C 组构一样,其锐夹角指示剪切方向。此外,利用不对称的"云母鱼"及其上的反向微型犁式正断层也可确定剪切方向[图 9-23(e)]。

手标本或露头中出现的大云母鱼称作"云母鱼闪光",可以用来确定剪切指向。在平行拉伸线理的方向向下观察糜棱岩面理面,就会看到"云母鱼闪光"现象。在露头或手标本中调整视线倾斜度,当大多数的云母颗粒同时出现最强反射时,即所谓"云母鱼闪光"。眼睛到云母的视线平行于剪切带的相对运动方向(图 9-27)。

(六)旋转碎斑系

在糜棱岩的韧性基质剪切流动的影响下,碎斑及其周缘较弱的动态重结晶的集合体或细碎粒发生旋转,并改变其形状,形成不对称的楔形拖尾的碎斑系。根据结晶拖尾的形状,分为"σ"型和"δ"型两类。

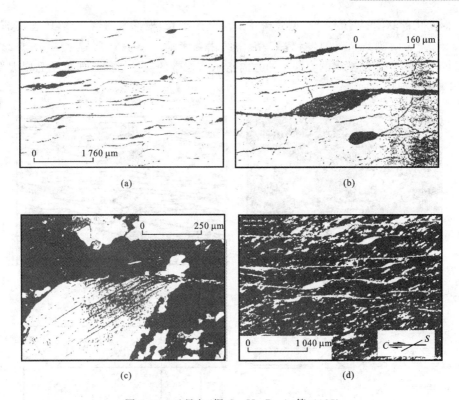

图 9-26 云母鱼(据 G. H. Davis 等,1987)

(a) 石英质糜棱岩中的云母鱼(灰色),由每一"云母鱼"的自然几何形状可看出剪切带(黑色水平线)的右旋剪切指向;

(b) 近处仔细观察云母鱼和相互连接的微观剪切带;(c) 抹平云母顶部更近观察云母鱼尾部;

(d) 石英质糜棱岩中的云母鱼(白色),微观剪切带(白色水平线)和与剪切带斜交的动态重结晶石英

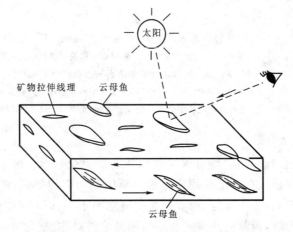

图 9-27 利用"云母鱼闪光"判断剪切运动方向(据 C. Simpson,1986)

"σ"型碎斑系[图 9-28(a),(b);图 9-23(f)]的楔状结晶尾的中线分别位于结晶参考面

[图 9-23(f)中的 X_1]的两侧。"δ"型碎斑系的结晶尾细长,根部弯曲,在与碎斑连接部位使基质呈港湾状,两侧结晶尾的发育都是沿中线由参考面的一侧转向另一侧[图 9-23(g)、图 9-28(c)]。碎斑系的拖尾的尖端延伸方向指示剪切带的剪切指向。如果结晶尾太短,则不能用来确定剪切方向。

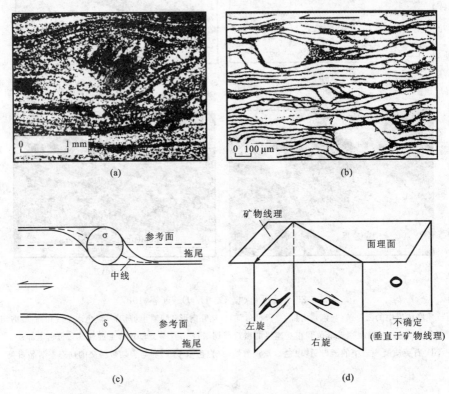

图 9-28　糜棱岩中的碎斑拖尾(译自 S. Marshak 等,1998)

(a) 在 Carthage-Colton 糜棱岩带内动态重结晶形成的非对称长石碎斑中的拖尾(σ型)指示顺时针指向作用(据 K. M. Lumino,1987);(b) 在瑞典 Sarv 糜棱岩中 σ 型拖尾的微观素描图,暗示逆时针指向作用(据 J. Gilotti 照片);(c) 碎斑中 σ 型和 δ 型拖尾判断糜棱岩中剪切运动方向;(d) 指向变化取决于露头面的观察方向(据 K. M. Lumino,1987)

(七) 不对称的压力影

当包体相对基质较硬时,它就可以从侧面使基质免受变形。这些保护区域,即压力影是由变形较少的基质或在变形作用中生长或重结晶的矿物组成(图 9-29)。大多数压力影在显微镜下可见,露头中也能见到,但长度通常小于 1 cm。韧性剪切带内压力影构造呈不对称状,坚硬单体两侧的纤维状的结晶尾呈单斜对称,据此可以确定剪切方向[图 9-23(h)]。

（八）书斜式构造

糜棱岩中较强硬的碎斑（如长英质糜棱岩中的长石碎斑），在递进剪切作用下，产生破裂并旋转，使每个碎片向剪切方向倾斜，碎块间出现反向剪切运动特征，犹如一摞倒塌的书，称书斜式构造。其裂面与剪切带的锐夹角指示剪切带的剪切指向[图 9-23(i)]。

（九）裂缝和错位颗粒

韧性基质形变中，刚性矿物由于不适应晶体塑性变形机制导致的较大的应变，通常沿着软弱面破裂。随剪切作用的继续，刚性

图 9-29　东加拿大 New Brunswick 的 Bathurst 地区绿泥石片岩中黄铁矿颗粒周围的石英压力影（据 G. H. Davis 照片）

颗粒旋转，每个颗粒碎片沿着破裂面相互滑动，使得颗粒沿着流动方向拉伸。沿着单个碎片的剪切指向可能与整个剪切指向相同或者相反（图 9-30）。

(a)

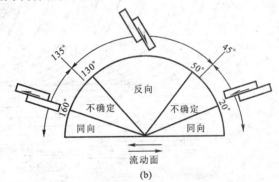

(b)

图 9-30　破裂和剪切颗粒的微观照片（据 S. Marshak 等，1998）

(a) New York Carthage-Colton 糜棱岩带内碎裂的长石颗粒，反映了同向和反向的剪切作用（注意勾勒出来的颗粒）；(b) 同向或反向剪切取决于相对流动面的原始破裂方向（据 K. M. Lumino，1987）

如果原始破裂面与流动面低角度相交，其剪切指向与整个剪切指向相同，颗粒就会受到类似于低角度断层的运动而拉伸[Simpson，1986；图 9-30(b)]。如果原始破裂面与流动面高角度相交（45°～135°），其剪切指向与整个剪切指向相反，颗粒由于高角度正断层反方向运动，或者少数情况下高角度逆断层运动而拉伸[图 9-30(b)]。旋转使原始高角度破裂面在递进变形作用中变成低角度破裂面，导致破裂面的剪切方向由反向变为同向。利用高角度破裂面（50°～130°）或者低角度破裂面（0°～20°，160°～180°）内的颗粒来确定剪切指向是最准确的方法（Simpson，1986）。

另外，糜棱岩中的碎斑或矿物集合体、侵入岩体中的捕虏体等，在递进剪切作用下，使其一侧被拉长（或拉断），形成曲颈瓶状。曲颈弯曲方向表示剪切带的剪切方向[图 9-23(j)]。

（十）优势方位

晶体的塑性流动导致岩石集合体中晶体光轴各种不同的优选排列方式。优势方位是指结晶或者晶格优选方位及颗粒形状优选方位。结晶优势方位又称为组构（Schmid，1983）。优势方位的分析方法可以用来确定剪切指向，但这里不讨论该分析方法，因为它需要熟练使用显微镜（Simpson，1986）。优势方位导致了岩石的各向异性，意味着在岩石的各个方向的物理属性不同，如磁化系数和地震速率（Owens 和 Bamford，1976；Wood等，1976；Kligfield 等，1981）。

实践表明，鉴定一些小型剪切带的运动和剪切方向并不难，难的是如何准确鉴定大型尺度的、结构和变形历史复杂的剪切带的剪切方向。因此，从不同尺度，全面地收集剪切带内和带外变形特征，对比各种运动学标志（图 9-31）和应变状态，在时间和空间上进行变形或应变分解，并与温度、流应力、围压、流体作用等物理条件紧密地结合起来进行分析，是鉴定大型剪切带复杂运动图像的最根本的方法。

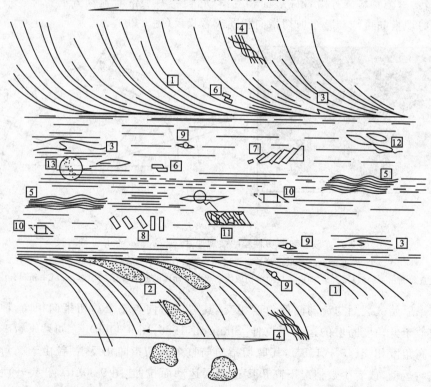

图 9-31　韧性剪切带的剪切方向运动学标志图示（据 White，1986；引自朱志澄，1999）

1—先期面理韧性牵引和旋转；2—变形标志体旋转；3—片内褶皱的不对称和褶皱倒向；

4—微型剪切或 C 条带；5—小型剪切带和伸展褶劈理；6—剪切的残斑；7—剪切破裂造成的碎块旋转；

8—张性破裂造成的碎块旋转；9—旋转的碎屑周围的不对称拖尾；10—非旋转的碎屑周围的不对称拖尾；

11—动态重结晶的石英形组构；12—云母鱼；13—石英 C 轴组构的不对称性

第五节　韧性剪切带的观察与研究

韧性剪切带一般产于变形变质岩区或岩体内,在这些地区工作时,应注意可能存在的韧性剪切带。

(1) 韧性剪切带以强烈密集的面理发育带为特色。在变质岩区,如果发现与区域面理产状不一致的高应变带,或者在块状均匀的岩体内出现狭窄的高应变面理带,尤其是其中主要岩石已糜棱岩化,可以肯定是一条韧性剪切带。在初步确定韧性剪切带后,应对其进行追索和观察,测量其总体方位、产状及其变化。追索中还要测量韧性剪切带的宽度和延伸长度,观察与围岩的接触面是相对截然的,还是递进变化的,尤其要注意围岩中的片理或板状体(如岩墙等)在伸进剪切带时产状和结构的变化。

(2) 韧性剪切带内主要有两组面理,面理(S)和剪切带(C),形成 S-C 组构。面理与剪切带边界或糜棱岩面理成一定的交角(θ),而且交角随趋向剪切带中心变小,甚至为 $0°$,从而与剪切带界面平行一致。可选择几条横过剪切带有代表性的剖面,系统测量 θ 角的变化,这样,不但可以了解剪切带内部结构的变化和消亡,而且也为计算剪切位移量提供依据。

(3) 注意观察剪切指向的各种判据并相互印证,以查明剪切方向及其变化。

(4) 韧性剪切带内常发育鞘褶皱,应注意查明其几何形态、规模大小、伴生的 A 线理、三个剖面(XY 面、YZ 面和 XZ 面)的构造特征、与韧性剪切带的关系。对卷入剪切带的标志层,应测量其方位和厚度等的变化。

(5) 观察岩石的多种变形变质现象。带内糜棱岩是典型的 SL 构造岩,应注意观测。由于糜棱岩形成过程中普遍发生塑性流变、重结晶和流体的加入,使长石等不含水或少含水矿物转变成富水矿物绢云母等,导致退化变质。

(6) 在野外研究中,应系统采集构造和岩石标本,以便在偏光显微镜下和透射电子显微镜下进行显微构造和位错等研究。糜棱岩中的某些显微构造的密度与差异应力值(即 $\sigma_1-\sigma_3$),或称有效变形应力有一定函数关系。因此研究和测量这些显微构造的密度就可以计算古应力值。被利用来计算古应力值的显微构造有以下几种:

① 晶体粘性蠕变中所产生的位错密度;

② 亚颗粒的大小,即位错壁的间距;

③ 初始重结晶或动力重结晶颗粒的大小。

这些显微构造在受到韧性剪切作用的石英、橄榄石、方解石等矿物中都可见到。

(7) 韧性剪切带阵列的综合分析。由于地壳和岩石圈结构的不均一性和各种变形物理条件的影响,剪切带的组合型式和阵列是因地而异的,各种阵列都反映了应变的不均一性。例如,强应变带与弱应变域相间列或叠置的网结状剪切带阵列,这是一种在不同尺度上都可观察到的组合型式,反映地壳结构和应变的不均一性,是变形分解和应变局部化的必然结果。而平行带状韧性剪切带阵列，反映地壳某一部分地质体经受了相同的应变方式；共轭韧性剪切带则一般发育在相对均一的或面状组构不发育的构造域内。但楔形韧性剪切带和拆离型韧性剪切带的发育，说明无论在平面上还是在剖面上，地壳和岩石圈结构都是不均一的，具有流变学的分带性和分层性。因此，韧性剪切带阵列研究，是造山带及其地壳岩石圈流变学研究的一个重要方面。

（8）20 世纪 90 年代之前的剪切变形面内研究从单剪切和纯剪切到一般剪切，也仅局限于的平面分析，得到的结论是糜棱面理、拉伸线理趋于与剪切方向一致。这一结论难以解释近来陆续揭示的一些造山带中的走向线理、走滑挤压和走滑拉张带中的近直立拉伸线理和伸展拆离断层的走向线理。随后的三维变形分析研究发现，在简单剪切组分的伸长方向不同于共轴组分引起的伸长方向的情况下，最大和中间有限应变轴的相对大小在稳态变形过程中可发生变换，而应变轴是否转换取决于变形的共轴与非共轴组分之比和变形量。所以剪切带的三维变形涉及复杂的过程，研究尚处于起步阶段。

地质制图，尤其是大比例尺的地质制图，是野外研究韧性剪切带的主要手段。在观察研究中，应注意查明所处的构造环境，以便为探讨其运动学、流变学和动力学特征及其发展演化过程提供背景依据。

小　结

韧性剪切带是断层的一种，它产生于地壳十几 km 以下，经受了一定程度的变质，发育有糜棱岩系和新的变质矿物，具有新生面理和线理。褶皱变形包括不对称褶皱、鞘褶皱等特殊类型。糜棱岩是韧性剪切带内的特征岩石，其特征需要我们重点研究，韧性剪切带的运动学指向也是重要内容。

复习思考题

1. 剪切带的类型、特点是什么？
2. 韧性剪切带的概念、类型、特点是什么？
3. 韧性剪切和脆性剪切的区别是什么？
4. 糜棱岩的概念是什么？有哪些类型？
5. 请简述 S-C 组构的含义。
6. 韧性剪切带内的运动学指向有哪些？如何进行剪切带运动方向的判断？
7. 如何进行韧性剪切带的观察与研究？

参考文献

[1] Aжгпрей Rд. 构造地质学. 秦其玉等译. 北京：地质出版社，1981.

[2] Davis G H,Gardulski A F,Lister G S. Shear zone origin of quartzite mylonite and mylonitic pegmatite in the Coyote Mountains metamophic core complex,Arizone. Journal Structural Geology,1987,9(3):289-297.

[3] Hatcher R D. Structural geology: principles, concepts, and problems (2nd edition). New Jersey:Englewood Cliffs,Prentice Hall,1995:111-198.

[4] Hobbs B E,Means W D,Williams P F. 构造地质学纲要. 刘和甫等译. 北京:石油工业出版社,1982.

[5] Marshak S,Mitra G. Basic methods of structural geology. New Jersey:Upper Saddle River,Prentice Hall Inc. ,1998:226-238.

[6] Ragan D M. 构造地质学几何方法导论. 邓海泉等译. 北京:地质出版社,1984.

[7] Ramsay J G,Huber N L. 现代构造地质学方法. 徐树桐译. 北京:地质出版社,1991:312-359.

[8] Рраачев А ф. 地球裂谷带. 陈家振等译. 北京:地震出版社,1982.

[9] Sibson R H. Structural permeability of fluid-driven fault-fracture meshes. Journal Structural Geology,1996,18(8):1 031-1 042.

[10] 傅昭仁,蔡学林. 变质岩区构造地质学. 北京:地质出版社,1996:110-128.

[11] 刘德良,杨晓勇,杨海涛,等. 郯-庐断裂带南段桴槎山韧性剪切带糜棱岩的变形条件和组分迁移系. 岩石学报,1996,12(4):573-588.

[12] 马杏垣. 嵩山构造变形:重力构造、构造解析. 北京:地质出版社,1981.

[13] 单文琅,宋鸿林,傅昭仁,等. 构造变形分析的理论、方法和实践. 武汉:中国地质大学出版社,1991:59-125.

[14] 张恺,陆克政,沈修志. 石油构造地质学. 北京:石油工业出版社,1989.

[15] 王燮培. 石油勘探构造分析. 武汉:中国地质大学出版社,1990.

[16] 韦必则. 剪切带研究的某些进展. 地质科技情报,1996,15(4):97-101.

[17] 徐开礼,朱志澄. 构造地质学. 北京:地质出版社,1984.

[18] 许志琴,崔军文. 大陆山链变形构造动力学. 北京:冶金工业出版社,1996:21-83.

[19] 游振东,索书田. 造山带核部杂岩变质过程与构造解析——以东秦岭为例. 武汉:中国地质大学出版社,1991:56-79.

[20] 俞鸿年,卢华复. 构造地质学原理. 北京:地质出版社,1986.

[21] 张伯声. 中国地壳的浪状镶嵌构造. 北京:科学出版社,1980.

[22] 张文佑. 断块构造导论. 北京:石油工业出版社,1984.

[23] 郑亚东,常志忠. 岩石有限应变测量及韧性剪切带. 北京:地质出版社,1985:103-164.

[24] 钟增球,郭宝罗. 构造岩与显微构造. 武汉:中国地质大学出版社,1991.

[25] 朱志澄. 构造地质学. 武汉:中国地质大学出版社,1999.

附篇一　极射赤平投影的原理和方法

极射赤平投影（stereographic projection）简称赤平投影，主要用来表示线、面的方位、相互间的角距关系及其运动轨迹，把物体三维空间的几何要素（线、面）反映在投影平面上进行研究处理。它是一种简便、直观的计算方法，又是一种形象、综合的定量图解，广泛应用于天文、航海、测量、地理及地质科学中。运用赤平投影方法，能够解决地质构造的几何形态和应力分析等方面的许多实际问题，因此，它是地质构造研究经常采用的一种手段。

赤平投影本身不涉及面的大小、线的长短和它们之间的距离，但它配合正投影图解，互相补充，则有利于解决包括角距关系在内的计量问题。

第一节　赤平投影的基本原理

一、面和线的赤平投影

（一）投影原理

一切通过球心的面和线，延伸后均会与球面相交，并在球面上形成大圆和点。以球的北极为发射点，与球面上的大圆和点相连，将大圆和点投影到赤道平面上，这种投影称为极射赤平投影。本书一般采用下半球投影，即只投影下半球的大圆弧和点。

图Ⅰ-1(a)为一球体，AC 为垂直轴线，BD 为水平的东西轴线，FP 为水平的南北轴线，BFDP 为过球心的水平面，即赤平面。

(1) 平面的投影方法（图Ⅰ-1）。设一平面走向南北、向东倾斜、倾角 40°，若此平面过球心，则其与下半球相交为大圆弧 PGF，以 A 点为发射点，PGF 弧在赤平面上的投影为 PHF 弧。PHF 弧向东凸出，代表平面向东倾斜、走向南北，DH 之长短代表平面的倾角。

(2) 直线的投影方法（图Ⅰ-2）。设一直线向东倾伏、倾伏角 40°，此线交下半球面于 G 点。以 A 为发射点，球面上的 G 点在赤平面上的投影为 H。HD 的长短代表直线的倾伏角，D 的方位角即表示直线的倾伏向。同理，一条直线向南西倾伏、倾伏角 20°，此线交下半球面于 J 点，其赤平投影为 K 点。

为了准确、迅速地作图或量度方向，可采用投影网。常用的有吴尔福网（简称吴氏网，也称等角距网）[图Ⅰ-3(a)]和施密特网（等面积网）[图Ⅰ-3(b)]。吴尔福网与施密特网基本特点相同，下面以吴尔福网为例介绍投影网。

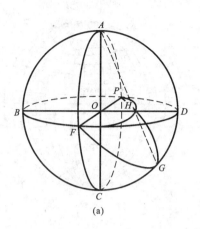

(a)　　　　　　　　　　　　(b)

图Ⅰ-1　平面的投影方法

[(b)据 S. Marshak 和 G. Mitra,1998]

（二）吴尔福投影网[图Ⅰ-3(a)]

1. 结构要素

（1）基圆。为赤平面与球面的交线,是网的边缘大圆。由正北顺时针为 0°～360°,每小格 2°,表示方位角,如走向、倾向、倾伏向等。

（2）两条直径。分别为南北走向和东西走向直立平面的投影。自圆心→基圆为 90°～0°,每小格 2°,表示倾角、倾伏角。

（3）经线大圆。是通过球心的一系列走向南北、向东或向西倾斜的平面的投影,自南北直径向基圆代表倾角由陡至缓的倾斜平面。

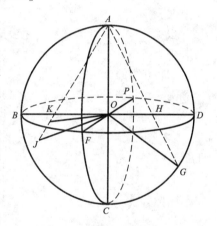

图Ⅰ-2　直线的投影方法

（4）纬线小圆。是一系列不通过球心的东西走向的直立平面的投影。它们将南北向直径、经线大圆和基圆等分,每小格 2°。详细的吴尔福网见附录Ⅴ。

2. 操作

将透明纸(或透明胶片等)蒙在吴尔福网上,描绘基圆及"十"字中心,固定网心,使透明纸能旋转。然后在透明纸上标出 N,E,S,W。

（1）平面的赤平投影。

例　标绘产状 SE120°∠30°的平面(图Ⅰ-4),具体步骤为:

① 将透明纸上的指北标记 N 与投影网正北重合,以北为 0°,在基圆上顺时针数至 120°得一点 D,为平面的倾向[图Ⅰ-5(a)]。

② 转动透明纸将 D 点移至东西直径上(转至南北直径也可),自 D 点向圆心数 30°得 C 点,标绘 C 所在的经线大圆弧[图Ⅰ-5(b)中之 $\overset{\frown}{ACB}$],AB 为平面的走向。

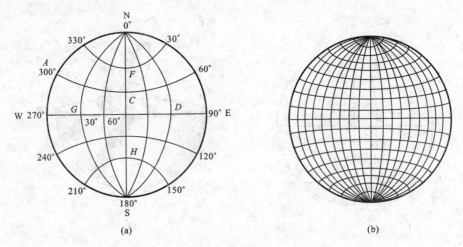

图Ⅰ-3　投影网

(a) 吴尔福网；(b) 施密特网

③ 转动透明纸，使指北标记与投影网正北重合，$\overset{\frown}{ACB}$大圆弧即为 SE120°∠30°平面的投影［图Ⅰ-5(c)］。

(2) 直线的赤平投影。

例　标绘产状为 NW 330°∠40°的直线。具体步骤为：

① 使透明纸上正北标记 N 与投影网正北重合，以 N 为 0°，在基圆上顺时针数至 330°得一点 A，为直线的倾伏向［图Ⅰ-6(a)］。

② 将 A 点转至东西直径上（转至南北直径也可），由 A 点向圆心数 40°得 A′点［图Ⅰ-6(b)］。

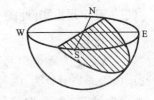

图Ⅰ-4　产状为 SE120°∠30°
平面的透视图

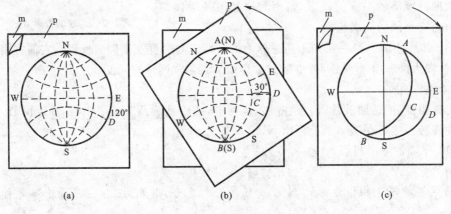

图Ⅰ-5　平面的赤平投影

p—透明纸；m—吴尔福网

③ 把透明纸的指北标记转至与投影网正北重合，A' 即为产状 NW330°∠40°的直线的投影 [图 Ⅰ-6(c)]。

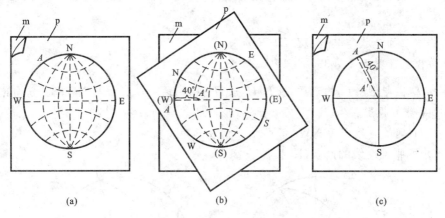

图 Ⅰ-6 直线的赤平投影

p—透明纸；m—吴尔福网

（3）法线的赤平投影。是指平面法线的产状标绘。法线的投影是极点，平面的投影是圆弧，二者互相垂直，夹角相差 90°。往往用法线的投影代表与其相应的平面的投影，这样较为简单。

例 求产状为 E90°∠40°的平面法线的投影（图 Ⅰ-7）。具体步骤为：

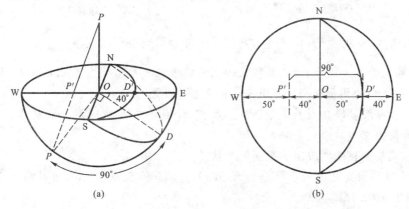

图 Ⅰ-7 法线的赤平投影

（a）透视图；（b）赤平投影图

① 标绘出产状 E90°∠40°的平面投影大圆弧。自该平面倾斜线投影 D' 点在东西向直径上数 90°，显然已越过圆心进入相反倾向，得 P' 点，该点即为产状 E90°∠40°平面的法线投影——极点。

② 也可自圆心向反倾向数 40°，即得法线投影。

（4）已知真倾角求视倾角。

例　某岩层产状为 NW300°∠40°，求在 NW335°方向剖面上该岩层的视倾角（图Ⅰ-8）。具体步骤为：

① 据岩层面产状作其投影弧 $\overset{\frown}{EHF}$。

② 在基圆上数至 NW335°得 D' 点。

③ 作 D' 点与圆心 O 的连线，交 $\overset{\frown}{EHF}$ 于 H' 点。H' 为岩层面与 NW335°方向剖面的交线在下半球的投影。

④ $D'H'$ 间的角距即为 NW335°方向上的视倾角。

（5）求两平面交线的产状（图Ⅰ-9）。

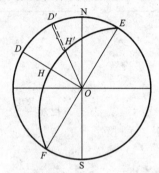 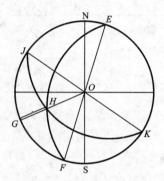

图Ⅰ-8　已知真倾角，求视倾角　　　Ⅰ-9　求两平面交线的产状

例　求平面 NW280°∠45°和 SW210°∠45°交线的产状。具体步骤为：

① 据已知的两平面产状，在吴尔福网上分别求出其投影大圆弧 $\overset{\frown}{EHF}$ 和 $\overset{\frown}{JHK}$。两大圆弧的交点 H 即为两平面交线与下半球面交点的投影。

② 作 H 与圆心 O 的连线，交基圆于 G 点，G 点的方位角即两平面交线的倾伏向，GH 间的角距为交线的倾伏角。

（6）求两相交直线所决定的平面的产状。

例　已知两相交直线的产状分别为 SE120°∠36°和 S180°∠20°，求其所决定的平面的产状（图Ⅰ-10）。具体步骤为：

① 据已知产状作两直线的投影点 D'，F'。

② 转动透明纸使 D'，F' 两点位于同一经线大圆弧上，$\overset{\frown}{AF'D'B}$ 大圆弧即为两相交直线所共平面的投影。

（7）求平面上直线的投影。

例　已知一平面产状 S180°∠50°，该平面上一直线侧伏向 E，侧伏角 44°，求直线的倾伏向、倾伏角（图Ⅰ-11）。具体步骤为：

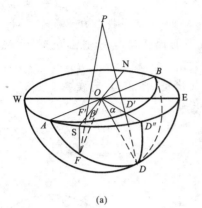

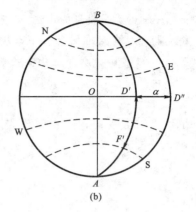

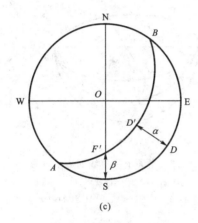

图 Ⅰ-10 两相交直线决定的平面的投影

(a) 透视图；(b)，(c) 投影图

① 依平面产状作出其投影大圆弧，并标出其向东的走向 A。

② 将大圆弧转至 SN 方向，自 A 点数经线大圆与纬线小圆的交点，读出侧伏角 44°(θ)，标出该点 C″，C″ 为直线在平面上的投影。

③ C″C′ 间的角距 γ 即为直线的倾伏角，C′ 的方位角则表示直线的倾伏向。

(8) 求平面上一直线的倾伏向、倾伏角以及侧伏向和侧伏角。

例 一平面产状 180°∠α(α＝37°)，平面上一直线 AC 的侧伏向 E、侧伏角 β(44°)（指该平面走向线与一直线间的锐夹角），求该直线的倾伏向、倾伏角。具体步骤为：

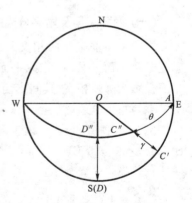

图 Ⅰ-11 平面上直线的投影

① 根据平面的赤平投影的作法,在透明纸上作出平面赤平投影的大圆弧(图Ⅰ-12)。

② 将大圆弧走向对准网上S—N,从透明纸上E端开始,沿大圆弧数到44°纬向小圆弧的交点(C'点),则C'点为平面上直线所在的位置。

③ 在东西直径上,量$C'C''$角距α'为该直线倾伏角(得25°),而在基圆上由N顺时针数至C'点,为该直线的倾伏向[图Ⅰ-12(c)约128°]。

④ 平面上一直线的倾伏或侧伏,可以互相求得。若知一平面及平面上一直线的倾伏向C',则连OC'必交于大圆弧上,得C''点,因而在大圆弧上数EC''段弧度,得侧伏角β。

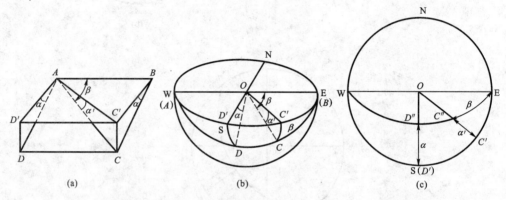

图Ⅰ-12　平面上一直线的赤平投影

(a) 立体图;(b) 球体透视图;(c) 赤平图

α—平面倾角;α'—直线倾伏角;β—$ABCD$平面上AC线的侧伏角;AC'—AC线的倾伏向

二、两面夹角的测量及面的旋转方法

(一)两面夹角及角平分线的测量

作一平面垂直于两相交平面的交线,即为同时垂直于两平面的公垂面,此平面的投影大圆弧与两平面投影大圆弧相交,其间夹角即所求的夹角,夹角的一半为角平分线。

例　如图Ⅰ-13,已知两平面的产状分别为SW245°∠30°及SE145°∠48°,求两平面的夹角及角平分线。操作步骤如下:

(1) 标绘两平面$\widehat{AB}$和$\widehat{CD}$及其交线P点。

(2) 旋转透明纸使点P落在投影网的东西直径上,标绘出以P点为极点的大圆弧$\widehat{FG}$。该大圆弧与

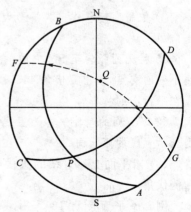

图Ⅰ-13　两相交平面的夹角及角平分线

两已知平面的投影相交,其间的角距即为两平面的夹角。

(3) 两平面夹角的 1/2 处 Q 点,即为角平分线的投影。

如上述两平面代表一对共轭剪节理时,则 P 为应变椭球体 B 轴,其钝角及锐角平分线分别为应变椭球体的 A 轴和 C 轴。

(二)求两平面的夹角及其等分面

例　两平面产状及其作图同"求两平面交线的产状"。

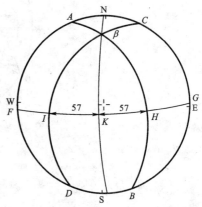

图 I-14　相交两平面的赤平投影

(1) 在求两平面交线的产状的作法基础上,把 β 点转动至 EW 直径上(图 I-14),沿 β 点朝着圆心方向数 90° 得辅助点 K,过辅助点作经向大圆弧 FG,相当于与两平面交线成垂直的辅助平面——两平面的公垂面,在 FG 大圆弧上两交线间的夹角为真二面角,其中一对为锐角,另一对为钝角,图 I-14 中 IH 间夹角为 114°,那么在同一大圆上 $FI+HE=180°-114°=66°$,两者互为补角。

(2) 在辅助面 FG 大圆弧上数二面角的平分角距(注意不是平分弧线段的长短),如 IH 间平分为 57°,得 K 点,在 $FI+HG$ 间平分为 33°,平分点与 K 相差正好 90°(图 I-14 中未画出)。

(3) 转动透明纸,使 β 点与 K 点位于同一大圆弧上,即为二平面 114° 夹角中的平分面(产状 267°∠85°)。

用极点法求更简便。首先据法线的赤平投影的作法作二平面的法线点,转动透明纸使二法线点位于同一大圆弧上,该大圆弧也必然相当于上述所作的垂直于二平面交线的公垂面。二点间的角距也是互为补角,只是二法线间的锐夹角恰恰代表二平面间的钝夹角,反之,前者的钝夹角代表后者的锐夹角。得出平分角距点后,再使之与公垂面的法线,即两平面的交线(β)位于同一大圆弧,即为两平面的平分面。

(三)面的旋转方法

已知某平面的产状,求依某一方向旋转一定角度后此面的投影。

1. 操作

平面与球面的交线为一大圆,这一大圆是由许多点组成的,因此,大圆的旋转实际上是组成此大圆的许多点的旋转。球面任一点绕定轴旋转,如果这一旋转轴与南北直径重合,则该点的旋转轨迹为一圆,此圆为东西向的直立平面,其投影与吴尔福网的纬线小圆重合。因此,只要求出大圆上各点绕定轴旋转后的位置,即可得到旋转后平面的投影。

例　已知平面 FD 产状为 NW330°∠30°,如这个平面绕走向南北的水平轴旋转 30°,求旋转后的平面产状(图 I-15)。操作步骤如下:

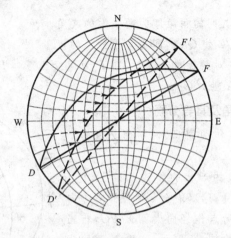

图Ⅰ-15　平面绕定轴旋转的方法

(1) 将$\overset{\frown}{FD}$大圆弧上的若干点沿其所在的纬线小圆逆时针旋转30°(见箭头所示)到新位置。

(2) 在吴尔福网上旋转,将逆时针旋转30°后各点的新位置转至同一经线大圆弧上,得新的大圆弧$\overset{\frown}{F'D'}$,$\overset{\frown}{F'D'}$即为旋转后平面的投影。

2. 应用

例　已知一角度不整合上覆新地层的产状为 SW240°∠30°,下伏老地层产状为SE120°∠40°,求新地层水平时下伏老地层的产状(图Ⅰ-16)。

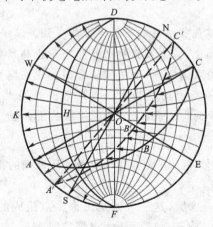

图Ⅰ-16　沿水平轴的旋转投影

(1) $\overset{\frown}{ABC}$大圆弧为老地层产状的投影,$\overset{\frown}{DHF}$大圆弧为上覆新地层产状的投影。

(2) 将新地层产状恢复水平。使$\overset{\frown}{DHF}$大圆弧与南北向经线大圆弧重合,将弧上各点按30°(倾角)角距沿纬线小圆向基圆转动,得到与基圆相合的$\overset{\frown}{DKF}$,即为呈水平状态的新地层的投影。

（3）将老地层向相同方向旋转相同角度，使$\overset{\frown}{ABC}$大圆弧上各点沿纬线小圆向 W 移 30°，如图箭头所示各点的新位置，将各点新位置转至同一经线大圆上，所得之$\overset{\frown}{A'B'C'}$大圆弧即为当新地层水平时老地层的产状。

（四）求一平面（或直线）绕一倾斜轴旋转后的产状

绕倾斜轴旋转是旋转操作中的普遍情况，绕水平轴或绕直立轴旋转，都是绕倾斜轴旋转的特例。绕倾斜轴旋转有间接法和直接法，前者是以绕水平轴旋转操作为基础，后者是通过直接作图。

旋转的方向，一般是顺着旋转轴的倾伏向，绕轴顺时针方向或逆时针方向旋转。

例　将一平面（160°∠40°）绕倾斜轴 R（30°∠30°）顺时针方向旋转 120°。求该平面旋转后的产状（图 I-17）。

间接法（指旋转轴先转成水平，后再复原）：

（1）据前述平面、直线和法线的赤平投影的作法，在透明纸上分别作出有关面、线的投影，平面最好用法线极点表示。如图 I-17(a) 中，平面法线点为 P，倾斜轴为 R。

（2）旋转轴 R 沿所在纬向弧旋转成水平，至基圆上为 R'，P 也沿所在纬向弧同步运移至 P_1。

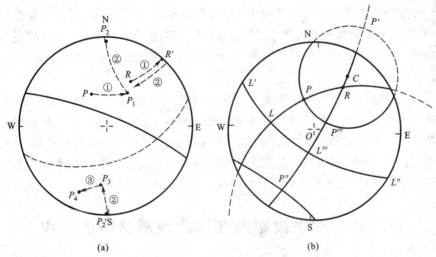

图 I-17　绕倾斜轴旋转

(a) 间接法；(b) 直接法

（3）把转成水平的旋转轴 R' 再转至投影网南北直径上（或者透明纸不动，使投影网南北直径转到 R' 上，如图 I-17 所示），P_1 绕 R'（等于南北直径为轴）按顺时针方向旋转 120°，先转至基圆上为 P_2，再由直径对蹠点 P'_2 继续沿对应的纬向弧数至 P_3。

（4）把 R' 恢复到原来的 R 产状，P_3 也沿所在纬向弧同步（即同角距）运移得 P_4，P_4

点即为绕旋转轴 R 顺时针转动 $120°$ 后的平面法线点,其所对应的大圆弧就是该平面旋转后的产状。

直接法[指先后不移动倾斜旋转轴;图 I-17(b)]:

(1) 据平面、直线和法线的赤平投影的作法,在透明纸上分别作出上例中平面法线点 P 和倾斜轴 R。

(2) 把倾斜轴 R 转到东西直径上,作与倾斜轴垂直的辅助大圆弧($L'L''$)。

(3) 过 P 与 R 作大圆弧并交辅助大圆弧于 L 点,又在 $\overset{\frown}{PR}$ 的大圆弧上读出 $\overset{\frown}{PR}$ 的角距。当 P 与 L 绕 R 轴旋转时,P 沿小圆轨迹,L 沿大圆轨迹(即辅助大圆弧),同步旋转,因倾斜小圆迹线在投影网上不能直接读出 $120°$ 数值,所以旋转角借助辅助大圆弧上来进行判读。

(4) 要求 P 点绕 R 轴顺时针方向旋转 $120°$,可沿辅助大圆弧上 L 点开始旋转,先转到基圆上 L',经直径对蹠点 L'',继续数至 L''[实际上由 L 转到 L'' 已转了 $120°+180°=300°$,是沿大圆转动 $120°$(在基圆外)的对蹠点]。

(5) 做 L'' 于 R 的大圆弧,并取 $\overset{\frown}{RP'''}=\overset{\frown}{RP}$ 角距,做 P 和 P''' 的垂直等分线交 OR 的延长线于 C 点,以 C 为作图中心作小圆,P''' 实际上也从 P 转了 $300°$,是 P 转动 $120°$ 至 P' 的小圆对蹠点。

(6) 从题意是求 P 点旋转 $120°$ 的 P'(不是转 $300°$ 的 P'''),由于 P' 已在基圆外,但可沿 L''' 与 R 的大圆弧上找到其对蹠点 P''(注意:P'' 是 P' 在大圆上的对蹠点,P''' 是 P' 在小圆上的对蹠点),P'' 为旋转后的平面法线,其对应的大圆弧(图上未画)就是所求该平面的新产状。

间接法和直接法旋转所得结果是一样的。若绕旋转轴的点少,用直接法较直观(因自始至终的旋转迹线一目了然),若绕旋转轴的点较多,用间接法为宜。但无论如何,两者都比较麻烦。为了使用方便起见,现在已有人做出了一系列不同倾斜度($0°\sim90°$ 间每隔 $2°$ 或 $5°$)的倾斜投影网,这对旋转较多点时其效率大大提高。实际上常用的吴氏网(又称经向赤平投影网)和极赤平投影网是倾斜轴为 $0°$ 和 $90°$ 时的特例。

第二节　赤平投影网在构造地质学中的应用

一、确定构造线的产状

构造线通常是指波痕、流线、线理,面状构造的交线、擦痕、枢纽等。线状构造可根据自身的倾伏向和倾伏角,直接确定空间位置。

例　已知线理产状为 $300°\angle30°$。就能利用赤平投影立即投影出它的位置来(图 I-18)。反之,根据图上投影点(B)的位置,也可迅速读出它所代表的直线产状为 $215°\angle50°$。

线状构造除了它与本身产状特征（倾伏）外，多与面状构造密切相关，如层面上的波痕、流面上的流线、断层面上的擦痕、褶皱面上的枢纽，以及两面状构造交线与两面状构造的关系。总之，它们都反映了平面上一直线与该平面走向之间的角距关系。因此，可用侧伏向和侧伏角来表示该线状构造产状。

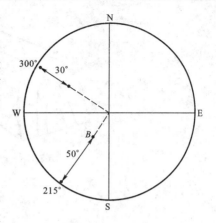

图Ⅰ-18　已知走向和视倾斜，求产状

二、褶皱构造的赤平投影

正确判断褶皱产状及其几何形态的关键在于正确确定褶皱枢纽和轴面的产状。褶皱构造的赤平投影特征是：两翼产状的大圆弧的交点就是褶皱枢纽产状的投影点，而轴面的赤平投影则是包含枢纽点在内的一个大圆弧。

1. 褶皱枢纽产状的确定

褶皱枢纽产状一般可根据褶皱两翼同一褶皱面交线求得（图Ⅰ-19）。圆柱状褶皱每两个平面的交线基本上都投影成一点 β（图Ⅰ-20）；圆锥状褶皱每两个平面的交线产状不同，β_1，β_2，β_3，…构成一个圆轨迹（图Ⅰ-21）。

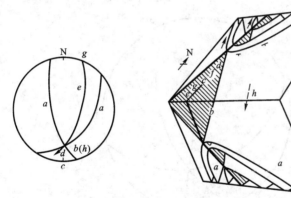

图Ⅰ-19　褶皱要素的赤平投影

就圆柱褶皱来说，由于测量精度有限和褶皱本身的复杂性，各产状大圆弧不可能都准确地交汇于一点，但最多也只能交 $n(n-1)/2$ 个点（n 代表投影产状的总数）。这些交点应密集于一个小范围，枢纽产状的投影就在这个范围内。

例　在野外测得背斜两翼岩层的产状为 $110°\angle50°$ 和 $200°\angle30°$，求该背斜枢纽的产状，以及枢纽在两翼岩层面上的侧伏角（图Ⅰ-22）。

（1）作出两翼产状大圆弧 $\overparen{AB}$ 和 $\overparen{CD}$。两弧交于 β 点，β 就是背斜枢纽产状的投影点（$174°\angle27°$）。

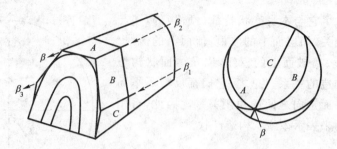

图Ⅰ-20 圆柱状褶皱的枢纽产状为一点(β)

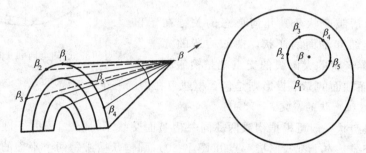

图Ⅰ-21 圆锥状褶皱的枢纽产状构成一小圆

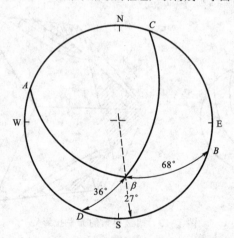

图Ⅰ-22 褶皱枢纽的赤平投影

（2）使 A，B 两点分别与网上 N，S 重合，这时 β 点所在纬向弧的半径角距值就是枢纽在东南翼的侧伏角(68°S)。

（3）再使 C，D 两点分别与网上 N，S 重合，得出西南翼上的枢纽侧伏角(36°S)。

2. 轴面产状的确定

在室内综合读图、构造分析中，要准确地确定轴面产状，除需要知道枢纽产状外，还必须有其他资料，例如轴面走向或轴迹产状。轴面走向和轴迹产状有时可以在野外直接量得;还可根据地质图先作出横截面,从横截面上求出轴迹,再根据轴迹和枢纽共面的关系求出轴面产状。当然可以根据两翼夹角的平分线大致推断轴面产状,即根据平分褶皱两翼顶角的面来代替,但必须注意所选二平面的部位和褶皱两翼地层厚度是否对称。如图 I-20A,B 两面的顶角平分线与枢纽构成的面或 B,C 二面顶角平分线与枢纽构成的面,都不是真正的轴面;只有紧靠 A 面的两侧平面延长相交的顶角平分面才大致相当于轴面[图 I-23(a)]。另一种情况[图 I-23(b)]是不对称的褶皱,特别是一翼显著变薄的褶皱,轴面不等于两翼顶角的平分面。不过在大多数情况下,根据稳定的两翼产状来求轴面的产状是可以的。

例 一个背斜构造两翼产状为 $46°\angle55°$ 和 $344°\angle20°$,在一个产状为 $184°\angle80°$ 的陡崖面上测得该背斜轴迹在该陡崖上的侧伏角为 $60°W$,求该背斜的轴面产状(图 I-24)。

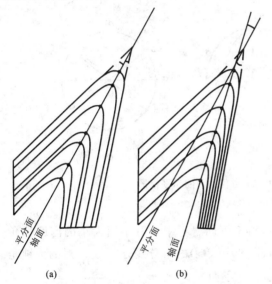

图 I-23 褶皱轴面和两翼夹角平分面的关系   图 I-24 根据两翼产状和轴迹产状求轴面产状

(1) 在透明纸上画出背斜枢纽的投影点 β。

(2) 投影出陡崖的大圆弧 $\overset{\frown}{FF'}$,并从 F' 点量读侧伏角为 $60°$ 的 C 点,C 点就是轴迹的投影点。

(3) 使 β 和 C 共一条大圆弧 $(\overset{\frown}{GCB})$,这就是背斜面的投影弧,其产状即背斜轴面产状 $(267°\angle59°)$。

三、断裂构造的赤平投影和应力分析

利用赤平投影的方法,可以迅速而准确地判定节理和断层的产状、两盘的滑动方向

及其分布规律和应力方位。

1. 共轭断层与主应力的关系

共轭断层与主应力之间有如图 I-25 所示的几何关系。在立体图上表现为，一对共轭断层面交线代表中间主应力轴 σ_2、垂直 σ_2 并又互相垂直的最大主应力轴 σ_1 和最小主应力轴 σ_3。

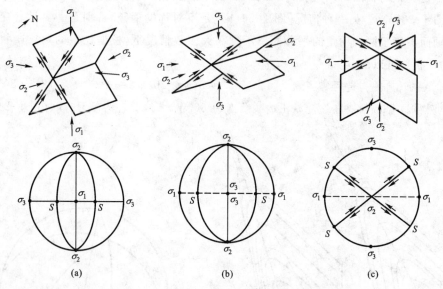

图 I-25　共轭断层与主应力方位关系的赤平投影

(a) 正断层；(b) 逆断层；(c) 平移断层；虚线为张性断层

理论上，共轭断层面互相垂直成 90°，但由于不同岩石中具有不同大小的内摩擦角（一般为 30°），因此，σ_1 所对的为锐角二面角（即 90°−30°）的平分线方向，σ_3 所对的为钝角二面角（即 90°+30°）的平分线方向。它们也指示了两共轭断裂面上的滑动线方向，即 σ_1 方向上滑动线垂直 σ_2 向内；σ_3 方向上滑动线垂直 σ_2 向外。

它们的赤平投影特征如图 I-26 所示，代表共轭断层面的两大圆弧的交点为 σ_2 投影点，垂直于 σ_2 的辅助大圆弧即公垂面（包含了 σ_1 和 σ_3）上与两共轭断裂大圆弧交点（S_1 和 S_2）间的弧度为共轭断裂面的二面角，其锐角的角距平分点为 σ_1 的投影点，钝角的角距平分点为 σ_3 的投影点，$\sigma_1,\sigma_2,\sigma_3$ 互成 90° 角距。S_1,S_2 为两共轭断裂两盘相对滑动方向。S_1 和 σ_2，S_2 和 σ_2 分别位于两个共轭断裂面上，而 $\overparen{\sigma_2 S_1}$ 或 $\overparen{S_2 \sigma_2}$ 的角距又都为 90° 角距。S_1,S_2 也

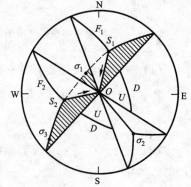

I-26　共轭断层的赤平投影特征图

F_1,F_2—共轭断层；S_1,S_2—滑动线；

U—上升盘；D—下降盘

都位于包含 σ_1，σ_3 的辅助大圆弧上，$\overparen{\sigma_1 S_1}$ 或 $\overparen{\sigma_1 S_2}$ 为二分之一的锐角角距，$\overparen{\sigma_3 S_2}$ 或 $\overparen{\sigma_3 S_1}$ 为二分之一的钝角角距，其内摩擦角即为90°减锐夹角或钝夹角减90°（图Ⅰ-26）。

2. 断盘滑动方向分析

在下半球投影上，断层大圆弧的凸侧代表上盘，凹侧代表下盘，所以，滑动线平行于断层倾向时，σ_1 在凸侧，且 σ_1 与 S_1（或 S_2）的角距小于45°，表示上盘相对上升的逆断层；反之，σ_1 在凹侧，且 σ_1 与 S_1（或 S_2）的角距小于45°，则表示下盘相对上升的正断层。同理，滑动线平行于断层走向时，据 σ_1 的指向，沿滑动线有左行滑动和右行滑动之分。还有常见的斜向滑动，对其上盘相对上升或下降的分量，可据 σ_1 位于大圆弧凸侧或凹侧来判断，对其左行或右行的平移分量，可据 σ_1 指向由滑动线的侧伏角来反映。

例 一条左行断层，产状为200°∠60°。在断层面上量得擦痕侧伏角为16°N，求该断层的性质和应力状态。如果有共轭断层，其产状如何（设该岩石的内摩擦角为30°）（图Ⅰ-27）。

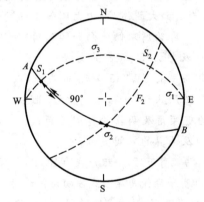

图Ⅰ-27 根据断层产状、擦痕侧伏角及内摩擦角求断层性质和应力状态

（1）在透明纸上画出断层投影大圆弧 $\overparen{AB}$，从 A 点沿弧量度16°，得 S_1 点（即擦痕投影点）。从 S_1 点沿弧量度90°角距得 σ_2 点，其产状为180°∠60°。

（2）以 σ_2 为极点，作对应公垂面大圆弧（σ_1-σ_3 面），此弧必通过 S_1 点，从 S_1 点向西沿 σ_1-σ_3 弧量30°[（90°－内摩擦角）/2]，从而得到的 σ_1 产状点为77°∠2°。再从 σ_1 起沿着弧量度90°，得 σ_3 点（345°∠33°）。

（3）根据 S_1 的滑动方向（断层具有左旋性质），可知上盘是向圆心方向滑动，具有上升性质，也就是说 σ_1 应在上盘一侧（即 σ_1 位于断层的凸侧），且 σ_1 与 S_1 的角距小于45°，故为逆断层。上盘上升，向107°方向滑，接近于沿断层走向左行滑动，总的可称为逆-左行平移断层。

（4）从 σ_1 向西沿 σ_1-σ_3 大圆弧量度30°，得 S_2 点，即如有共轭断层存在，S_2 就是它的滑动方向点。使 S_2 和 σ_2 共一大圆弧，该圆弧的产状就是可能出现的共轭断层的产状（130°∠63°）。

练习思考题

1. 投影平面 SW245°∠30°，NE20°∠60°，NW340°∠40°，SE120°∠70°。

2. 投影直线 NE42°∠62°，SE130°∠45°，SW220°∠50°，NW315°∠320°。

3. 投影平面 NW318°∠26°的法线(即极点)。

4. 投影包含直线 SW258°∠40°及 NE42°∠62°的平面。

5. 已知铁矿层产状为 SE154°∠40°，求下列各方向剖面上的视倾角：NE80°，NW330°，SW190°，SW240°。

6. 在公路转弯处的两陡壁上，测得板状含金石英脉的视倾斜线产状分别为 SE120°∠16°和 SW227°∠22°，求该板状含金石英脉的真倾斜。

7. 某岩层产状为 SE150°∠40°，岩层面上有擦痕线，其侧伏角为 30°SW，求擦痕线的倾伏向和倾伏角(提示：作出岩层面大圆弧后，由大圆弧走向的 SW 端沿大圆弧数 30°，即得擦痕线的投影点，该点的产状即为所求倾伏向和倾伏角)。

8. 求平面 SW 245°∠30°及 SE145°∠48°的交线。

9. 求平面 NW335°∠30°与平面 SW235°∠48°的夹角，以及夹角平分线的产状。

10. 一圆柱状背斜北西翼产状为 NW330°∠45°，北东翼产状为 NE65°∠35°。求：① 东西向直立剖面上两翼的视倾角及两翼的翼间夹角；② 横截面(垂直枢纽的剖面)的产状、横截面上两翼的侧伏角及两翼的翼间夹角。

11. 某地灰岩中发育一对共轭剪节理，一组产状为 SW190°∠76°，另一组为 NW278°∠53°，求三个主应力轴产状(假定两组剪节理锐角等分线方向为 σ_1 方向)。

12. 某岩层具有同期三组节理，统计结果如表 I-1，试求各主应力轴方位。

表 I-1　某地节理测量结果表

节理组	节理产状	特征
I	NE16°∠64°	剪节理
II	NW353°∠62°	张节理
III	NW336°∠63°	剪节理

13. 一条左行断层，产状为 SW200°∠60°，在断层面上量得擦痕侧伏角为 16°W，设该岩石内摩擦角 φ 为 30°。求 σ_1，σ_2，σ_3 的产状，如有共轭断层，求其产状。

14. 一断层产状 270°∠70°，派生张节理产状为 SW240°∠40°，求二者夹角，并分析断层滑移方向及断层类型。

15. 一砂岩层产状为 SE120°∠30°，其中发育交错层理，前积纹层产状为 SE150°∠50°，求前积纹层原始产状。

16. 不整合面产状为 SW200°∠30°，下伏地层产状为 NW315°∠60°，求上覆地层水平时下伏地层的产状。

17. 不整合面产状为 SW220°∠30°，其下伏地层中发育的背斜东翼产状为 SE132°∠23°、西翼产状为 SW250°∠46°，求在上覆地层沉积时背斜两翼地层及枢纽的产状。

18. 若两翼产状为 10°∠30° 和 90°∠50°，求该向斜的倾伏向和倾伏角（即枢纽产状）。

19. 根据图 I-28 中的投影点 B 的位置，试在吴氏网上读出它所代表的直线产状。

20. 一褶皱内灰岩层产状如下：NE74°∠61°，NW318°∠70°，NE41°∠51°，NW348°∠55°，NE15°∠49°。求：① 用 π 圆表示褶皱的枢纽产状；② 褶皱轴面产状（根据水平面上轴迹走向正北）；③ 轴面上褶皱的侧伏角。

21. 根据实测剖面资料，得知某层的测量记录如下：导线方位为 30°，坡度角为俯角 19°，岩层产状为 234°∠43°，导线长度为 9.32 m，求该层的真厚度。（提示：导线的倾伏向与其导线方位应该是一致的，在赤平投影图上，导线的倾伏向取 30°）

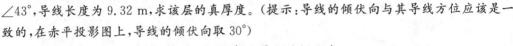

图 I-28 直线的赤平投影

22. 求下列褶皱的枢纽产状及枢纽在两翼上的侧伏角。

(1) 两翼产状：50°∠20° 和 0°∠50°；

(2) 两翼产状：120°∠80° 和 20°∠70°。

23. 一背斜在平坦地面上出露的轴迹走向为 NE20°，在横切背斜的河谷中测得坡度为 180°∠70°，其上轴迹侧伏角 50°E，求该背斜轴面产状和轴迹产状。

24. 某一背斜两翼产状分别为 SE160°∠74° 和 NW318°∠74°，求轴面产状。

25. 根据如图 I-29 所示地质图求褶皱轴面及枢纽产状。

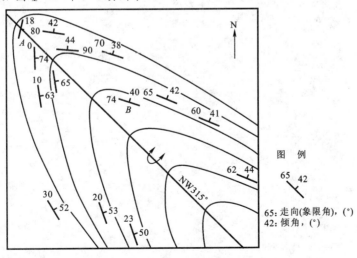

图 I-29 褶皱地质图

26. 一对共轭矿脉 A 和 B,在陡壁上测量视倾斜 A 为 250°∠40°,B 为 100°∠56°,在平坦地面上量得走向 A 为 300°,B 为 10°。试求其应力状态。

27. 共轭节理产状为 220°∠60°和 11°∠70°,求其应力状态和内摩擦角。

参考文献

[1] 冯明,张先,吴继伟. 构造地质学. 北京:地质出版社,2007.

[2] 陆克政. 构造地质学教程. 东营:石油大学出版社,1996.

[3] 朱志澄. 构造地质学. 北京:中国地质大学出版社,1999.

附篇二 构造地质学实验

实验一 分析水平岩层地质图

一、目的要求

(1) 通过对地质图的阅读和分析,明确地质图的概念,了解地质图的规格,概要了解分析地质图的一般方法和步骤。

(2) 掌握水平岩层在地质图上的表现特点。

二、预习内容

(1) 复习测量学有关读地形图的知识。

(2) 预习教材第二章水平岩层相关内容。

三、实验用品

(1) 附图 1、附图 2。

(2) 三角板(或直尺)、铅笔。

四、说明

1. 地质图的概念及图式规格(图Ⅱ-1)

地质图是用规定的符号、色谱和花纹将地壳的一部分或全部地质组成和地质现象,按一定比例尺缩小,概括投影到平面(地形图)上的图件,用以推论该地区地质发展历史及矿产分布规律,指导找矿。因此,地质图是地质工作者经常应用的图件。

一幅正式的地质图应该有图名、比例尺、图例、编制单位和编制人、编制时间等。

(1) 图名:常用整齐美观的大字书写,图名要表明图幅所在的地区和图的类型。一般是根据该图幅内最有名的城镇或地名命名,如"山东省地质图","泰安幅地质图"。图名常居中放置在图幅上方。

(2) 图号:是为了图件的保存、整理、查找方便起见而统一规定的。一般是用地形图的国际统一分幅和编号。

（3）比例尺：用以表明该图的缩小程度和精度，比例尺的形式有三种类型。

数字比例尺：如 1∶200 000～1∶50 000。

自然比例尺：即图上 1 cm 相当于自然界真正的水平长度。如 1 cm 相当于 2 km，1 cm 相当于 500 m。

线条（图解式）比例尺：将比例尺作成尺子状，上面注明单位长度所代表的实际长度。

比例尺一般都标注于图框外上方或下方正中位置。

（4）图例：指图的内容简要示例，是地质图不可缺少的部分。不同类型的地质图有不同的图例。一般地质图图例是用各种规定的颜色和符号来表明地层的时代、岩性、地质界线、构造、产状要素和矿产等几个方面。图例一般放在图的右边或下方（如图内有空白也可放在图框内），并按一定顺序排列。"图例"两字应用醒目的字体注明。

地层图例自上而下或自左而右由新到老顺序排列，图例格子的大小长宽比一般为 0.8∶1.2 或 1∶1.5，格内注明地层代号，涂上颜色，右边注明岩性，左边写地层或时代名称。已确定时代的岩浆岩、变质岩要按时代顺序排列在地层图例中，没有确定时代的岩浆岩、变质岩按酸性程度、变质深浅依次排列地层图例之后。图上出露的地层都应有它的图例，反之则不应该有它的图例。

图例中的构造符号放在所有地层符号的后面，其顺序是：地质界线、产状要素、断层、褶皱轴迹、节理等。各种符号的颜色也是有规定的，除不同时代的地层用不同颜色外，地质界线用黑色，断层线用鲜红色，地形等高线用棕色，河流用浅蓝色，城镇和交通网用黑色。

图框：分内框和外框，外框用粗实线，内框用细实线。内框按一定间距注明经纬度，并按规定画出千米格。图框外要注明图幅代号、制图单位、制图人、制图日期等。

2. 地质剖面图（图Ⅱ-1）

正规地质图常附有一幅或几幅切过图区主要构造的剖面图。剖面图也有一定的规定格式。

剖面图如单独绘制时，要标明剖面图图名，通常是以剖面所在地区地名及所经过的主要地名（如山峰、河流、城镇和居民点）作为图名。如周口店（指图幅所在地区）太平山—升平山地质剖面图。如为切剖面图并附在地质图下面，则只以剖面标号表示，如 $I—I'$，$A—A'$。

剖面在地质图上的位置用一条细线标出，两端注上剖面代号，如 $I—I'$，$A—A'$ 等。

剖面图的比例尺应与地质图的比例尺一致，如剖面图附在地质图的下方，可不再注明水平比例尺，但垂直比例尺应表示在剖面两端竖立的直线上，垂直比例尺下边可以选比本区最低点更低的某一标高一条水平线作基线，然后以基线为起点在竖直线上注明各高程数。如剖面图垂直比例尺放大，则应注明水平比例尺和垂直比例尺。

剖面图两端的同一高度上必须注明剖面方向（用方位角表示）。剖面所经过的山岭、河流、城镇等地名应标注在剖面的上面所在位置。为醒目美观，最好把方向、地名排在同一水平位置上。

剖面图的放置一般南端在右边,北端在左边;东右西左;南西和北西端在左边,北东和南东端在右边。即剖面以北为标准逆时针摆放。

剖面图与地质图所用的地层符号、色谱应该一致。如剖面图与地质图在一幅图上,则地层图例可以省去。

剖面图内一般不要留有空白。地下的地层分布、构造形态应根据该处地层厚度、层序、构造特征适当判断绘出,但不宜推断过深。

3. 综合地层柱状图(图Ⅱ-1)

正式的地质图或地质报告中常附有工作区的综合地层柱状图。综合地层柱状图可以附在地质图的左边,也可以绘成单独一幅图。比例尺可以根据反映地层详细程度的要求和底层总厚度而定。图名书写于图的上方,一般标为"××地区综合地层柱状图"。

综合地层柱状图是按工作区所有出露地层的新老叠置关系恢复成水平状态切出的一个具代表性的柱子。在柱子中表示出各地层单位或层位的厚度、时代及地层系统和接触关系等。一般只绘地层,不绘侵入体。也有将侵入体按其时代与围岩接触关系绘在柱状图里的。用岩石花纹表示的地层岩性柱的宽度,可根据所绘柱状图的长度而定,使之宽窄适度,美观大方,一般以 2～4 cm 为宜。

综合地层柱状图的格式见太阳山地区地质图(图Ⅱ-1)。图内各栏可根据工作区地质情况和工作任务而调整。如"化石"一栏有时可并入"岩性简述",有时"水文地质"和"地貌"可略去。

五、地质图的一般读图方法和步骤

读图时,首先要浏览一遍图幅的各种规格和组成要素。从图名和图幅代号了解该图的地理位置和图的类型;从比例尺的大小可折算图幅的面积,同时了解反映地质构造现象的详细程度、出版年月和引用资料,了解图幅编制的时间并便于查阅原始资料;图例分析是阅读的基础,通过图例可以了解图幅内出露的地层、构造类型并对总体情况有初步了解和粗略印象。

分析地形特征。岩层在地面出露的形态与地形有关,如果不注意地形与构造的关系,往往会得出错误的结论。因此,读图时应先了解地形特征。在中、小比例尺(1∶100 000～1∶500 000)地质图上,主要根据区内河流水系的分布、支流与主流的关系、山势标高变化等了解地形特点。在大比例尺(大于1∶50 000)地形地质图上,通过地形等高线和河流水系的分布可以清楚地了解地形特征。

分析地质内容。一幅地质图所反映的地质内容是相当丰富的,只有分门别类逐项分析,才能达到全面深入了解该区地质情况的目的,而不至于感到现象复杂、眼花缭乱。一般的分析项目有:地层出露与分布情况,岩石类型、产状与时代,褶皱和断层的特点、规模

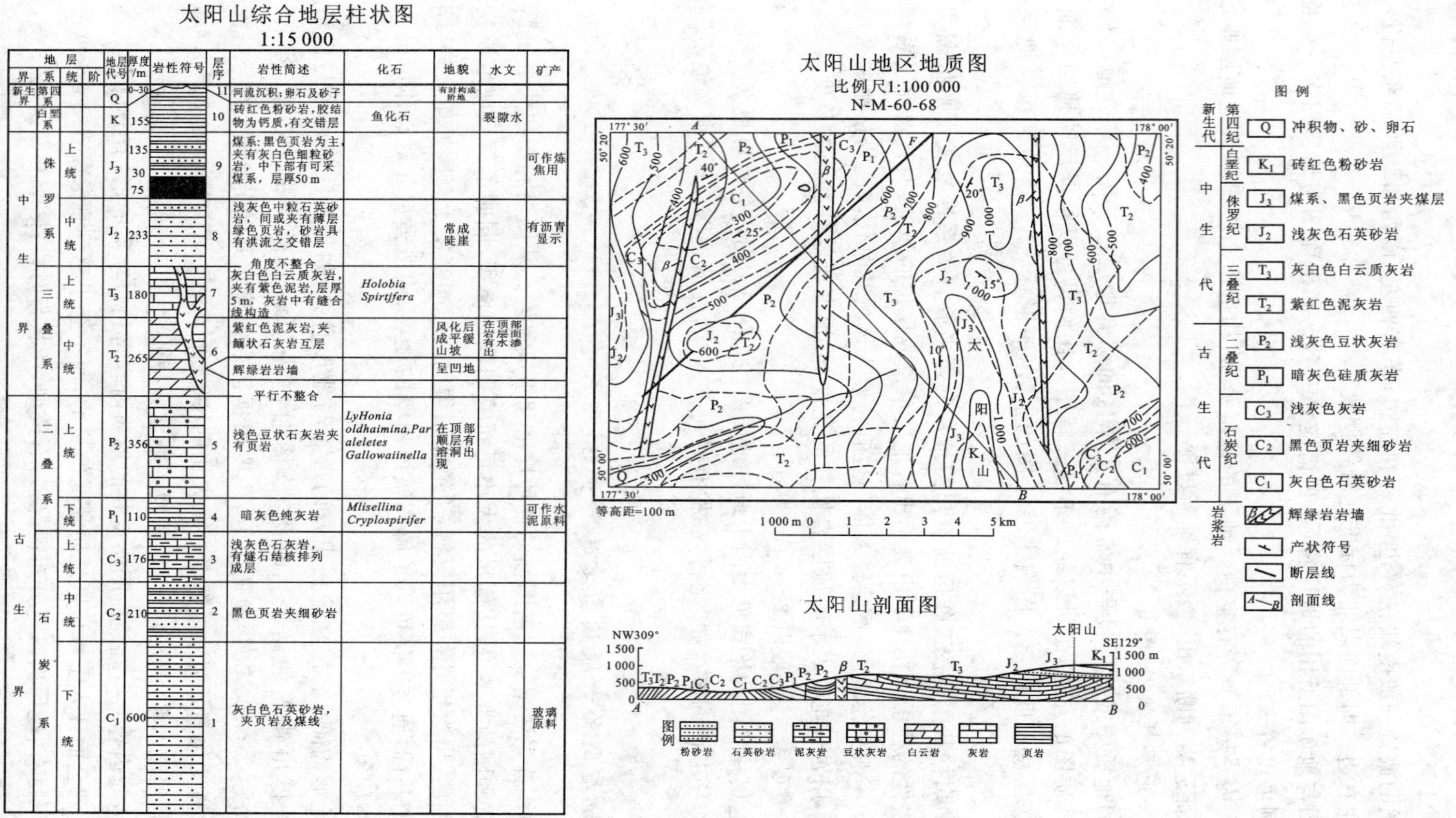
太阳山综合地层柱状图
1:15 000
地层
界
系
统
阶
地层代号
厚度/m
岩性符号
层序
岩性简述
化石
地貌
水文
矿产
新生界
第四系
Q
0~30
11
河流沉积：卵石及砂子
有时构成阶地
白垩系
K
155
10
砖红色粉砂岩，胶结物为钙质，有交错层
鱼化石
裂隙水
中生界
侏罗系
上统
J_3
135
30
75
9
煤系：黑色页岩为主，夹有灰白色细粒砂岩，中下部有可采煤系，层厚50 m
可作炼焦用
中统
J_2
233
8
浅灰色中粒石英砂岩，间或夹有薄层绿色页岩，砂岩具有洪流之交错层
常成陡崖
有沥青显示
角度不整合
三叠系
上统
T_3
180
7
灰白色白云质灰岩，夹有紫色泥岩，层厚5 m，灰岩中有缝合线构造
Holobia
Spirtifera
中统
T_2
265
6
紫红色泥灰岩，夹扁状石灰岩互层
风化后成平缓山坡
在顶部岩层面有水渗出
辉绿岩岩墙
呈凹地
平行不整合
古生界
二叠系
上统
P_2
356
5
浅色豆状石灰岩夹有页岩
LyHonia
oldhaimina,Par
aleletes
Gallowaiinella
在顶部顺层有溶洞出现
下统
P_1
110
4
暗灰色纯灰岩
Mlisellina
Cryplospirifer
可作水泥原料
石炭系
上统
C_3
176
3
浅灰色石灰岩，有燧石结核排列成层
中统
C_2
210
2
黑色页岩夹细砂岩
下统
C_1
600
1
灰白色石英砂岩，夹页岩及煤线
玻璃原料
太阳山地区地质图
比例尺1:100 000
N-M-60-68
177° 30′
178° 00′
50° 20′
50° 00′
A
B
F
等高距=100 m
1 000 m 0 1 2 3 4 5 km
图例
新生代
第四纪
Q 冲积物、砂、卵石
中生代
白垩纪
K_1 砖红色粉砂岩
侏罗纪
J_3 煤系、黑色页岩夹煤层
J_2 浅灰色石英砂岩
三叠纪
T_3 灰白色白云质灰岩
T_2 紫红色泥灰岩
古生代
二叠纪
P_2 浅灰色豆状灰岩
P_1 暗灰色硅质灰岩
石炭纪
C_3 浅灰色灰岩
C_2 黑色页岩夹细砂岩
C_1 灰白色石英砂岩
岩浆岩
辉绿岩岩墙
产状符号
断层线
剖面线
太阳山剖面图
NW309°
SE129°
太阳山
1 500 m
1 000
500
0
A
B
图例
粉砂岩
石英砂岩
泥灰岩
豆状灰岩
白云岩
灰岩
页岩

图 II-1　地质图格式

与类型,岩浆岩、变质岩出露区的构造等。开始时最好先从老地层着手,由老地层按顺序向新地层逐层分析才不致混乱,同时要边看、边记、边绘图以获得可靠的资料。最后进行综合分析,以便得到系统、正确的结论。

以上各项具体分析方法,将在以后有关实验中专门叙述和训练。

六、分析水平岩层地质图

水平岩层在地面和地形地质图上的特征是:地质界线与地形等高线平行或重合;在沟谷处界线呈"尖牙"状,其尖端指向上游;在孤立的山丘上,界线呈封闭的曲线(图Ⅱ-2)。在岩层未发生倒转的情况下,老岩层出露在地形的低处,新岩层分布在高处。岩层露头宽度取决于岩层厚度和地面坡度,当地面坡度一致时,岩层厚度大的,露头宽度也宽;当厚度相同时,坡度陡处,露头宽度窄(图Ⅱ-3);在陡崖处,水平岩层顶、底界线投影重合成一条线,造成地质图上岩层发生"尖灭"的假象。

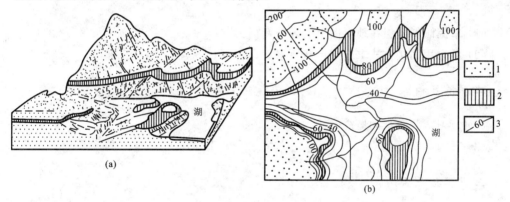

图Ⅱ-2 水平岩层在地质图上的特征

(a)立体图;(b)平面图(地质图)

1—侏罗系含砾砂岩;2—三叠系含煤页岩;3—地形等高线

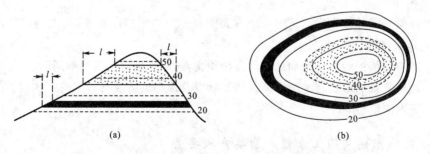

图Ⅱ-3 水平岩层露头宽度(l)与坡度和岩层厚度的关系

(a)剖面图;(b)平面图

作 业

1. 阅读分析凌河地形地质图(附图1),判别哪些地层是水平岩层,并求凌河地形地质图(附图1)中 K_1 层的厚度。

2. 阅读、分析李公集地形地质图(附图2),并回答下列问题:

① 计算上侏罗统(J_3)岩层厚度;② 在图内468 m高点设计一直孔,问钻进多深能达到下侏罗统(J_1)的顶面;③ 若古近系(E)底部有一厚度为5 m的煤层,试绘出其分界线;④ 绘制剖面图。

实验二 分析倾斜岩层地质图、用间接法求岩层产状要素

一、目的要求

(1) 掌握倾斜岩层在地形图上的表现特征。

(2) 学会用间接方法求岩层产状要素。

二、预习内容

(1) 复习产状要素的概念。

(2) 预习本实验说明。

三、实验用品

铅笔、橡皮、量角器、计算器。

四、倾斜岩层在地形地质图上的表现特征

(1) 倾斜岩层的基本特点是向一个方向倾斜。当岩层层序正常时,顺倾向依次是从老到新的地层(倒转地层例外)。

(2) 倾斜岩层的地质界线和地形等高线相交,这和水平岩层截然不同。

(3) 地质界线的形状与地形等高线的形状以及地形的坡度与岩层的产状四者的关系构成"V"字形法则。

五、在地形地质图上求倾斜岩层产状要素

(1) 求走向:同一地质界线与同一等高线相交的两点(或与高度相同的两条等高线相交的点)的连线即为走向线。图Ⅱ-4中 AB,CD 分别为砂岩上层面200 m和150 m的走

向线的投影,量出 AB 或 CD 的方位角即为走向。

（2）求倾向:由高走向线(200 m)向低走向线(150 m)作垂线,即为倾斜线,此倾斜线在水平面的投影 EF 的方位角即为倾向。

（3）求倾角:把相邻两条走向线的高差,按平面图上的比例尺投在任一走向线上得 GE,连 GF 得一直角三角形,这时 $\angle EFG=\alpha$ 即为倾角。走向、倾向和倾角都可用半圆仪直接量出。

（4）注意事项:

① 求走向线时,一定用同一地质界线与同一等高线(或同数值的两条等高线)相交两点的连线,此线才是走向线。

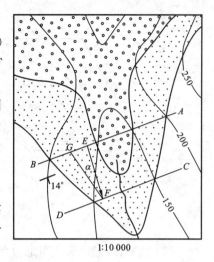

1:10 000

图Ⅱ-4　地质图上求岩层产状要素

② 如果只有一条等高线与地质界线相交两点,另一条交于一点,在求倾向线时,可过此点作已知走向线的平行线。然后由较高的走向线向较低的走向线作垂线,即为倾向线。同时亦可像前面讲的方法求倾角。

③ 由于岩层产状不可能是绝对不变的,所以最好不要把同一层面相距太远的同高度两点连接起来作为走向线,特别是当倾斜岩层是构造某一部分时尤其要注意。

六、用三点法求岩层产状要素

(一)原理及应用条件

利用几何学上三点决定一个平面的原理。当岩层倾角很缓,用罗盘不能确切测定产状要素或岩层埋藏于地下而不能直接测定时,可以利用地形测量测定的层面标高或由钻井计算得到的层面标高资料,在同一层面上用三个高度不同的点求得岩层的产状要素。

用三点法求产状要素时,三点的水平位置和高程是已知的。其应用条件为:① 在构造平缓地区,岩层层面平整,产状无变化,三点范围内没有褶皱断层。② 三点在同一层面上,但三点又不在一直线上。③ 三点相距不宜太远,三点的位置(方位)、水平距离、标高已知。

(二)方法步骤

如图Ⅱ-5 所示:A,B,C 三点位于同一层面上,地表测得三点高程(或由钻井资料中算得)A 点最高(460 m),C 点最低(160 m),B 点介于中间(360 m)。

从图Ⅱ-5(a)可以看出,只要在最高点 A 和最低点 C 的连线上,找到与 B 点等高的一点 E,就可以作出岩层面的走向线 BE。过另一点 C(或者 A)则可以作出与其平行的走向线。再根据已知的高程及水平距离,求出倾向和倾角来[图Ⅱ-5(b)]。具体步骤如下:

（1）先连接最高点与最低点即 AC 线,在 AC 线上用比例内插法可得到与 B 点同高的点 E,连接 BE 即为 360 m 高程走向线。

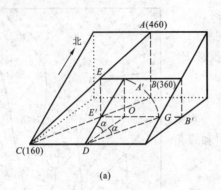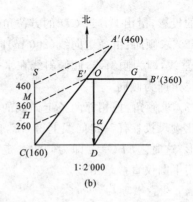

图Ⅱ-5　三点法原理图

（a）立体图；（b）平面图

（2）从立体图知，E 点可通过相似三角形求得：

$$\frac{CE}{CA}=\frac{EE'}{AA'}=\frac{(B-C)_{\text{高差}}}{(A-C)_{\text{高差}}}=\frac{360-160}{460-160}=\frac{2}{3}$$

即：

$$CE=\frac{2}{3}CA \tag{Ⅱ-1}$$

在平面图上：

$$CE'=\frac{2}{3}CA' \tag{Ⅱ-2}$$

（3）求走向线。在平面图上连接 $A'C$，作辅助线 CS，根据 A，C 两点间高差将其三等分（即 CH，HM，MS），连接 $A'S$ 用等比例线段法在 $A'C$ 上得出与 B 点同高的 E' 点，连接 $B'E'$ 为 360 m 高程走向线，过 C 或 A' 分别作 $E'B'$ 平行线便得另外两条走向线。

（4）求倾向：在 $E'B'$ 上取任一点 O 作其垂线，OD 即倾向线，并以箭头代表倾向，用量角器量其方位角值。

（5）求倾角：根据 B，C 点间高差按作图比例尺取线段 OG，连接 GD，则 α 代表岩层倾角。

七、根据两个视倾向和视倾角求岩层的产状要素

当已知某一岩层的两个视倾向和视倾角时（图Ⅱ-6），可以利用图解法求出岩层的真实产状要素。具体方法有多种，这里只介绍其中一种。

（一）基本原理

图Ⅱ-7（a）中 $BCFE$ 代表一倾斜岩层面，$BCF'E'$ 为一水平面，ABA' 和

图Ⅱ-6　出露在两个不同方向剖面上的同一岩层素描

ACA′分别为被切开的天然或人工露头(剖面),则 A′B 和 A′C 为两个视倾向线,其所得视倾角为 β_1,β_2。而该岩层的真实产状要素 BC 及 E′F′代表走向线,A′D 为倾向线,α 为倾角。若将立体图展开在水平面上时,即为图Ⅱ-7(b)所示。

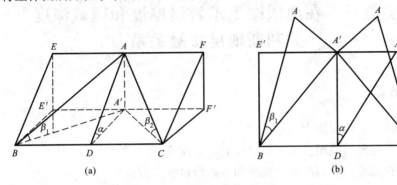

图Ⅱ-7 根据两个视倾向和视倾角求真实产状要素的原理图
(a) 立体图;(b) 展开图

(二)作图方法及步骤

现假设已测得某一岩层的两个视倾向和视倾角分别为 SE150°∠20° 和 SW220°∠30°,求该岩层的产状要素。

如图Ⅱ-8 所示,先作出指北线,在线上任取一点 A′,自点 A′ 分别作两个视倾向 A′M(150°)和 A′H(220°)。以 A′ 点为圆心,取任意长为半径作圆;再自 A′ 点作 A′M 和 A′H 的垂线 A′B 和 A′C,它们分别交于圆周上的 B 和 C 两点,然后自 B 点和 C 点各作它们的视倾角的余角,并分别延长,与 A′M 交于 F 点,与 A′H 交于 E 点,E,F 点的连线就是该岩层的走向线。

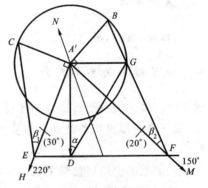

图Ⅱ-8 根据两个视倾向和视倾角求岩层产状要素

过 A′点作走向线 EF 的垂直线与 EF 交于 D,A′D 即为倾向线,自 A′ 点作一垂直 A′D 直线与圆周交于 G 点,连接 GD,则∠A′DG 即为真倾角 α。

作 业

1. 在凌河地形地质图(附图1)上求 C_1 顶面或底面的产状;或在鲁家峪地形地质图(附图3)上求 C_3 底面的产状。

2. 在团山矿区地形图(附图4)上:

用三点法求矿层产状要素。已知本矿区矿层产状稳定,由钻孔资料得知该矿层顶面所在深度如下:孔 1 为 50 m,孔 2 为 100 m,孔 3 为 100 m,孔 4 为 175 m,孔 5 为 250 m。

3. 在横店地形地质图(附图 5)上求 J_3 底面的产状。

实验三　在地质图上求岩层厚度和埋藏深度 并判断地层接触关系

一、目的要求

(1)复习倾斜岩层读图方法。

(2)学会在地形地质图上求岩层厚度和埋藏深度。

(3)学习在地质图上判断整合接触和不整合接触的方法。

二、预习内容

(1)预习岩层厚度和埋藏深度计算方法,预习各种不整合形成的原因及特征。

(2)预习本实验中的有关说明。

三、实验用品

铅笔、橡皮、直尺、量角器、实验报告纸。

四、地层接触关系的判断

地层间的接触关系是石油地质工作者研究的重要内容之一,它对划分地层、研究地壳运动、油气藏的形成和类型都有重要意义。阅读地质图时,应重视地层接触关系的分析判断。

在地质图上确定地层接触关系的主要依据有两点:① 对地层图例进行分析,了解该区出露的地层和地层间顺序、岩性特征和地层缺失情况;② 在地质图上观察地质界线的相互关系。下面扼要介绍几种主要接触关系在图上的表现特征。

(一)整合接触

上、下两套地层时代连续,产状一致,在地质图上表现为地质界线彼此平行,如图 Ⅱ-9 三叠系(T_3,T_2,T_1)、二叠系(P_2,P_1)之间的关系。

(二)角度不整合

两套地层时代不连续,其间有明显的地层缺失,不整合面上、下两套地层产状不同,在地质图上表现为较老的一套地层被不整合线所切,而较新的一套地层界线与不整合线大致平行,在地质剖面图上表现为不整合线上的新地层的底界与各个不同时代的老地层界线呈角度相交。如图Ⅱ-9 中的上覆白垩系(K)切过下伏二叠系(P)、三叠系(T)。

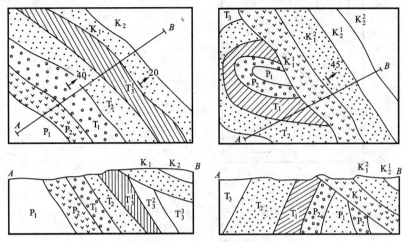

图Ⅱ-9　不整合的表现

上图为地质图；下图为沿 A—B 线的剖面图

(三) 平行不整合

不整合面上、下两套地层时代不连续，有明显的地层缺失，但产状基本相同。在地质图上表现为地质界线基本平行展布。

五、求岩层厚度

岩层厚度指在垂直于岩层走向的剖面上岩层顶、底面间的垂直距离。一般都在野外实际丈量。在有地形等高线的地质图上，也可图解求得，但这仅是一种间接方法，可以作为野外丈量厚度的补充与验证，其具体方法有两种。

(一) 上、下层面相同高度走向线平行法（图Ⅱ-10）

(1) 在地形地质图上作岩层上、下层面同高度的走向线，上层面走向线是ⅠⅠ′，下层面走向线是ⅡⅡ′ [图Ⅱ-10(a)]。

(2) 作垂直于ⅠⅠ′，ⅡⅡ′两走向线的直线 AB（A,B 两点高度都在 300 m，也是在倾向上的两点）。

(3) 过 A,B 两点作与 AB 夹角 α（α 为岩层倾角）的两直线 BB'，AA'。这时的 BB'，AA' 相当于剖面图中的岩层下层面和上层面 [图Ⅱ-10(b)]。

(4) 过 A 点作 AC（使 AC 垂直 AA'，BB'），AC 即为岩层厚度（按作图比例换算出即可）。

从图中还可以看出，AB 为岩层上下层面同高度走向线间的水平距离。量出 AB 的长度后可用公式直接计算岩层厚度 h。

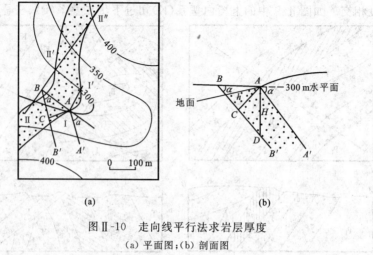

图Ⅱ-10 走向线平行法求岩层厚度

(a) 平面图;(b) 剖面图

$$h = L \cdot \sin \alpha \qquad (Ⅱ\text{-}3)$$

式中 L——AB 的长度;

   α——岩层倾角。

(二)同一岩层上、下层面走向线重合法(图Ⅱ-10)

(1)将下层面走向线ⅡⅡ′延长,与上层面交于 400 m 等高线Ⅱ″点。即下层面300 m 走向线与上层面 400 m 走向线重合。

(2)两者走向线的高差(100 m)就为岩层的铅直厚度(H),相当于图Ⅱ-10(b)中的 AD。

(3)求真厚度 h。

$$h = H \cdot \cos \alpha \qquad (Ⅱ\text{-}4)$$

六、求岩层埋藏深度(即求岩层距地面的铅直距离)

由于地形起伏,各处埋藏深度不同,一般由钻井资料求得,但也可以根据岩层露头、产状间接计算出深度。这种计算出来的深度,可作为开钻前进行地质设计的参考资料。如图Ⅱ-11所示,AC 为所要计算的矿层深度,有:

$$AC = AO + OC \qquad (Ⅱ\text{-}5)$$
$$AO = A \text{ 点标高} - B \text{ 点标高}$$
$$OC = BO \cdot \tan \alpha$$

式中 BO——A,B 两点间的水平距离,为已知;

   α——岩层倾角,可测出,也为已知。

A,B 两点标高及水平距离均可由地形地质图上得出,岩层倾角为已知,即可求得埋藏深度 AC。

若 AB 剖面不垂直岩层走向时,真倾角应换算成 AB 剖面上的视倾角。

此外,前述求岩层铅直厚度的方法,也可用来求岩层的埋藏深度(图Ⅱ-12)。

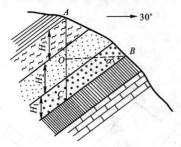 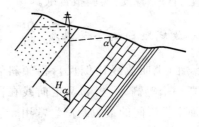

图Ⅱ-11 求岩层埋藏深度　　　　图Ⅱ-12 求深度和厚度图

作　业

1. 在鲁家峪地形地质图(附图3)或马鞍山地形地质图(附图6)上,用"V"字形法则分析图区岩层产状、露头分布特征及露头宽度变化,恢复岩层新老顺序及各层间的接触关系,用符号按顺序填入图中。求鲁家峪地区 C_2 的厚度。

2. 在十字铺地形地质图(附图7)上:

① 求上侏罗统(J_3)的厚度;

② 求 No.2 钻孔钻穿上侏罗统(J_3)的深度。

3. 在团山矿区地形图(附图4)上:

① 求 B 处竖井的见矿深度(B 处地面标高为 125 m)。

② 求 A 处开平巷(水平坑道)见矿的最短距离及其掘进方向。

实验四　根据放线距编制倾斜岩层地质图

一、目的要求

(1) 了解放线距的意义及用途。

(2) 学会根据放线距编制倾斜岩层地质图。

(3) 更进一步理解"V"字形法则。

二、预习内容

(1) 预习第二章倾斜岩层相关内容。

(2) 预习"V"字形法则。

三、实验用品

铅笔、直尺、橡皮、实验报告纸。

四、放线距的概念及性质

放线距(也叫放线比例尺),指倾斜岩层每升高一个等高距,相邻两走向线在同一水平面上投影间的最短距离。常用 a 表示,它的大小和岩层的倾角成反比,岩层倾角大时 a 小,岩层倾角小时 a 则大。如图 Ⅱ-13 所示。

图中 ABDC 为一倾斜岩层面,其上每隔 10 m 画一条走向线(即等高距为 10 m),a 为各走向线间的水平投影距离(放线距)。若岩层倾角不变,则 a 为常数。

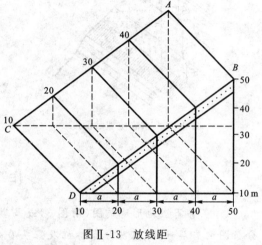

图Ⅱ-13　放线距

ABDC—倾斜岩层面;a—放线距

五、用放线距编制倾斜岩层地质图的原理

在前面的实验中,可以知道在一幅有等高线的地质图上,根据倾斜岩层出露线的分布或等高线的关系("V"字形法则),可以求出岩层的产状要素及放线距。

岩层面与地面的交线即为地质界线。为了画出地质界线,必须找出这两个面的一些交点。一个岩层露头点的高度既代表地面高度,又代表岩层面高度,所以,岩层面上不同高度的走向线与其高度相等的各地形等高线的交点,就是该岩层面的出露点,只要把这些点按顺序(由低到高或由高到低)用平滑曲线连接起来,即可得出该岩层在地面的界线。因此,当倾斜岩层产状稳定,如果有一定比例尺的地形图,又有欲求的倾斜岩层出露线投影的一个点,且此点的产状数值已知,则根据已知条件,利用放线距即可将此层在地质图上的分布情况画出来。

六、制图的方法步骤

(1) 求放线距。利用已知的层位要素及地形等高距求放线距的方法有以下两种。

① 作图法。

a. 作一水平线,过水平线上任一点 B 作垂线 AB,其长度和等高距相当的长度相等。

b. 过垂线 BA 的端点 A 作岩层倾角的余角($\angle BAC=90°-\alpha$),并延长 AC 到水平线相交于 C 点,BC 的长度即为所求的放线距。

用作图法求放线距,一般用在岩层倾角较大时,当岩层倾角很小时,作图不易准确,产生误差大,此时就要用计算法。

② 计算法。

因为:
$$\tan \alpha = \frac{h}{a}$$

所以:
$$a = h \cdot \cot \alpha \qquad (\text{II}-6)$$

式中　h——等高距。

(2) 在已知露头的位置上画出岩层的产状要素,把走向线和倾向线都延长至图各框边(在图 II-14 中的 A 点为已知露头点)。

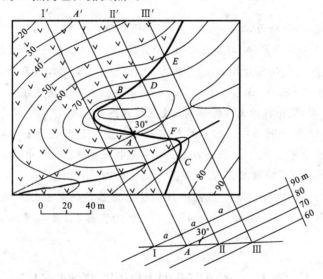

图 II-14　图解法求放线距,并绘制倾斜岩层界线

(3) 在倾向线上按放线距的长度截取线段。

(4) 过分截点作已知走向线(过 A 点所作走向线)的平行线,这些走向线高度不同,与倾向方向相同者低,相反者高。

(5) 求出高度相同的走向线和等高线的交点(如 D,F,C 等)即为岩层出露点,将各点用圆滑曲线相连,即得该层面的地质界线。

(6) 注意问题。

① 当地质界线通过山头或河谷时,要注意岩层倾向、倾角和地质界线的关系,此时为了准确地画出地质界线,要作辅助等高线和辅助走向线(图 II-15)。

作辅助等高线:在两相邻等高线间作垂线,根据两等高线高差及欲求的辅助等高线高度,按比例找出欲求高度的一些点,

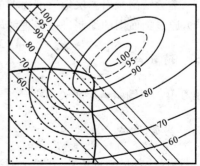

图 II-15　用辅助走向线和辅助等高线求岩层界线

用圆滑曲线连接各点,即得辅助等高线。

作辅助走向线:在两相邻走向线间作垂线,按比例求出一些欲求高度的点,连接各点即得辅助走向线。

② 当地质界线过陡壁时,则应与等高线及陡壁界线重合。

③ 过河谷时地质界线的形状应根据岩层产状和地形的联系来判断,或根据河流宽度来判断。

作 业

1. 在上游村地形图(附图8)上,编制地质图。已知条件如下:地形图比例尺为 1∶5 000,等高距为 10 m,E 点为新近系(N)与古近系(E)的分界,含砾粗砂岩产状为 SE168°∠10°。B 点为古近系(E)与二叠系(P)不整合接触点,产状为 SE168°∠10°,该点二叠系(P)又与下伏石炭系(C_{2-3})整合接触,界面产状为 NE20°∠27°。在 D 点,石炭系与中奥陶统(O_2)呈假整合接触,产状为 NE20°∠27°。要求:根据以上资料编制出全区地质图。

2. 在长溪地形图(附图9)上,编制单斜岩层地质图。已知条件如下:区内古近系(E)玄武岩呈水平状态分布于 320 m 标高以上,与下伏中三叠统(T_2)、中侏罗统(J_2)、白垩系(K)呈角度不整合接触。下伏岩层呈单斜产出,产状 195°∠15°。点 1 为 K_2 砂砾岩与 K_1 砂页岩分界线露头;点 2 为 K_1 与 J_2 煤系平行不整合接触界线露头;点 3 为 J_2 与 T_2 砂页岩平行不整合接触界线露头。试求:在点 4 设置一个铅直钻孔,要钻多深才能钻透煤系地层?

实验五 编制倾斜岩层地质剖面图

一、目的要求

(1)复习编制倾斜岩层地质剖面图的方法。
(2)学会编制倾斜岩层地质剖面图的方法。
(3)通过剖面图的编制进一步理解岩层产状要素及地质界线与地形等高线的关系。

二、预习内容

预习第二章倾斜岩层相关内容。

三、实验用品

三角板(或直尺)、量角器、铅笔、方格纸。

四、说明

(一) 地质剖面图的概念

地质剖面图是沿一定方向反映地下一定深度的地质构造形态的图件(图Ⅱ-1)。一幅完整的地质图都应附有一至两条通过全区主要构造的剖面图,与地质图配合使用,更能清晰、形象地反映剖面所经过地区的地下构造情况。地质剖面图是地质图不可缺少的辅助图件,也是编制构造图的基本图件。

由于地质剖面图和岩层产状或褶皱轴的关系不同,可分横剖面图和纵剖面图两种。一般所说的剖面图常常是指横剖面图而言的。

垂直于褶皱长轴或岩层走向所编制的铅直方向的剖面图称为"横剖面图"。

垂直于褶皱短轴或平行岩层走向所编制的剖面图称为"纵剖面图"。

(二) 地质剖面图的规格(图Ⅱ-16)

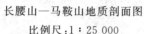

长腰山—马鞍山地质剖面图

比例尺:1∶25 000

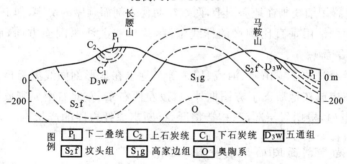

图例　P₁ 下二叠统　C₂ 上石炭统　C₁ 下石炭统　D₃w 五通组　S₂f 坟头组　S₁g 高家边组　O 奥陶系

图Ⅱ-16　地质剖面图规格

(1) 图名:说明剖面所在位置,以剖面所通过的主要地名来命名(以山、河、城镇等名字命名)。

(2) 比例尺:剖面图有垂直比例尺和水平比例尺。水平比例尺与相应地质图相同。垂直比例尺表示方法是画成尺子状,竖立在所画剖面的两边。其高度起点应从剖面所经地区中最低标高以下的地方开始(可不必从零开始)。垂直比例尺大小应和水平比例尺一致。只在岩层倾角5°才能放大,放大倍数在剖面上面标明。

由于比例尺放大,岩层倾角就会变大(图Ⅱ-17)。如必须放大垂直比例尺则用下

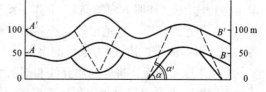

图Ⅱ-17　垂直比例尺放大时的倾角歪曲

AB—真实地形线;$A'B'$—放大后地形线;

α—岩层倾角;α'—放大后岩层倾角

面公式进行倾角换算：

$$\tan \alpha' = \eta \cdot \tan \alpha \qquad (\text{II-7})$$

式中　η——垂直比例尺放大的倍数；

　　　α——岩层的倾角；

　　　α'——垂直比例尺放大后岩层的倾角。

（3）图例：意义同地质图。若剖面图附在地质图下，可不画图例。

（三）地质剖面线的选择

编制剖面图一般有两种情况：一种是根据有地形等高线及标有岩层产状的大比例尺地质图，另一种是没有地形等高线及岩层产状要素的小比例尺地质图。下面介绍前一种情况下剖面线选择。为了更好地了解或表示褶皱的形态，最好符合下列原则：

（1）剖面线通过本区最典型、最主要、构造最复杂的地点。

（2）剖面线最好垂直褶皱轴迹或岩层走向。

（3）在特殊情况下剖面线可为折线，但不能太多。

（四）剖面位置的放置

（1）剖面位置用细线画在地质图上，两端注明代表剖面顺序的文字，如 $I-I'$，$A-B$ 等。

（2）剖面图两端用垂直比例尺的标线限制，两标线上注明剖面方向，底为基线限制（但不一定为海平面）。

（3）剖面线经过的主要山峰、河流、城镇等名称也在地形剖面线上标出。

（4）剖面图应放在地质图下方图框外边，按左西右东、左北右南原则放置。

图内不留空白，根据岩层顺序、构造情况，推断出深处岩层的产状。

五、编制地质剖面图的方法步骤（图 II-18）

（1）首先分析全区地形特征、地层分布、构造及产状变化情况，以便选择剖面位置、确定剖面线方向。

（2）根据剖面选择的原则，将确定的剖面线画在地质图上，并在两端注明剖面代号。

（3）按剖面放置的原则，在图纸适当的地方画上剖面基线，长短与剖面线一致，两端画出垂直比例尺，注明方向与高程，并作一系列平行基线的比例尺线段。

（4）作地形剖面。将地形等高线和剖面线相交之点投影到剖面图的相应高度上，将各点用圆滑的曲线连接，即为地形剖面线。

（5）作地质剖面。将各地质界线和剖面线相交之点投影到地形剖面线上；根据各岩层倾向、倾角，在各岩层出露点作该岩层倾斜线。

根据在地质图上地质构造的特征在剖面图上恢复各构造。在剖面图中填入与地质图相应的岩性符号。

（6）按剖面图的规格填上各项内容，即得一张完整的地质剖面图。

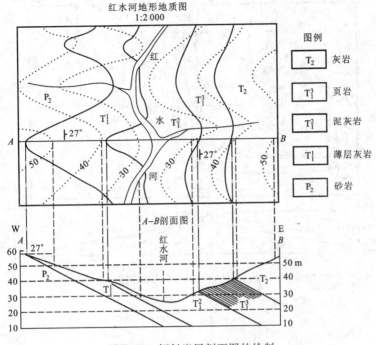

图Ⅱ-18 倾斜岩层剖面图的绘制

六、注意事项

(1) 画岩层产状时,应在地层出露点上画(即在各地质界线和剖面线交点在地形剖面上的投影处画)。

(2) 剖面线附近岩层产状要素有变化时应选用离剖面线最近的产状要素。

(3) 当剖面线与岩层走向不垂直时,则岩层倾角应按下式换算:

$$\tan \beta = \tan \gamma \cdot \cos \omega \qquad (Ⅱ\text{-}8)$$

式中　β——换算之视倾角;

　　　α——岩层之真倾角;

　　　ω——真、视倾向之夹角。

(4) 剖面经过地区有角度不整合面(角度不整合面用波浪线表示)时,再分别画出不整合面的上、下岩层,在剖面上被不整合的上覆地层及掩埋在其下的下伏地层,应按产状进行恢复,方法如下(图Ⅱ-19):

图中1,2层顶面在剖面线上被上覆新地层(不整合层)覆盖,以恢复1层顶面为例,过 a 点作1层顶面700 m走向线ⅡⅡ′,交剖面线于 O 点,O 点垂直投影到剖面上700 m高程处得 O' 点,过 O' 点以1层倾角(或视倾角)作地层界面交不整合于 O'',过 O'' 点作已知地质界线的平行线 $O''B$,$O''B$ 即为不整合面下1层顶的剖面。

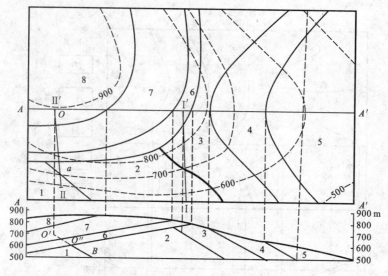

图Ⅱ-19　存在不整合的倾斜岩层地质剖面的作法

作　业

1. 绘制凌河地形地质图（附图 1）中的 A—B 地质剖面。
2. 绘制在横店地形地质图（附图 5）中 A—B 剖面图。
3. 在马鞍山地形地质图（附图 6）上，过断层线与上图框的交点作 95°方向的剖面。

实验六　应用赤平投影方法换算真、视倾角并求岩层厚度

一、目的要求

（1）掌握极射赤平投影的原理及投影网的规格。
（2）掌握平面、直线和平面法线的投影方法。
（3）学会用赤平投影方法换算岩层的真、视倾角和岩层厚度。

二、预习内容

（1）预习教材附篇一"极射赤平投影的原理和方法"。
（2）预习教材第二章中的岩层的真倾斜、视倾斜及其相互关系，以及岩层厚度丈量与计算等内容。

三、实验用具

吴氏网、直尺、铅笔、橡皮、数学用表、计算器。

四、说明

(1) 在动手运用吴氏网解决地质问题之前,必须了解赤平投影的原理。为此,可认真观察"投影球"中各个平面及直线之间的相互关系,了解空间各种几何要素在投影球的赤道平面上可能形成的投影形态、方位。

(2) 投影网(如吴尔福网,附录Ⅴ)是以投影球的赤道平面为大圆(基圆)的平面图,它将各种空间几何要求的产状以大、小圆弧(或经向、纬向圆弧)的方式尽可能地反映了出来,使立体问题平面化了。

(3) 极射赤平投影有上半球投影与下半球投影之分,我们是采用下半球投影。另外,赤平投影是一种等角距投影,它可以保证物体的各面、线的夹角关系投影后仍然不变。但是,球面上不同部位的面积,经过赤平投影后,会受到不同程度的歪曲。

五、方法步骤

参看教材附篇一"极射赤平投影的原理和方法"。

作 业

1. 有一铁矿层产状为270°∠40°,求它在下列各方向剖面上的视倾角:① 0°;② 290°;③ 190°;④ 120°。

2. 某地质队在一条向南延伸的铁道旁的陡壁上发现一层油页岩,经测量其视倾斜为180°∠40°,后来又在走向130°的探槽中找到了这层油页岩,量得视倾斜为130°∠50°,试求该层油页岩的产状。如果挖一条正东的巷道时,该层油页岩在巷道壁上出露的视倾角值应为多少?

3. 根据表Ⅱ-1中列出的丈量地层剖面所得的资料,求岩层厚度。

表Ⅱ-1

导向号	地层产状	导线方位	导线距/m	地面坡角
1	SE95°∠38°	NE85°	21.5	+12°(仰角)
2	SE108°∠48°	NE80°	36.9	−10°(俯角)
3	SE105°∠45°	SE115°	13.0	+18°

实验七　分析褶皱地区地质图

一、目的要求

（1）初步掌握分析褶皱地区地质图的方法与步骤。

（2）学会在地质图上分析褶皱的形态特征和描述方法。

（3）掌握不整合在地质图上的表现及时代的确定。

二、预习内容

预习教材第六章。

三、实验用品

铅笔、橡皮、方格纸、实验报告纸。

四、褶皱地区地质图的分析方法

研究褶皱主要是在野外进行地质测量和观察。通过地质测量作出的地质图，不仅能正确地反映褶皱特征，而且能弥补野外观察的局限性，在实践的基础上提高一步，把褶皱特征和分布规律进一步揭示出来。

读褶皱区地质图应首先分清新老地层层序及在本区的分布情况，弄清本区的地形对地质界线形态的影响。

褶皱在平面图上的表现是以某一新的或者老的地层为核部，两翼对称地出露较老或较新的地层。由于褶皱两翼及转折端产状变化的结果，在地层受剥蚀后地质界线呈闭合状。这就使我们可以根据地层的新老和产状的变化确定褶皱的存在，然后再一步一步分析描述。

分析褶皱地区地质图的内容及步骤，除前述一般读图方法外，还应着重分析以下几个方面：

（1）认真弄清地层顺序和接触关系，这是分析褶皱的基础。

（2）确定背斜、向斜或其他褶皱形态（如鼻状构造），进而分析单个褶皱形态特征及类型。

（3）分析褶皱在平面上的组合特征及分布规律。

（4）确定褶皱形成时代及力学成因。

（5）根据以上分析，简述地质发展史。

（一）单个褶皱形态的分析

在概略了解全图的地层顺序、分布、褶曲形态的基础上，转入单个褶皱形态特征的分析(结合附图10芝陵地质图分析)。

(1)区分背斜和向斜。横过褶皱核部,研究两侧岩层分布情况:在老岩层两侧依次对称地排列着较新岩层者为背斜;在新岩层两侧依次对称地排列着较老岩层者为向斜。指出芝陵地质图中的背斜和向斜。

(2)认识核部和两翼。褶皱的中心部分为核部,注意背斜和向斜核部地层的时代。认识翼部时,不仅要注意它的地层时代,而且要注意地层的产状。如地质图上标有产状符号,可以直接认识两翼产状及变化情况。在缺少产状符号情况下,也可以根据同一岩层在褶皱两翼出露的宽度的差异,定性地比较两翼倾角大小。这种分析假定岩层厚度基本稳定,地形起伏不大或褶皱两翼地形坡度相似。在中小比例尺地质图上,地质界线的延伸方向基本上反映了岩层的走向,而岩层露头宽度只与岩层倾角大小有关,露头宽的一翼倾角小,窄的一翼倾角大。

倒转翼的确定:通常在褶皱倾伏端的岩层层序总是正常(图Ⅱ-20),如果有倒转翼存在,则倒转翼的岩层从翼部向倾伏端方向,倾角由缓变陡(如图Ⅱ-20中从C到A),到倾伏转折端附近总有一段产状是直立的(如图Ⅱ-20中A)。在褶皱倾伏端和倒转部分,岩层露头宽度都比较大,而在直立部分露头宽度最窄。因此,如果褶皱自翼部向倾伏端过渡处,岩层露头出现最窄一段,则该翼可能是倒转翼。

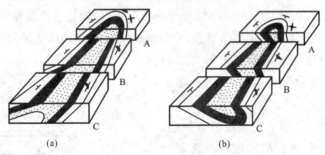

图Ⅱ-20 倒转褶皱

(a)倒转背斜;(b)倒转向斜

这种判断两翼产状的方法,是以上述地形对岩层露头宽度的影响不明显为前提的。对于枢纽近直立的倾竖褶皱和轴面水平的平卧褶皱及斜卧褶皱则不适用。

(3)判断轴面产状。褶皱轴面产状、倾角均相同,则轴面产状也与两翼产状基本一致(同斜褶皱)。对于两翼产状不等的倾斜褶皱或倒转褶皱,无论背斜或向斜,其轴面大致都与倾斜较缓的一翼(即倾角小、露头宽度大的一翼)的倾斜方向近于一致,但轴面倾角则常大于缓翼的倾角。

需要注意的是,褶皱轴面形态和产状比较复杂,要较准确地确定轴面产状,最好是根据两翼各层的产状,用赤平投影的方法求出枢纽的产状,同时求出轴面产状。

（4）枢纽产状和轴迹的认识。褶皱枢纽水平，两翼倾角变化不大，地形起伏不大时，两翼地质界线表现为基本沿走向方向延伸；如褶皱枢纽是倾伏的，则表现为两翼走向不平行，而呈弧形转折，地质界线即随之弯曲。轴面直立或陡倾斜的倾伏褶皱在地形较平缓的情况下，背斜部分的弧形弯曲的凸面指向倾伏方向，向斜则反之。但不论背斜或向斜，沿倾伏方向，总是依次出露较新的地层。同时，从核部宽度变化上也能反映出枢纽的产状及倾伏方向，核部变窄或闭合尖灭的方向，是背斜倾伏的方向，或向斜扬起的方向（图Ⅱ-21）。通过褶皱各层转折端点的连线，即为轴迹（轴面在地面的出露线），它的长度反映了褶皱的大小。一个褶皱的长短轴之比称为褶皱的长宽比，根据长宽比的大小可将褶皱分为线状褶皱、短轴褶皱和穹窿或构造盆地等。

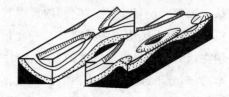

图Ⅱ-21　枢纽起伏在平面及剖面上的表现

需要指出的是，对于轴面呈中等或缓倾斜的倾伏褶皱，或地形起伏复杂的情况下，在大、中比例尺地质图上，褶皱岩层的地质界线弯曲转折点和连线既不是轴迹，也常常不能反映枢纽倾伏方向。因此，在阅读分析褶皱区地质图时，要根据具体情况来分析，较可靠的是用两翼产状求出枢纽和轴面产状及其位置。

（5）转折端形态的认识。在地形较平缓的情况下，轴面直立或陡倾斜的倾伏褶皱，地质图上褶皱倾伏端的地层界线弯曲形态，大致反映了褶皱在剖面上的转折端的形态。因此，可以根据中小比例尺地质图上的岩层转折端形态，大致判断褶皱是尖棱形、浑圆形或箱形（屉形）的（图Ⅱ-22）。

以上分析内容，可用下述顺序进行描述：褶皱名称（地名加褶皱类型），核部及翼部地层，两翼产状，枢纽倾伏方向，转折端形态，轴的延伸方向，褶皱长宽比及褶皱形态，规模大小，次级褶皱的特点以及褶皱被断层或岩浆岩体破坏情况等。现举一例描述如下作为参考（摘自万南口幅地质图地质报告）。

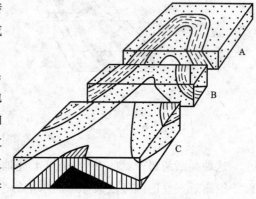

图Ⅱ-22　褶皱转折端的形态

A—箱状背斜；B—圆滑背斜；C—尖棱背斜

大两会背斜：

位于汉王山复式向斜南侧，西起于彭家沟，往东经大两会，于王家坪倾伏，长约49 km，背斜走向东—西，开阔对称，两翼地层倾角 50°～60°，枢纽具波状起伏，倾伏角3°～15°，核部为寒武系，两翼依次为奥陶系—三叠系。东西倾伏端次级褶皱发育，成指状分支，延长不远，一般 8～9 km，随主要褶皱逐渐向下倾伏消失。

（二）褶皱组合形态分析

（1）从轴迹排列的状况，确定褶皱的形态，如平行状、雁列式、分枝状、帚状、弧形等等。

（2）剖面上的组合特征，如隔档式、隔槽式、复背斜、复向斜等等。

（三）褶皱形成时代的确定

可以根据地层间角度不整合关系来判别褶皱形成的时代。褶皱形成于不整合面下最新地层时代之后，不整合面上最老地层时代之前。从图Ⅱ-23可明显看出，该区褶皱形成于早白垩世以前，晚三叠世以后。此外，还可以根据褶皱与已知时代的断裂、侵入岩体等的关系来判别，这在以后的实验中将遇到。

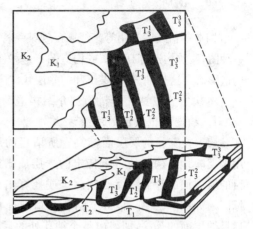

图Ⅱ-23 根据不整合确定褶皱形成时代

作　业

1. 描述芝陵褶皱（附图10）或幕云岭地形地质图（附图11）中的某一主要褶皱。

2. 按实验要求写出褶皱描述的文字报告。

3. 做芝陵褶皱（附图10）或幕云岭（附图11）A—B横剖面。

实验八　编制构造等值线图

一、目的要求

（1）学会根据岩层标高（或埋藏深度）资料，编绘构造等值线图。

（2）学会认识构造等值线所反映的构造形态。

二、预习内容

预习第六章构造等值线图相关内容。

三、实验用品

铅笔、橡皮、计算器、实验报告纸。

四、说明

构造等值线图是用等高线来反映某一特定岩层的顶面或底面(或某一构造面)起伏形态的一种图,又称构造等高线图或构造图。这种图能够定量地、醒目地反映地下构造,特别是褶皱构造形态。这是油气田、煤田和一些层状矿床勘探和开采中经常要编绘的一种重要图件。

本次实验以钻孔资料为例介绍构造等值线图的编绘方法。

1. 构造等值线图的编绘方法

(1) 换算目的层层面标高。所谓目的层是指选定用来反映地下构造的一个特定的岩层或矿层。要绘制目的层层面的等值线就必须测定或换算出它在各处的标高。如图Ⅱ-24 所示,每个钻孔孔口地面标高减去到达目的层面的孔深,即得出每个钻孔处的目的层层面标高,如钻孔的地面标高是 350 m,到目的层面的孔深是325 m,则在 A 点目的层层面标高为 25 m。

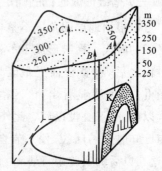

图Ⅱ-24 换算目的层层面标高示意图

(2) 将计算结果标在地形图各个点上如图Ⅱ-25中"$\frac{5}{53}$","○"为钻孔位置,"5"为孔号,"53"为该点目的层层面标高。

(3) 分析目的层层面高程的变化规律。找出层面的最高点或最低点及高程突变位置(往往是可能存在断层的显示),分析层面高程变化趋势,初步确定构造形态类型和枢纽或脊线、槽线方位。如图Ⅱ-26,以 11 号孔为中心,附近各点的高程变化特点是:朝北西和南东方向降低,向北东方向也逐渐降低,可以判断这是一个枢纽向北东倾伏的背斜,沿钻孔 11—9—7 的连线应大致是背斜枢纽或脊线的位置。

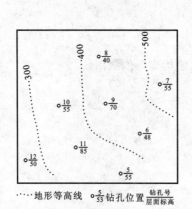

····地形等高线 ○$\frac{5}{53}$钻孔位置 $\frac{钻孔号}{层面标高}$

图Ⅱ-25 分析目的层层面高程变化的特点

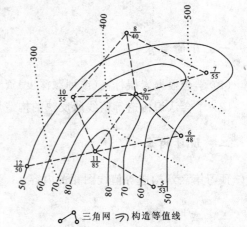

◇—○三角网 〰构造等值线

图Ⅱ-26 连三角网并绘制等高线

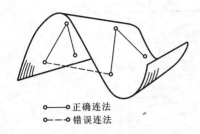

正确连法
错误连法

图Ⅱ-27 三角网连法示意图

(4) 连三角网。从估计的脊线最高点(或槽线最低点)开始,向相邻点连线,构成三角网(图Ⅱ-26)。连线时应尽量是垂直岩层走向,即在距离短、高差较大的方向连线,避免将不同翼上点相连,以免歪曲构造形态(图Ⅱ-27)。

(5) 用插入法求等值线点。用透明方格纸作高程差线网,按所定的等高线距,在三角网各边线上用内插法求出等高距点。高程差线网用法如图Ⅱ-28 所示,2 号孔层面标高为 65 m,3 号孔层面标高为 82 m,二者高差 17 m。按等高线间距为 1 cm,在两孔之间线段上求出 70 m 和 80 m 两高程点位置。将差线网盖在图上,使其某一基线与 2 号孔吻合,此基线即为 65 m,用大头针固定 2 号孔,转动高程差线网,使自基线起算与3 号孔标高相等的网上的一条线与 3 号孔重合,则等高差线网中相对应的 70 m 和 80 m 线与 2—3 连线的交点即为所求的等高线点。

在有计算器的情况下,可以利用计算器方便地进行等值线点的求取。如本例,用(70−65)/(82−65)即可得到 70 m 等高线点,同理,可以求出 80 m 等高线点。

(6) 绘等值线。以平滑曲线连接等高点即得出等值线(图Ⅱ-26)。连线时应从最高(或最低)线向外依次完成。绘等值线时要注意相邻等高线的形态与之协调,也要注意高程的突变,以免遗漏断层。

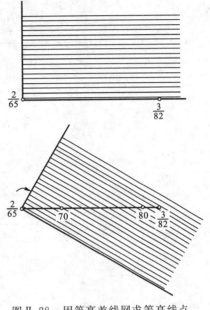

图Ⅱ-28 用等高差线网求等高线点

2. 分析构造等值线图

类似于用地形等值线图分析认识地形起伏形态一样,用构造等值线图可以认识和分析由目的层层面的起伏形态所反映的构造特征。

(1) 构造类型。如图Ⅱ-29 从等值线圈闭形状和高程变化,直接定量地表现出背斜、向斜和一些褶皱形态变化的细节,若出现等值线的错开(或重叠)等异常现象则为正断层(或逆断层)(图Ⅱ-30)。

(2) 构造的产状变化。等值线延伸方向反映岩层走向及其变化,等值线的疏密反映岩层倾角的陡缓,用作图法可在构造等值线图上求出层面各点的产状。用实线和虚线的重叠表示出岩层倒转(图Ⅱ-31)。沿轴向等值线的疏密及高程变化,反映枢纽或脊(槽)线的纵向起伏变化。

(3) 构造组合。在较大区域的构造等值线图上,可以看到地下的褶皱及褶皱与断层的组合关系。在资料较丰富、编绘较精细的构造图上,还可以反映出次级构造形态。

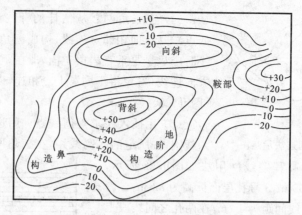

图Ⅱ-29 褶皱形态在构造等值线图上的表现

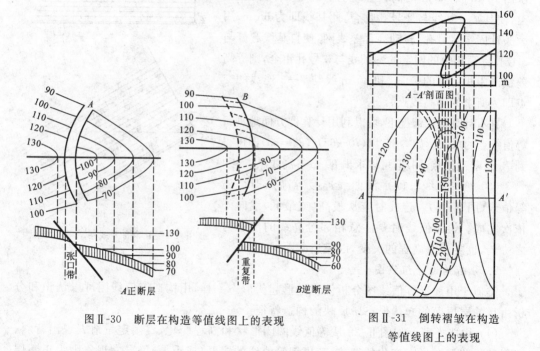

图Ⅱ-30 断层在构造等值线图上的表现

图Ⅱ-31 倒转褶皱在构造
等值线图上的表现

作 业

1. 根据表Ⅱ-2 中的凉风垭地区（附图 12）由钻孔资料所得的中侏罗统介壳灰岩顶面标高资料，在凉风垭地区地形图上绘制中侏罗统介壳灰岩顶面构造等值线图（等值线间距为 10 m 或 5 m）。所有钻孔和编号以及大部分目的层标高已标注在地形图上，部分未注出标高的钻孔，可根据钻孔地面高程和钻孔深度换算出该点标高，填入表内并标注在图上相应孔位上（图上 1/70 中"1"为钻孔号，70 为目的层标高）。

表Ⅱ-2 凉风垭地区 J_2 介壳灰岩深度及顶面标高数据

钻孔号	深度/m	目的层标高/m	钻孔号	深度/m	目的层标高/m	钻孔号	深度/m	目的层标高/m
1	180	70	11	190		21	207	
2	195	80	12	233	60	22	180	
3	235	60	13	205	70	23	198	
4	305	40	14	223	60	24	195	
5	249		15	220	70	25	220	80
6	210		16	220	90	26	200	80
7	170	100	17	200	100	27	207	
8	190	70	18	240	70	28	175	70
9	200	70	19	205	95	29	155	
10	170	100	20	196				

2. 分析所绘出的构造等高线图上的构造形态,并作简要描述。

实验九　编制节理玫瑰花图

一、目的要求

(1) 学会整理节理资料和绘制节理玫瑰花图。
(2) 分析节理玫瑰花图并了解其构造意义。

二、预习内容

预习第七章节理相关内容。

三、实验用品

铅笔、直尺、透明纸、计算器。

四、说明

(一) 绘制节理玫瑰花图的方法

1. 节理走向玫瑰花图(图Ⅱ-32)

(1) 资料的整理。将野外测得的节理走向,换算成北东和北西方向,按其走向方位角的一定间隔分组。分组间隔大小

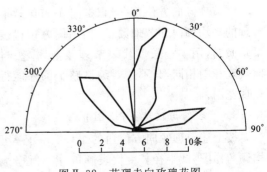

图Ⅱ-32 节理走向玫瑰花图

依作图要求及地质情况而定,一般采用 5°或 10°为一间隔,如分成 1°～10°,11°～20°,…然后统计每组的节理数目,计算每组节理平均走向,如 1°～10°组内,有走向为 6°,5°,4°三条节理,则其平均走向为 5°。把统计整理好的数值填入表Ⅱ-3 中。

表Ⅱ-3 凤凰山观测点节理统计资料

方位间隔/(°)	节理数/条	平均走向/(°)	方位间隔/(°)	节理数/条	平均走向/(°)
1～10			91～100		
11～20			101～110	19	105
21～30			111～120		
31～40			121～130		
41～50			131～140		
51～60			141～150		
61～70	4	66	151～160		
71～80			161～170		
81～90			171～180		

(2) 确定作图的比例尺及坐标。根据作图的大小和各组节理数目,选取一定长度的线段代表一条节理,然后以等比或稍大于此比例表示的、数目最多的那一组节理线段的长度为半径,作半圆,过圆心作南北线及东西线,在圆周上标明方位角(图Ⅱ-32)。

(3) 找点连线。从 1°～10°一组开始,顺序按各组平均走向方位角在半圆周上作一记号,再从圆心向圆周上该点的半径方向,按该组节理数目和所定比例尺定出一点,此点即代表该组节理平均走向和节理数目。各组的点确定后,顺次将相邻一组的点连线。如其中某组节理为零,则连线回到圆心,然后再从圆心引出与下一组相连(最好边找点边连线)。

(4) 标上图名和比例尺(图Ⅱ-32)。

2. 节理倾向玫瑰花图(图Ⅱ-33)

将节理倾向方位角分组(0°归在 360°),求出各组节理的平均倾向和节理数目,用圆周方位代表节理的平均倾向,用半径长度代表节理条数,作法与节理走向玫瑰花图相同,只不过要编制整个圆才能得出倾向玫瑰花图。

3. 节理倾角玫瑰花图(图Ⅱ-33)

按上述节理倾向方位角的组,求出每一组的平均倾角,然后用节理的平均倾向和平均倾角作图,圆半径长度代表倾角,由圆心至圆周从 1°～90°,找点和连线方法与倾向玫瑰花图相同。

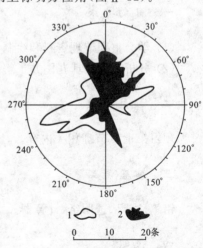

图Ⅱ-33 节理倾斜玫瑰花图
1—倾向玫瑰花图;2—倾角玫瑰花图
比例尺代表节理的数目

（二）节理玫瑰花图的分析

玫瑰花图是节理统计方式之一,作法简单,形象醒目,能比较清楚地反映出主要节理的方向,有助于分析区域构造,最常用的是节理走向玫瑰花图。

分析节理玫瑰花图,应与区域地质构造结合起来。因此,常把节理玫瑰花图,按测点位置标绘在地质图上(图Ⅱ-34)。这样就可清楚地反映出不同构造部位的节理与构造(如褶皱与断层)的关系,综合分析不同构造部位节理玫瑰花图的特征,就能得出局部应力状态,甚至可以大致确定主应力轴的性质和方向。

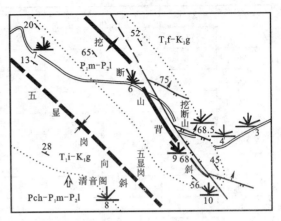

图Ⅱ-34　四川峨眉山挖断山地质构造略图

走向节理玫瑰花图多用于节理产状比较陡峻的情况,而倾向和倾角节理玫瑰花图多用于节理产状变化较大的情况。

作　业

表Ⅱ-3是由表Ⅱ-4凤凰山8号观测点的节理测量资料按方位间隔加以整理的结果,对其中尚未统计整理的,补充整理并填入表Ⅱ-3,根据整理后的表Ⅱ-3整理资料作节理倾向玫瑰花图和倾角玫瑰花图。

表Ⅱ-4　凤凰山8号观测点节理测量记录

序号	倾向/(°)	倾角/(°)	序号	倾向/(°)	倾角/(°)	序号	倾向/(°)	倾角/(°)
1	110	10	13	80	7	25	135	13
2	105	10	14	106	10	26	103	10
3	102	10	15	120	11	27	123	12
4	145	14	16	133	13	28	125	12
5	127	12	17	105	10	29	102	10
6	76	7	18	113	11	30	106	10
7	140	13	19	126	12	31	95	9
8	135	13	20	85	8	32	140	13
9	110	10	21	120	11	33	96	9
10	92	9	22	108	10	34	35	3
11	112	11	23	111	11	35	65	6
12	95	9	24	97	9	36	85	8

序号	倾向/(°)	倾角/(°)	序号	倾向/(°)	倾角/(°)	序号	倾向/(°)	倾角/(°)
37	134	13	61	130	12	85	103	10
38	40	3	62	134	13	86	100	9
39	92	9	63	99	9	87	134	13
40	68	6	64	101	10	88	145	14
41	83	8	65	132	13	89	147	14
42	92	9	66	125	12	90	137	13
43	86	8	67	75	7	91	129	12
44	112	11	68	97	9	92	138	13
45	78	7	69	118	11	93	150	14
46	93	9	70	123	12	94	103	10
47	65	6	71	126	12	95	133	13
48	132	13	72	103	10	96	94	9
49	85	8	73	109	10	97	128	12
50	29	2	74	82	8	98	130	12
51	117	11	75	134	13	99	119	11
52	139	13	76	129	12	100	135	13
53	124	12	77	105	10	101	131	13
54	119	11	78	126	12	102	143	14
55	65	6	79	95	9	103	102	10
56	117	11	80	79	7	104	89	8
57	83	8	81	141	14	105	93	9
58	146	14	82	127	12	106	85	8
59	106	10	83	81	8	107	105	10
60	84	8	84	136	13			

实验十　分析断层地区地质图并求断层产状及断距

一、目的要求

（1）学会在地质图上分析和描述断层。

（2）练习在地质图上求断层产状及断距。

（3）确定断层形成的时代。

二、预习内容

（1）本教材的第八章中有关断层要素及断层性质的判定等部分。

（2）参观实验室断层模型。

三、实验用品

铅笔、直尺、量角器、计算器、实验报告纸。

四、说明

分析断层地区地质图的方法、步骤和前述一般读图程序相同，但内容增加了断层分析与描述，对此主要要求掌握以下内容：

（一）断层的表现特征

断层在地面的出露线是断层线，它是地质图上重要的地质界线，一般用红色或粗的黑线条表示出来。它表现为地层被错断造成地层重复或缺失或断层两侧产状突变，岩脉、矿脉或岩体被错断；褶皱核部宽度因断层而发生突然的显著变化；岩体呈串珠状分布；在地形上往往造成陡崖或沟谷等。

（二）断层性质分析

1. 判定断层面的产状

由于断层线是断层在地面的出露线，因此，露出形态符合"V"字形法则。在有地形等高线的地质图上，可以根据断层线与地形等高线的关系分析判定，或用作图法求出断层面的走向、倾向和倾角。

2. 判定两盘相对位移

（1）走向断层或纵断层，一般是地层出露较老的一盘为相对上升盘。但当断层面与岩层倾向一致，且断层面倾角小于岩层倾角或地层倒转时，则与上述情况相反，上升盘是新地层。

（2）横向或斜向正（或逆）断层切过褶曲时，两翼层序正常的背斜核部变宽（或向斜核部变窄）的一盘为上升盘；横向或斜向平移断层则两盘核部宽窄基本不变，仅表现为核部错开。

（3）倾斜岩层或等斜褶皱中的横断层，在地质图上地层界线或褶皱轴线有错动时，既可以是由正（或逆）断层造成，也可以是由平移断层造成。这时，应参考其他特征来确定其相对位移方向。若是由正（或逆）断层造成的地质界线错移，则岩层界线向该岩层倾向方向移动的一盘为相对上升盘；若是褶皱则向轴面倾斜方向移动的一盘为上升盘。

求出断层面产状又分析出两盘相对位移方向后，断层的性质、类型就清楚了。

（三）求地层断距

在大比例尺地形地质图上,如果两盘岩层产状稳定,在垂直岩层走向的方向上可以求出以下各种地层断距。

1. 铅直地层断距

断层两盘同一层面的铅直距离,即铅直地层断距,如图Ⅱ-35 中的 hg。在地质图上求铅直地层断距(hg)时,只要在断层任一盘上作某一层面某一高程的走向线,延长穿过断层线与另一盘的同一层面相交,此交点的标高与走向线之间的标高差,即为铅直地层断距。

如图Ⅱ-36,在断层东南盘泥盆系顶面作 800 m 高走向线 AB,延长过断层线,使之与另一盘同一层面相交于 G 点,G 点标高为 700 m,与 800 m 走向线之间的高差为 100 m,即断层的铅直地层断距。

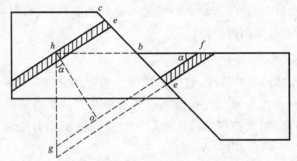

图Ⅱ-35　垂直地层走向剖面图

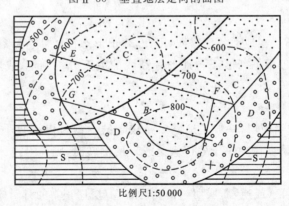

比例尺1:50 000

图Ⅱ-36　在地质图上求断距

2. 水平地层断距

如图Ⅱ-35,在垂直岩层走向的剖面上,过断层两盘同一层面上等高程 h,f 两点间的水平距离 hf,即水平断距。在地质图的断层两盘,绘出同一层面的等高的走向线,两走向线间的垂直距离,即水平断距(hf)。如图Ⅱ-36,断层线两盘泥盆系顶面两条 700 m 高程走向线之间的垂直距离(FA)为 1 cm,按该图比例尺(1：50 000)计算,该断层的水平地层断距为 500 m。

3. 求地层断距

如图Ⅱ-35,地层断距 $ho = hg \cdot \cos \alpha$ 或 $ho = hf \cdot \sin \alpha$,用作图法求得 hg 和 hf 之后,可按上式计算,求出地层断距。

上述断距的测定,是以岩层被错断后两盘岩层产状未变为前提条件,即沿断层面没有发生旋转。在纵向断层或走向断层中,一般不能用上述方法来测算。这时,可以用该区实测剖面所求得的各层厚度资料来计算。由于纵断层造成地层缺失,故在断层接触处缺失地层的厚度,即为地层断距。同样,若纵断层造成地层重复,断层两盘有相对应的地层,则重复部分的地层厚度即为地层断距。

(四) 确定断层形成的时代

主要根据断层与地层、不整合、岩体及其他构造成分的相互关系分析确定断层的时代。

(1) 根据断层切割地层分析,断层形成于被切割的最新地层之后。

(2) 根据角度不整合,如果断层只切割了不整合面以下的地层,则断层形成于不整合面下伏最新地层之后,而在上覆不整合面的最老地层之前。

(3) 根据断层与岩体或其他构造的相互切割关系,被切割者的时代相对较老。

(五) 断层的综合描述

在全面分析之后,应逐一描述各条断层(可用列表的方式)。描述内容包括:断层名称(地名加断层性质或类型)、位置、延伸方向、长度及通过的主要地点,断层面的产状要素,断层两盘相对位移方向,断距大小,断层与褶皱的关系,断层形成时代及力学成因等。

此外,还应附有切过断层的地质剖面图。

作　业

综合分析四明山地形地质图(附图 13)或红旗镇地区地形地质图(附图 14),并求出断距,写出构造发展简史。

实验十一　利用钻井资料编制断层构造图

一、目的要求

(1) 学会编制断块地区构造图的方法。

(2) 分析断层构造图所反映的构造特征,确定各个断块的构造高点、闭合度和闭合面积。

二、预习内容

(1) 预习构造图的概念。

(2) 预习第八章断层相关内容。

三、实验用品

透明方格纸、大头针、铅笔、橡皮、直尺、计算器。

四、说明

断层构造等高线图可反映出断块区某一目的层的构造形态,是油气勘探和开发中最常用的地质图件之一。在实验八中已编制了无断层的构造图,本实验的难点就是处理好断层及断层与目的层的关系。在编图过程中应注意以下几点:

(1)同一断层,在相同方向的测线上,断点的性质、落差及断层面产状应该基本一致,或做有规律的变化。

(2)同一断层,其断开的层位应该相同。

(3)同一断块,地层产状应有一定规律,因此一般将相同产状的部分划归同一断块。

(4)考虑区域构造背景,所连断层线要合乎一定的地质规律。

编制断层构造图可根据钻井资料,也可根据地质剖面和地震剖面。

五、方法步骤

本次实验是根据钻井资料,直接在一张已投好了标准层的高程点和断层点的底图上编制构造图。具体步骤如下:

(1)分析所给资料,初步估计断层的大致位置和方向。

(2)作断层面构造等高线图。根据三点法原理将钻遇断层的钻孔连成三角网,依据断点标高(或深度)用高程差网按规定的等高线距求出各辅助线上的不同高度的高程线点,连接高度相同的点即为断层面等高线图。

(3)分别作出断层两盘的标准层等高线图。

(4)找出同一高程的断层面等高线与标准层等高线的交点。将这些交点按高程顺序用圆滑曲线连接,即为构造图上的断层线。

(5)整饰。擦去断层面等高线,按图幅规格完成图件。

(6)清绘。

六、注意事项

(1)被断层断开的两盘之间不能连三角网,三角网各以该盘断层线为界。

(2)在勾绘等高线时,正断层有一个开口带,两盘等高线都终止在该盘的断层线上;逆断层有一个重复带,在平面图上,上下两盘等高线有重复部分,这时通常将掩蔽的下盘等高线用虚线表示,以示区别(图Ⅱ-37)。

(3)作断层面等高线时连三角网的原则与实验八相同,最好用横穿断层辅助线。

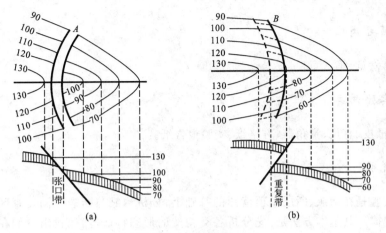

图Ⅱ-37　带断层的构造图

（a）正断层；（b）逆断层

七、断块构造图的分析

（1）断层面产状。若将构造等高线看作"地形等高线"则完全可用前面实验中关于判断倾斜岩层产状的方法和"V"字形法则判断断层面的产状。

（2）断层性质的分析。从图Ⅱ-37中可知，正断层在构造图上有一个空白带，而逆断层则有一个重复带。如果断层面直立，则只有一条断层线，这时只能确定相对的升、降盘。

（3）求铅直地层断距。在具有断层的构造图上，某点的铅直地层断距等于该点上、下盘的高程差，可以从图上直接读出。

（4）求闭合度和闭合面积。在带有断层的构造图上求闭合度和闭合面积时，要确定断层是封闭性的，还是开启性的。

作　业

编制××油田（附图 15）A 层顶面构造图，分析构造类型，判断断层性质。

实验十二　分析褶皱、断层发育地区地质图并编制构造纲要图

一、目的要求

阅读和分析褶皱和断层发育区地质图。

二、预习内容

预习第六章、第八章。

三、实验用品

铅笔、橡皮、直尺、量角器、方格纸、实验报告纸。

四、说明

这次实验是在褶皱、断层单项读图的基础上,分析褶皱与断裂共同发育区的构造特点和组合规律。其基本方法是:先分析各类构造的形态特征,然后找出它们在时间发展上和空间分布上的关系,进而分析它们在成因上的内在联系。

(一)地质图的分析

1. 褶皱分析

先分析单个褶皱的形态特征,进一步分析剖面上及平面上的褶皱组合特征。

2. 断层分析

先分析单条断层的分布、产状和性质,进而分析断层的组合特征。褶皱与断层在空间分布上是有规律的,在一次构造运动中,与褶皱作用密切相关的断层有:

(1)纵向逆冲断层。断层面与褶皱层面交线常与褶皱轴向一致,倾向往往与褶皱轴面倾向一致,常发生在倒转背斜的倒转翼或斜歪褶皱的陡翼,而与区域最大主应力作用方向直交。

(2)横向正断层。断层面与褶皱层面交线与褶皱轴向近于直交,而与区域最小主应力相垂直。

(3)斜向平移断层。断层与褶皱轴向斜交,有时沿两组剪裂面形成两组断层。

在上述分析基础上,再进一步分析褶皱和断层的组合关系、形成时代以及区内构造发育史。必要时还可以探讨各类构造的力学成因以及形成区内构造的作用力的方式和方向。

(二)剖面图的编制

其方法和步骤与前面所学编制地质剖面图的方法相同。但应注意:按断层产状先绘断层面,再绘其他地质界线,因上下两盘地质界线已断开。不能直接通过断层面;绘制断层两侧地质界线时,要考虑升降盘及断距大小;断层下盘未露出的地层还可以根据邻近地区出露的地层及厚度合理填绘;若剖面斜交断层或岩层走向,剖面上应用其视倾角。

(三)构造纲要图的编制

1. 构造纲要图的概念及用途

构造纲要图是以该地区地质图为基础,用规定的线条、符号和颜色集中表示各种地质构造分布规律的平面图。它是将有代表意义的构造现象表示在图上,这就能清楚地、简明扼要地反映一个地区的地质构造特征。

2. 构造纲要图的内容与表示方法

(1) 构造层的表示:将不整合线画在图上(不整合线常用点线与实线相互平行排列的"双线"表示),以区域性的角度不整合将出露的地层划分成几个构造层,注意构造层的时代,并着色,老构造层一般色深,新构造层色浅。

(2) 断层的表示:各类断层通常用红线表示。同一地区如果有同性质的断层出现,则用不同的断层符号表示。如果断层的性质相同而时代不同,则可用同样的符号,但色调不同,一般深色表示老的,浅色表示新的。掩盖部分、推断部分以虚线表示。然后将断层分别注上编号或名称。

(3) 褶皱的表示:将各褶皱轴迹画出,表示褶皱延展的方向。用实线表示背斜,虚线表示向斜,其轴迹线粗细反映核部宽窄变化枢纽的起伏。倒转褶皱,穹窿和构造盆地等也有规定的符号。

褶皱发生分支,轴迹也分支。轴迹分支密集的地方,表示褶皱变动剧烈,轴迹分布稀疏的地方,表示褶皱变动和缓,轴迹分布不均匀的地方,说明褶皱形态的不对称。当褶皱在地面上消失,轴迹也随之消失。

一个地区如果发生过多次褶皱变动,每次褶皱变动的特点又不相同,此时,年代老的褶皱用深色表示,年代新的褶皱用浅色表示。

(4) 岩体的表示:将岩体边界及内部相带界线画出,注明时代、岩性,如有流面、流线及原生节理,也要选择有代表性的画上。

(5) 将有代表性的地层产状符号标在褶皱或断层的两侧。

(6) 各种地质构造和地质界线图例见附录Ⅱ。

3. 编制构造纲要图的步骤

(1) 首先分析区域地形特征。

(2) 根据地层分布分析褶皱的类型、形态分类及形成时代。

(3) 判断断层性质及其发生的时代。

(4) 确定不整合类型及发生时代。

(5) 圈出岩体分布的范围。

(6) 将各种褶皱按规定符号画在地质草图上。

(7) 选择画出有代表性的产状符号。

(8) 用透明纸清绘上述草图的各种符号和线条,并着色。

(9) 完成图件,按图件规格写下图名、比例尺、图例、编制时间及单位等,上墨。

作 业

1. 分析金山镇地质图(附图 16),并简述其构造发展史。

2. 编制该区横剖面图。

3. 编制该区构造纲要图。

实验十三 编制构造演化剖面

一、目的要求

(1) 学会用旋转法编制伸展构造区演化剖面的方法。
(2) 学习编制挤压构造区演化剖面的方法。
(3) 学习分析构造演化历史。

二、预习内容

本教材第八章相关内容。

三、实验用品

透明纸、直尺、铅笔、橡皮。

四、说明

构造演化剖面由同一位置的各个地质历史时期的古地质构造剖面和现今地质构造剖面组成。编制构造演化剖面是构造演化史研究的一种重要方法,也是常用方法,其目的是恢复地质构造的形成和演化过程。构造演化剖面的编制以现今地质构造剖面图为依据,遵循沉积界面和剥蚀界面的水平性原理、层面长度守恒原理。由新到老逐个地质时期进行恢复,属于厚度分析方法。

本实验根据伸展区和挤压构造区变形的不同分别进行恢复。

五、作图步骤

(一)旋转法编制伸展构造区演化剖面

1. 编制方法

(1) 编制地质构造剖面图。

在油区可由地震剖面经时-深转换和井深校正后而得到(图Ⅱ-38)。

(2) 划分断块。在剖面图中切断并错开古近系底界的断层中有三条(F_1,F_2,F_3)可将剖面划分为四个断块(Ⅰ,Ⅱ,Ⅲ,Ⅳ)。

(3) 画水平基线。由新到老选择地层界面,根据沉积界面和剥蚀界面的水平性原理,将选择的地层界面画成水平基线。图Ⅱ-38是新近系沉积前的古构造剖面。把新近系的底界画成水平基线。

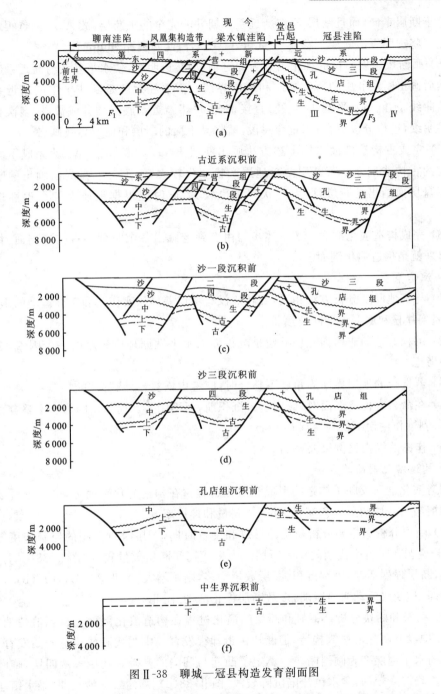

图 Ⅱ-38 聊城—冠县构造发育剖面图

（4）画断层。将画有水平基线的透明纸覆盖在图 Ⅱ-38（a）上,使基线的左端与断块 Ⅰ 的古近系底界重合,在透明纸上画出断层 F_1。

（5）视相当点归位。在断层 F_1 上 A, A' 两点是古近系底界的相当点,由于剖面方向不垂直于断层走向,而且断层 F_1 在新近系早期并非完全的正断层,故 A,A' 两点很难是真相当点。将透明纸沿断层下移使 A 点与 A' 点重合,此乃视相当点归位。

(6)画断块。以归位的视相当点为固定轴,旋转透明纸,使水平基线与新近系底界重合。然后画出断块 Ⅱ 中的所有断层和地层界线。需要注意的是断块 Ⅰ 中的新近系底界是一条曲线,不能与水平基线(直线)直接重合,可将新近系底界划分成数段,多次移动和旋转透明纸,进行分段重合;每重合一段,就将其下面的断层和地层界线画出。

(7)完成古构造剖面。用上述方法画出断层 F_2, F_3 和断块 Ⅲ, Ⅳ,就完成了新近系沉积前的古构造剖面。若断层两盘地层产状变化较大,则重合上盘层面画出的断层与重合下盘层面画出的断层,两者产状差别也较大,此时应根据地质上的合理性进行处理。

(8)完成构造演化剖面。按上述步骤由新到老画出各个时刻的古构造剖面,将它们组合起来就是构造演化剖面。

2.注意事项

(1)与其他厚度分析方法相同,旋转法没有考虑差异压实作用和塑性流动的影响,因此,在遇到盐丘和底辟构造时要慎重。

(2)沉积盆地的非均衡充填补偿是沉积界面水平性原理所忽略的一个因素,在工作中需要考虑。

(3)若选择的地层界面为角度不整合时,应考虑恢复差异剥蚀厚度。

(4)在命名古构造剖面时,应用××沉积前,而不用××期末。因为在不整合存在的情况下,剥蚀作用使下伏地层保存不全。

(5)作图的纵横比例尺要相同。

3.构造演化剖面的分析

构造演化剖面反映了构造的形成和演化进程。在构造演化剖面上,可以分析断层的形成和褶皱与断块的形成和演化,计算伸展量和伸展率等。

(1)断层分析。主要分析断层的形成和发育时期,断层时对沉积的控制作用等。图 Ⅱ-38(f)说明在晚古生代期间没有断层。中生代期间断层数量较少[图 Ⅱ-38(e)]。古近纪期间,断层强烈活动,控制沉积,断层数量增多,断距增大[图 Ⅱ-38(d),(c),(b)]。新近纪和第四纪,断层活动明显减弱,多数断层停止活动[图 Ⅱ-38(a)]。

(2)褶皱和断块分析。褶皱和断块的演化过程在构造演化剖面上得到清楚地反映。图 Ⅱ-38 中没有明显的褶皱构造,但断块构造却很发育。中生代断块构造开始发育,由晚古生代的水平地层变为倾斜断块。奠定了凸起与凹陷的基础。孔店—沙四期,聊南洼陷和冠县洼陷沉降较深,梁水镇洼陷沉降较浅[图 Ⅱ-38(d)]。沙二—沙三期,梁水镇洼陷沉降较深,而聊南洼陷和冠县洼陷沉降幅度较小[图 Ⅱ-38(c)]。沙一—东营期,由于剥蚀作用,地层保存厚度较小。在断块的旋转作用下,堂邑凸起部位的沙一—沙三段受剥蚀[图 Ⅱ-38(b)],新近纪和第四纪,断块活动基本停止。

（3）伸展量和伸展率的计算。图Ⅱ-38 中各剖面的左边界均为同一地理位置，右边界也为同一地理位置。由新到老各剖面的长度依次缩短，说明该地区在中新生代沿剖面方向经受伸展变长。剖面（a）与剖面（f）的长度差就是中新生代的伸展量。同样，剖面（d）与剖面（e）的长度差为沙四—孔店期的伸展量。此伸展量除以剖面（e）的长度就是沙四—孔店期的伸展率。依次类推，可以求得各个地质时期的伸展量和伸展率。

（二）编制挤压构造区演化剖面

1．编制方法

在制图之前，根据野外观测，要对构造变形序列作出判断，以便通过反演变形序列来逐步恢复构造。对叠瓦状逆冲断层系统，复原剖面之前还要搞清楚断层的发育顺序是前展式还是后展式。

（1）绘制解释剖面。解释人员根据实际地质资料（地层产状、地震剖面等）按照地质构造原理和模型（如断层弯曲褶皱、断层传播褶皱）初步勾画出一幅地质构造解释剖面。

（2）在变形剖面（解释剖面）中选取锁定线（无层间滑动处）。对任何一条剖面来说，应选定一条区域性锁定线和若干条局部锁定线（图Ⅱ-39）。

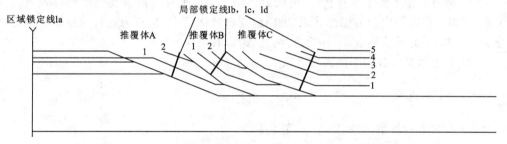

图Ⅱ-39　用长度平衡恢复制作的一推覆构造模型的平衡剖面
变形剖面的褶皱隆起部位被风化夷平；图中数字 1,2,…,5 代表地层 B1,B2,…,B5

① 区域性的锁定线。选在造山带的前陆，因为那里既没有变形也没有层间滑动；如果剖面缺少前陆部分，则选在最靠近前陆的逆冲盘的尾缘。

② 局部锁定线。通常选在褶皱的轴面或原层未变形（return to original）区域（未变形区域），这些区域可认为具最小层间剪切作用，未变形区域出现的推覆带的尾缘，其地层厚度并未重复，地层仅平行于区域性滑脱面发生位移。

锁定线选定后，选用合适的平衡方法（如面积平衡恢复法、长度恢复法等）将变形恢复到原始未变形状态。

2．注意事项

（1）选在褶皱轴面上的锁定线会出现两个问题：① 不垂直于层理；② 对传播褶皱而言，可以有几个方位的轴面，导致弯曲的锁定线。因此，应尽可能地将锁定线设在原层区域。Dahlstrom（1969）认为，最好是在每一个推覆盘尾缘设置局部锁定线，并将因推覆作用分离的断块复原，沿滑脱面依次排开，复原被侵蚀的上盘断坡所代表的缩短量为最小估算值。

（2）对于断坡被侵蚀的情况：局部锁定线被置于单斜的逆冲盘的中部，相互平行。

（3）如果地层的褶皱作用经历了相当强烈的塑性变形，求岩层原始厚度的方法：① 用相邻未变形地区的岩层厚度作为其原始厚度；② 对剖面中的岩石进行有限应变测量，然后利用去应变的计算法恢复岩层的原始厚度（Hossack，1979）。

作 业

1. 计算武清凹陷西部构造剖面（附图 17）在中生代、沙四孔店期、沙二沙三期、东营沙一期、第四纪的伸展量和伸展率并列表表示。

2. 分析武清凹陷西部的构造演化史，写出文字报告。

实验十四　构造物理模拟实验

一、目的要求

（1）通过模拟实验了解在挤压、剪切力作用下塑性变形和断裂变形的特征及其相互关系，获得对应力和应变的感性认识，巩固应变椭球体概念，从而为进行地质构造的力学分析打下基础，并对节理或断层的发育演化、组合有更深的理解。

（2）熟悉模拟实验的一般工作方法。

二、预习内容

（1）预习本教材第三章、第七章、第八章。

（2）预习本次实习说明。

（3）实验前一天准备好海砂或金刚砂、泥巴等材料。

三、实验材料和用具

材料：金刚砂或海砂、食盐、木炭灰、泥巴等。

仪器：挤压、走滑实验模拟仪等，或用硬纸板自制模拟用具。

文具：记录纸、三角板、量角器、铅笔等。

四、实验内容

调整、擦拭仪器，确保仪器能正常转动。仪器非常笨重，要注意操作和安全。

（一）单向水平挤压

将实验材料铺到挤压模拟仪里面，用力压实后将表面抹光，撤出边框。各面用圆盖轻轻印下圆圈，量其直径，然后放入压缩仪内，摇动压缩仪把柄，均匀缓慢施力，仔细观察樟子的变化，直至各面出现显著节理为止。观察和记录要点：

（1）注意模子塑性流动方向及各面圆形状的变化，测其变化前后模子的边长和圆圈直径,确定出应变椭球体的 A,B,C 三应变轴方位。

(2) 节理或断层特征、性质、发育先后、相互关系、组数、产状、共轭剪切节理夹角大小及其锐角与施力方向关系,注意羽列现象与施力方向关系。

(二)基底剪切实验

将实验材料放入走滑物理模拟仪之中,用力压实后将表面抹光,撤出边框。在表面剪切缝之上印上两个圆圈,过圆心作互相垂直的两直径(如一条平行剪切缝,另一条垂直剪切缝);同样在剪切缝两边均匀地各印上四个圆圈。然后均匀缓慢地施以剪切力,观测模子变化,直至出现明显节理为止。观察和记录要点:

(1) 注意模子上圆圈形态和直径长短及其方位的变化,确定应变椭球体 A,B,C 三应变轴方位,并测量椭球体长轴与剪切运动方向的夹角。

(2) 观察形成小褶皱的轴向、排列规律,用应变椭球体解释。

(3) 节理或断层特征、性质、组数、发育先后、相互关系、张节理或正断层与剪切方向相交锐角指向与剪切运动方向的关系,用应变椭球体解释,注意各组节理或断层的发育程度,以及上述现象及其力学性质的变化。

作 业

以小组为单位,将观测情况,按附表格式记录,并总结不同实验材料受不同性质和方向的力与变形关系,初步解释有关地质构造现象。

表 Ⅱ-5 构造模拟实验记录表

实验名称: 　　　　　　　　　　　　　　　　　　　　　　　实验日期:

实验材料: 　　　　　　　　　　　　　　实验仪器:

变形特征	变形前	变 形 后					
	泥膜圆径	泥膜椭圆长径、短径	剪、张节理,褶皱生成先后及相互关系	与受力方向夹角			塑性流动标志
				节理面	轴向	椭圆长径	
长/cm							
宽/cm							
高/cm							
素描图或照相(平面、剖面或立体)				分析图			
成果分析简要说明:							

实验者: 　　　　　　　　　记录者: 　　　　　　　　　审核者:

实验十五　生长正断层的运动学参数计算

一、目的要求

（1）学习计算断层生长指数、落差、伸展量和滑脱面深度的方法。

（2）通过实验进一步掌握生长正断层的基本特征。

二、预习内容

本教材第八章第九节。

三、实验用品

铅笔、直尺、橡皮、计算器。

四、计算生长指数和落差

具体方法见本教材。

五、计算伸展量

方法见本教材和本实验中伸展量和伸展率的计算。需要说明的是，教材内讲的是单条断层的伸展量，本实验中讲的是多条断层的伸展量即剖面拉张量。

六、计算滑脱面深度

1. 面积平衡法

基本原理见教材。

实际工作中，通常以地质剖面为依据计算滑脱面深度。图Ⅱ-40（a）中 l_0 为断层活动前的剖面长度；l_1 为断层活动后的剖面长度。则拉张量 $e=l_1-l_0$。A 为拉张减薄而减少的面积，也就是拉张期间沉积充填的剖面面积；B 为拉张变化而增大的面积；根据平衡原理，面积 A 等于面积 B。面积 B 等于伸展量 e 与滑脱面深度 d 的乘积。所以滑脱面深度 $d=\dfrac{B}{e}=\dfrac{A}{e}$。在求得伸展量 e 的前提下，只要量出面积 A，就可计算出滑脱面深度。

面积 A 应当只包括断层活动引起的沉降，而不包括弯曲引起的沉降[图Ⅱ-40（b）]。标准层在断层活动前的原始高程可以用外延未断的标准层估算。在铲形断层使地层发生转动的情况下，应首先把断块转回到断层活动前的部位和方位，然后估算标准层的原始高程[图Ⅱ-40（c）]。

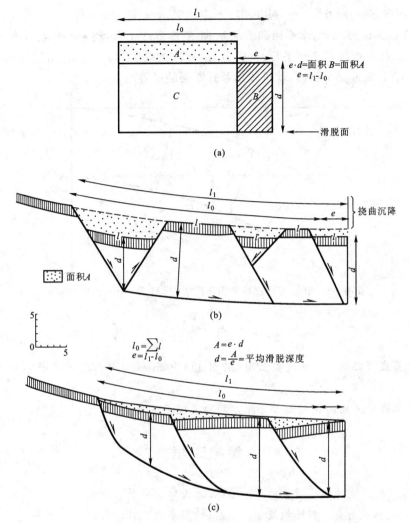

图Ⅱ-40 伸展面积的平衡和滑脱面深度的计算（据 Gibba,1983）

(a) 基本原理；(b) 非旋转到平直断层的拉张；(c) 铲形断层的拉张

图Ⅱ-38 中,断层活动主要在中生界和古近系,新近系底界的弯曲可以认为是挠曲沉降的结果,断层 F_1 以右的中生界和古近系的面积就是面积 A,据此可计算出中新生代的滑脱面深度。同理,可以据图Ⅱ-38(c)计算中生代的滑脱面深度,据图Ⅱ-38(d)计算沙四—孔店期的滑脱面深度等。

运用上述方法计算滑脱面深度时,应考虑压实作用、塑性流动、剥蚀作用等因素的影响,并予以校正,当剖面方向偏离最大拉张方向时,也需要进行校正。

2. 层长-层厚法

M. W. Kilsdonk 据滚动背斜由挠曲产生的观点,修正作图方法,并用面积平衡法检验,此方法求算犁式断层滑脱面深度误差仅为 0.3%。

具体作图方法:图Ⅱ-41中,过 x' 作 xx' 垂线 X, a_1x' 长为 L_1,自 x' 沿 $x'x$ 作 $x'p$ 长为 L_1,定 p 点,xp 长为 H,为水平距离。从 a_1 向 X 作垂线 a_1b_1,与 xx' 平行,a_1b_1 长为 L'_2,b_1x' 长为 t_1,自 b_1 点作与 a_1x' 平行、长度为 L'_2-H 的线段 b_1a_2,定 a_2 点,连接 a_2a_1。如此反复进行,直到完成整个剖面,就可作出犁式断层的底界面来。

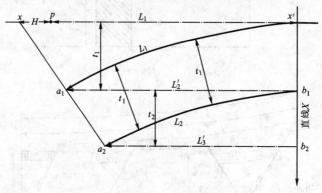

图Ⅱ-41　层长-层厚剖面平衡作图法(据 M. W. Kilsdonk,1989)

作　业

1. 计算武清凹陷西部构造剖面图(附图 17)中断层 F_1,F_2,F_3 的生长指数并列表表示。

2. 计算武清凹陷西部剖面古近纪期间的滑脱面深度。

参考文献

[1] 戴俊生. 构造地质学实习教材. 东营:石油大学出版社,1996.

[2] 冯明,张先,吴继伟. 构造地质学. 北京:地质出版社,2007.

附　录

附录Ⅰ　常见岩石花纹图例表

1. 沉积岩和火山碎屑岩

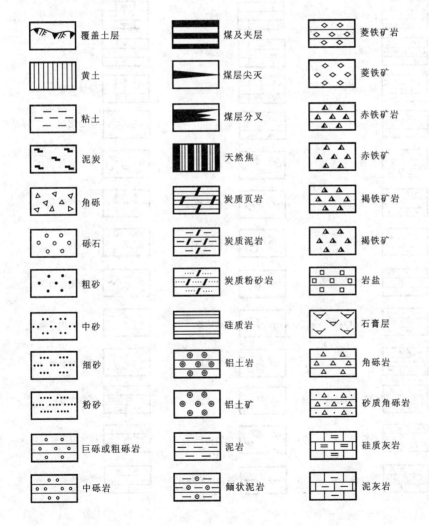

覆盖土层　　煤及夹层　　菱铁矿岩

黄土　　煤层尖灭　　菱铁矿

粘土　　煤层分叉　　赤铁矿岩

泥炭　　天然焦　　赤铁矿

角砾　　炭质页岩　　褐铁矿岩

砾石　　炭质泥岩　　褐铁矿

粗砂　　炭质粉砂岩　　岩盐

中砂　　硅质岩　　石膏层

细砂　　铝土岩　　角砾岩

粉砂　　铝土矿　　砂质角砾岩

巨砾或粗砾岩　　泥岩　　硅质灰岩

中砾岩　　鲕状泥岩　　泥灰岩

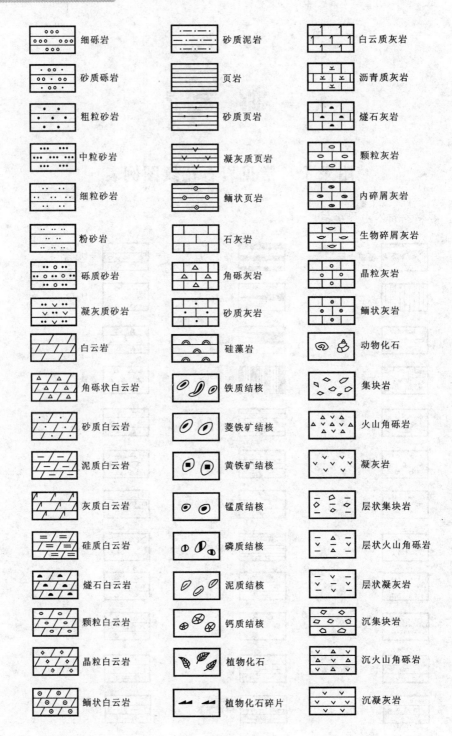

细砾岩	砂质泥岩	白云质灰岩
砂质砾岩	页岩	沥青质灰岩
粗粒砂岩	砂质页岩	燧石灰岩
中粒砂岩	凝灰质页岩	颗粒灰岩
细粒砂岩	鲕状页岩	内碎屑灰岩
粉砂岩	石灰岩	生物碎屑灰岩
砾质砂岩	角砾灰岩	晶粒灰岩
凝灰质砂岩	砂质灰岩	鲕状灰岩
白云岩	硅藻岩	动物化石
角砾状白云岩	铁质结核	集块岩
砂质白云岩	菱铁矿结核	火山角砾岩
泥质白云岩	黄铁矿结核	凝灰岩
灰质白云岩	锰质结核	层状集块岩
硅质白云岩	磷质结核	层状火山角砾岩
燧石白云岩	泥质结核	层状凝灰岩
颗粒白云岩	钙质结核	沉集块岩
晶粒白云岩	植物化石	沉火山角砾岩
鲕状白云岩	植物化石碎片	沉凝灰岩

2. 岩浆岩

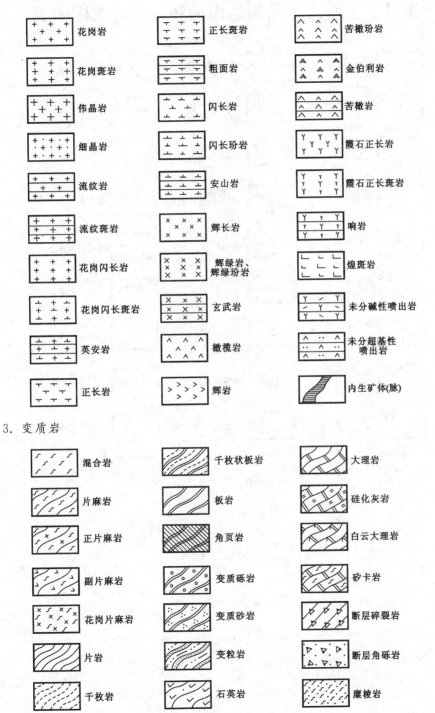

花岗岩	正长斑岩	苦橄玢岩
花岗斑岩	粗面岩	金伯利岩
伟晶岩	闪长岩	苦橄岩
细晶岩	闪长玢岩	霞石正长岩
流纹岩	安山岩	霞石正长斑岩
流纹斑岩	辉长岩	响岩
花岗闪长岩	辉绿岩、辉绿玢岩	煌斑岩
花岗闪长斑岩	玄武岩	未分碱性喷出岩
英安岩	橄榄岩	未分超基性喷出岩
正长岩	辉岩	内生矿体(脉)

3. 变质岩

混合岩	千枚状板岩	大理岩
片麻岩	板岩	硅化灰岩
正片麻岩	角页岩	白云大理岩
副片麻岩	变质砾岩	矽卡岩
花岗片麻岩	变质砂岩	断层碎裂岩
片岩	变粒岩	断层角砾岩
千枚岩	石英岩	糜棱岩

附录Ⅱ 常用地质构造图例和地质界线图例表

图例	名称	图例	名称	图例	名称
	水平地层产状		不整合界线（用于柱状图）		推测正断层
	直立地层产状		假整合界线（用于柱状图）		实测逆断层
	倾斜地层产状		整合界线（用于柱状图）		推测逆断层
	倒转地层产状		构造层界线（用于构造纲要图）		实测逆掩断层
	节理产状		背斜轴迹		推测逆掩断层
	实测地层界线（用于地质图）		向斜轴迹		实测平移断层
	推测地层界线（用于地质图）		倒转背斜轴迹		推测平移断层
	基岩出露线（用于地质图）		倒转向斜轴迹		实测性质不明断层
	实测煤层露头线（用于地质图）		穹窿和构造盆地		推测性质不明断层
	推测煤层露头线（用于地质图）		实测正断层（断层都为红色）		飞来峰、构造窗

附录 Ⅲ　地层代号和色谱

界	系		(Ma)	统	代　号	色　谱
新生界 Kz	第四系	Q		全新统	Qh	淡黄色
				更新统	Qp	
			—2.588—			
	新近系	N		上新统	N_2	鲜黄色
				中新统	N_1	
			—23.03—			
	古近系	E		渐新统	E_3	老黄色
				始新统	E_2	
				古新统	E_1	
			—65.5—			
中生界 Mz	白垩系	K		上统	K_2	鲜绿色
				下统	K_1	
			—145.5—			
	侏罗系	J		上统	J_3	鲜蓝色(天蓝色)
				中统	J_2	
				下统	J_1	
			—199.6—			
	三叠系	T		上统	T_3	绛紫色
				中统	T_2	
				下统	T_1	
			—251.0—			
古生界 Pz	二叠系	P		上统	P_3	淡棕色
				中统	P_2	
				下统	P_1	
			—299.0—			
	石炭系	C		上统	C_2	灰色
				下统	C_1	
			—359.2—			
	泥盆系	D		上统	D_3	咖啡色
				中统	D_2	
				下统	D_1	
			—416.0—			
	志留系	S		顶统	S_4	果绿色
				上统	S_3	
				中统	S_2	
				下统	S_1	
			—443.7—			
	奥陶系	O		上统	O_3	蓝绿色
				中统	O_2	
				下统	O_1	
			—488.3—			
	寒武系	∈		上统	$∈_3$	暗绿色
				中统	$∈_2$	
				下统	$∈_1$	
			—542—			
元古宇 Pt	新元古界 Pt₃	震旦系	Z			绛棕色(浅)
		南华系	Nh			绛棕色(深)
			—1 000—			
		青白口系	Qb			棕红色(浅)
	中元古界 Pt₂	蓟县系	Jx			棕红色(中)
			—1 600—			
		长城系	Chc			
			—2 500—			
	古元古界 Pt₁	滹沱系				棕红色(深)
			—4 000—			
太古宇(Ar)						玫瑰红色

(据全国地层委员会编,2001,中国地层指南修改;国际地层委员会地质年代表,2009)

附录Ⅳ 真、视倾角换算图

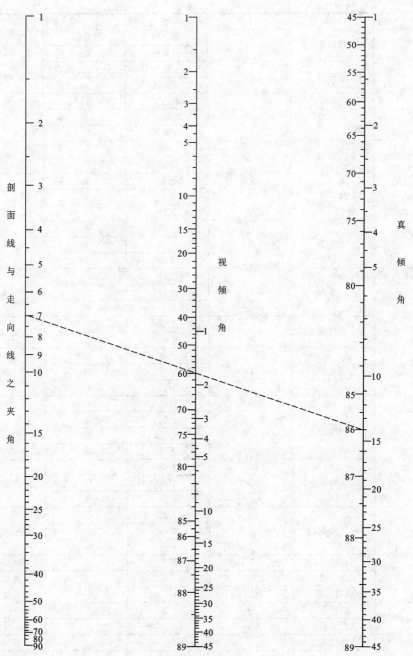

剖面线与走向线之夹角

视倾角

真倾角

用法说明：根据剖面实测资料，在左尺和右尺上找到已测数值，用直尺相连直线过中尺处即为相应视倾角值。

如图中一例：已知真倾角为86°，剖面与岩层走向夹角为7°，则该剖面方向之视倾角为60°

附录Ⅴ　地质绘图模板

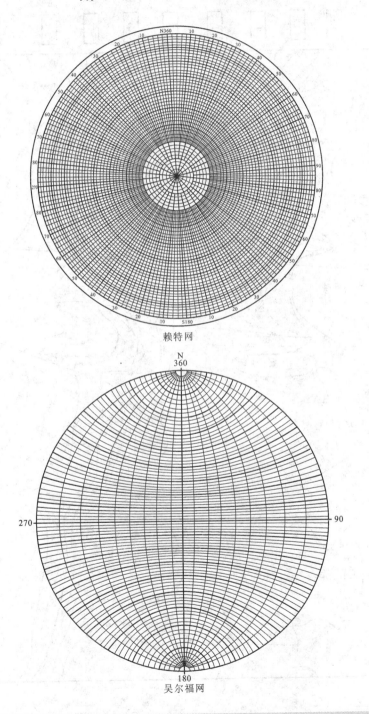

赖特网

吴尔福网

附图1 凌河地形地质图

比例尺 1:20 000

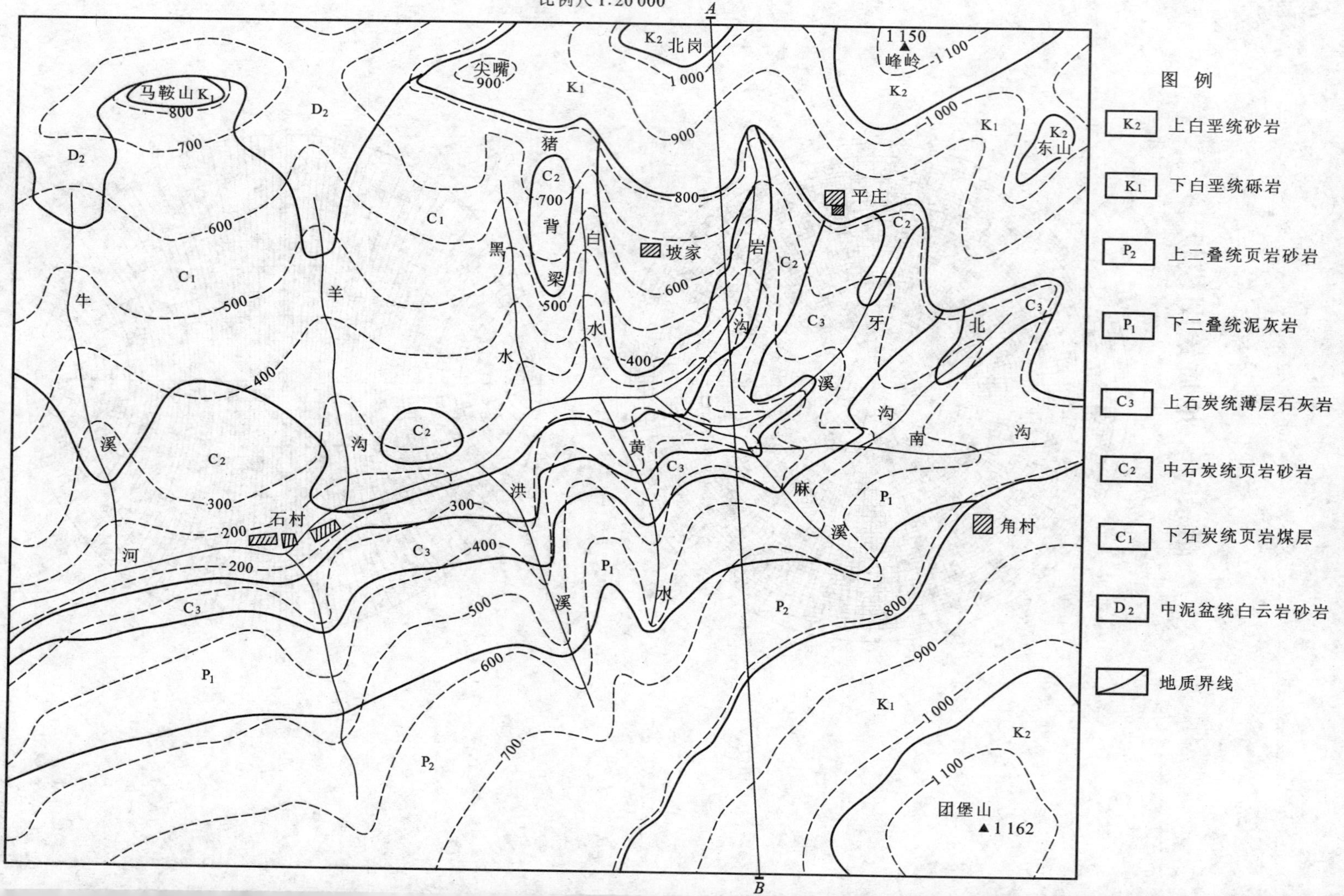

A
B
马鞍山 K_1
尖嘴
北岗
峰岭
1 150
东山
团堡山
1 162
平庄
坡家
石村
角村
牛
溪
河
羊
沟
黑
水
洪
猪
背
梁
白
黄
岩
牙
北
南
麻
D_2
C_1
C_2
C_3
P_1
P_2
K_1
K_2
200
300
400
500
600
700
800
900
1 000
1 100
图 例
K_2 上白垩统砂岩
K_1 下白垩统砾岩
P_2 上二叠统页岩砂岩
P_1 下二叠统泥灰岩
C_3 上石炭统薄层石灰岩
C_2 中石炭统页岩砂岩
C_1 下石炭统页岩煤层
D_2 中泥盆统白云岩砂岩
地质界线

附图2 李公集地形地质图
比例尺 1:5 000

附图3 鲁家峪地形地质图
比例尺 1:10 000

鲁家峪

苹果园

坡

阳

嘉

彭店

380

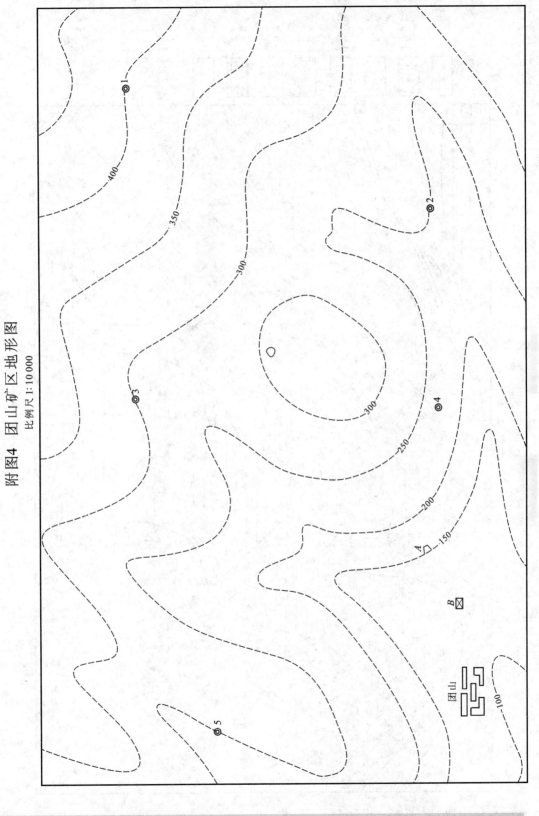

附图4 囤山矿区地形图
比例尺 1:10 000

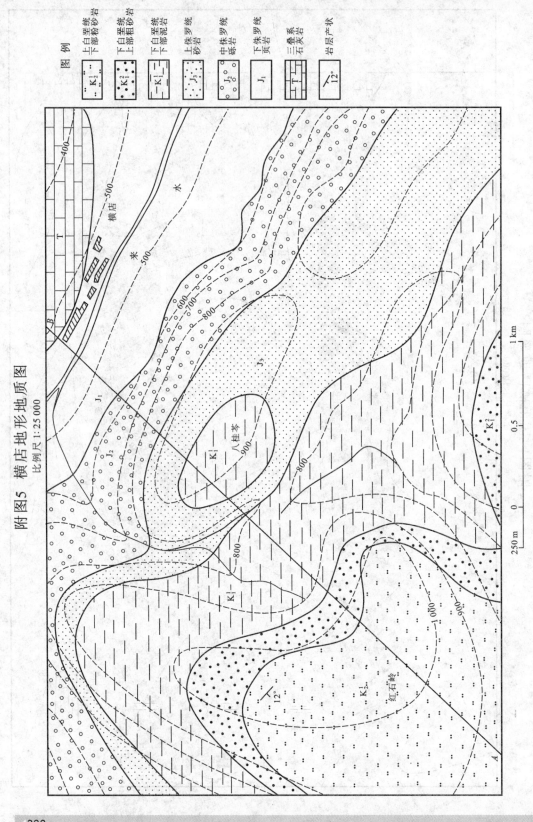

附图5　横店地形地质图
比例尺 1:25 000

图　例

K_2^1	上白垩统下部粉砂岩
K_1^1	下白垩统上部粗砂岩
K_1^1	下白垩统下部泥岩
J_3	上侏罗统砂岩
J_2	中侏罗统砾岩
J_1	下侏罗统黄岩
T	三叠系石灰岩
12°	岩层产状

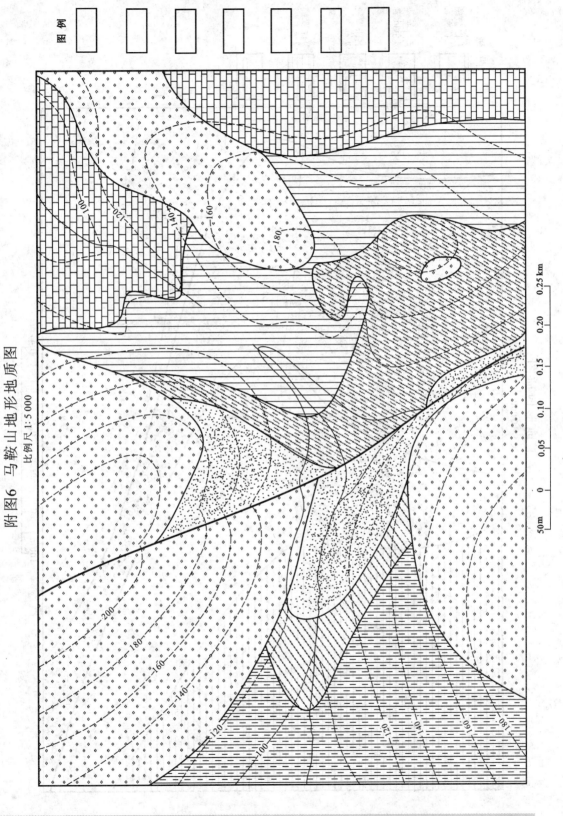

附图6 马鞍山地形地质图

比例尺 1:5 000

图例

50m 0 0.05 0.10 0.15 0.20 0.25 km

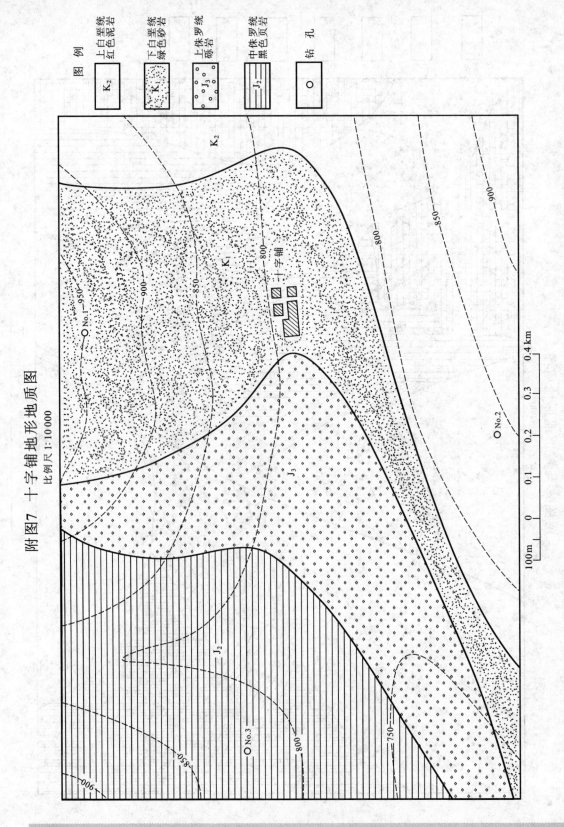

附图7 十字铺地形地质图

比例尺 1:10 000

图 例

K₂ 上白垩统 红色泥岩

K₁ 下白垩统 绿色砂岩

J₃ 上侏罗统 砾岩

J₂ 中侏罗统 黑色页岩

O 钻 孔

附图8 上游村地形图
比例尺 1:5 000

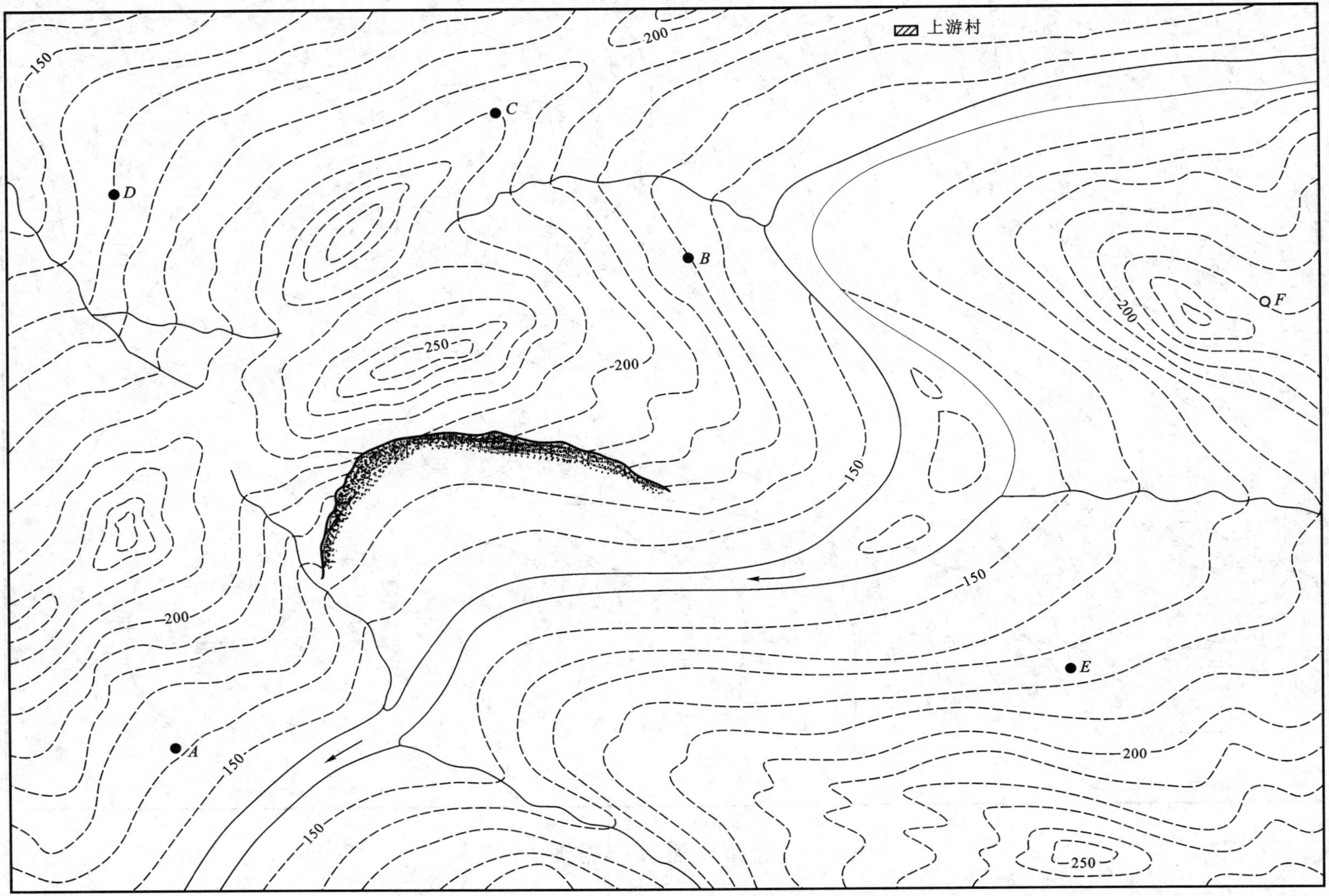

上游村

附图9 长溪地形图

比例尺 1:10 000

附图10 芝陵地质图

比例尺 1:100 000

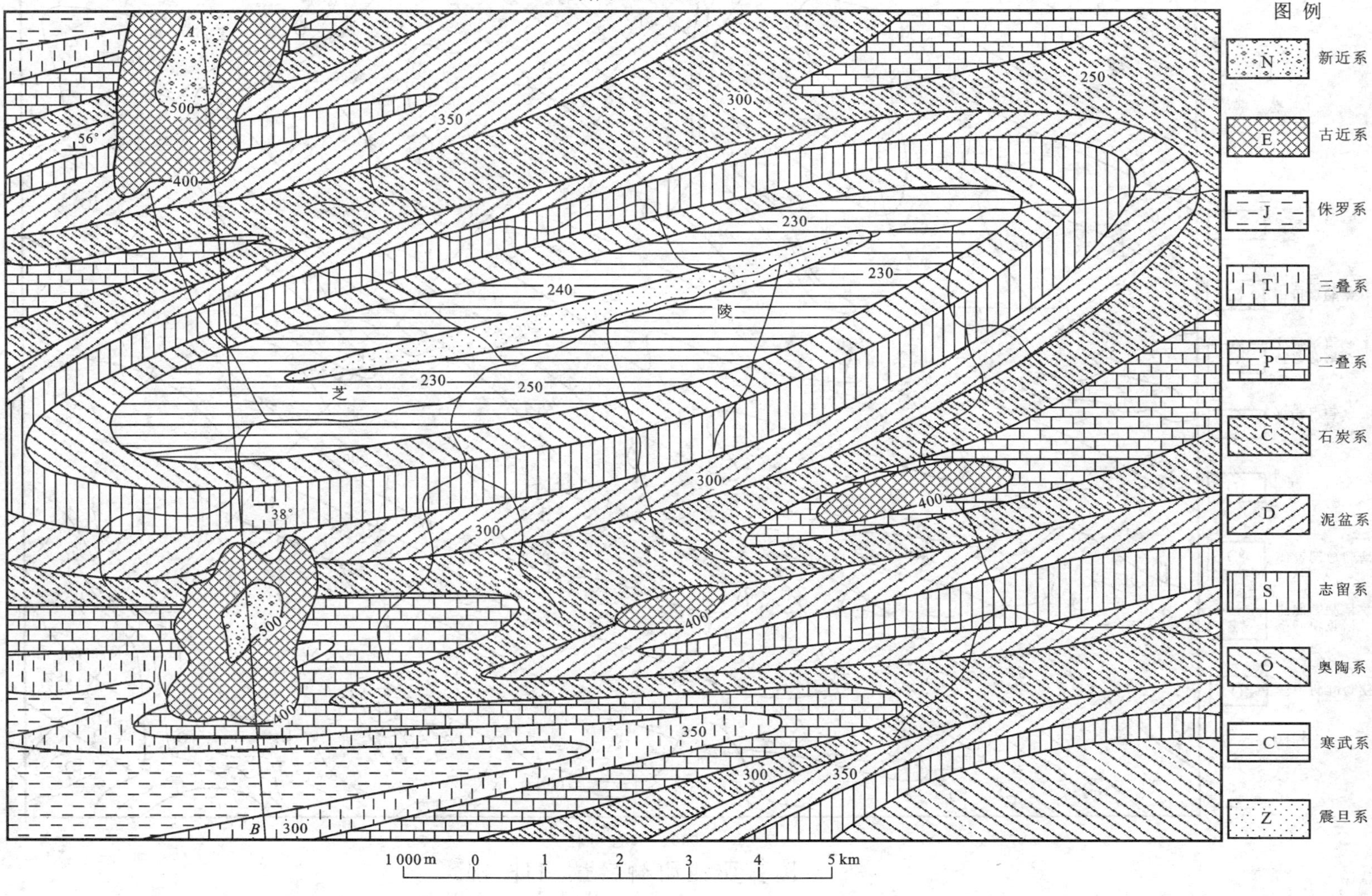

图例

N	新近系	
E	古近系	
J	侏罗系	
T	三叠系	
P	二叠系	
C	石炭系	
D	泥盆系	
S	志留系	
O	奥陶系	
C	寒武系	
Z	震旦系	

附图11 暮云岭地形地质图

比例尺 1:25 000

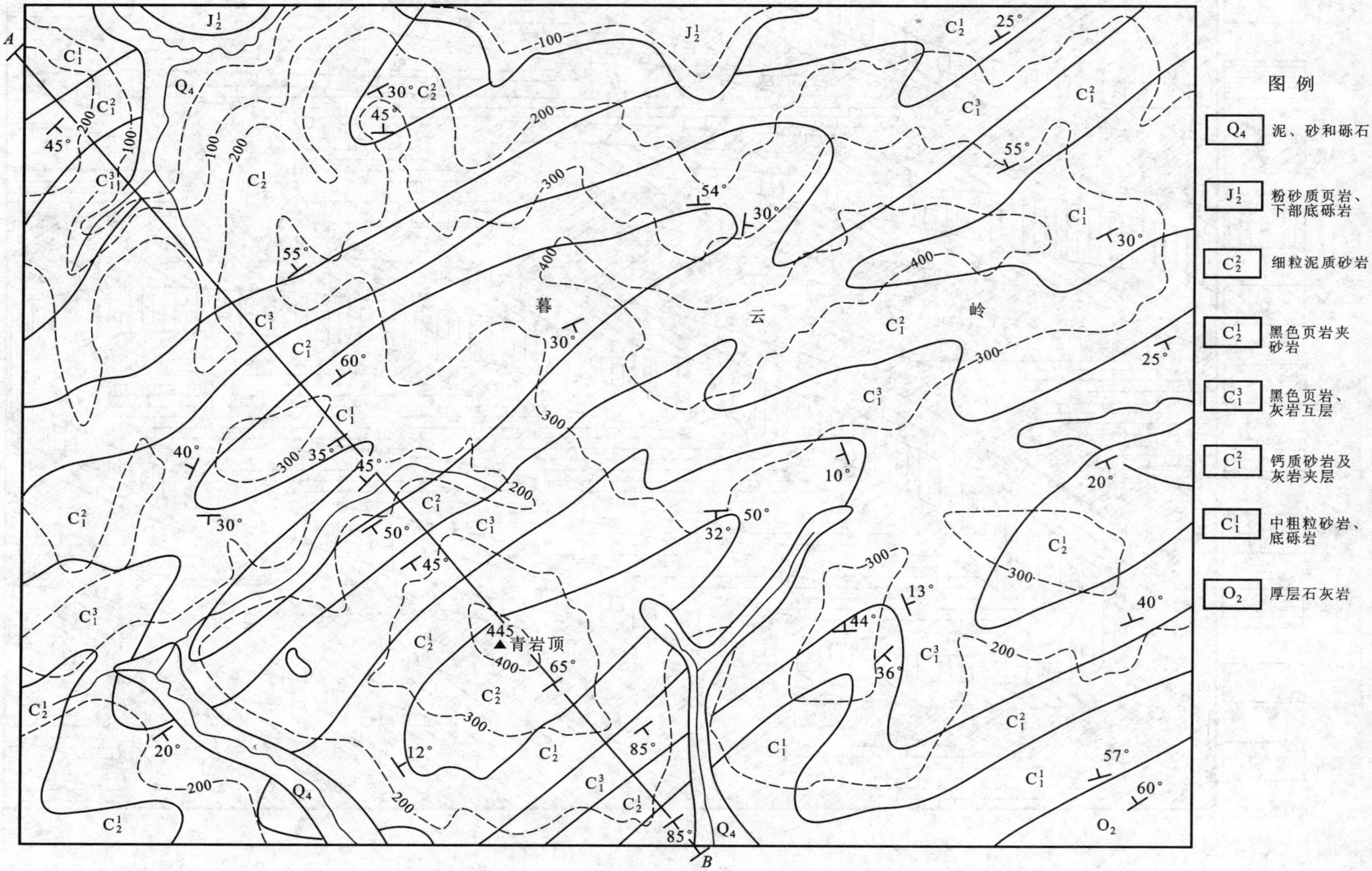

图 例

Q_4	泥、砂和砾石
J_2^1	粉砂质页岩、下部底砾岩
C_2^2	细粒泥质砂岩
C_2^1	黑色页岩夹砂岩
C_1^3	黑色页岩及灰岩互层
C_1^2	钙质砂岩及灰岩夹层
C_1^1	中粗粒砂岩、底砾岩
O_2	厚层石灰岩

附图12 凉风垭地区地形图

比例尺 1:10 000

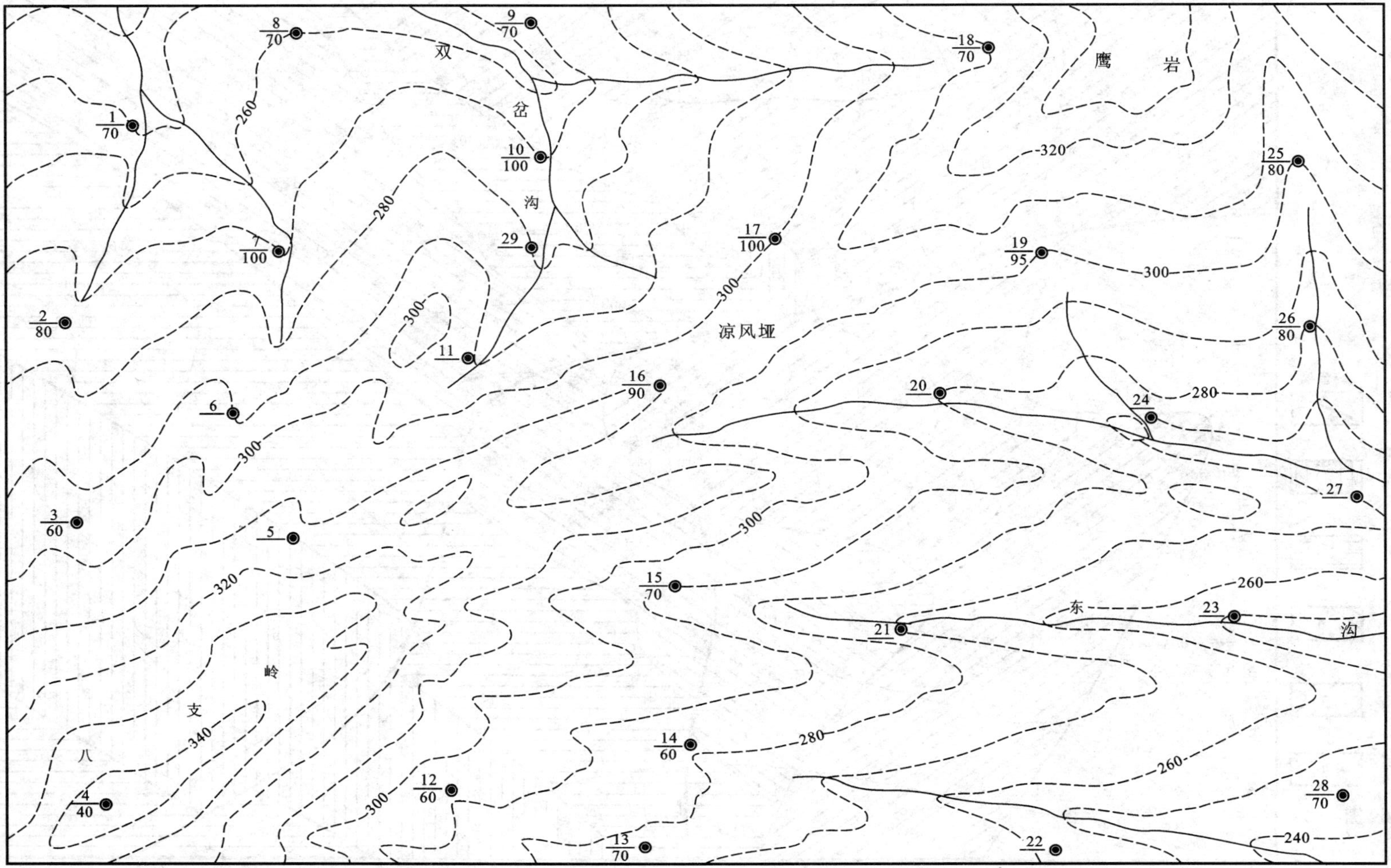

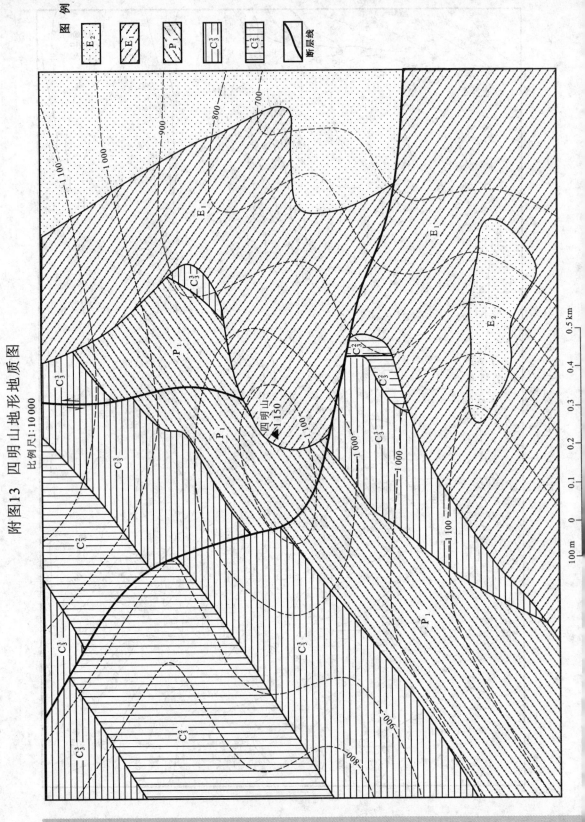

附图13 四明山地形地质图

比例尺1:10 000

附图14 红旗镇地区地形地质图

比例尺 1:10 000

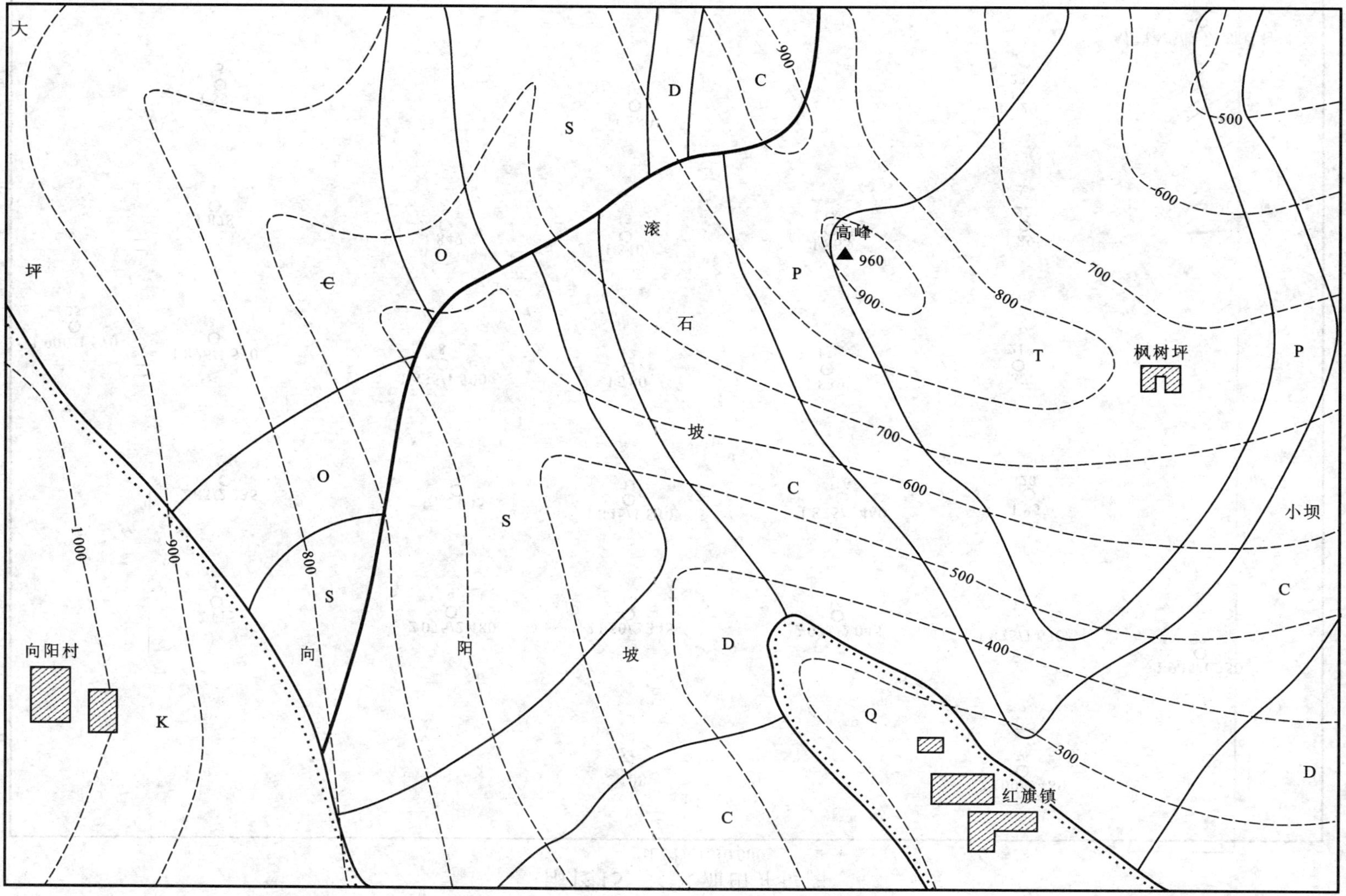

附图15 ××油田井位图

比例尺1:10 000

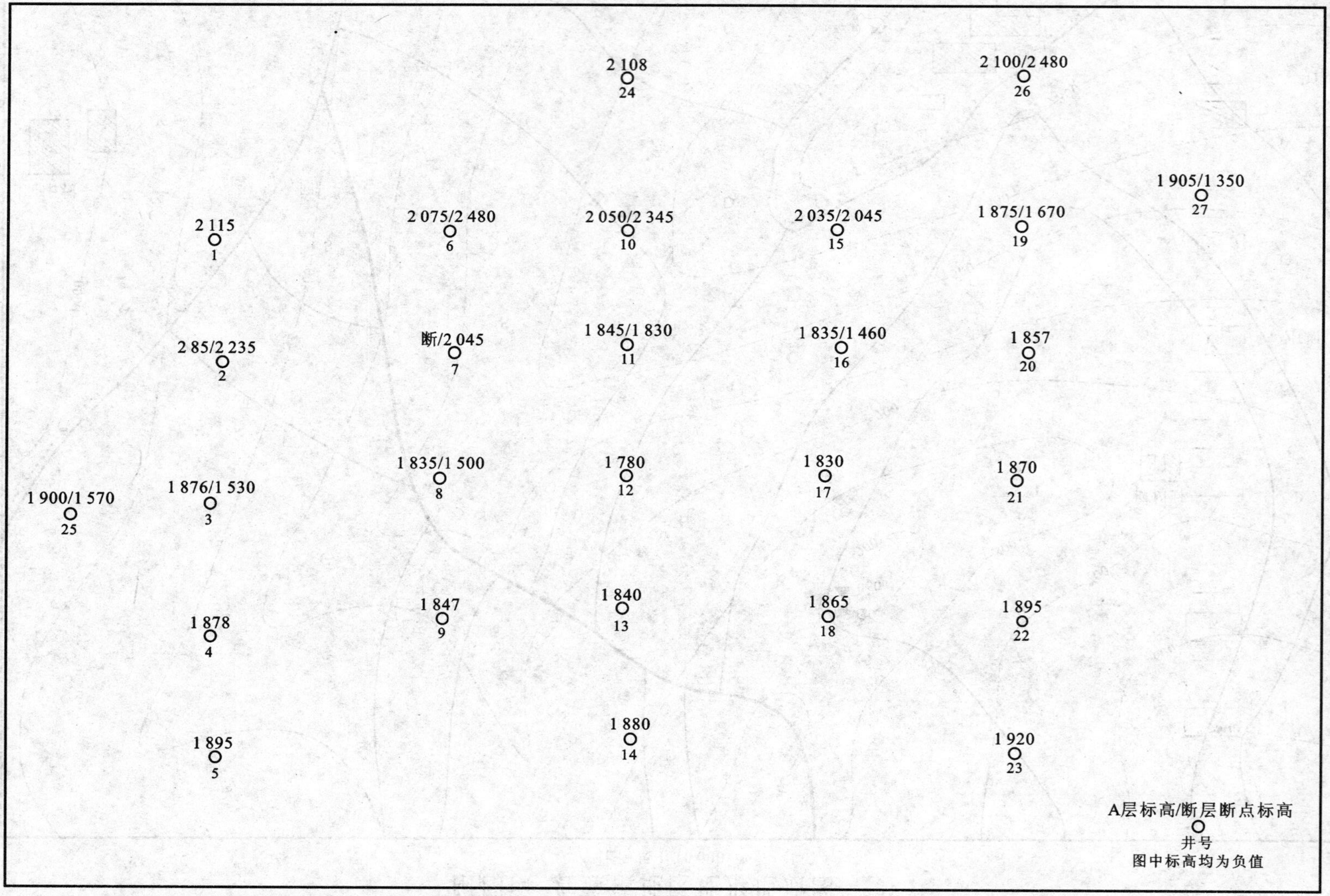

2 115
○1

2 85/2 235
○2

1 876/1 530
○3

1 878
○4

1 895
○5

1 900/1 570
○25

2 075/2 480
○6

断/2 045
○7

1 835/1 500
○8

1 847
○9

2 108
○24

2 050/2 345
○10

1 845/1 830
○11

1 780
○12

1 840
○13

1 880
○14

2 100/2 480
○26

2 035/2 045
○15

1 835/1 460
○16

1 830
○17

1 865
○18

1 875/1 670
○19

1 857
○20

1 870
○21

1 895
○22

1 920
○23

1 905/1 350
○27

A层标高断层断点标高
○ 井号
图中标高均为负值

附图16 金山镇地质图

比例尺 1:25 000

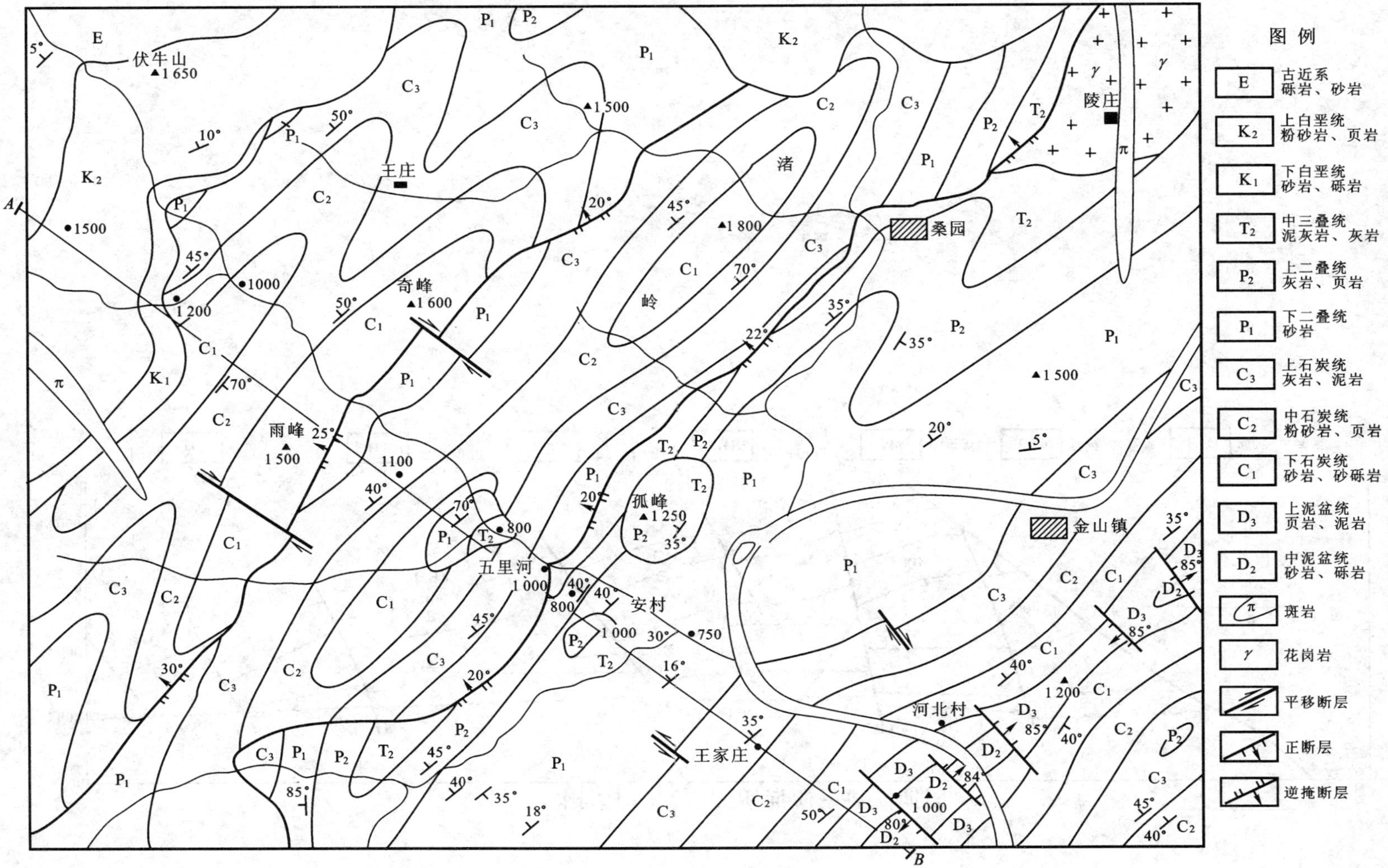
图 例
E 古近系 砾岩、砂岩
K_2 上白垩统 粉砂岩、页岩
K_1 下白垩统 砂岩、砾岩
T_2 中三叠统 泥灰岩、灰岩
P_2 上二叠统 灰岩、页岩
P_1 下二叠统 砂岩
C_3 上石炭统 灰岩、泥岩
C_2 中石炭统 粉砂岩、页岩
C_1 下石炭统 砂岩、砂砾岩
D_3 上泥盆统 页岩、泥岩
D_2 中泥盆统 砂岩、砾岩
π 斑岩
γ 花岗岩
平移断层
正断层
逆掩断层
伏牛山
王庄
奇峰
雨峰
陵庄
桑园
渚
岭
孤峰
五里河
安村
金山镇
河北村
王家庄
A
B

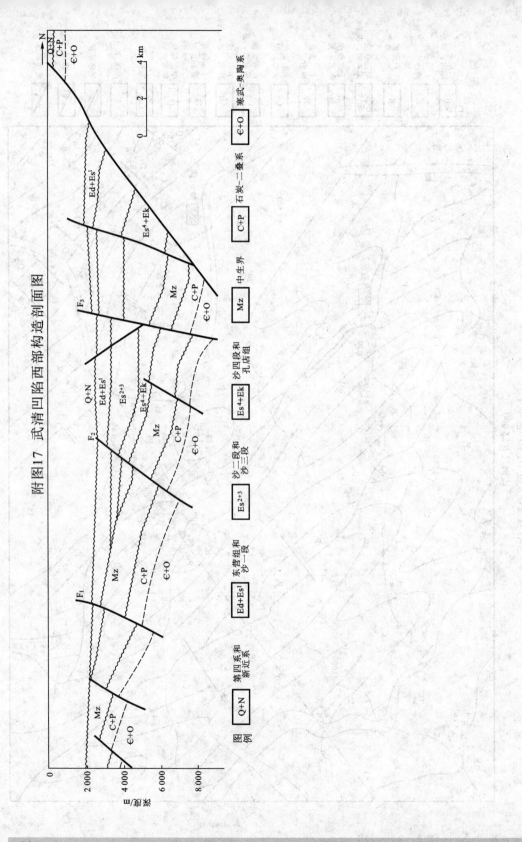

附图17 武清凹陷西部构造剖面图

图例　Q+N 第四系和新近系　Ed+Es¹ 东营组和沙一段　Es²⁺³ 沙二段和沙三段　Es⁴+Ek 沙四段和孔店组　Mz 中生界　C+P 石炭—二叠系　∈+O 寒武—奥陶系